AF827599

Sascha von Behren

Das Mobilitätsskelett

Ein integrativer Ansatz zur mehrdimensionalen Betrachtung von urbaner Mobilität

Schriftenreihe des Instituts für Verkehrswesen
Band 78

Herausgeber: Prof. Dr.-Ing. Peter Vortisch

Eine Übersicht aller bisher in dieser Schriftenreihe erschienenen Bände finden Sie am Ende des Buchs.

Das Mobilitätsskelett

Ein integrativer Ansatz zur mehrdimensionalen Betrachtung von urbaner Mobilität

von
Sascha von Behren

KIT Scientific Publishing

Karlsruher Institut für Technologie
Institut für Verkehrswesen

Das Mobilitätsskelett – ein integrativer Ansatz zur mehrdimensionalen Betrachtung von urbaner Mobilität

Zur Erlangung des akademischen Grades eines Doktor-Ingenieurs von der KIT-Fakultät für Bauingenieur-, Geo- und Umweltwissenschaften des Karlsruher Instituts für Technologie (KIT) genehmigte Dissertation

von Sascha von Behren, M.Sc.

Tag der mündlichen Prüfung: 19. August 2021
Referent: Prof. Dr.-Ing. Peter Vortisch
Korreferent: Prof. Dr. phil. Marcel Hunecke

Impressum

KIT Scientific Publishing

Karlsruher Institut für Technologie (KIT)
KIT Scientific Publishing
Straße am Forum 2
D-76131 Karlsruhe

KIT Scientific Publishing is a registered trademark
of Karlsruhe Institute of Technology.
Reprint using the book cover is not allowed.

www.ksp.kit.edu

This document – excluding parts marked otherwise, the cover, pictures and graphs – is licensed under a Creative Commons Attribution 4.0 International License (CC BY 4.0): https://creativecommons.org/licenses/by/4.0/deed.en

The cover page is licensed under a Creative Commons Attribution-No Derivatives 4.0 International License (CC BY-ND 4.0): https://creativecommons.org/licenses/by-nd/4.0/deed.en

Print on Demand 2023 – Gedruckt auf FSC-zertifiziertem Papier

ISSN 0341-5503
ISBN 978-3-7315-1233-2
DOI 10.5445/KSP/1000150513

Kurzfassung

In Städten steigt durch zunehmenden Verkehr und dessen negative Begleiterscheinungen der Handlungsdruck für eine Transformation hin zu einer nachhaltigeren Mobilität. Im Fokus der Betrachtung urbaner Mobilität steht häufig der Besitz und die Nutzung privater Pkw. Scheinbar losgelöst von der Verfügbarkeit attraktiver Verkehrsmittelalternativen spielt das Auto immer noch eine relevante Rolle bei der Gestaltung der persönlichen Mobilität.

Bei der Untersuchung des Phänomens der anhaltenden Bedeutung des privaten Pkw in der Gesellschaft stoßen Methoden und Theorien der klassischen Verkehrsforschung an ihre Grenzen. Eine ergänzende und relevante Erklärungsperspektive für die Rolle des Pkw kann die Einbeziehung sozialwissenschaftlicher Erkenntnisse, wie mobilitätsbezogener Einstellungen und ökologische Normorientierungen, liefern. Etablierte Mobilitätserhebungen mit einem Wegetagebuch erfassen durch einen zu kurzen Betrachtungszeitraum von einem Tag entweder nicht ausreichend intrapersonelle Variabilität oder sie können aufgrund des schon hohen Erhebungsaufwands für die Probanden, gerade bei Längsschnitterhebungen, keine zusätzlichen Fragen zu psychographischen Eigenschaften berücksichtigen. Diese Einschränkung bei Längsschnitterhebungen gilt auch für die Betrachtung seltener Fernverkehrsereignisse, die in der Gesamtmobilität von Stadtbewohnern oftmals einen relevanten Anteil ausmachen. Um die Rolle des Pkw in der urbanen Mobilität zu untersuchen oder Zielgruppen zu identifizieren, die heute schon eine nachhaltige Mobilität oder Potenzial für eine Transformation hin zu mehr Nachhaltigkeit besitzen, bedarf es einer geeigneten Erhebungsmethode, welche die genannten Nachteile traditioneller Methoden nicht besitzt. Für eine ganzheitliche Betrachtung wird in der vorliegenden Arbeit ein neuartiges Erhebungskonzept vorgestellt: das Mobilitätsskelett. Dieses verbindet durch den modularen Aufbau die Erhebung der Alltagsmobilität in einer typischen

Woche mit seltenen Fernverkehrsereignissen als Quasi-Längsschnitt und ermöglicht außerdem die Erfassung psychographischer Eigenschaften. Das Mobilitätsskelett wird einer ausführlichen Validierung mit dem Wegetagebuch im Längsschnitt unterzogen und weist dabei eine valide Übereinstimmung auf. Eine Anwendung der Methodik erfolgt in drei unterschiedlichen Zielgruppensegmentierungen mit den Schwerpunkten Pkw-Besitzer, Mobilitäts-Gesamtmarkt und Pkw-Vielnutzer. Deren Ergebnisse liefern eine mögliche Entscheidungsgrundlage für politische Entscheidungsträger und die Mobilitätsindustrie, um Handlungsoptionen für eine nachhaltige Mobilität abzuleiten. Abgeschlossen werden die Anwendungsfälle durch eine Analyse der Ursachen-Wirkungs-Zusammenhänge für verschiedene Pkw-Nutzungshäufigkeiten mit einem neuartigen Ordered-Hybrid-Choice-Modell.
Als Ergebnis liefert die Arbeit ein praxisorientiertes Erhebungsinstrument, das umfassend validiert und in vielfältigen Anwendungen mit mehr als 8.500 Probanden international erprobt wurde.

Abstract

In urban areas, growing traffic and its negative side effects increases the pressure on cities to transform mobility towards a more sustainable solution. To address key challenges for sustainable urban mobility requires an improved understanding of the role of private car ownership and use. Seemingly detached from the availability of viable alternative transport options, private cars play a major role in shaping personal mobility.

However, when investigating the role of these cars in urban areas, traditional methods and research approaches have reached their limitations. New types of approaches which include social scientific evidence, such as mobility-related attitudes and ecological norms, are needed to provide further insights into travel behavior. Established travel behavior surveys, such as using travel diaries, either do not sufficiently capture intrapersonal variability due to their short observation period (only one day), or they cannot consider additional questions on psychographic characteristics due to the high respondent burden in longitudinal surveys. This limitation of longitudinal surveys also applies to the observation of occasional long-distance travel events, which is critical in understanding overall travel behavior. In order to analyze the role of the private car and to identify target groups with a potential to shift to more sustainable travel behavior, a specifically designed survey method was developed which overcomes these limitations of traditional methods – the travel skeleton. Using a modular design, the travel skeleton approach combines collection of everyday travel in a typical week with occasional long-distance travel events using a quasi-longitudinal approach. It also captures associated psychographic characteristics. As part of this thesis the travel skeleton approach was applied in three different target group segmentations with a focus on car owners, the overall mobility market, and frequent car users.

The travel skeleton approach was extensively validated using the longitudinal travel diary method and has been demonstrated to show valid insights into travel behavior. When applied across multiple locations and domains it provides an excellent basis for political decision-makers and the transport industry to identify options for moving towards more sustainable forms of mobility.

Vorwort

Die vorliegende Arbeit ist im Rahmen meiner Tätigkeit als akademischer Mitarbeiter am Institut für Verkehrswesen am Karlsruher Institut für Technologie und als Doktorand im ProMotion-Programm der BMW Group entstanden.
Ich möchte diese Gelegenheit nutzen, mich bei all denjenigen zu bedanken, die zum Gelingen dieser Arbeit beigetragen haben. Allen voran danke ich meinen beiden Referenten Prof. Dr.-Ing. Peter Vortisch und Prof. Dr. phil. Marcel Hunecke, die meine Arbeit in einem interdisziplinären Forschungsfeld wohlwollend begleitet und mir gleichzeitig viele Freiheiten gelassen haben. Der Dank an Peter Vortisch geht über die Betreuung dieser Arbeit weit hinaus, da er mir am Institut die Möglichkeiten gegeben hat, mich auf einer Vielzahl von Konferenzen weiterzubilden und forschungsnahe Tätigkeiten bei BMW in München wahrzunehmen.
Ein besonderes Dankeschön geht an Dr.-Ing. Bastian Chlond als Initiator des Mobilitätsskeletts und stetigen Gesprächspartner für kontroverse Diskussionen über die Vielfalt der Mobilität. Auch meiner Betreuerin bei BMW, Johanna Kopp, danke ich für die Möglichkeit, wichtige Erfahrung in der Strategiearbeit sammeln zu können. Ein großer Dank geht ebenfalls an meine BMW-Kollegen Christian Gorges, Frank Hansen, Peter Phleps und Ulrich Niklas für eine spannende Zeit mit herausfordernden Projekten. Ein besonderer Dank gebührt Friederike Klima, Lisa Bönisch, Michael Kirn, Miriam Magdolen, Sascha Trutter und Ulrike Leyn für die kritische Durchsicht des Manuskripts dieser Arbeit.
Für eine unvergessliche Zeit am Institut mit vielen kritischen Diskussionen, lustigen Momenten und wesentlichen Impulsen für diese Arbeit danke ich neben den bereits genannten Personen bei meinen derzeitigen und früheren Kolleg(inn)en Christine Eisenmann, Nadine Kostorz, Martin Kagerbauer und Tim Hilgert.

Ich bedanke mich auch bei meiner Familie, die an meinen besonderen Weg geglaubt hat. Zuletzt geht ein ganz besonderer Dank an meine wunderbare Frau Katharina: ohne dich wäre diese Arbeit nicht möglich gewesen, du hast mir die Kraft und Motivation gegeben, diesen Weg überhaupt erst zu gehen.

Karlsruhe, im November 2020
Sascha von Behren

Inhaltsverzeichnis

Kurzfassung ... i

Abstract ... iii

Vorwort ... v

Abbildungsverzeichnis ... xi

Tabellenverzeichnis ... xvii

Abkürzungsverzeichnis ... xxi

1 Problem- und Aufgabenstellung ... 1

2 Grundlagen für ein vertieftes Verständnis der Mobilität ... 5

2.1 Mobilitätserhebungen mit unterschiedlicher zeitlicher Dimension . 5

2.1.1 Traditionelle Erhebungsansätze (Tagebücher) ... 7

2.1.2 Innovative Erhebungsansätze ... 13

2.2 Psychologische Items in Mobilitätserhebungen ... 18

2.2.1 Kontrollüberzeugungen, Einstellungen und Normen ... 19

2.2.2 Psychologische Handlungsmodelle in der Mobilitätsforschung ... 23

2.3 Zusammenfassung ... 25

3 Das Mobilitätsskelett als neuartiges Erhebungskonzept ... 29

3.1 Module des Mobilitätsskeletts ... 30

3.1.1 Alltagsmobilität ... 31

3.1.2 Fernverkehrsmobilität ... 35

3.1.3 Psychologische Items ... 37

3.2 Erhebungsmethodik und Mindeststichprobengröße ... 41

3.3 Bisherige Anwendungsfälle des Mobilitätsskeletts im Urban Travel Monitor ... 42

3.3.1 Quartiersentwicklungsprojekte in Hamburg und Berlin ... 43

3.3.2 Internationale Vergleichsstudie in Berlin, San Francisco und Shanghai ... 44
3.3.3 Teilstichprobe von einkommensstarken Haushalten in acht chinesischen Städten ... 44
3.3.4 Erweiterung der internationalen Vergleichsstudie um München ... 45
3.4 Zusammenfassung ... 46

4 Validierung des Mobilitätsskeletts ... 49
4.1 Vergleich von typischem Verhalten und Längsschnitttagebüchern 50
4.2 Methodik und Stichprobe ... 54
4.2.1 Design des qualitativen, problemzentrierten Interviews ... 57
4.2.2 Datenerhebung und -aufbereitung ... 62
4.3 Quantitative Analyse ... 64
4.3.1 Verkehrsmittelwahl ... 64
4.3.2 Aktivitätenwahl ... 70
4.4 Qualitative Analyse ... 72
4.4.1 Verkehrsmittelwahl ... 74
4.4.2 Aktivitätenwahl ... 78
4.4.3 Fehleinschätzungen im Mobilitätsskelett ... 82
4.4.4 Kategorisierung der Abweichungsgründe ... 84
4.4.5 Übergeordnete Bewertung der beiden Mobilitätserhebungsdesigns ... 85
4.5 Exkurs zum Vergleich von Mobilitätserhebungen ... 86
4.6 Zusammenfassung und kritische Würdigung ... 87

5 Datengrundlage der internationalen Vergleichsstudie in Berlin, San Francisco und Shanghai ... 91
5.1 Auswahl und Beschreibung der Städte ... 91
5.2 Erhebung, Gewichtung und Datenbeschreibung ... 94
5.3 Vergleich mit anderen Mobilitätserhebungen ... 97

6 Segmentierung nach Mobilitätsverhalten und psychographischen Merkmalen ... 101
6.1 Segmentierungsansätze in der Mobilitätsforschung ... 103

6.1.1 Grundlage der Segmentierung 103
6.1.2 Konzeptionelle Ansätze in der Mobilitätsforschung 105
6.2 Pkw-Abhängigkeit von Pkw-Besitzern 116
6.2.1 Stand der Forschung 118
6.2.2 Daten und Vorgehensweise 121
6.2.3 Methodik 124
6.2.4 Ergebnisse 133
6.2.5 Diskussion der Ergebnisse 141
6.2.6 Zusammenfassung und kritische Würdigung 147
6.3 Urbane Mobilitätstypen 149
6.3.1 Stand der Forschung 151
6.3.2 Daten und Vorgehensweise 152
6.3.3 Variablenauswahl 157
6.3.4 Datenvorbereitung 171
6.3.5 Clusterverfahren 172
6.3.6 Clusterbeschreibung 179
6.3.7 Validierung der Clusterlösung 191
6.3.8 Internationaler Vergleich 202
6.3.9 Diskussion der Ergebnisse 205
6.3.10 Zusammenfassung und kritische Würdigung 209
6.4 Vergleichende Analyse der Pkw-Abhängigkeitstypen und der urbanen Mobilitätstypen 212
6.5 Zuordnung von Personen zu den bestehenden urbanen Mobilitätstypen 216
6.6 Zwischenfazit 218
6.7 Latente psychographische Klassen von Autobesitzern mit regelmäßiger Pkw-Nutzung 220
6.7.1 Stand der Forschung 221
6.7.2 Daten 222
6.7.3 Methodik 224
6.7.4 Ergebnisse 232
6.7.5 Diskussion der Ergebnisse 242
6.7.6 Zusammenfassung und kritische Würdigung 244

6.8 Vergleichende Analyse der Pkw-Abhängigkeitstypen und der latenten Klassen 245
6.9 Zwischenfazit 247

7 Psychologische Faktoren in diskreten Wahlmodellen am Beispiel der Motive der Pkw-Nutzung 253
7.1 Stand der Forschung 254
7.1.1 Motive der Pkw-Nutzung in der interdisziplinären Mobilitätsforschung 254
7.1.2 Entwicklung der Hybrid-Choice-Modelle 257
7.2 Daten 263
7.2.1 Datenbeschreibung und -aufbereitung 264
7.2.2 Psychologische Konstrukte 267
7.3 Methodik 270
7.3.1 Das Ordered-Probit-Modell (ORP) 271
7.3.2 Das Ordered-Hybrid-Choice-Modell (OHCM) 273
7.3.3 Modellschätzung 278
7.3.4 Reduziertes Modell 280
7.3.5 Modellspezifikation 281
7.4 Ergebnisse 284
7.4.1 Einflüsse auf instrumentelle und affektive Motive 285
7.4.2 Direkte Einflüsse auf die Autonutzung 285
7.4.3 Gesamteffekt auf die Pkw-Nutzung 289
7.5 Diskussion der Ergebnisse 292
7.6 Zusammenfassung und kritische Würdigung 293
7.7 Zwischenfazit 295

8 Stärken und Schwächen des Mobilitätsskeletts 299

9 Zusammenfassung und Ausblick 305
9.1 Zusammenfassung 305
9.2 Ausblick 308

Literaturverzeichnis 311

Anhang 347

Abbildungsverzeichnis

Abbildung 2-1: Kategorien für Mobilitätserhebungen in Anlehnung an Armoogum et al. (2009) und Chlond und Eisenmann (2018) 7

Abbildung 2-2: Pfadmodell der Theorie des geplanten Verhaltens in Anlehnung an Madden et al. (1992) 24

Abbildung 2-3: Pfadmodell des Norm-Aktivierungs-Modells nach Schwartz (1977) 25

Abbildung 3-1: Übersicht der Module des Mobilitätsskeletts mit beispielhafter Darstellung der Modulinhalte 31

Abbildung 3-2: Alltägliche und nicht alltägliche Mobilität von Personen in Anlehnung an Wittwer (2014) 33

Abbildung 3-3: Abgrenzung zwischen Alltags- und Fernverkehrsmobilität im Mobilitätsskelett in Anlehnung an Chlond (2014) 34

Abbildung 4-1: Vergleich von Multimodalitätsgruppen zwischen MiD und MOP 51

Abbildung 4-2: Vergleich zwischen typischer Verkehrsmittelnutzung (TV) und tatsächlichem Verhalten (TB) in einer zufälligen Woche (Kagerbauer et al., 2014) 53

Abbildung 4-3: Mixed-Method-Ansatz zum quantitativen und qualitativen Vergleich von Mobilitätsskelett und Wegetagebuch 56

Abbildung 4-4: Stimulus zur Identifizierung des Mobilitätsverhaltens in einer „typischen" Woche (1) und Unterschiede zur zufälligen Woche des Tagebuchs (2,3) 58

Abbildung 4-5: Vergleich der Verkehrsmittelwahl zwischen problemzentriertem Interview (1) sowie Mobilitätsskelett und Wegetagebuch (2) 60

Abbildung 4-6: Beispiel für Fernverkehrsereignisse mit Übernachtungen im letzten Jahr 62
Abbildung 4-7: Vergleich der Multimodalitätsgruppen zwischen Mobilitätsskelett und Wegetagebuch (n = 97) 66
Abbildung 4-8: Vergleich zwischen typischer Verkehrsmittelnutzung (SK) und tatsächlichem Verhalten (TB) in einer zufälligen Woche (n = 97) 69
Abbildung 4-9: Vergleich zwischen typischer Aktivitätenwahl (SK) und tatsächlichem Verhalten (TB) in einer zufälligen Woche. Für den Vergleich wurden Abweichungen von einem Tag zugelassen (n = 97) 71
Abbildung 4-10: Vergleich der Aktivitätenhäufigkeit zwischen Tagebuch (TB), Mobilitätsskelett (SK) und problemzentriertem Interview (INT) (n = 38) 79
Abbildung 4-11: Modal-Split aus Querschnitterhebungen MiD 2017 und SrV 2018 für die Stadt Karlsruhe (Nobis, 2019; Stadt Karlsruhe, 2020) 87
Abbildung 5-1: Modal-Split der Mobilitätsskeletterhebung (gewichtet) im Vergleich zu verfügbaren Mobilitätserhebungen in Berlin (Gerike et al., 2019), San Francisco (SFMTA, 2017) und Shanghai (Shanghai Municipal Government, 2018) 99
Abbildung 6-1: Übersicht der konzeptionellen Ansätze in der Mobilitätsforschung 114
Abbildung 6-2: Verfahrensablauf zur A-priori-Segmentierung von Pkw-Abhängigkeitstypen 123
Abbildung 6-3: Zweidimensionale Pkw-Abhängigkeit zur Bildung von fünf Pkw-Abhängigkeitstypen 126
Abbildung 6-4: Struktur der Indikatoren der zweidimensionalen Pkw-Abhängigkeit 127

Abbildung 6-5: Individuelle Werte für die objektive und subjektive Pkw-Abhängigkeit ... 134
Abbildung 6-6: Subjektive und objektive Pkw-Abhängigkeitswerte, unterschieden nach Pkw-Abhängigkeitstypen in den drei Städten ... 139
Abbildung 6-7: Verfahrensablauf zur clusteranalytischen Typologisierung ... 156
Abbildung 6-8: Paarplot der zehn transformierten Eingangsvariablen ... 172
Abbildung 6-9: Anteil erklärter Varianz (R^2) nach Clusteranzahl und hierarchischem Segmentierungsverfahren ... 176
Abbildung 6-10: Verlauf des CCC und der Pseudo t^2-Statistik für die Bestimmung der optimalen Clusteranzahl. ... 178
Abbildung 6-11: Psychographische Profile der urbanen Mobilitätstypen ... 182
Abbildung 6-12: Variablenwichtigkeitsmaß der Eingangsvariablen (*variable importance measures*, VIM) ... 200
Abbildung 6-13: Stadtspezifische Anteile der urbanen Mobilitätstypen innerhalb der elf Cluster ... 204
Abbildung 6-14: Prozentuale Verteilung der Cluster in den Städten ... 205
Abbildung 6-15: Stadtspezifische Anteile der urbanen Mobilitätstypen innerhalb der elf Cluster mit der Berücksichtigung von München ... 217
Abbildung 6-16: Prozentuale Verteilung der Cluster in den Städten mit der Berücksichtigung von München ... 218
Abbildung 6-17: Stichprobenzusammensetzung der Pkw-Besitzer mit regelmäßiger Nutzung in München und Berlin ... 223
Abbildung 6-18: Modellspezifikation für die Identifikation psychographischer Klassen von Pkw-Besitzern ... 228
Abbildung 6-19: Spezifische Antwortprofile der sechs latenten Klassen ... 236

Abbildung 6-20: Sankey-Diagramm zum Vergleich der Aufteilung der Pkw-Abhängigkeitstypen auf die latenten psychographischen Klassen in Berlin (n = 237) ... 247

Abbildung 6-21: Übersicht der verschiedenen Segmentierungsansätze ... 250

Abbildung 6-22: Sankey-Diagramm der Segmentierungsansätzen (Berlin; n = 237) ... 252

Abbildung 7-1: Wahlmodell mit direkt in den Nutzen einbezogenen Indikatoren (psychologische Items) in Anlehnung an Ben-Akiva, Walker et al. (2002) ... 260

Abbildung 7-2: Wahlmodell mit latenten Attributen (ohne Berücksichtigung von Einstellungsindikatoren) in Anlehnung an Ben-Akiva, Walker et al. (2002) ... 261

Abbildung 7-3: Wahlmodell mit sequentieller Schätzung der Faktorenanalyse und des Wahlmodells in Anlehnung an Ben-Akiva, Walker et al. (2002) ... 262

Abbildung 7-4: Auswahl der Items zur Beschreibung der Motive der Pkw-Nutzung in Berlin und San Francisco (n = 836) ... 268

Abbildung 7-5: Modellrahmen des Hybrid-Choice-Modells in Anlehnung an Ben-Akiva et al. (1999) ... 274

Abbildung 7-6: Beispielhafte Veranschaulichung von Quasi- und Pseudo-Zufallszahlen ... 279

Abbildung 7-7: Finale Modellspezifikation des Ordered-Hybrid-Choice-Modells ... 283

Abbildung G-1: Partial-Dependency-Plots der sechs nicht-transformierten psychologischen Eingangsvariablen des Random-Forest-Modells (1) ... 402

Abbildung G-2: Partial-Dependency-Plots der sechs nicht-transformierten psychologischen Eingangsvariablen des Random-Forest-Modells (2) ... 403

Abbildung G-3: Partial-Dependency-Plots der vier nicht-transformierten verhaltensbasierten Eingangsvariablen des Random-Forest-Modells...404

Tabellenverzeichnis

Tabelle 2-1: Ausschnitt von nationalen und regionalen Mobilitätserhebungen 10

Tabelle 3-1: Itemset zu Kontrollüberzeugungen, verkehrsmittelbezogenen Einstellungen und Normen nach Hunecke et al. (2021) 38

Tabelle 3-2: Itemset zu Motiven der Pkw-Nutzung nach Steg (2005) und Riegler et al. (2016) 41

Tabelle 4-1: Bewertung der typischen Verkehrsmittelhäufigkeit in Anlehnung an Kagerbauer et al. (2014) 67

Tabelle 4-2: Soziodemographische Eigenschaften der Interviewten 73

Tabelle 4-3: Kategorisierung der artikulierten Gründe für die Abweichungen zwischen Mobilitätsskelett (SK) und Wegetagebuch (TB) anhand der qualitativen Interviews 85

Tabelle 5-1: Beschreibung der Stichproben aus Berlin, San Francisco und Shanghai (gewichtet) 97

Tabelle 6-1: Berechnung des Indikators der objektiven Pkw-Abhängigkeit 130

Tabelle 6-2: Soziodemographische und mobilitätsbezogene Unterschiede in den Pkw-Abhängigkeitstypen 137

Tabelle 6-3: Verteilung der Pkw-Abhängigkeitstypen in Berlin, San Francisco und Shanghai 141

Tabelle 6-4: Beobachtung von Übergängen des Pkw-Besitzes im MOP zwischen zwei Beobachtungszeitpunkten im Kern einer Großstadt mit mehr als 100.000 Einwohnern (n = 1.712) . 147

Tabelle 6-5: Eignung der vorliegenden Daten des UTM für eine Hauptkomponentenanalyse 165
Tabelle 6-6: Methoden zur Bestimmung der Anzahl von Hauptkomponenten 167
Tabelle 6-7: Hauptkomponentenanalyse (PCA) – Varimax-Rotation 169
Tabelle 6-8: Deskriptive Merkmalsausprägungen der elf Cluster anhand der cluster-bildenden Variablen der k-Means-Clusterlösung 181
Tabelle 6-9: Merkmalsausprägungen der elf Cluster anhand ausgewählter cluster-beschreibender Variablen 188
Tabelle 6-10: Beschreibung der elf Cluster anhand von soziodemographischen Eigenschaften und Mobilitätsverhalten 189
Tabelle 6-11: Ergebnisse einer einfaktoriellen Welch-ANOVA zur Überprüfung des Einflusses der Eingangsvariablen bei der Clusterung 193
Tabelle 6-12: Prognosegenauigkeit der Clusterlösung unter Anwendung verschiedener Verfahren 198
Tabelle 6-13: Gruppenzugehörigkeit (absolut und relativ) beim Random-Forest-Modell (Prognosegenauigkeit) 199
Tabelle 6-14: Stabilitätsprüfung der Clusterlösung der Ward- und k-Means-Methode 202
Tabelle 6-15: Vergleich der Zuordnung zu urbanen Mobilitätstypen und Pkw-Abhängigkeitstypen 215
Tabelle 6-16: Auswahlkriterien für die Auswahl der Anzahl an Klassen 231
Tabelle 6-17: Parameter der latenten Klassenanalyse mit sechs Klassen 233
Tabelle 6-18: Inaktive Kovariate der psychographischen latenten Klassen 241

Tabelle 7-1: Beschreibung der verwendeten Stichprobe aus Berlin und San Francisco (n = 836) 266
Tabelle 7-2: Hauptachsenanalyse (PAF) – Varimax-Rotation 269
Tabelle 7-3: Parameterschätzung: (A) Parameter der Strukturgleichung des Wahlmodells, (B) Parameter der Strukturgleichung der latenten Variablen 288
Tabelle 7-4: Reduziertes Modell des OHCM und Vergleich mit dem Basismodell des ORP 290
Tabelle B-1: Leitfragen des problemzentrierten Interviews 397
Tabelle C-1: Mittelwertvergleich zwischen Mobilitätsskelett und Wegetagebuch 398
Tabelle D-1: Haushaltsmerkmale der Stichproben in Berlin, San Francisco, Shanghai und München 399
Tabelle E-1: Korrelationsanalyse zwischen den 25 psychologischen Items für die Hauptkomponentenanalyse 400
Tabelle F-1: Personenmerkmale der Stichprobe in München 401

Abkürzungsverzeichnis

AIC	Akaike-Informationskriterium
ANOVA	analysis of variance
BIC	Bayes'sches Informationskriterium
CAWI	Computer-Assisted-Web-Interview
CCC	Cubic-Cluster-Criterion
GPS	Global-Positioning-System
KIT	Karlsruher Institut für Technologie
KMO	Kaiser-Meyer-Olkin-Koeffizient
LCA	latent class analysis, latentes Klassenmodell
MAR	missing at random
MIV	Motorisierter Individualverkehr
MOD	Mobility-on-Demand
MSA	Measure-of-Sample-Adequacy-Koeffizient
NAM	Norm-Aktivierungs-Modell
NMIV	Nichtmotorisierter Individualverkehr
OSM	Open-Street-Map
ÖV	Öffentlicher Verkehr
PAF	principle axis factor analysis, Hauptachsenanalyse
PAPI	Paper-und-Pencil-Interview
PBC	perceived behavioral control
PCA	principle component analysis, Hauptkomponentenanalyse
PDP	partial dependence plots
PMN	perceived mobility necessities
PsyVKN	Fragebogen zu psychologischen Einflussfaktoren der nahräumlichen Nutzung von Pkw, ÖPNV und Fahrrad
RF	Random-Forest
SAS	Statistical Analysis System, Statistik-Software
R	Statistik-Software

SK	Mobilitätsskelett
SOEP	Sozioökonomisches Panel
TB	Wegetagebuch
TPB	theory of planned behavior
TV	Typisches Verhalten
UNWTO	United Nations World Tourism Organization
VIM	variable importance measure

Mobilitätserhebungen:

MiD	Mobilität in Deutschland
MOP	Deutsches Mobilitätspanel
MPN	Netherlands Mobility Panel
MRN	Metropolregion-Rhein-Main-Erhebung
NPTS	Nationwide Person Trip Survey
SrV	System repräsentativer Verkehrsbefragungen
STGT	Stuttgart-Erhebung
UTM	Urban Travel Monitor

1 Problem- und Aufgabenstellung

Die Analyse der urbanen Mobilität gewinnt zunehmend an Bedeutung: Herausforderungen wie Flächenknappheit, Probleme des Verkehrsflusses, aber auch Umweltaspekte, wie eine ausreichende Luftqualität, sind in wachsenden Städten allgegenwärtig und lassen den Handlungsdruck auf die Entscheidungsträger zunehmend steigen. Ein wichtiger Aspekt hierbei ist der Besitz des privaten Pkw und dessen Nutzung. Scheinbar losgelöst von der Verfügbarkeit attraktiver Verkehrsalternativen in urbanen Räumen und gleichzeitig erschwerten Bedingungen für die Pkw-Nutzung ist der Pkw dennoch für die täglichen Fahrten vieler Menschen das Verkehrsmittel der Wahl. In Deutschland werden 36 % aller Wege in Metropolregionen mit dem Pkw durchgeführt (Ecke, Chlond, Magdolen, Eisenmann et al., 2019). Zudem ist die durchschnittliche Pkw-Jahresfahrleistung in urbanen Räumen vergleichbar mit der in anderen Raumtypen in Deutschland (infas et al., 2017).

Eine moderne städtische Verkehrspolitik nimmt die vielfältige Bedeutung des Pkw als flexibles Verkehrsmittel für die Alltagsmobilität ernst. Städte versuchen daher durch Intervention eine Transformation der Mobilität zu erreichen, müssen aber gleichzeitig soziale und ökonomische Nachhaltigkeit sicherstellen. Diese Herausforderung in den Städten bietet gleichzeitig der Mobilitätsindustrie die Möglichkeit, den Transformationsprozess zu unterstützen und mit bedürfnisorientierten Mobilitätsdienstleistungen Potenziale zu heben. Hierfür müssen die Städte zunächst ein verlässliches System des öffentlichen Verkehrs zur Verfügung stellen, welches die Grundversorgung der Mobilitätsbedürfnisse sicherstellt. Zusätzlich sind auch geeignete Rahmenbedingungen zu schaffen, damit neue Mobilitätsdienstleistungen dieses System komplementär ergänzen, um ein multimodales und flexibles Angebot zu ermöglichen.

Um geeignete Handlungsoptionen zu entwickeln und Potenziale einer nachhaltigen urbanen Mobilität zu heben, ist es notwendig, dass die Städte und die Mobilitätsindustrie diese vielfältigen Mobilitätsbedürfnisse der Menschen erfassen und verstehen. Hierunter fällt nicht nur die Analyse der realisierten Mobilität, sondern auch die Betrachtung potenzieller Formen des Mobilitätsverhaltens, die erst einmal nur in einem Möglichkeitsraum gedacht werden (Canzler & Knie, 2000). Das bedeutet, dass neben dem Mobilitätsverhalten auch eine detaillierte Erfassung der Mobilitätspsychologie im Rahmen einer interdisziplinären Mobilitätsforschung stattfinden muss. Diese ganzheitliche Betrachtung liefert ein besseres Verständnis der Wirkungen und Akzeptanz von potenziellen Maßnahmen. Zudem wird eine Grundlage für Zielgruppensegmentierungen und Untersuchungen von Ursachen-Wirkungs-Zusammenhängen geschaffen, welche eine ganzheitliche Analyse der urbanen Mobilität und im Besonderen der Pkw-Nutzung ermöglicht. In ähnlicher Form dient die Identifikation verschiedener Zielgruppen der Mobilitätsindustrie als Grundlage für eine Entwicklung bedürfnisorientierter Dienstleistungen, die als Schnittstelle zwischen privatem und öffentlichem Verkehr fungieren. Als Ergebnis ist eine nachhaltige und multimodale urbane Mobilität aus der gemeinsamen Schnittmenge aus den Interessen der Städte und der Mobilitätsindustrie zu erreichen.

Aus den diskutierten Aspekten ergibt sich die Notwendigkeit, die Rolle des Pkw in der urbanen Mobilität in einem internationalen Vergleich zu analysieren und die Erkenntnisse als Grundlage zur Ableitung von Interventionen und Angebotsgestaltung zu nutzen. Es stellt sich dabei die Frage, ob sich Pkw-Besitzer in der Nutzung ihrer Pkw und ihren damit verbundenen mobilitätsrelevanten Einstellungen unterscheiden. Ergänzend ist zu beantworten, welche Motive eine häufigere Pkw-Nutzung in der Stadt begründen. Für eine umfassende Bewertung der Mobilität in dieser Arbeit muss zusätzlich geklärt werden, welche Rolle die Pkw-Nutzung in verschiedenen Zielgruppen eines urbanen Mobilitätsgesamtmarktes auch in Bezug auf die Alltags- und Fernverkehrsmobilität aus einer verhaltens- und einstellungsbasierten Betrachtungsperspektive spielt.

Zur Beantwortung dieser vielfältigen Fragestellungen fehlt es in der Mobilitätsforschung bisher an einem forschungsökonomisch geeigneten Erhebungsansatz als Alternative zu etablierten Erhebungsmethoden, wie z. B. dem traditionell eingesetzten Wegetagebuch. Zur Beurteilung der Rolle des Pkw reicht es nicht aus, nur die Alltagsmobilität über einen kurzen Zeitraum zu betrachten, da die Fernverkehrsmobilität einen wichtigen Bestandteil der Gesamtmobilität von Stadtbewohnern darstellt (Magdolen, von Behren, Chlond & Vortisch, 2020). Bei der Abschätzung der Wirksamkeit von Maßnahmen oder Angebotsgestaltung ist zusätzlich eine Integration psychographischer Faktoren der Mobilität in der Bewertung anzustreben. Wenn neben der Alltagsmobilität auch die Fernverkehrsmobilität und psychographische Merkmale betrachtet werden sollen, stoßen die traditionellen Erhebungsmethoden jedoch an ihre Grenzen (z. B. durch Erhebungsaufwand und -kosten).

In dieser Arbeit wird das alternative Erhebungskonzept des Mobilitätsskeletts vorgestellt, um Mobilität ganzheitlich zu betrachten und zu verstehen. Das Ziel des Erhebungskonzepts besteht nicht in der Ablösung von etablierten Erhebungsmethoden wie Wegetagebüchern, die in der Verkehrsplanung als Grundlage von Verkehrsplanungsmodellen und für die Verkehrsstatistik zur Ableitung von Mobilitätseckwerten genutzt werden. Vielmehr ist das Mobilitätsskelett als effizienter Kompromiss zu verstehen. Das Konzept des Mobilitätsskeletts erfasst neben der Alltagsmobilität in einer „typischen" Woche als einen „Quasi-Längsschnitt" auch die seltenen Fernverkehrsereignisse, die psychographischen Merkmale und den Stellenwert von Mobility-on-Demand-Services. Im Rahmen dieser Arbeit wird der Einsatz des Mobilitätsskeletts in vielfältigen Anwendungsfällen demonstriert und der Mehrwert einer subjektiven und objektiven Betrachtung der urbanen Mobilität verdeutlicht.

Der Inhalt der Arbeit gliedert sich dabei in vier Hauptteile. Im ersten Teil (Kapitel 2) werden zunächst unterschiedliche Mobilitätserhebungen vorgestellt und deren Vor- und Nachteile diskutiert. Ergänzend findet in diesem Teil auch eine Einführung in die Mobilitätspsychologie statt. Im zweiten Teil der Arbeit wird das Konzept des Mobilitätsskeletts in Kapitel 3 vorgestellt und der Ansatz im Rahmen einer Vergleichsstudie mit dem traditionellen Wegetagebuch in Kapitel 4 validiert. Im dritten Teil findet in Kapitel 5 zunächst eine Beschreibung der Datengrundlage statt, nachfolgend werden in Kapitel 6 drei anwendungsspezifische Marktsegmentierungen vorgestellt. Im Fokus der Segmentierungen steht die zweidimensionale Betrachtung von Mobilität, die sich aus der subjektiven und objektiven Perspektive ergibt. Kapitel 7 beinhaltet eine Ergänzung zur Segmentierung, indem die Ursachen-Wirkungs-Zusammenhänge einer häufigen Pkw-Nutzung in einem neuartigen hybriden Regressionsmodell untersucht werden. Im abschließenden Teil erfolgt in Kapitel 8 eine kritische Bewertung des neuartigen Erhebungskonzepts und seiner Anwendungsfälle. Kapitel 9 schließt die Arbeit mit einer Zusammenfassung und einem Ausblick ab.

2 Grundlagen für ein vertieftes Verständnis der Mobilität

Zur Beantwortung der vorgestellten Forschungsfragen greift diese Arbeit auf das neuartige Erhebungskonzept des Mobilitätsskeletts zurück. Vor diesem Hintergrund ist zunächst zu prüfen, wie sich dieses Konzept in den Kontext bestehender Mobilitätserhebungen einordnen lässt. Neben einer Vorstellung, welche nationalen oder regionalen Mobilitätserhebungen existieren (Kapitel 2.1), wird im Speziellen beleuchtet, inwieweit diese genutzt werden können, um subjektive und objektive Faktoren der urbanen Mobilität zu untersuchen und international vergleichbar zu machen. Daneben stehen auch das Erhebungsinstrument selbst und die betrachtete zeitliche Dimension der Erhebung im Vordergrund. Ergänzend befindet sich in diesem Kapitel die Einführung in die Mobilitätspsychologie in der interdisziplinären Mobilitätsforschung (Kapitel 2.2). Hierbei werden relevante Theorien vorgestellt und Begriffe näher definiert.

2.1 Mobilitätserhebungen mit unterschiedlicher zeitlicher Dimension

Mobilitätserhebungen sind kostenaufwendig und können bei den Probanden einen hohen Erhebungsaufwand (*respondent burden*[1]) verursachen. Aus diesem Grund ist die Frage nach Effektivität und Effizienz zwingend zu stellen, vor allem vor dem Hintergrund einer mehrdimensionalen Betrachtung urbaner Mobilität als Grundlage von Marktsegmentierungsansätzen und Zusammenhängen zwischen objektiven und subjektiven Aspekten der Mobilität.

[1] Bezeichnung für die (hohe) Beanspruchung der Probanden durch eine Mobilitätserhebung

In der weltweiten Mobilitätsforschung finden sich eine Vielzahl unterschiedlicher nationaler und regionaler Mobilitätserhebungen. In dieser Arbeit wird auf relevante Studien näher eingegangen. Relevant bedeutet in diesem Zusammenhang, dass sie große Stichproben besitzen, schon mehrmals wiederholt wurden oder einen längeren Berichtszeitraum abdecken. Die Auflistung erhebt jedoch keinen Anspruch auf Vollständigkeit.
Eine Unterteilung der Erhebungsmethoden ist nach Armoogum et al. (2009) in traditionelle und innovative Methoden möglich. Unter traditionelle Erhebungsmethoden fallen die nationalen und regionalen Haushaltserhebungen mit Wegetagbüchern als zentrales Element zur Erfassung der Mobilität. Zudem unterscheiden die Autoren traditionelle Erhebungen in einem weiteren Schritt nach Quer- und Längsschnitterhebungen in Abhängigkeit des Berichtszeitraums. Die innovativen Methoden beinhalten technikgestütztes Tracking, wie z. B. über das Global-Positioning-System (GPS) oder Mobilfunk sowie weiter gefasste Erhebungsansätze, wie schematisierte Mobilitätsabfragen oder qualitative Ansätze. Chlond und Eisenmann (2018) wählen eine ähnliche Unterteilung. Sie definieren drei unterschiedliche Arten der Erfassung von Mobilitätsverhalten. Neben den Quer- und Längsschnitterhebungen mit Tagebüchern ergänzen sie die Auflistung um Ansätze des „typischen" Verhaltens. Diese Methode kann allerdings auch der schematisierten Mobilitätsabfrage zugeordnet werden. Folglich wird die Aufteilung nach Armoogum et al. (2009) zwischen „traditionellen" und „innovativen" Erhebung verwendet (siehe Abbildung 2-1). Im Folgenden werden die Möglichkeiten und Grenzen vorhandener Daten und Erhebungsmethoden vorgestellt.

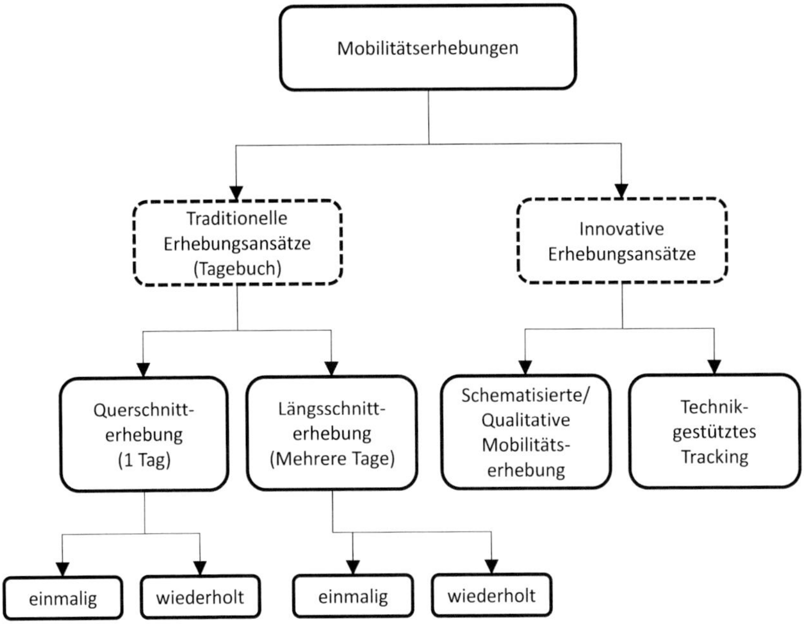

Abbildung 2-1: Kategorien für Mobilitätserhebungen in Anlehnung an Armoogum et al. (2009) und Chlond und Eisenmann (2018)

2.1.1 Traditionelle Erhebungsansätze (Tagebücher)

Ein weit verbreitetes Format bei nationalen und regionalen Haushaltsbefragungen zum Mobilitätsverhalten stellen Tagebucherhebungen dar. Es kann sich in den einzelnen Erhebungen um Wege- oder Aktivitätentagebücher handeln (FGSV, 2012b). In der Wegetagebucherhebung werden sämtliche Wege und genutzte Verkehrsmittel vollständig und chronologisch in einem definierten Zeitraum (Berichtszeitraum) erfasst.
Abhängig vom Berichtszeitraum über einen oder mehrere Tage können Tagebucherhebungen in zwei Arten unterteilt werden (Chlond & Eisenmann, 2018): Querschnitterhebungen (*cross-sectional surveys*) erfassen Mobilität über einen Tag, während Längsschnitterhebungen (*longitudinal surveys*) über mehrere Tage die Mobilität erfassen, was zusätzlich eine Betrachtung und

Analyse der intrapersonellen[2] Variation im Verhalten erlaubt (vgl. Lipps, 2001; Schlich, 2004). Eine weitere Unterscheidung ist dahingehend möglich, ob die Längsschnitterhebung in gewissen Zeitabständen mit denselben Personen wiederholt wird. Der Einsatz von Längsschnitterhebungen erfolgt häufig in Form eines Panels, bei dem dieselben Personen (Stichprobe) zu mehreren Zeitpunkten befragt werden. Die mehrfache Teilnahme ermöglicht zusätzlich eine Analyse der Stabilität des Verhaltens zwischen zwei aufeinanderfolgenden Zeitpunkten, wie zwischen zwei verschiedenen Jahren, um Verhaltensänderungen zu identifizieren (vgl. Hilgert et al., 2018).

Querschnitterhebungen

Querschnitterhebungen erfassen die Wege bzw. Aktivitäten mit einem Tagebuch über einen kurzen Zeitraum (z. B. einem Stichtag). Die Vorteile der Querschnitterhebung liegen im geringen *respondent burden* für die Probanden, da häufig nur ein Tag detailliert erhoben und die Erhebung nur um einen kurzen zusätzlichen Fragenbogen mit weiteren Detailfragen, z. B. zu soziodemographischen Eigenschaften, ergänzt wird. So können quantitative Veränderungen makroskopisch betrachtet und kollektive Phänomene identifiziert werden. Hierfür sind allerdings sehr große Stichproben notwendig. Als Ergebnisse liefert die Erhebungsmethode bei wiederholter Durchführung Durchschnitte und Entwicklungen auf Aggregatebene. Die Querschnitterhebungen sind sehr gut geeignet, um Eckwerte der Nachfrage (Aufkommen, Leistung und Mobilitätszeit) für die Verkehrsstatistik zu bestimmten Zeitpunkten angeben zu können (FGSV, 2012b).
Nachteile der Querschnitterhebungen über einen Tag ist die fehlende Eignung, die intrapersonelle Verhaltensvarianz von Personen zu erfassen. Durch das gewählte Erhebungsdesign mit einem Tagebuch über einen Tag kann fast ausschließlich nur die interpersonelle[3] Variation erfasst werden (Senbil &

[2] Variation des Verhaltens einer Person, über die betrachtete Zeitdauer
[3] Variation des Verhaltens zwischen mehreren Personen über die betrachtete Zeitdauer

Kitamura, 2009). Aussagen zur Mobilität auf dem Level der einzelnen Personen ist nur eingeschränkt möglich, da keine Längsschnittbetrachtung möglich ist.

Wiederholende Querschnitterhebungen mit großen unabhängigen Stichproben sind weitverbreitet und in der Mobilitätsforschung etabliert (siehe Tabelle 2-1). Sie dienen unter anderem als Trendstudien und werden als „Pseudo-Panels" angesehen, da anhand von Kohorten[4] Vergleiche zwischen den einzelnen Erhebungen vorgenommen werden können. Die Grundannahme ist, dass die Individuen derselben Kohorte mit vergleichbaren Biografien, Sozialisationen und Erfahrungen älter werden (Chlond & Eisenmann, 2018). In Deutschland gibt es zwei nationale wiederholende Querschnitterhebungen: Mobilität in Deutschland (MiD) und Mobilität in Städten (System repräsentativer Verkehrsbefragungen, SrV). Tabelle 2-1 zeigt eine Übersicht[5] über verschiedene nationale und regionale Quer- und Längsschnitterhebungen. Neben der Beschreibung des Berichtszeitraums, der Wiederholung und der Stichprobengröße werden auch Informationen zur Abfrage von Fernverkehrsereignissen und psychographischen Merkmalen angegeben.

[4] Kohorten sind Personengruppen, die ein wichtiges biographisches Ereignis zum selben Zeitpunkt eint.

[5] Für die Zusammenstellung der unterschiedlichen Studien wurden neben eigenen Recherchen auch die Studien von Armoogum et al. (2009), Ahern et al. (2013), Kunert et al. (2002) und Shen et al. (2016) berücksichtigt.

Tabelle 2-1: Ausschnitt von nationalen und regionalen Mobilitätserhebungen

Land/ Region	Name	Raum	Erhebungs-dauer (Mobilität)	Erhebungs-art	Startjahr (inkl. Vorversion)	Wiederholte Erhebungen	Erhebungs-methodik (letzte)*4	Mobilitäts-verhalten (Tagebuch/ Fragebogen)	Stichprobengröße (Personen (P)/ Haushalte(HH))	Psycho-graphische Merkmale	Explizite Abfrage des Fernverkehrs über Zusatzmodul*3
Deutschland	Mobilität in Deutschland (MiD)	Landesweit	1 Tag	Querschnitt	1976*1	1982, 1989, 2002, 2008 und 2017	PAPI, CAWI, CATI	Tagebuch	316.000 P / 156.000 HH	Wenige	Reisen mit Übernachtung (letzte 3 Monate)
Deutschland	Deutsches Mobilitätspanel (MOP)	Landesweit	1 Woche	Rotierendes Panel (3 J.)	1994	Jährlich	PAPI, CAWI	Tagebuch	3.118 P / 1.845 HH	Nein	Nein
Deutschland	Mobilität in Städten (SrV)	Städte	1 Tag	Querschnitt	1972*1	ca. alle 5 Jahre	CAWI, CATI	Tagebuch	186.832 P	Nein	Nein
Dänemark	Transport-vaneundersøgelsen	Landesweit	1 Tag	Querschnitt	1975*1	Jährlich	CAWI, CATI	Tagebuch	10.364 P	Nein	Nein
Frankreich	Enquête nationale transports et déplacements	Landesweit	1 Tag	Querschnitt	1959	ca. alle 10 Jahre	CAPI	Tagebuch	49.300 P	Nein	Reisen > 100 km (letzte 3 M.)
Großbritannien	National Travel Survey	Landesweit	1 Woche	Rotierendes Panel (2 J.)	1965*1	Jährlich	PAPI	Tagebuch	16.083 P / 12.852 HH	Wenige	Reisen > 50 mi (letzte 7 Tage)
Italien	Audimob	Landesweit	1 Tag	Querschnitt	2000	Jährlich	CAWI, CATI	Fragebogen	12.200 P	Nein	-
Japan	Nationwide Person Trip Survey	Städte	2 Tage*2	Querschnitt	1987	ca. alle 6 Jahre	PAPI	Fragebogen	~ 49.000 P	Ja	Nein
Kanada	Transportation Tomorrow Survey (TTS)	Regional	1 Tag	Querschnitt	1986*1	ca. alle 5-6 Jahre	CAWI, CATI	Tagebuch	395.885 P / 162.708 HH	Nein	Nein
Niederlande	Netherlands Mobility Panel (MPN)	Landesweit	3 Tage	Längsschnitt-Panel	2013	Jährlich	CAWI	Tagebuch	5.500 P / 2.500 HH	Ja	Nein
Niederlande	National Mobility Study (ODiN)	Landesweit	1 Tag	Querschnitt	1978*1	Jährlich	CAWI	Tagebuch	53.380 P	Nein	Nein
Norwegen	Norwegian National Travel Survey	Landesweit	1 Tag	Querschnitt	1984	ca. alle 4 Jahre	CATI	Tagebuch	61.400 P	Nein	Reisen > 100 km (letzter M.)
Schweden	Swedish National Travel	Landesweit	1 Tag	Querschnitt	1978	ca. alle 1-4 Jahre	CATI	Tagebuch	ca. 42.000 P.	Nein	Nein
Schweiz	Mikrozensus Mobilität und Verkehr	Landesweit	1 Tag	Querschnitt	1974	alle 5 Jahre	CATI	Tagebuch	57.090 P	Nein	Tagesreisen (letzte 14 T.); Reisen mit ÜN (letzte vier Monate)
Spanien	Encuesta de Movilidad	Landesweit	2 Tage*2	Querschnitt	2000	2006	PAPI, CATI,CAWI	Tagebuch	55.955 P / 49.027 HH	Nein	Fernreise > 50 km (1 T. im letzten M.)
USA	National Household Travel Survey	Landesweit	1 Tag	Querschnitt	1969*1	alle 5-8 Jahre	CATI, CAWI	Tagebuch	321.419 P/ 118.208 HH	Wenige	Nein (ab 2009)
USA	Puget Sound Transportation Panel	Puget Sound Region	2 Tage	Panel	1989	bis 2002 alle 1-3 Jahre	PAPI	Tagebuch	1.679 HH	Ja	Nein

*1 Unterschiedliche Vorgängerversionen, Namensänderungen; *2 Zwei getrennte Tage (Werk- und Wochenendtag); *3 Ausgeschlossen ist das Berichten von Fernreisen im Tagebuch; *4 PAPI: Paper-and-Pencil-Interview, CATI: Computer-Assisted-Telephone-Interview, CAWI: Computer-Assisted-Web-Interview

Längsschnitterhebungen

Längsschnitterhebungen liefern eine geeignete Datengrundlage, um neben der interpersonellen auch die intrapersonelle Varianz zu erfassen. Im Gegensatz zu Querschnitterhebungen ist es möglich, eine Variation in der Verkehrsmittel- oder Aktivitätenwahl zwischen mehreren Tagen zu messen. Mobilitätserhebungen mit Längsschnittcharakter sind eher die Ausnahme und weisen aufgrund der hohen Kosten auch eher geringe Stichprobengrößen auf (Mallig, 2019). Vorzugsweise hat die längsschnittorientierte Erfassung der Alltagsmobilität einen Erhebungszeitraum von sieben Tagen, um die Mobilität intrapersonell im Wochenverlauf zu analysieren. Es existieren aber auch kürzere und deutlich längere Erhebungszeiträume (FGSV, 2012b). Bei Längsschnitterhebungen kann ebenfalls zwischen einmaligen und mehrmaligen Erhebungen unterschieden werden. Bei wiederholten Erhebungen mit der gleichen Stichprobe, sogenannten Panelerhebungen, unterscheiden Sharp und Murakami (2004) zusätzlich zwischen reinen Panels und rotierenden Panels. Bei rotierenden Panels, wie dem Deutschen Mobilitätspanel (MOP), verbleiben die befragten Haushalte nur über eine bestimmte Zeit im Panel. Im MOP scheiden die Haushalte beispielsweise nach drei Jahren aus und werden durch neu rekrutierte Haushalte ersetzt. Hierdurch können Stichprobenverzerrungen und Attrition[6] zwischen Erhebungswellen reduziert werden (Armoogum et al., 2009). Bei reinen Panels, wie dem Netherlands Mobility Panel (MPN), verbleiben die Personen auf unbestimmte Zeit im Panel.

Vorteil der Längsschnitterhebungen mit Tagebüchern über mehrere Tage ist die Erfassung der Verhaltensvarianz (z. B. Multimodalität) und wichtiger Informationen, wie Wegeketteninformationen, über einen längeren Zeitraum. Neben Eckwerten der Mobilität können bei wiederholten Erhebungen in einem Panel auch individuelle Verhaltensänderungen erfasst werden. Längsschnitterhebungen haben damit eher einen explorativen Forschungscharakter und dienen weniger den Zwecken der Verkehrsstatistik. Demgegenüber

[6] Verlust von Teilnehmern zwischen Erhebungswellen, auch Mortalität genannt

stehen die Nachteile von Tagebüchern über mehrere Tage. Sie führen zu einem erhöhten Aufwand für die Befragten. Bei der Erhebung über mehrere Tage ist durch den hohen Erhebungsaufwand eine Berichtsmüdigkeit (Fatigue-Effekte) zu beobachten. Personen berichten gegen Ende der Berichtswoche tendenziell weniger Wege. In Panelstudien ist dieser Effekt der Berichtsmüdigkeit vor allem bei Personen, die erstmalig teilnehmen, sogenannten Erst-Berichtern, noch stärker sichtbar als bei Dritt-Berichtern (Chlond et al., 2013). Der Längsschnittansatz über eine Woche ist zwar hinreichend gut, um alltägliche Mobilität zu erfassen, er reicht allerdings nicht aus, um seltene – aber trotzdem regelmäßige und für die Mobilität wesentliche – Ereignisse wie z. B. Fernverkehrsereignisse ausreichend zu erheben. Eine Erweiterung der Befragung um Fernverkehrsereignisse oder auch um psychologische Items[7] ist aufgrund des schon hohen Aufwands schwierig umzusetzen. Diesem Problem begegnet das MPN, indem es den Erhebungsaufwand reduziert und nur drei Tage mit einem Wegetagebuch erfasst. Zusätzlich werden psychologische Itemsets[8] in Subgruppen eingesetzt. Kürzere Erhebungszeiträume schwächen aber die Nutzbarkeit für Längsschnittanalysen (FGSV, 2012b).

Längsschnitterhebungen mit längeren Berichtszeiträumen

Zusätzlich existieren noch Längsschnitterhebungen, welche zwar nur einmal durchgeführt werden, aber aufgrund der deutlich längeren Berichtszeiträume von Interesse für diese Arbeit sind. Ein frühes Beispiel ist die Erhebung in Uppsala (Schweden) aus dem Jahr 1971 mit einem Erhebungszeitraum von 35 Tagen. Dabei wurden jedoch nur 149 Personen befragt (vgl. Hanson & Huff, 1982). Ein weiteres Beispiel stellt die Mobidrive-Studie aus dem Jahr 1999 mit 317 Personen aus den beiden Städten Karlsruhe und Halle/Saale mit einem Berichtszeitraum von sechs Wochen dar (vgl. Axhausen et al., 2002). Im Thurgau (Schweiz) wurde 2003 ebenfalls eine Mobilitätserhebung mit 230 Personen über sechs Wochen durchgeführt (vgl. Löchl, 2005). Im Jahr 2006

[7] Items stellen Fragen oder Urteile zu formulierten Aussagen dar, die die Befragten zustimmen oder ablehnen können.

[8] Bezeichnet eine Fragebatterie mit einem Satz von Fragen (Items) zum selben Gegenstand

befragten die Berliner Verkehrsbetriebe (BVG) ausführlich 1.100 Personen über vier Wochen zu ihrer Mobilität, um detaillierte Informationen über die Nutzung des öffentlichen Verkehrs (ÖV) zu erhalten (vgl. Dähne & Rheinhold, 2008). Die Stichprobe reduzierte sich allerdings im Erhebungszeitraum durch den erhöhten *respondent burden* deutlich. Im Projekt MVChange in München mit den Münchner Verkehrsbetrieben wurden 2008 ein halbes Jahr lang 1.200 Personen einmal im Monat über eine Woche befragt (vgl. Hunecke & Manz, 2009). Bei dieser Studie wurden auch psychologische Items abgefragt, was in Verbindung mit einer längsschnittorientierten Mobilitätserhebung eher eine Ausnahme darstellt. Ziel der Studie war es, Saison- und Witterungseffekte auf die Verkehrsmittelwahl zu betrachten.
Ein eindeutiger Vorteil der längeren Berichtszeiträume von mehreren Wochen besteht in der Möglichkeit, auch seltene Fernverkehrsereignisse zu erfassen. Die vorhandenen Nachteile der Längsschnitterhebungen, wie z. B. Berichtsmüdigkeit, treten bei den längeren Berichtszeiträumen allerdings verstärkt auf.

Die unterschiedlichen Erhebungen sind nicht harmonisiert und erschweren daher eine Nutzung der verfügbaren Daten für internationale Vergleiche (Armoogum et al., 2009).

2.1.2 Innovative Erhebungsansätze

Neben dem Einsatz traditioneller Tagebücher zur Erfassung der Mobilität haben sich innovative Ansätze als Alternativen etabliert. Diese Erhebungskonzepte basieren zum einen auf einer passiven Erfassung der Mobilität (technikgestütztes Tracking) im Berichtszeitraum, zum anderen werden auch Ansätze zur schematischen oder qualitativen Erhebung von Mobilität eingesetzt.

Technikgestütztes Tracking

Die beiden bekanntesten Formen sind das satelliten- und mobilfunkgestützte Tracking. Unter Tracking wird die automatisierte Aufzeichnung der Positionsspuren eines Probanden und damit seiner Mobilität verstanden (FGSV,

2012b). In diesem Abschnitt wird lediglich auf das Tracking über Satellitenortung (GPS) eingegangen.

Die passive Erfassung hat den grundsätzlichen Vorteil, dass der Erhebungsaufwand für die Probanden erheblich reduziert wird. Dies ermöglicht die Erfassung eines längeren Erhebungszeitraums als mit traditionellen Erhebungsmethoden. Zudem können über die veränderte Erfassungsform Personenkreise gewonnen werden, welche aufgrund des Erhebungsaufwandes an traditionellen Erhebungen nicht teilnehmen. Auch die Genauigkeit der erfassten Informationen der technikgestützten Erhebung ist ein weiterer Vorteil. In Befragungen stellt ein ausführlicher Bericht des Mobilitätsverhaltens häufig eine Herausforderung für die Probanden dar, so werden beispielsweise Wegedistanzen nur grob eingeschätzt. Bei GPS-Erhebungen werden die Informationen zu Distanz, Start- und Endzeitpunkt eines Weges mit hoher räumlicher und zeitlicher Auflösung erfasst (Armoogum et al., 2009). Die automatisch durch das Tracking erfassten Wegedaten müssen in den meisten Anwendungen anschließend durch den Teilnehmer bestätigt oder korrigiert werden, wie z. B. die Verkehrsmittelnutzung auf den einzelnen Wegen. Insgesamt nimmt die Datenaufbereitung eine wichtige Rolle bei GPS-basierten Erhebungen ein, wofür aufwendige Verfahren eingesetzt werden. Die automatische Identifizierung des Wegezwecks bleibt aber ein schwer zu lösendes Problem (Oliveira et al., 2014). Ein Nachteil des Verfahrens ist, dass nur aufgezeichnet wird, wenn der GPS-Empfänger bzw. das Smartphone mitgeführt wird und eingeschaltet ist. Die größte Herausforderung dieses Ansatzes bildet der Datenschutz bzw. die datenschutzrechtlichen Bedenken der potenziellen Teilnehmer (Chlond & Eisenmann, 2018).

Eine Mobilitätsdatenerhebung mit GPS-Tracking wurde schon in verschiedenen Projekten eingesetzt. Im Jahr 2015 wurde im Projekt „multimo“ die App „modalyzer“ vom Innovationszentrum für Mobilität und gesellschaftlichen Wandel (InnoZ) entwickelt und verwendet, um die Verkehrsmittelnutzung von 1.100 Personen im Zeitraum von 14 Tagen aufzuzeichnen (vgl. Follmer et al., 2016). In der Schweiz wurden 3.700 Personen im Projekt „Mobilitätsverhalten in der Schweiz“ (MOBIS) zwischen September 2019 und Januar 2020 in einem GPS-Panel mit der Wegetagebuch-App „Catch-My-Day" getrackt (vgl. Molloy et al., 2020).

Schematisierte und qualitative Mobilitätsabfragen

Zur Reduzierung des Erhebungsaufwandes wurden von der Mobilitätsforschung alternative, vereinfachte Erhebungsformen anstelle der detaillierten längsschnittorientierten Mobilitätserhebung mit einem Tagebuch über mehrere Tage entwickelt.

Qualitative Mobilitätsabfragen
In der interdisziplinären Mobilitätsforschung werden mittlerweile auch vermehrt qualitative Ansätze als innovative Form der Mobilitätserhebung gewählt (Armoogum et al., 2009). Qualitative Studien haben zumeist keinen Anspruch repräsentativ zu sein, sie zielen eher darauf ab, kollektive Phänomene aus quantitativen Erhebungen zu erklären (Puhe et al., 2020). Für die quantitative Forschung können sie daher als Ergänzung auf verschiedenen Ebenen eingesetzt werden und liefern einen wichtigen Mehrwert für ein tieferes Verständnis von Zusammenhängen.
In der qualitativen Forschung sind Interviews, Gruppendiskussionen und partizipatorische Verfahren üblich. Die FGSV (2012a) unterscheidet bei qualitativen Interviews weiter zwischen abfragenden und aktivierenden Ansätzen. Für diese Arbeit werden nur die abfragenden Ansätze näher beschrieben, da sie auch in Kapitel 4 Anwendung finden. Unter abfragende Ansätze fallen teilstandardisierte (Leitfaden-)Interviews, problem- und themenzentrierte (Experten-)Interviews und narrative Interviews. Insgesamt liefert diese Art von Interviews Informationen über die Mobilität, die mit Tagebüchern oder einem standardisierten Fragebogen nicht erfasst werden kann. Sie dienen vorrangig dazu, die Einstellungen, das Wissen und das Verhalten von Personen zu ergründen (FGSV, 2012a). Bei der Kombination von qualitativen und quantitativen Ansätzen kann der Erklärungsgrad gesteigert werden, da die qualitativen Ergebnisse tiefere Einblicke in die Gründe des Mobilitätsverhaltens und den kontextuellen Faktoren geben. Die Methodenkombination wird genutzt, um der Komplexität der aktuellen Forschungsfragen zu entsprechen (Kuckartz,

2014). Ein aktuelles Beispiel derartiger Ansätze stellt die Studie von Puhe et al. (2020) dar. Sie untersuchen mit einem „Mixed-Method"-Ansatz von zwei qualitativen Interviews und einem Wegetagebuch über eine Woche den sozialen Prozess bei der Auswahl des Einkaufsziels.

Schematisierte Mobilitätsabfragen

Eine schematisierte Mobilitätsabfrage erfolgt mithilfe von Fragebögen anstelle von Tagebüchern. Die FGSV (2012b) beschreibt diesen Ansatz als eine konkrete Abfrage *„im Hinblick auf wiederkehrende Grundmuster der Mobilität oder zusammenfassende Indikatoren der Mobilität"*. Das Ziel der schematischen Mobilitätsabfrage ist es, die grundlegenden Rahmenbedingungen der Mobilität und die Grundmuster des Verkehrsverhaltens der Befragten zu erhalten (FGSV, 2012b).

Diese Art der Erhebung wird auch in Kombination mit Tagebüchern eingesetzt. Bei der MiD wird im Personenfragebogen abgefragt, wie häufig „in der Regel" bestimmte Verkehrsmittel genutzt werden. Durch die vereinfachte Abfrage besteht die Möglichkeit, die Verkehrsmittelnutzung über einen längeren Zeitraum als einen Tag zu erfassen. Damit werden Informationen im „Quasi-Längsschnitt" generiert. Auch das Abfragen von Wegezwecken oder Aktivitäten ist mit diesem Ansatz der Häufigkeitsabfrage möglich. Chlond und Eisenmann (2018) beschreiben diese Art der Erfassung auch als „typisches Verhalten". Es werden aber auch Begriffe, wie „üblich", „normalerweise" oder „in der Regel" verwendet. Dieser Ansatz unterscheidet sich damit deutlich von der Abfrage des „zufälligen" Verhaltens an einem bestimmten Erhebungstag, wie es im Tagebuchansatz der Fall ist.

Ein weiteres Beispiel ist das soziökonomische Panel (SOEP) in Deutschland, das auch Mobilität über eine schematische Abfrage erfasst. Neben der allgemeinen Nutzungshäufigkeit von Verkehrsmitteln wird das „typische" Verkehrsmittel für bestimmte Wegezwecke (Arbeit, Ausbildung, Einkaufen, Freizeit, Erledigungen, Service, Ausflug) abgefragt: *„Welche Verkehrsmittel verwenden Sie normalerweise für den Weg zur Arbeit oder Ausbildungsstätte?"*. Das SOEP ist keine reine Mobilitätserhebung, es werden aber mit

den Informationen auch verkehrsspezifische Analysen durchgeführt (vgl. Steiner & Cludius, 2010).
Eine schematische Befragung wird auch im Projekt „Chancen des ÖPNV in Zeiten einer Renaissance der Städte" verwendet (vgl. BMVBS, 2012). Im Rahmen des Projekts wurden 2010 in Hamburg, Leipzig und Aalen Personen zu Motiven der Wohnstandortwahl, Einstellungen zu Verkehrsmitteln und Mobilitätsverhalten befragt. Die vereinfachte Abfrage der Verkehrsmittelnutzungshäufigkeit ist an die MiD angelehnt. Zusätzlich erfolgt eine Abfrage der Wegezeiten zu Haltestellen, verschiedene Einrichtungen sowie Arbeits- und Ausbildungsplatz mit verschiedenen Verkehrsmitteln.
In einer Studie für das Umweltbundesamt untersuchen Kuhnimhof et al. (2019) das „übliche" Verhalten der Verkehrsmittelnutzung und -leistung. Im Fokus der Studie steht die Erfassung von Mobilitätsverhalten in Verbindung mit Einstellungen und Werten. Auf den Einsatz eines Tagebuchs wurde bewusst verzichtet, um das Mobilitätsverhalten von jungen Erwachsenen und Senioren zu erfassen.
Moody (2019) untersucht in einer internationalen Vergleichsstudie des Massachusetts Institute of Technology (MIT) mit 41.932 Personen aus 51 Ländern den Zusammenhang der Autoorientierung mit dem „typischen" Mobilitätsverhalten. Sie verwendet hierfür eine schematische Abfrage des „typischen" Verhaltens auf dem Weg zur Arbeit.
Der Vorteil schematisierter Mobilitätsabfragen besteht in dem vergleichsweisen geringen Aufwand für die Probanden. Der Fragebogen kann zu einem frei wählbaren Zeitpunkt von den Befragten vollständig ausgefüllt werden, was die Berichtsmüdigkeit und den Ausfall von Teilnehmern bzw. die Selektivität reduziert (FGSV, 2012b). Zudem werden Zufallseffekte im Berichtszeitraum, wie z. B. Witterung, ausgeblendet. Der Erhebungsansatz ermöglicht eine hohe Flexibilität und kann anwendungsbezogen angepasst werden. Durch den reduzierten Erhebungsaufwand können mehr zusätzliche Informationen, z. B. zu Einstellungen und Fernverkehrsereignissen, erhoben werden. Zudem sind schematische Abfragen im Gegensatz zu Tagebüchern besonders für Online-Erhebungen, auch mit dem Smartphone, geeignet, was die Erhebungskosten zusätzlich reduziert.

Der Nachteil des Ansatzes besteht im reduzierten Gehalt an Detailinformationen in Bezug auf Wege und Aktivitäten. Es liegen keine chronologischen Reihenfolgen sowie Start- und Endzeitpunkte für einzelne Wege vor. Zudem können die Ansätze i. d. R. keine intrapersonelle Varianz zwischen Tagen erfassen, wie es in Längsschnitterhebungen der Fall ist. Die Ausweisung von Mobilitätseckwerten und der Vergleich mit Tagebuch-Erhebungen ist nur begrenzt möglich (FGSV, 2012b). Derart schematisierte Abfragen ergeben daher kein detailliertes Abbild der Alltagsmobilität auf Wegeebene. Damit ist der Einsatz der Daten in Verkehrsmodellen nicht unmittelbar möglich (FGSV, 2012b). Im Vordergrund schematisierter Mobilitätsabfragen steht das „typische" bzw. „übliche" Verhalten. Zufällige Wege und verwendete Verkehrsmittel werden ausgeblendet. Chlond und Eisenmann (2018) thematisieren auch eine mögliche Überschätzung von Häufigkeiten durch eine soziale Erwünschtheit[9].

2.2 Psychologische Items in Mobilitätserhebungen

Um Mobilitätsverhalten besser zu verstehen, wurde in der Vergangenheit begonnen, weitergefasste Erklärungsperspektiven aus der Mobilitätspsychologie in der interdisziplinären Mobilitätsforschung zu berücksichtigen. Einen Grund der Einbeziehung sozialwissenschaftlicher Erkenntnisse beschreiben Götz et al. (2016). Ihrer Ansicht nach gelangt die klassische Verkehrs- bzw. Mobilitätsforschung mit ihren Annahmen, Methoden und Theorien an ihre Grenzen.

Erweiterte Betrachtungsperspektiven der Mobilität

Die Psychologie als erweiterte Perspektive befasst sich mit individuumsinternen Prozessen der Informationsverarbeitung und -bewertung, die sich aus dem realisierten Verhalten nicht erschließen lassen (Hunecke, 2015). Die Identifizierung psychologischer Veränderungspotenziale, die die Nutzung von Alternativen gegenüber dem Pkw erhöhen könnten, bietet eine hilfreiche theoretische Grundlage für so genannte „weiche" Interventionen zur Förderung

[9] Beschreibt die Tendenz eines Teilnehmenden, scheinbar gesellschaftlich akzeptierte Antworten zu geben

einer freiwilligen Verhaltensänderung hin zu nachhaltigeren Verkehrsmitteln (Fujii et al., 2001). In Studien wurde zudem belegt, dass die Einbeziehung psychologischer Faktoren als Prädiktoren die Erklärungsmodelle verbessert (vgl. Hunecke et al., 2007). Die zunehmende Bedeutung psychologischer Variablen, vor allem bei der Verkehrsmittelwahl, wird von Ashmore et al. (2017) und Hoffmann et al. (2017) ausführlich beschrieben.

Erfassung von psychographischen Merkmalen

Zur quantitativen Erfassung der psychographischen Merkmale einer befragten Person werden sogenannte Items in Fragebögen eingesetzt. Items stellen Reize dar, auf die die Befragten bei der Bearbeitung eines Fragebogens reagieren („Stimulus"). Konkreter sind Items Fragen oder Urteile zu formulierten Aussagen, die die Befragten – häufig über eine Likert-Skala[10] – zustimmen oder ablehnen können (Hussy et al., 2013). Eid et al. (2017) betonen, dass Persönlichkeitseigenschaften und Einstellungen in Fragebögen meistens über das typische Verhalten und Erleben eines Befragten definiert werden. Die Nutzung von Fragebögen hat zudem den Vorteil, dass sie forschungsökonomisch sind. Zudem erlauben sie eine Vergleichbarkeit der erhobenen Informationen über mehrere Personen, Messzeitpunkte und Durchführungskontexte hinweg (Eid et al., 2017).

Zum besseren Verständnis erfolgt im nachfolgenden Kapitel 2.2.1 in einem ersten Schritt eine Bestimmung von Begrifflichkeiten in der Mobilitätspsychologie. Im zweiten Schritt werden zwei relevante Theorien für die interdisziplinäre Mobilitätsforschung vorgestellt (Kapitel 2.2.2).

2.2.1 Kontrollüberzeugungen, Einstellungen und Normen

Als Resultat sozial- und verhaltenswissenschaftlicher Studien lassen sich vier Klassen psychologischer Faktoren des Mobilitätsverhaltens differenzieren, für

[10] Die Likert-Skala nach Likert (1932) ist eine graduelle Antwortskala und besteht überlicherweise aus fünf, sieben oder elf Merkmalsausprägungen.

die sich – unter Kontrolle von soziodemographischen, raum- und verkehrsinfrastrukturellen Merkmalen – Zusammenhänge mit unterschiedlichen Aspekten des Mobilitätsverhaltens und hier vor allem der Verkehrsmittelnutzung nachweisen lassen: Kontrollüberzeugungen, Einstellungen, Normen und Werte. Die Reihenfolge der hier genannten vier Klassen gibt die Stärke des Zusammenhanges mit der Verkehrsmittelnutzung wieder (Hunecke, 2015).

Kontrollüberzeugungen

Kontrollüberzeugungen sind subjektive Einschätzungen von Personen, die beschreiben, ob Mobilitätsziele für sie umsetzbar sind (Hunecke, 2015). Wenn Personen glauben, sie hätten aufgrund fehlender Möglichkeiten wenig Kontrolle über die Ausführung ihres Verhaltens, kann ihre Intention, ein bestimmtes Verkehrsmittel zu nutzen, gering sein, selbst wenn sie eine positive Einstellung zu diesem Verkehrsmittel haben. Es liegt dann allerdings kein selbstbestimmtes Handeln bei den Personen vor. Zur Erfassung des psychologischen Konstrukts der Kontrollüberzeugungen sind verschiedene psychologische Items entwickelt und ausführlich getestet worden. Die nachfolgend vorgestellten Konstrukte beziehen sich auf den Pkw, den ÖV und das Fahrrad. Vor allem die wahrgenommene Verhaltenskontrolle (*perceived behavioral control*, PBC) zeigt einen positiven Zusammenhang mit der Pkw-Nutzung (Hoffmann et al., 2017). In diesen Fällen entsteht für die Personen die Wahrnehmung, dass sie ihren Alltag nicht ohne Pkw gestalten können. Aber auch die Kontrollüberzeugung den ÖV nutzen zu können, eignet sich als Prädiktor für die ÖV-Nutzung (Hunecke et al., 2007; von Behren, Schubert & Chlond, 2020). Bei der Fahrrad-Nutzung spielt wiederum die Wetterresistenz eine entscheidende Rolle. Wenn Personen bei Regen nicht Fahrrad fahren, dann ist das Fahrrad an einem regnerischen Tag keine geeignete Option für ihren durchzuführenden Weg. Eine hohe Wetterresistenz kann als Prädiktor für eine häufigere Nutzung des Fahrrads in der Alltagsmobilität dienen (von Behren, Schubert & Chlond, 2020). Als weiteres relevantes Konstrukt nennt Hunecke (2015) den wahrgenommenen Mobilitätszwang (*perceived mobility necessities*, PMN). Die PMN beschreibt den Zwang im Alltag mobil zu sein, um die Anforderungen von Beruf und Haushalt zu erfüllen.

Einstellungen

Das Konzept der Einstellung beschreibt in der sozialpsychologischen Forschung die aus der Erfahrung kommende Bereitschaft Einzelpersonen, Personengruppen, Objekte der sozialen Umwelt, Situationen oder Vorstellungen zu bewerten. Eine einheitliche Definition findet sich jedoch in der Einstellungsforschung nicht (Güttler, 2003). Nach Rosenberg und Hovland (1960) manifestieren sich die Einstellungen in emotionalen, kognitiven und verhaltensbezogenen Komponenten. Einstellungen als zusammenfassende Bewertung des internen Prozesses der Informationsverarbeitung nehmen auf das Mobilitätsverhalten Einfluss. Dabei können zwischen Einstellungen und Verhalten durchaus Dissonanzen auftreten. McFadden et al. (2000) führen derartiges nicht konsistentes Verhalten auf kognitive Anomalien zurück. Festinger (1957) beschreibt den Widerspruch nach einer Entscheidung bzw. Handlung in der Theorie der kognitiven Dissonanz.

Einstellungen in der Mobilitätsforschung beziehen sich häufig auf Verkehrsmittel; damit beeinflussen diese deren Nutzung. Insbesondere die Untersuchung des Einflusses von Einstellungen zum Pkw und der tatsächlichen Nutzung ist ausführlich erforscht (vgl. Hoffmann et al., 2017). Die Meta-Analyse von Hoffmann et al. (2017) zeigt einen positiven Zusammenhang von Einstellungen zum Pkw und der tatsächlichen Nutzung. Nach diversen Studien über die zugrundeliegenden Motive für die Pkw-Nutzung identifiziert u. a. Steg (2005) drei unterscheidbare Motivklassen: instrumentelle, emotionale (affektive) und symbolische Motive, die im Zusammenhang mit der Zielabsicht bzw. dem Wunsch einer Pkw-Nutzung stehen. Die Motivklassen werden in den Kapiteln 3.1.3 und 7.1.1 noch ausführlicher beschrieben.

Hunecke (2006) unterscheidet grundsätzlich zwischen folgenden grundlegenden symbolischen Dimensionen der Mobilität: Autonomie, Erlebnis, Status und Privatheit. Die Autonomie beschreibt, ob ein Ziel oder die Alltagsmobilität mit einem bestimmten Verkehrsmittel überhaupt möglich ist. Dabei kann das Verkehrsmittel je nach Flexibilität Freiheit und Unabhängigkeit bedeuten. Das Erlebnis bezieht sich auf den hedonistischen Wert bei der Fortbewegung und hängt stark mit persönlichen Präferenzen zusammen. Der Status nimmt vielmehr die Rolle der gesellschaftlichen Anerkennung ein, die aus der Verwendung des Verkehrsmittels abgeleitet werden kann. Die Privatheit erfasst das Bedürfnis nach selbstbestimmter Privatsphäre und die Vermeidung von unerwünschtem sozialen Kontakt in Verkehrsmitteln (Hunecke, 2006). Der Unterschied der Privatsphäre wird beim Vergleich des ÖV mit dem Pkw sehr deutlich. Die Bedeutung der Privatheit wird in Kapitel 6.7.1 näher erläutert.

Normen

Normen lassen sich in der interdisziplinären Mobilitätsforschung in subjektive und personale Normen unterteilen. Die subjektive Norm zeichnet sich durch einen sozialen Erwartungsdruck von Personen bzw. sozialen Gruppen aus. Dieser Druck durch andere Personen, ein bestimmtes Mobilitätsverhalten auszuführen, wird durch ein Individuum subjektiv wahrgenommen. Für die subjektive Norm ist es ursächlich, dass die Personen bzw. soziale Gruppen auch für die eigene Person als wichtig empfunden werden. Die personale Norm stellt in der Regel die internalisierte soziale Norm dar und beschreibt eine persönliche moralische Verpflichtung, ein angemessenes Verhalten auszuführen (Hunecke, 2015). Beide Konstrukte sind in der interdisziplinären Mobilitätsforschung ausführlich empirisch untersucht (vgl. Bamberg et al., 2007; Bamberg & Schmidt, 2003; Haustein & Hunecke, 2007). Beim Umweltbewusstsein hat sich vor allem die personale ökologische Normorientierung als verhaltensrelevant erwiesen, indem sie ein ökologisch nachhaltiges Mobilitätsverhalten fördert (Hunecke et al., 2001; Magdolen, Wörle et al., 2020; Nordlund & Garvill, 2003). Insbesondere wird ein substantieller Einfluss der personalen ökologischen Normorientierung auf die Pkw-Nutzung nachgewiesen (Hunecke, 2015).

Werte

Neben den Dimensionen der Kontrollüberzeugungen, Einstellungen und Normen ist noch die vierte Dimension der Werte zu nennen. Werte haben allerdings nur eine Orientierungsfunktion und sind im Gegensatz zu den anderen drei Dimensionen nicht als Prädiktor für spezifisches Mobilitätsverhalten geeignet (Hunecke, 2015). Sie dienen vielmehr als Einflussfaktoren auf Einstellungen und Normen und werden daher nicht weiter in dieser Arbeit erläutert.

2.2.2 Psychologische Handlungsmodelle in der Mobilitätsforschung

In der sozialpsychologischen Forschung werden Modelle eingesetzt, um den Zusammenhang zwischen Einstellungen, Normen sowie Kontrollüberzeugungen und Verhalten zu untersuchen. Ein Verhalten entsteht nicht nur aus der rationalen Vorteilhaftigkeit (z. B. kürzere Reisezeit), sondern als Ergebnis einer Entscheidung, die durch individuelle psychologische Faktoren beeinflusst wird. Daher werden in der interdisziplinären Mobilitätsforschung auch sozialpsychologische Theorien genutzt, um eine ganzheitliche Betrachtung von Mobilitätsverhalten zu gewährleisten. Durch die umfassende Betrachtung können auch gezielte Maßnahmen konzipiert werden, die das Mobilitätsverhalten beeinflussen (van Acker et al., 2010).
Die beiden bekanntesten sozialpsychologischen Handlungsmodelle sind die „Theorie des geplanten Verhaltens“ (*theory of planned behavior*, TPB) nach Ajzen (1991) und das „Norm-Aktivierungs-Modell“ (*norm activation modell*, NAM) nach Schwartz (1977). In erster Linie handelt es sich dabei um Modelle, bei denen die kausale Wirkung von Konstrukten im Mittelpunkt des Entscheidungsprozesses steht.

Die Theorie des geplanten Verhaltens (TPB)

Die TPB stellt eine Weiterentwicklung der „Theorie des überlegten Handelns“ (*theory of reasoned action*) nach Fishbein und Ajzen (1975) dar. Zusätzlich zu den bereits enthaltenen psychologischen Konstrukten Einstellung, subjektive Norm und Intention wurde das TPB um die wahrgenommene Verhaltenskontrolle ergänzt (siehe Abbildung 2-2). Bei der Anwendung der TPB hängt das tatsächliche Mobilitätsverhalten von der Stärke der Intention, ein bestimmtes Verkehrsmittel zu nutzen, und dem Ausmaß der wahrgenommene Verhaltenskontrolle ab (Hunecke, 2015). Beispiele für die Anwendung des TPB in der interdisziplinären Mobilitätsforschung finden sich in einer Vielzahl von Studien (vgl. Armitage et al., 2013; Bamberg & Schmidt, 2003; Gardner & Abraham, 2010; Haustein & Hunecke, 2007; Heath & Gifford, 2002; Kerr et al., 2010). Diese weisen eine starke empirische Evidenz der Theorie nach.

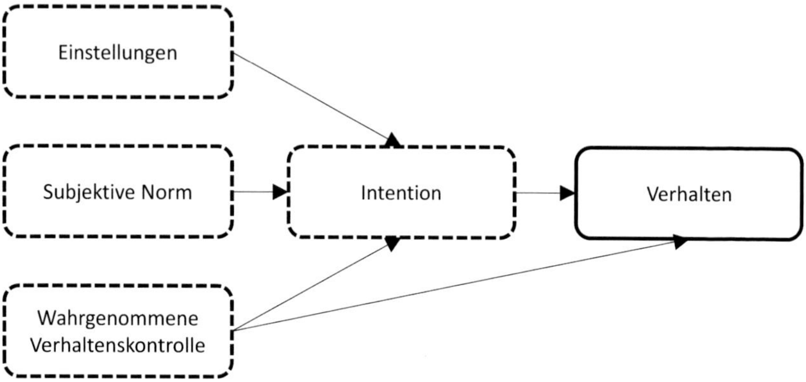

Abbildung 2-2: Pfadmodell der Theorie des geplanten Verhaltens in Anlehnung an Madden et al. (1992)

Verplanken und Aarts (1999) untersuchen zusätzlich die Gewohnheit (*habits*) als Randbedingung des geplanten Verhaltens und zeigen, dass die Existenz einer gewohnheitsmäßigen Denkweise eine Verarbeitung von neuen Informationen verringert. Dies wiederum führt zur Beibehaltung des gewohnheitsmäßigen Verhaltens.

Das Norm-Aktivierungs-Modell (NAM)

Das NAM besitzt einen anderen Fokus als das TPB und unterscheidet sich hinsichtlich der zentralen psychologischen Bewertungsdimensionen. Im NAM steht die personale Norm im Zentrum, der eine verhaltensrelevante Funktion zugeschrieben wird (siehe Abbildung 2-3). Die personale Norm, auch Verantwortungsnorm genannt, kann ein Gefühl der moralischen Verpflichtung aktivieren, das ein ökologisch nachhaltiges Mobilitätsverhalten fördert (Hunecke,

2015). Das NAM wurde in verschiedenen Studien empirisch überprüft und in unterschiedlichen Anwendungen erweitert (Hunecke et al., 2001; Nordlund & Garvill, 2003).

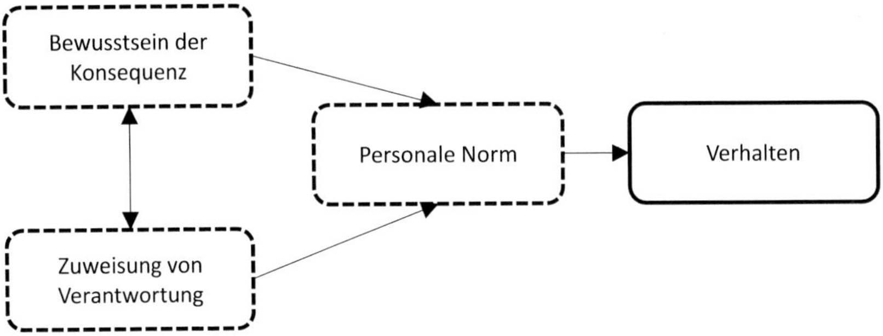

Abbildung 2-3: Pfadmodell des Norm-Aktivierungs-Modells nach Schwartz (1977)

Das integrative Modell aus TPB und NAM

Es existieren Studien, bei denen ein integratives Modell aus TPB und NAM eingesetzt wird (vgl. Bamberg et al., 2007). In diesem integrativen Modell werden die psychologischen Konstrukte aus dem TPB (Intention, wahrgenommene Verhaltenskontrolle, subjektive Norm) mit Konstrukten aus dem NAM (personale Norm, ökologische Schuldgefühle, Bewusstsein der Konsequenzen und Problemwahrnehmung) kombiniert. Im Zentrum des integrativen Modells steht die Intention als Verhaltensprädiktor, ähnlich zur TPB.

Abschließend kann festgehalten werden, dass in der sozialpsychologischen Forschung eine Reihe von psychologischen Konstrukten existieren, die empirisch überprüft und für einen Einsatz in der interdisziplinären Mobilitätsforschung geeignet sind.

2.3 Zusammenfassung

Zusammenfassend können drei wesentliche Aspekte hinsichtlich bestehender Mobilitätserhebungen festgehalten werden:

1. Traditionelle Erhebungsmethoden im Quer- und Längsschnitt stoßen an die Grenzen ihrer Aussagekraft auf individueller Ebene. Querschnitterhebungen, wie z. B. die MiD, erfüllen eher den Anspruch der Führung einer Verkehrsstatistik und dienen weniger einer individuellen Mobilitätsanalyse von Personen. Mobilitätserhebungen mit Längsschnittcharakter dienen zwar als exploratives Instrument zur Betrachtung intrapersoneller Variabilität, um Multimodalität und eine differenzierte Aktivitätenwahl in der Alltagsmobilität abzubilden, unterliegen aber gleichzeitig einem hohen *respondent burden*.

2. Die nicht alltägliche Mobilität (Fernverkehrsmobilität) wird in den meisten Mobilitätserhebungen nicht oder nur zufällig im Berichtszeitraum erfasst.

3. Für eine Vielzahl von Studien im Mobilitätsbereich konnten psychologische Itemsets erfolgreich eingesetzt und deren Mehrwert empirisch nachgewiesen werden, wie z. B. der starke Zusammenhang zwischen der Wetterresistenz und der Fahrrad-Nutzung oder die personale ökologische Normorientierung als verhaltensrelevanter Einflussfaktor.

Die Kombination von Wegetagebüchern im Längsschnitt und umfassenden psychologischen Itemsets kann eine ganzheitliche Betrachtung alltäglicher Mobilität liefern. Der Nachteil dieser Ansätze besteht in der weiteren Erhöhung des *respondent burden* für die Probanden, was die Berichtsmüdigkeit und Nichtbeantwortung von Fragen weiter fördert (Chlond et al., 2013). Zusätzlich kann dies auch zu einer erhöhten Selektivität bei der Auswahl der Teilnehmenden führen, da eine hohe Motivation für die Teilnahme notwendig ist. Um eine brauchbare Stichprobe zu erhalten und eine Selektivität bei den Probanden zu vermeiden, können somit die Rekrutierungskosten erheblich steigen, da mehr Personen angeworben werden müssen (Kuhnimhof et al., 2006).

Der erhöhte *respondent burden* bedeutet eine erhebliche Einschränkung für die Forschung und die Anwendung solcher umfassenden Ansätze in der Praxis. Es fehlt also ein praxisorientierter Ansatz, der eine ganzheitliche Betrachtung von alltäglichem und nicht alltäglichem Mobilitätsverhalten ermöglicht und darüber hinaus auch psychographische Merkmale berücksichtigt. Für die Anwendung in Forschung und Mobilitätsindustrie besteht für die Beantwortung unterschiedlicher Fragestellungen, die die Mobilität auf individueller Ebene betreffen, ein hoher Bedarf an einem effizienten längsschnittorientierten Erhebungsansatz mit einem reduzierten *respondent burden*.

Als zentrales Element dieser Arbeit werden nachfolgend die Konzeption eines Alternativansatzes für eine integrierte Erfassung der Alltags- und Fernverkehrsmobilität in Kombination mit psychographischen Merkmalen vorgestellt und verschiedene Anwendungsfälle des entwickelten Erhebungsansatzes im Detail beschrieben.

3 Das Mobilitätsskelett als neuartiges Erhebungskonzept

Die Konzeption eines alternativen Erhebungsansatzes für die längsschnittorientierte Erfassung von Mobilitätsverhalten im Alltag unter Berücksichtigung des Fernverkehrs sowie von psychographischen Merkmalen stellt eine Herausforderung dar. Bei der Erhebungskonzeption muss vor allem die Belastung für die Befragten berücksichtigt werden: Je komplexer und anspruchsvoller eine Erhebung für die Befragten ist, desto höher ist in der Regel die Nichtbeantwortung (Kuhnimhof et al., 2006). Eine Alternative zum traditionellen Wegetagebuch über eine Woche zur Reduzierung des Erhebungsaufwandes wird von Lipps (2009) vorgeschlagen. Er empfiehlt die Erweiterung des MOP um eine vierte Welle durch die Anwendung einer schematisierten Mobilitätsabfrage. Mithilfe dieser Abfrage *„[...] könnte eine Art „typisches Tagesmuster" oder auch „Mobilitätsskelett" erfragt werden"* (Lipps, 2009). Für diese Art der Mobilitätserfassung wäre kein Tagebuch notwendig, sondern einmalig ergänzende Fragen über das „typische" Mobilitätsverhalten. Die verhaltenstheoretische Begründung für die Existenz habitualisierten bzw. typischen Verhaltens besteht in der grundlegenden Annahme, *„[...] dass das Individuum bei gleichbleibenden äußeren Umständen bestrebt ist, im Rahmen eines bestimmten Zyklus ein etabliertes Verhaltensschema zu wiederholen, das sich in der Vergangenheit bewährt hat"* (Lipps, 2001). Auch Mallig (2019) sieht die Möglichkeit der Erfassung von Gewohnheiten bzw. Präferenzen bei der Verkehrsmittelwahl durch den Einsatz eines Mobilitätsskeletts.

Die grundlegende Idee des Mobilitätsskeletts von Lipps (2009) und die Erkenntnisse zur schematisierten Mobilitätsabfrage aus Kapitel 2.1.2 dienen in der vorliegenden Arbeit als Grundlage für die Konzeption des verwendeten Mobilitätsskeletts. Die Bezeichnung des Ansatzes als Mobilitätsskelett rührt daher, dass es lediglich den Anspruch erhebt, das individuelle Grundgerüst der Alltagsmobilität von Personen abzubilden. Die Idee, sich nur auf ein Skelett der Alltagsmobilität zu konzentrieren oder dieses im Mobilitätsverhalten der Personen zu identifizieren, findet sich auch in anderen Studien in der Literatur wieder (vgl. Dianat et al., 2017; Doherty et al., 2002; Joh et al., 2007; Lipps, 2001; Saneinejad & Roorda, 2009).

Zusätzlich schafft die Reduktion des Erhebungsaufwandes durch den schematisierten Ansatz gegenüber einem Wegetagebuch im Längsschnitt die Grundlage, um weitere Aspekte der Mobilität gleichzeitig mit zu erfassen. Inhaltlich erfolgt nicht nur die Erfassung von „typischem" Mobilitätsverhalten im Alltag, sondern es werden weitere Grundmodule ergänzt. Die nachfolgend verwendete Bezeichnung „Mobilitätsskelett" bezieht sich allerdings auf die Gesamtheit des Ansatzes mit allen integrierten Modulen (siehe Kapitel 3.1), auch wenn sich die ursprüngliche Skelett-Idee nur auf die schematisierte Abfrage der Alltagsmobilität bezieht. Die einzelnen Module werden im nachfolgenden Kapitel 3.1 vorgestellt. Des Weiteren wird in Kapitel 3.2 die Erhebungsmethodik und die Mindeststichprobengröße erläutert. Abschließend werden die Anwendungsfälle vorgestellt (Kapitel 3.3).

3.1 Module des Mobilitätsskeletts

Das Mobilitätsskelett enthält die folgenden fünf Module:

- Alltagsmobilität
- Fernverkehrsmobilität
- Psychographische Merkmale
- Soziodemographische und -ökonomische Eigenschaften
- Technikaffinität

Eine Übersicht über die Module ist in Abbildung 3-1 dargestellt. Die Grundmodule Alltagsmobilität, Fernverkehrsmobilität und psychographische Merkmale werden in den nachfolgenden Abschnitten ausführlich beschrieben.

Das Grundmodul der soziodemographischen und -ökonomischen Eigenschaften beinhaltet übliche Fragen eines Haushalts- und Personenfragebogens

(z. B. Merkmale zu Haushaltsgröße, Einkommen, Alter, Geschlecht, Schulabschluss) (vgl. Schnabel & Lohse, 2011). Durch die Abfrage der PLZ des Wohn- und Arbeitsorts, ist eine Zuordnung raumstruktureller Eigenschaften für die Analyse möglich.

Das Zusatzmodul Technikaffinität ist ein flexibles Modul, welches je nach Anwendungsfall des Ansatzes ausgetauscht werden kann. In der Grundform liegt der Fokus auf Fragen zur Nutzung von Mobility-on-Demand-Diensten (MOD) oder der Verwendung von mobilitätsbezogenen Apps. In einer weiteren Anwendung wurde auch die Abfrage von E-Commerce (z. B. Nutzung von Lieferdiensten und Online-Shopping) fokussiert (Bönisch et al., 2020).

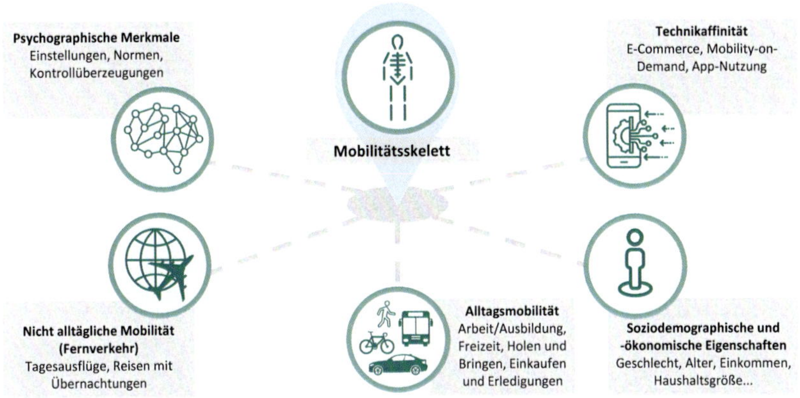

Abbildung 3-1: Übersicht der Module des Mobilitätsskeletts mit beispielhafter Darstellung der Modulinhalte

3.1.1 Alltagsmobilität

Der längsschnittorientierte Ansatz im Mobilitätsskelett erfolgt durch eine schematisierte Abfrage des Mobilitätsverhaltens in einer „typischen" Woche. Damit orientiert sich der Ansatz einerseits am MOP und andererseits an den Vorüberlegungen von Lipps (2009). Anstatt Personen in einer zufälligen Woche chronologisch nach jedem einzelnen Weg zu fragen, werden nur relevante Aktivitäten und die dazugehörige Verkehrsmittelwahl in einer „typischen" Woche abgefragt. Dadurch entsteht ein „Quasi-Längsschnitt"-Ansatz. Die Woche ist eine geeignete Zeiteinheit, *„[...] da viele Aktivitäten und damit verbundene Mobilitätsmuster im Wochenrhythmus wiederkehren"* (Nobis & Kuhnimhof, 2017). Die Betrachtung eines typischen Tages ist nicht ausreichend, da die Ähnlichkeit zu anderen Tagen nur gering ist. Es gibt folglich nicht „den" typischen Tag (Schlich et al., 2000; F. Zhao et al., 2015).

Abgrenzung und Definition der alltäglichen Mobilität

Die schematische Mobilitätsabfrage konzentriert sich auf das Grundgerüst der Alltagsmobilität, wird aber um eine detaillierte Erfassung der nicht alltäglichen Mobilität ergänzt (siehe Abbildung 3-2). Die Alltagsmobilität unterteilt sich in eine Zwangsmobilität sowie eine fakultative Mobilität (Beckmann, 2001; Hilgert et al., 2018; Wittwer, 2014). Die Zwangsmobilität ist notwendig, um den Alltag zu organisieren. Hier herrscht eine reduzierte Handlungs- und Entscheidungsfreiheit durch Restriktionen im beruflichen, familiären oder sozialen Umfeld (Wittwer, 2014). Diese Zwangsmobilität können Arbeits- und Ausbildungswege sein. Die fakultative Mobilität hingegen hat mehr Freiheitsgrade und unterliegt deshalb auch weniger Routinen im Alltag, als es bei den wiederkehrenden Pflichtaktivitäten der Fall ist.

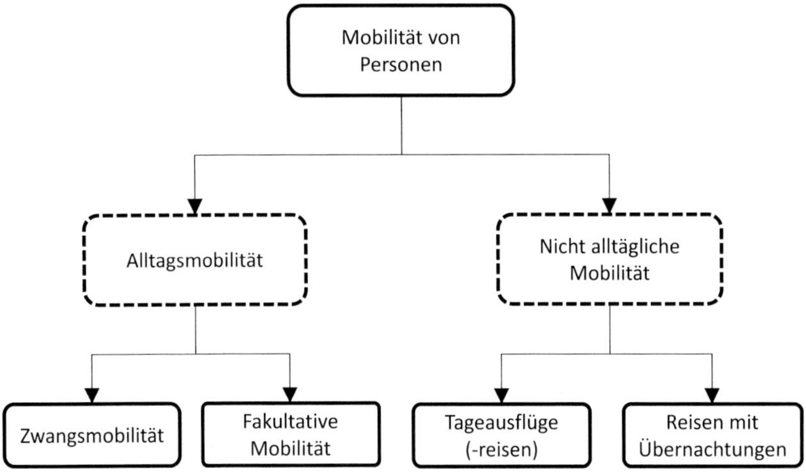

Abbildung 3-2: Alltägliche und nicht alltägliche Mobilität von Personen in Anlehnung an Wittwer (2014)

Die Idee der Alltagsmobilität wird in Abbildung 3-3 schematisch dargestellt und nachfolgend näher erläutert. Die schematische Abfrage der Alltagsmobilität zielt auf Wege im räumlichen Bereich des alltäglichen und gewohnten Umfelds ab (graue Ellipse). Hierbei spielen vor allem Lebenspole eine entscheidende Rolle. Bei Berufstätigen oder Personen in Ausbildung besteht ein bipolares Einzugsgebiet zwischen Arbeits- bzw. Ausbildungsstandort und dem Wohnstandort (rote Punkte). Personen nutzen die Strukturpotenziale an beiden Lebenspolen (Schnabel & Lohse, 2011). Durch die Wege zu diesen Polen aufgrund der Pflichtaktivitäten entsteht folglich ein ellipsenförmiges Einzugsgebiet, in dem eine Vielzahl von Wegen der Person im Alltag stattfinden (rote Ellipse). Nicht-erwerbstätige Personen haben i. d. R. eine Konzentration von Nahbereichswegen am Wohnort (grüne Ellipse). Ergänzt werden die beiden zentralen Pole um wiederkehrende Aktivitäten im Alltag. Im Mobilitätsskelett werden hierbei maximal vier weitere Aktivitätenbereiche im Alltag zusätzlich zur Aktivität Arbeit bzw. Ausbildung detailliert betrachtet: Freizeit, Holen und Bringen von Personen, Erledigungen und Einkaufen. Diese Aktivitäten können in der roten Ellipse liegen oder den Bereich der Alltagsmobilität individuell erweitern (graue Ellipse).

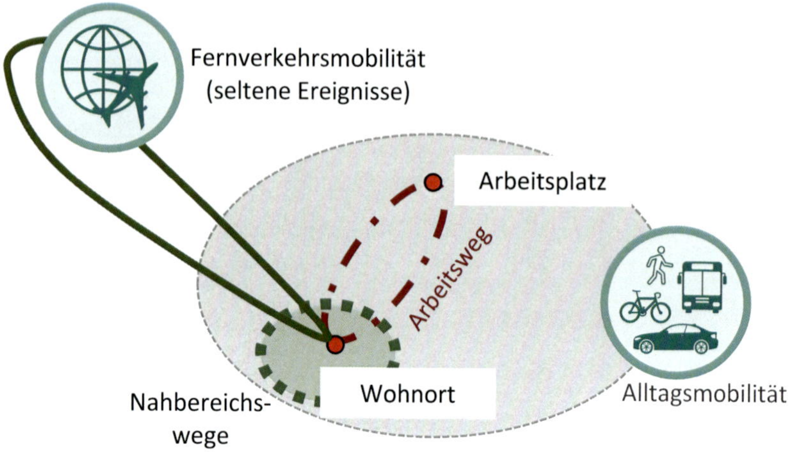

Abbildung 3-3: Abgrenzung zwischen Alltags- und Fernverkehrsmobilität im Mobilitätsskelett in Anlehnung an Chlond (2014)

Schematisierte Abfrage der Aktivitätenbereiche

Die Abfrage der Alltagsmobilität im Mobilitätsskelett wird auf unterschiedliche Weise realisiert. Um beispielsweise die Arbeitsaktivität im Mobilitätsskelett zu erfassen, werden die Personen über deren Häufigkeit in der Woche befragt: *„An wie vielen Tagen pro Woche arbeiten Sie in der Regel?“*. Zudem wird die Stabilität bzw. Variabilität durch die Häufigkeit von Home-Office-Tagen im Monat und spezifischen Arbeitszeitmodellen (z. B. Gleitzeit) erfasst. Zusätzlich werden die Entfernung und die Reisezeit zum Arbeitsplatz abgefragt: *„Welche Distanz legen Sie auf einem einfachen Weg von Zuhause zu Ihrem Arbeitsplatz zurück? Wie lange dauert dieser einfache Weg von Zuhause zu Ihrem Arbeitsplatz?“*. Die Abfrage der Verkehrsmittelnutzung berücksichtigt auch Multi- und Intermodalität auf dem Weg zur Arbeit: *„Welche Verkehrsmittel nutzen Sie auf dem Weg zu Ihrem Arbeitsplatz normalerweise?*

Bitte geben Sie alle Verkehrsmittel an, die Sie auf einem einfachen Weg nutzen, z. B. Fahrrad + ÖV + Fußweg". Bei einer Variation der Verkehrsmittel auf dem Arbeitsweg wird zusätzlich eine weitere Option abgefragt: *„Welche Verkehrsmittel nutzen Sie alternativ auf dem Pendelweg zu Ihrem Arbeitsplatz?"*. Zusätzlich wird auch die Attraktivität nicht verwendeter Verkehrsmittel für den Pendelweg erfasst: *„Wie lange würde die Fahrt mit dem öffentlichen Fern- oder Nahverkehr (ÖV) bis zu Ihrem Arbeitsplatz dauern?"*. Auf ähnliche Weise erfolgt die Abfrage der anderen Aktivitätenbereiche (vgl. Fragenbogen im Anhang A).

Allgemeine Verkehrsmittelnutzung

Die Erfassung der Verkehrsmittelnutzung in den verschiedene Aktivitätenbereichen wird um die Verkehrsmittelmatrix für die übliche Verkehrsmittelnutzung ergänzt (*„Bitte geben Sie an, wie häufig Sie üblicherweise die folgenden Verkehrsmittel nutzen"*). Dieses Instrument dient der allgemeinen Erfassung der Nutzung unterschiedlicher Modi und kann zudem als Kontrolle für die Verkehrsmittelnutzung in den einzelnen Aktivitätenbereichen dienen.

Zusammenfassend stellt die schematische Abfrage der Alltagsmobilität im Mobilitätsskelett einen geeigneten Kompromiss zwischen dem erforderlichen Detaillierungsgrad und dem angemessenen Aufwand zur Erfassung des Mobilitätsverhaltens im Alltag dar.

3.1.2 Fernverkehrsmobilität

Die Abgrenzung des nicht alltäglichen Fernverkehrs (dunkelgrüne Ellipse) zum Mobilitätsverhalten im Alltag (graue Ellipse) wird ebenfalls in Abbildung 3-3 dargestellt.

Die Erfassung seltener Ereignisse kann prospektiv oder retrospektiv erfolgen. Dabei ist ein Betrachtungszeitraum von acht bis zwölf Wochen nach FGSV (2012b) als angemessen zu betrachten. Ein retrospektiver Ansatz findet sich auch in der MiD (siehe Tabelle 2-1) und in der Fernverkehrserhebung

INVERMO[1]. Das Basisinterview bei INVERMO enthält eine retrospektive Erfassung von Fernreisehäufigkeiten sowie der letzten drei Reisen im Detail (vgl. Zumkeller, Manz et al., 2005). Abhängig vom Reisezweck wird ein Zeitraum von drei Monaten bei Tagesausflügen bzw. von zwölf Monaten bei Reisen mit Übernachtungen abgefragt. Bei INVERMO werden nur Fernreisen mit einer Mindestdistanz von 100 Kilometern erfasst. Die Übersicht der regionalen und nationalen Erhebungen in Tabelle 2-1 verdeutlicht aber, dass die Kilometergrenze für den Fernverkehr sehr unterschiedlich definiert wird und keine einheitliche Entfernungsschwelle existiert.

Abgrenzung und Definition der nicht alltäglichen Mobilität

Das Mobilitätsskelett orientiert sich am retrospektiven Ansatz des Basisinterviews von INVERMO. Hierdurch können im Mobilitätsskelett durch einmalige Ansprache der Probanden die Fernverkehrsereignisse abgefragt werden. Im Mobilitätsskelett wird jedoch auf die Einschränkung von 100 Kilometern verzichtet und stattdessen die Definition der United Nations World Tourism Organization (UNWTO) angewendet, um diese Fernverkehrswege von der Alltagsmobilität abzugrenzen. Diese Definition spezifiziert Aktivitäten, die außerhalb der gewohnten Umgebung (d.h. außerhalb der Alltagsmobilität) einer Person stattfinden, als Tourismus (vgl. EUROSTAT, 2013; UNWTO, 2007). Auch Magdolen, Ecke et al. (2020) folgen dieser Unterscheidung des gewohnten Umfelds bei der Identifizierung nicht-routinemäßiger Wege aus dem Wegetagebuch des MOP.

Schematisierte Abfrage der nicht alltäglichen Mobilität

Der Abschnitt zur Fernverkehrsmobilität im Fragebogen des Mobilitätsskeletts wird in Anlehnung an die Definition der UNWTO mit der folgenden Unterscheidung eingeführt: *„In diesem Abschnitt geht es um Unternehmungen, die sich außerhalb Ihrer Alltagsmobilität erstrecken z. B. Wochenendausflüge oder Urlaube"*. Zusätzlich werden die Fernverkehrsereignisse, wie in

[1] INterMOdale VERnetzung

INVERMO, in Tagesausflüge und Reisen mit Übernachtungen unterteilt (vgl. Abbildung 3-2).
Zunächst wird im ersten Teil die Häufigkeit von Tagesausflügen in den letzten drei Monaten abgefragt („*Wie viele Tagesausflüge haben Sie in den letzten drei Monaten gemacht?*“). Anschließend werden maximal die letzten zwei Tagesausflüge im Detail (Zeitraum, Distanz und Verkehrsmittel) betrachtet.
Im zweiten Teil werden die Reisen mit Übernachtung betrachtet. Zu diesen zählen Urlaubsreisen, aber auch kürzere Reisen, die in der Regel mit Übernachtung außer Haus stattfinden, wie z. B. Besuche von Bekannten oder Städtereisen. Zuerst wird nach der Häufigkeit in einem Jahr gefragt („*Wie häufig pro Jahr verreisen Sie privat mit Übernachtung?*“ *(keine Geschäftsreisen)*). Danach werden auch hier Detailinformationen von maximal den letzten drei Reisen mit Übernachtung abgefragt.

Zusammenfassend liegen somit Informationen über die Gesamtzahl an Fernreisen im Jahr vor sowie Detailinformationen über maximal zwei Tagesausflüge und drei Reisen mit Übernachtung (siehe Anhang A). Mit dem Mobilitätsskelett ist es folglich möglich, die Reiseintensitäten für eine längsschnittorientierte Betrachtung abzuleiten.

3.1.3 Psychologische Items

Als Ergänzung zum Mobilitätsverhalten werden im integrativen Erhebungsansatz des Mobilitätsskeletts zwei erprobte Itemsets zur Erfassung von psychologischen Konstrukten berücksichtigt.

Fragebogen zu psychologischen Einflussfaktoren der Nutzung von Pkw, ÖPNV und Fahrrad (PsyVKN)

Als ein zentrales Element im Mobilitätsskelett wird das Itemset in Form eines Fragebogens zur Erfassung intrapsychischer Bewertungsprozesse der Verkehrsmittelnutzung (PsyVKN) integriert (vgl. Hunecke et al., 2021). Das Itemset enthält Kontrollüberzeugungen, verkehrsmittelbezogene Einstellungen sowie Normen und wurde schon in einer Vielzahl von Studien in vergleichbarer Form eingesetzt (vgl. Haustein & Hunecke, 2007, 2013; Hunecke et al., 2010; Hunecke et al., 2020; Hunecke & Haustein, 2007; Hunecke & Manz, 2009). Über die verschiedenen Studien hinweg wurden die Items in ihrer Formulierung optimiert und auch schon in diversen Sprachen getestet (Hunecke et al., 2021). Die in dieser Arbeit verwendete Version des PsyVKN basiert auf Items, die konsistent psychologische Konstrukte erfassen können und sich zudem als geeignete Prädiktoren für die Verkehrsmittelnutzung empirisch bewährt haben.

Das eingesetzte Itemset im Mobilitätsskelett besteht aus 27 psychologischen Statements, die auf der Grundlage einer 5-stufigen Likert-Skala ("Trifft nicht zu" bis "Trifft zu") von Probanden bewertet werden. Das Itemset ist in Tabelle 3-1 gelistet. Es hat den Vorteil, dass es neben der Betrachtung des Pkw auch einen starken Fokus auf nachhaltige Verkehrsmittel, wie den ÖV und das Fahrrad, legt. Die verschiedenen psychologischen Dimensionen, wie in Kapitel 2.2 beschrieben, werden umfassend berücksichtigt und bilden eine geeignete Grundlage für vielfältige Analysen.

Tabelle 3-1: Itemset zu Kontrollüberzeugungen, verkehrsmittelbezogenen Einstellungen und Normen nach Hunecke et al. (2021)

Kategorie	**Akronym**	**Items**
Soziale Norm (SN)	SN1	Menschen, die mir wichtig sind, denken, dass ich anstatt des Pkw öffentliche Verkehrsmittel nutzen sollte.
	SN2	Menschen, die mir wichtig sind, finden es gut, wenn ich für meine Wege im Alltag anstatt des Pkw öffentliche Verkehrsmittel nutzen würde.
Personale Norm (PN)	PN1	Ich fühle mich aufgrund meiner Prinzipien persönlich verpflichtet, auf meinen Wegen im Alltag umweltfreundliche Verkehrsmittel zu benutzen.
	PN2	Ich fühle mich verpflichtet, durch die Wahl meiner Verkehrsmittel einen Beitrag zum Klimaschutz zu leisten.

Fortsetzung nächste Seite...

... Fortsetzung

Wahrgenommene Verhaltenskontrolle (PBC)	PBC1	Für mich ist es schwer, die Wege in meinem Alltag mit öffentlichen Verkehrsmitteln anstatt mit dem Pkw zurückzulegen.
	PBC2	Wenn ich will, ist es einfach für mich, öffentliche Verkehrsmittel anstatt des Pkw für meine Wege im Alltag zu nutzen.
Autonomie PKW (AutoPKW)	AutoPKW1	Auto fahren bedeutet für mich Freiheit.
	AutoPKW2	Ich kann meinen Alltag sehr gut ohne Auto gestalten.
Erlebnis PKW (ErlPKW)	ErlPKW1	Autofahren bedeutet für mich Spaß und Leidenschaft.
	ErlPKW2	Mein fahrerisches Geschick beim Autofahren anwenden zu können, macht mir Spaß.
Privatheit PKW (PrivPKW)	PrivPKW1	Wenn ich im Auto sitze, fühle ich mich sicher und geschützt.
Autonomie ÖV (AutoOEV)	AutoOEV1	Ich kann das, was ich tun will, mit öffentlichen Verkehrsmitteln erledigen.
Erlebnis ÖV (ErlOEV)	ErlOEV1	Ich schätze die öffentlichen Verkehrsmittel, weil es dort meistens etwas Interessantes zu beobachten gibt.
	ErlOEV2	Ich kann die Fahrzeit in Bus und Bahn gut für andere Dinge nutzen.
	ErlOEV3	Ich fahre gerne mit Bus und Bahn, weil ich mich dabei nicht auf den Verkehr konzentrieren muss.
	ErlOEV4	In öffentlichen Verkehrsmitteln kann ich gut entspannen.
Privatheit ÖV (PrivOEV)	PrivOEV1	In öffentlichen Verkehrsmitteln kommen mir Personen auf unangenehme Weise zu nahe.
	PrivOEV2	In öffentlichen Verkehrsmitteln wird meine Privatsphäre auf unangenehme Weise eingeschränkt.
Intention ÖV (IntOEV)	IntOEV1	Meine Absicht ist es, die öffentlichen Verkehrsmittel anstatt des Pkw für meine Wege im Alltag zu nutzen.
	IntOEV2	Ich habe mir vorgenommen, meine Wege im Alltag mit Bus und Bahn zurückzulegen.

Fortsetzung nächste Seite...

... Fortsetzung

Erlebnis Rad (ErlRAD)	ErlRAD1	Ich bin gerne mit dem Rad unterwegs.
	ErlRAD2	Beim Radfahren kann ich mich gut entspannen.
	ErlRAD3	Ich fahre Rad, weil ich Freude an der Bewegung habe.
Wetterresistenz (WetRes)	WetRes1	Bei kühlem Wetter fahre ich ungern Rad.
	WetRes2	Ich fahre auch bei schlechtem Wetter Rad.
Wahrgenommene Mobilitätszwänge (PMN)	PMN1	Meine Alltagsorganisation erfordert ein hohes Maß an Mobilität.
	PMN2	Ich muss ständig mobil sein, um meinen alltäglichen Verpflichtungen nachzukommen.

Fragebogen zu Motivklassen der Pkw-Nutzung

Zusätzlich wird optional das Itemset zu Motiven der Pkw-Nutzung in das Mobilitätsskelett integriert. Für die Motivebene liegen empirische Studien (vgl. Lois & López-Sáez, 2009; Steg, 2005) vor, die ursprünglich drei Motivklassen für die Pkw-Nutzung hervorheben. Neben instrumentellen Motiven zur Pkw-Nutzung werden dabei auch symbolische und affektive Motive integriert. Erstere bedienen die Funktion des Ausdrucks von Status und/oder persönlicher Identität bzw. des sozialen Vergleiches und der Abgrenzung. Letztere begründen Motive, die durch affektive Bedürfnisse unterlegt sind, wie dem Erleben von Fahrfreude, Entspannung aber auch dem Bedürfnis nach Kontrolle.
Für die Erfassung der Ausprägung von Pkw-nutzungsbezogenen Motivkategorien schlagen verschiedene Autoren Skalen vor, denen jeweils mehrere Single-Items zugrunde liegen (vgl. Riegler et al., 2016; Steg, 2005). Zum Zweck der Mobilitätsskeletterhebung im Kontext der hier verfolgten Untersuchungen werden die Items und Skalen von Riegler et al. (2016) adaptiert (siehe Tabelle 3-2). Das affektive Motiv und die verwendeten Items haben inhaltliche Überschneidungen mit dem Itemset aus Tabelle 3-1.

Tabelle 3-2: Itemset zu Motiven der Pkw-Nutzung nach Steg (2005) und Riegler et al. (2016)

Kategorie	Akronym	Items
Instrumentelles Motiv (IM)	InstPKW1	Es ist mir egal, welchen Fahrzeugtyp ich fahre.
	InstPKW2	Das Funktionieren eines Autos ist mir wichtiger als die Automarke.
	InstPKW3	Ein Auto ist für mich in erster Linie ein Mittel zum Zweck.
	InstPKW4	Ich nutze ein Auto nur, um von A nach B zu kommen.
Symbolisches Motiv (SymM)	SymPKW1	Ein Auto kann Status und Prestige vermitteln.
	SymPKW2	Die Eigenschaften eines Autos können zeigen, wer und was ich bin.
	SymPKW3	Man kann über das Auto Rückschlüsse auf die Person ziehen.
	SymPKW4	Die Marke eines Autos ist mir wichtig.
Autonomie PKW (AutoPKW)	AutoPKW3	Ich fühle mich frei und unabhängig, wenn ich Auto fahre.
Erlebnis PKW (ErlPKW)	ErlPKW3	Ich fahre gerne Auto.
	ErlPkw4	Es gibt einen Traumwagen, den ich gerne einmal fahren würde.

3.2 Erhebungsmethodik und Mindeststichprobengröße

Das Mobilitätsskelett wurde ursprünglich als Computer-Assisted-Personal-Interview (CAPI) mit einer Interviewdauer von ca. 40 Minuten konzipiert. Die Interviews führten in den verschiedenen Anwendungsfällen in Kapitel 3.3.1 bis 3.3.3 geschulte Interviewer von professionellen Marktforschungsunternehmen. Für die weitere Analyse erfolgte eine Digitalisierung der Daten. Zur Realisierung weiterer Einsparpotenziale bei der Erhebung wurde der Ansatz zu einem Computer-Assisted-Web-Interview (CAWI) mit einer Befragungsdauer von ca. 20 Minuten weiterentwickelt. Der zugehörige Online-Fragebogen befindet sich in Anhang A und stellt eine deutlich verkürzte Version des ursprünglichen Ansatzes des Mobilitätsskeletts dar.

Zur Erreichung valider Ergebnisse mit dem Mobilitätsskelett ist eine Festlegung von Mindeststichprobengrößen pro Stadt notwendig. Die benötigten Stichprobengrößen in den Anwendungsfällen in Kapitel 3.3 orientieren sich an der SrV in Deutschland und der Nationwide Person Trip Survey (NPTS) in Japan (siehe Tabelle 2-1). Beide Erhebungen konzentrieren sich auf die urbane Mobilität. In der SrV wird für die spezifische Erfassung des Verkehrsaufkommens einer Stadt eine Mindeststichprobe von 1.000 Personen gefordert (Gerike & Ließke, 2016). Für die Querschnitterhebung NPTS in Städten wird eine Mindeststichprobe von 500 Haushalten pro Stadt gefordert (Nakano et al., 2007).

Querschnitterhebungen als Grundlage für Verkehrsstatistiken benötigen aufgrund der Zufälligkeit des Stichtages und der damit verbundenen hohen Gesamtvarianz große Stichprobenumfänge zur Abbildung der Mobilität. Längsschnittorientierte Ansätze haben bei nationalen Erhebungen durch den erhöhten *respondent burden* deutlich geringere Stichproben als Querschnitterhebungen (siehe Tabelle 2-1). Sie bilden aber durch den längeren Berichtszeitraum auch die intrapersonelle Varianz zwischen den Tagen ab. Das Mobilitätsskelet blendet im Gegensatz zu Wegetagebüchern im Längsschnitt die zufälligen Wege aus, reduziert dadurch die intrapersonelle Varianz und damit die Gesamtvarianz, was zu einer geringeren geforderten Stichprobengröße führt.

Zudem dient das Mobilitätsskelett weniger der Aufstellung einer Verkehrsstatistik oder als Input von Verkehrsnachfragemodellen, sondern vielmehr der explorativen Entdeckung von Zusammenhängen und Zielgruppensegmentierungen. Folglich reicht für das Mobilitätsskelett eine reduzierte Mindeststichprobengröße von 500 bis 600 Personen aus.

3.3 Bisherige Anwendungsfälle des Mobilitätsskeletts im Urban Travel Monitor

Der Ansatz des Mobilitätsskeletts, wie in Kapitel 3.1 beschrieben, wurde im Rahmen des Projekts Urban Travel Monitor (UTM) in Kooperation mit der BMW Group als Auftraggeber zur Anwendungsreife gebracht. Die Vision des

UTM ist ein weltweiter Monitor zur Beobachtung des Mobilitätsverhaltens in ausgewählten Städten und dient für diese Arbeit als Datengrundlage für nachfolgende Analysen.
Die nachfolgenden Abschnitte geben einen Überblick zu den verschiedenen nationalen und internationalen Anwendungsfällen des Mobilitätsskeletts mit unterschiedlichen Zielsetzungen und Erhebungszeiträumen.

3.3.1 Quartiersentwicklungsprojekte in Hamburg und Berlin

Das Erhebungsdesign des Mobilitätsskeletts wurde in seiner ersten Version im Rahmen des Quartiersentwicklungsprojekts „Neue Mobilität Berlin" eingesetzt. Vor der Feldphase erfolgte ein ausführlicher Pretest im Frühjahr 2016. Nach einer ausführlichen Überarbeitung des Fragebogens wurde das Mobilitätsskelett dann in den beiden Pilotquartieren Klausenerplatz und Mierendorff Insel in Berlin-Charlottenburg erstmalig im Feld eingesetzt (vgl. Neue Mobilität Berlin, 2020). Ziel des Projekts war es, das Mobilitätsverhalten und die psychographischen Eigenschaften der Bewohner in den Quartieren umfangreich zu erfassen und diese in unterschiedliche Zielgruppen zu unterteilen. Darauf aufbauend sollten Potenziale für die Pkw-Abschaffung und die Nutzung von MOD-Dienste identifiziert werden, um Transformationsprozesse zu einer nachhaltigeren Mobilität anzustoßen (vgl. von Behren, Minster, Magdolen et al., 2018).
Das Konzept des Mobilitätsskeletts wurde auf Grundlage der vorliegenden Erfahrungen aus Berlin in der Folge optimiert und in einem weiteren Quartiersentwicklungsprojekt in Hamburg im Jahr 2016 erneut eingesetzt. Im Projekt „firstmover.hamburg" wurden in den Pilotquartieren Ottensen und Eimsbüttel die Anwohner ebenfalls zu ihrer Mobilität befragt und auf Basis einer anschließenden Zielgruppensegmentierung auf mögliche Alternativen zum Privat-Pkw angesprochen (vgl. firstmover.hamburg, 2016).
In einem Zeitraum zwischen Mai und November 2016 wurden in beiden Quartierentwicklungsprojekten insgesamt 899 Personen befragt, davon 336 in Berlin und 563 in Hamburg. Auf der Grundlage der so identifizierten Mobili-

tätsbedürfnisse der Anwohner wurden als Ergebnis des Projekts neue Mobilitätsstationen mit u. a. Car- und Bike-Sharing-Stationen in den Pilotquartieren installiert.

3.3.2 Internationale Vergleichsstudie in Berlin, San Francisco und Shanghai

Die Erkenntnisse aus den Quartiersentwicklungsprojekten wurden genutzt, um eine optimierte Version des Mobilitätsskeletts in einer internationalen Vergleichsstudie in Berlin (Deutschland), San Francisco (USA) und Shanghai (China) einzusetzen. Hierfür wurde der Fragebogen mithilfe eines Marktforschungsunternehmens und durch geprüfte Übersetzer in die englische und chinesische Sprache übersetzt und vor dem Einsatz in Pretests ausführlich hinsichtlich seiner Verständlichkeit getestet. In der eigentlichen Feldphase wurden zwischen Oktober 2016 und Januar 2017 insgesamt 1.800 Personen in den drei Städten befragt. Diese Daten aus der quotierten Stichprobe bilden auch die Grundlage für die Analysen in dieser Arbeit. In Kapitel 5 werden die Stichprobe und die Gründe für die Auswahl der drei Städte ausführlich erläutert.

3.3.3 Teilstichprobe von einkommensstarken Haushalten in acht chinesischen Städten

Im Rahmen einer Marktforschungsstudie zu einkommensstarken Haushalten in acht chinesischen Städten wurde das Mobilitätsskelett in einer leicht reduzierten Form eingesetzt. Die Auswahl der exemplarischen Städte erfolgte nach der Einteilung der Kategorie First-, Second-, und Third-Tier-Städte in China (vgl. World Bank, 2014). Die Erhebung wurde in den Städten Shanghai und Peking (First-Tier), Shenyang, Wuhan und Chongqing (Second-Tier) und Kunming, Ürümqi und Zhuhai (Third-Tier) durchgeführt. Insgesamt wurden 5.192 Personen mit CAPI im Zeitraum zwischen Mai und Juni 2017 befragt. Durch die Optimierung des Fragebogens konnte die Interviewzeit auf ca.

20 - 25 Minuten reduziert werden. Die Rekrutierung und Befragung der Personen erfolgte durch geschulte Interviewer eines Markforschungsinstituts. Basierend auf der Stichprobe untersuchen Magdolen, Wörle et al. (2020) den Einfluss von Fahrradorientierung und Normen auf die Fahrrad-Nutzung in China. In einer weiteren Forschungsarbeit von von Behren, Chlond und Vortisch (2021) wird anhand der Erhebungsdaten der Zusammenhang zwischen Auto- und ÖV-Orientierung auf die Nutzung von MOD-Diensten auf dem Weg zur Arbeit betrachtet.

3.3.4 Erweiterung der internationalen Vergleichsstudie um München

Die jüngste Erhebung mit dem Mobilitätsskelett erfolgte zwischen Januar und Februar 2020 in München. Zur weiteren Kostensenkung wurde das Erhebungsdesign von einem CAPI in ein CAWI umgewandelt und nochmals für die Online-Anwendung optimiert (vgl. Bönisch et al., 2020). Das CAWI wurde in einem Pretest erprobt und in München erstmalig im Feld eingesetzt. Im Zusatzmodul wurden hier zudem Fragen zum E-Commerce (u. a. Nutzung und Einstellungen zu Online-Shopping) integriert. Die Erhebung erfolgte webbasiert mit einer Stichprobe aus einem Access-Panel[2]. Es wurden insgesamt 509 Personen mit dem CAWI-Ansatz befragt. Die Daten aus der Stichprobe in München dienen als Erweiterung der internationalen Vergleichsstudie und werden in dieser Arbeit ebenfalls für die Analysen verwendet. Der Online-Fragebogen aus München befindet sich als Beispiel des Mobilitätsskeletts in Anhang A.

[2] Ein Access-Panel beinhaltet einen Pool von Personen, die sich bereit erklärt haben, an Online-Umfragen teilzunehmen.

3.4 Zusammenfassung

Das Mobilitätsskelett in dieser Arbeit und seine einzelnen Module wurden in diesem Kapitel ausführlich vorgestellt. Zusätzlich wurde neben der Konzeption, auch die Mindeststichprobengröße und die unterschiedlichen Anwendungsfälle im Rahmen des UTM erläutert. Die Anwendungsfälle zeigen bereits an dieser Stelle die Stärke des flexiblen Ansatzes, der einen Beitrag zur Beantwortung unterschiedlicher Mobilitätsfragestellungen in Forschung und Praxis leisten kann. In Kapitel 6 und 7 werden die Anwendungsfälle des Mobilitätsskeletts zur Analyse der Mobilität in Städten vertieft.
Abschließend ist außerdem festzuhalten, dass durch die einmalige Befragung von Probanden mit dem Fragebogen des Mobilitätsskeletts nur ein Messzeitpunkt benötigt wird, was den *respondent burden* für die Befragten reduziert. Durch eine retrospektive Abfrage von Fernverkehrsereignissen und die Erfassung von typischem Mobilitätsverhalten wird eine quasi-längsschnittorientierte Mobilitätsabfrage ermöglicht. Durch die Erfassung wiederkehrender Grundmuster der Mobilität (typisches Verhalten) können aber keine detaillierten Wegeinformationen, wie im Wegetagebuch, erfasst werden. Es stehen somit zusammenfassende Indikatoren der Mobilität im Vordergrund. Dafür können durch den reduzierten *respondent burden* auch psychographische Eigenschaften miterfasst werden, was eine ganzheitlichere Betrachtung der Mobilität ermöglicht. Durch einen einheitlichen Ansatz ist auch eine internationale Vergleichbarkeit der Ergebnisse möglich.
Zusätzlich wurden in Kapitel 2.1.2 die Nachteile einer schematisierten Abfrage von Mobilitätsverhalten, wie sie beim Mobilitätsskelett zum Einsatz kommt, thematisiert. Das Mobilitätsskelett als neuartiges Erhebungsdesign soll neben Längsschnitterhebungen für spezifische Fragestellungen, wie Zielgruppensegmentierungen, eingesetzt werden. Vor diesem Hintergrund ist es relevant, eine Validierung des Konzepts dahingehend durchzuführen, ob das Mobilitätsskelett ausreichend geeignet ist, um Mobilitätsverhalten von Individuen zu erfassen und abzubilden. Hierfür sind Unterschiede und Gemeinsamkeiten

zwischen den beiden Erhebungsmethoden (Wegetagebuch und Mobilitätsskelett) herauszuarbeiten. Im nachfolgenden Kapitel wird daher eine Validierung des Mobilitätsskeletts im Rahmen einer Vergleichsstudie durchgeführt.

4 Validierung des Mobilitätsskeletts

Teile dieses Abschnitts basieren auf der Veröffentlichung „Mixed-method Approach to Compare Travel Surveys for Individual Matching" (von Behren, Chlond et al., 2022).

In diesem Kapitel wird das Mobilitätsskelett im Rahmen eines „Mixed-Method"-Ansatzes mit dem traditionellen Wegetagebuch im Längsschnitt über eine Woche verglichen. Unter einem „Mixed-Method"-Ansatz wird eine Kombination quantitativer und qualitativer Forschungsmethoden in einem Untersuchungsdesign verstanden (Kelle, 2019; Kuckartz, 2014). Im „Mixed-Method"-Ansatz in dieser Arbeit werden quantitative und qualitative Informationen über die Verkehrsmittel- und Aktivitätenwahl für den Vergleich herangezogen. Die Kombination beider Arten von Forschungsmethoden vereinfachen die Interpretation und das Verständnis von Mobilität (Armoogum et al., 2009).

An dieser Stelle muss vor der Analyse darauf hingewiesen werden, dass unterschiedliche Erhebungsdesigns zur Erfassung von Mobilitätsverhalten zu Unterschieden in den Ergebnissen führen können. Die Probanden müssen im verwendeten Mobilitätsskelett für sich definieren, wie ihr typisches Verhalten aussieht. Das typische Mobilitätsverhalten geht in vielen Aspekten über den Zeitraum einer Woche hinaus. Das Wegetagebuch hingegen stellt einen sehr detaillierten Ausschnitt einer (zufälligen) Erhebungswoche dar. Nichtsdestotrotz wird eine hohe Übereinstimmung in der Verkehrsmittel- und Aktivitätenhäufigkeit erwartet, da sich viele Aktivitäten und die damit verbundene Verkehrsmittelwahl im Wochenrhythmus wiederholen (Nobis & Kuhnimhof, 2017; Zumkeller et al., 1993).

In Kapitel 4.1 werden zunächst nationale und regionale Erhebungen in Deutschland miteinander verglichen, indem eine vergleichende Analyse zwischen typischem Verhalten im „Quasi-Längsschnitt" und realisiertem Verhalten im Längsschnitt (Wegetagebuch) betrachtet wird. Anschließend erfolgt eine Vergleichsstudie zur Untersuchung der Unterschiede zwischen dem hier vorgestellten Mobilitätsskelett (siehe Kapitel 3) und dem MOP als Längsschnitttagebuch (siehe Kapitel 2.1.1). Hierfür werden zuerst der Studienaufbau und die Stichprobe in Kapitel 4.2 erläutert. Als zweites erfolgt in Kapitel 4.3 ein deskriptiver Vergleich der in der Studie erfassten Mobilitätsdaten (Angaben der Probanden aus dem Mobilitätsskelett und den ausgefüllten Wegetagebüchern). Das Kapitel 4.4 schließt mit einer qualitativen Analyse bezüglich der Unterschiede und Gemeinsamkeiten die Vergleichsstudie ab.

4.1 Vergleich von typischem Verhalten und Längsschnitttagebüchern

Für einen ersten grundlegenden Vergleich zwischen einer schematischen Abfrage des typischen Verhaltens und Informationen aus einem Wegetagebuch können die beiden Datenquellen MiD (Querschnitterhebung) und MOP (Längsschnitterhebung) verwendet werden. Die MiD beinhaltet eine Verkehrsmittelmatrix, um ergänzend zum Wegetagebuch an einem Stichtag auch die typische Verkehrsmittelnutzung längsschnittorientiert zu erfassen (vgl. Kapitel 2.1). Durch die Ähnlichkeit zum Mobilitätsskelett sind diese Daten geeignet, um sie mit dem MOP zu vergleichen.

Multimodalitätsgruppen

Eine wichtige Vergleichsgröße der Mobilität ist die Multimodalität von Personen. Die Bestimmbarkeit der Multimodalität stellt einen Vorteil von Längsschnitterhebungen, wie dem MOP, dar. Aus der Verkehrsmittelnutzungsmatrix der MiD ist die Multimodalität ebenfalls ableitbar. In Abbildung 4-1 wird der Vergleich von Gruppen aus Verkehrsmittelkombinierern, also Personen, die unterschiedliche Verkehrsmittel in einem Zeitraum nutzen, und monomodalen Personen zwischen beiden Erhebungsansätzen veranschaulicht. Bei der MiD werden nur Verkehrsmittel berücksichtigt, die einmal pro Woche oder mehr verwendet werden (Nobis & Kuhnimhof, 2017), um eine Vergleichbarkeit zur Wochenerhebung des MOP zu gewährleisten. Die Anteile der Verkehrsmittelkombinierer und der monomodalen Personen zeigen für beide Erhebungen ähnliche Größenordnungen auf. Die monomodalen Pkw-Fahrer werden in der MiD gegenüber dem MOP leicht überschätzt. Ein ähnlicher Effekt ist bei den Verkehrsmittelkombinierern „Pkw und Rad" zu sehen. Trotz der unterschiedlichen Erhebungsmethoden, zeigen die Auswertungen insgesamt eine gute Vergleichbarkeit der beiden Erhebungen.

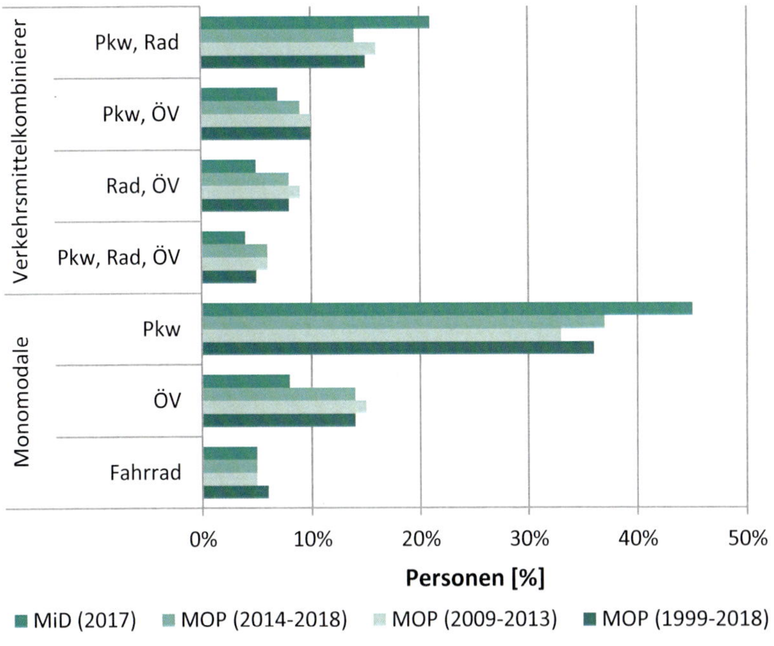

Abbildung 4-1: Vergleich von Multimodalitätsgruppen zwischen MiD und MOP

Typische und tatsächliche Verkehrsmittelnutzung

Kagerbauer et al. (2014) untersuchen Unterschiede zwischen der Angabe der „typischen" Verkehrsmittelnutzungshäufigkeit (TV) und der beobachteten

Verkehrsmittelnutzung in einem Wegetagebuch (TB) über eine Woche (derselben Personen). Hierfür verwenden sie Daten aus zwei unterschiedlichen Erhebungen aus der Region Stuttgart (STGT-Erhebung[1]) und der Metropolregion Rhein-Neckar (MRN-Erhebung[2]), bei denen die Probanden aufgefordert wurden, jeweils eine Verkehrsmittelnutzungsmatrix und zusätzlich ein Wegetagebuch auszufüllen.

Der Vergleich in Abbildung 4-2 zeigt, dass beim ÖV die Nutzungshäufigkeiten bei beiden Befragungsarten eine hohe Übereinstimmung (TV = TB) haben. Die Pkw-Nutzung wird in der STGT-Erhebung (81 %) ähnlicher abgebildet als in der MRN-Erhebung (76 %). Starke Unterschiede sind lediglich beim Mitfahren zu erkennen. Beim typischen Verhalten geben die Probanden in beiden Erhebungen eine niedrigere Nutzungshäufigkeit (TV < TB) beim Mitfahren an, als in der zufälligen Woche erfasst wurde. Kagerbauer et al. (2014) vermuten, dass diese Unterschiede entstehen, weil es sich beim Mitfahren um einen passiven Modus handelt und dieser eher auf kurzen Strecken eingesetzt wird. Es liegt aber vermutlich auch daran, dass viele Mitfahrten einen zufälligen bzw. spontanen Charakter haben und daher nicht als „typisch" bewertet werden können. Beim Fahrrad wiederum geben die Personen an, dass sie typischerweise häufiger mit dem Rad fahren als in der berichteten Woche angegeben. Die Autoren vermuten eine Überschätzung der Nutzungshäufigkeit durch die positiven Eigenschaften des Fahrrads als umweltfreundliches und gesundheitsförderndes Verkehrsmittel. Sie weisen allerdings hin, dass die Fahrrad-Nutzung auch stark von den Wetterbedingungen abhängt.

Insgesamt stimmen mehr als 60 % der Häufigkeitsangaben in den Vergleichsstudien überein (Kagerbauer et al., 2014). Ohne die Berücksichtigung des Pkw als Mitfahrer liegen die Werte sogar bei 70 % und mehr. In der Studie wird allerdings nicht weiter untersucht, welche Gründe tatsächlich zu den Abweichungen führen. Für eine abschließende Bewertung ist es nötig, die Personen

[1] In der Erhebung in der Region Stuttgart (STGT-Erhebung) aus dem Jahr 2009 wurden 2.406 Personen berücksichtigt.

[2] In der Rhein-Neckar-Erhebung (MRN-Erhebung) in der Metropolregion Mannheim, Heidelberg und Ludwigshafen wurden 1.600 Personen zwischen 2007 und 2009 befragt.

dazu zu interviewen, um herauszufinden, ob die Abweichung in der Zufälligkeit der Woche, den Wetterbedingungen oder in einer Über- oder Unterschätzung des typischen Verhaltens begründet liegt.

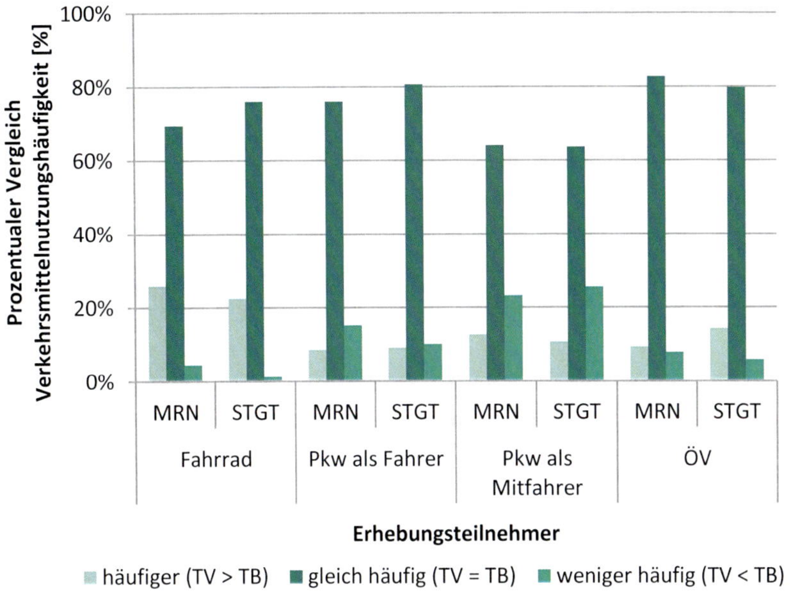

Abbildung 4-2: Vergleich zwischen typischer Verkehrsmittelnutzung (TV) und tatsächlichem Verhalten (TB) in einer zufälligen Woche (Kagerbauer et al., 2014)

Die beiden Vergleiche, zum einen im Aggregat zwischen MiD und MOP und zum anderen auf individueller Ebene mit den beiden Erhebungen MRN und STGT, zeigen, dass eine gute Vergleichbarkeit beider Erhebungsmethoden hinsichtlich der Abbildung von Häufigkeiten in der Verkehrsmittelnutzung besteht. Die Ergebnisse liefern eine erste Indikation für die Eignung des Mobilitätsskeletts zur Erfassung des Mobilitätsverhaltens. Für eine detailliertere Bewertung des Mobilitätsskelettansatzes bedarf es allerdings noch weiterführender Analysen, auch hinsichtlich der Aktivitätenwahl. Für eine tiefergehende Validierung des Mobilitätsskeletts wird im Nachfolgenden eine Vergleichsstudie vorgestellt.

4.2 Methodik und Stichprobe

Der grundlegende Aufbau der durchgeführten Studie unterteilt sich in drei Phasen (siehe Abbildung 4-3):

1. Das typische Mobilitätsverhalten der Probanden wurde mithilfe des Mobilitätsskeletts als Paper-and-Pencil-Interview (PAPI, ca. 30-40 Minuten) erfasst.
2. Die Erfassung der detaillierten Mobilität erfolgte mittels eines Wegetagebuchs über eine Woche (PAPI).
3. Das problemzentrierte Interview (ca. 45 Minuten) diente zur Erfassung der Gründe für die Unterschiede zwischen Mobilitätsskelett und Tagebuch.

Die Reihenfolge, das Mobilitätsskelett (Phase 1) vor dem Tagebuch (Phase 2) ausfüllen zu lassen, wurde bewusst gewählt, um die Teilnehmenden durch das intensive Berichten ihres Verhaltens in einer Woche nicht bei der Beantwortung des typischen Verhaltens zu beeinflussen. Die Informationen zur Mobilität aus den ersten beiden Phasen können zum Vergleich auf individueller Ebene der Person genutzt werden. Die ersten beiden Phasen der Studie beruhen auf quantitativen Angaben, d. h. auch der Vergleich erfolgt hauptsächlich quantitativ. Für eine geeignete Beurteilung der Gemeinsamkeiten und Unterschiede der Erhebungsdesigns können jedoch auch erklärende Aussagen der Teilnehmenden hilfreich sein. Aus diesem Grund erfolgte in der dritten Phase ein problemzentriertes Interview, das speziell für den Vergleich und dabei insbesondere zur Erklärung von Ergebnisunterschieden beider Erhebungsmethoden entwickelt wurde. Die Nutzung eines qualitativen Ansatzes nach einer quantitativen Phase kann die Bedeutung der quantitativen Ergebnisse aufdecken und diese erklären (Armoogum et al., 2009). Die Erkenntnisse können erste Hinweise liefern, ob das Mobilitätsskelett als Alternative zum Wegetagebuch geeignet wäre. Das problemzentrierte Interview ist semi-strukturiert und wurde leitfadengestützt durchgeführt, um die Teilnehmenden zu aktivieren, mehr über das Thema zu berichten. Es umfasst die Teile Aktivitäten, Verkehrsmittelwahl und Fernverkehrsverhalten. Details zum Design der quantitativen und qualitativen Erhebungsteile sowie der Stichprobe werden in den nachfolgenden Kapiteln vorgestellt.

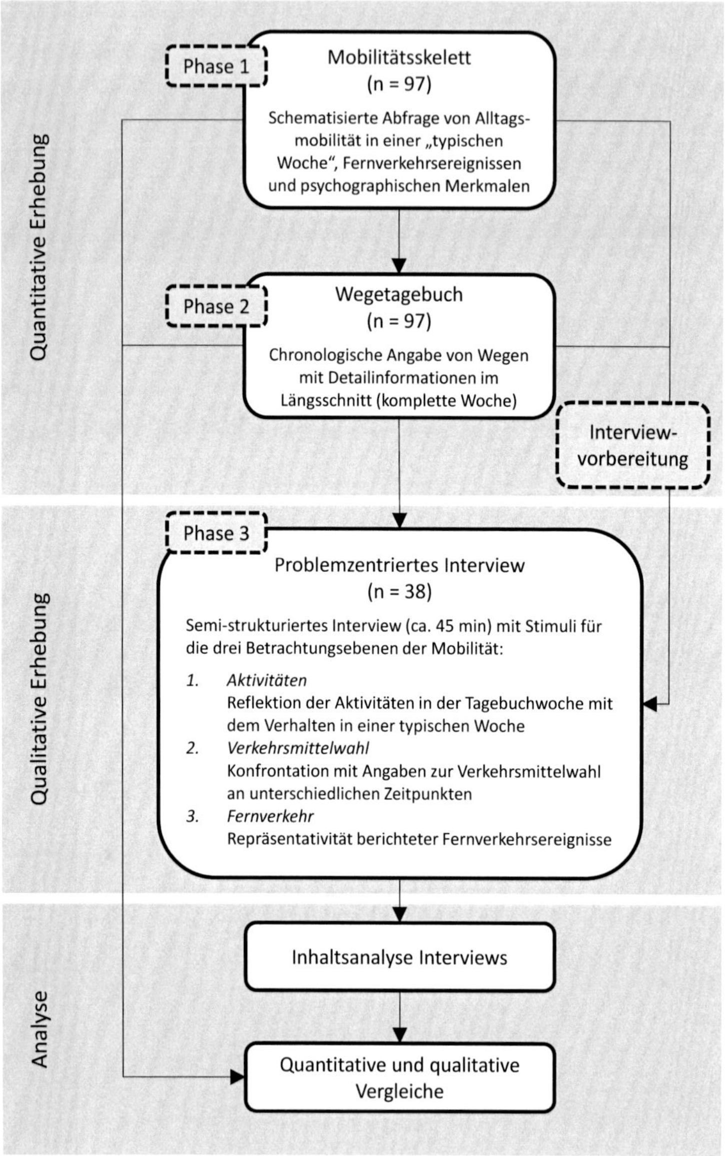

Abbildung 4-3: Mixed-Method-Ansatz zum quantitativen und qualitativen Vergleich von Mobilitätsskelett und Wegetagebuch

4.2.1 Design des qualitativen, problemzentrierten Interviews

Das problemzentrierte Interview besteht aus drei Teilen zu den Themen Aktivitäten- und Verkehrsmittelwahl sowie Fernverkehr.

Aktivitätenwahl

Die Befragten erhielten zu Beginn des Interviews einen Stundenplan (1) über eine Woche (siehe Abbildung 4-4), in dem wiederkehrende außerhäusliche Aktivitäten einer typischen Woche zu notieren waren. Dies stellt einen Perspektivwechsel gegenüber einem Wegetagebuch dar. Im Wegetagebuch werden Wege berichtet, die Aktivitäten daraufhin aus dem Wegezweck abgeleitet. Im Interview lautete die Leitfrage bzw. Erzählaufforderung: *„Beschreiben Sie, wie für Sie eine „typische" Woche hinsichtlich Ihrer Alltagsmobilität aussieht! Orientieren Sie sich an wiederkehrenden Aktivitäten in unterschiedlichen Wochen!"*. In diesem Zusammenhang ist es das Ziel, verbindliche, wiederkehrende Aktivitäten und flexible, zufällige Aktivitäten zu trennen. Hierdurch wird überprüft, ob Personen ein typisches Verhalten für sich identifizieren können. Dabei kann die befragte Person frei zu ihren Aktivitäten berichten. Im Interview werden Nachfragen verwendet, um z. B. die wöchentliche Varianz der Freizeitaktivitäten zu bewerten (vgl. Anlage B). Auf diese Weise können typische Aktivitäten der Personen identifiziert und die Stabilität des typischen Verhaltens über einen längeren Zeitraum qualitativ ermittelt werden. Als Anregung wurden die Befragten mit der tatsächlich berichteten Wegetagebuchwoche (2) aus der zweiten Phase konfrontiert (siehe Abbildung 4-4). Anhand des Reizes können Ähnlichkeiten und Diskrepanzen diskutiert und die Gründe für diese erörtert werden.

In einem letzten Schritt wurden die typischerweise benutzten Verkehrsmittel auf Basis der berichteten Aktivitäten aus dem Wegetagebuch aus der zweiten Phase im Interview abgefragt. Die Einschätzung zur Verkehrsmittelwahl wurde mit einem weiteren Stimulus (tatsächlich berichtete Verkehrsmittel pro Aktivität aus dem Wegetagebuch) (3) diskutiert.

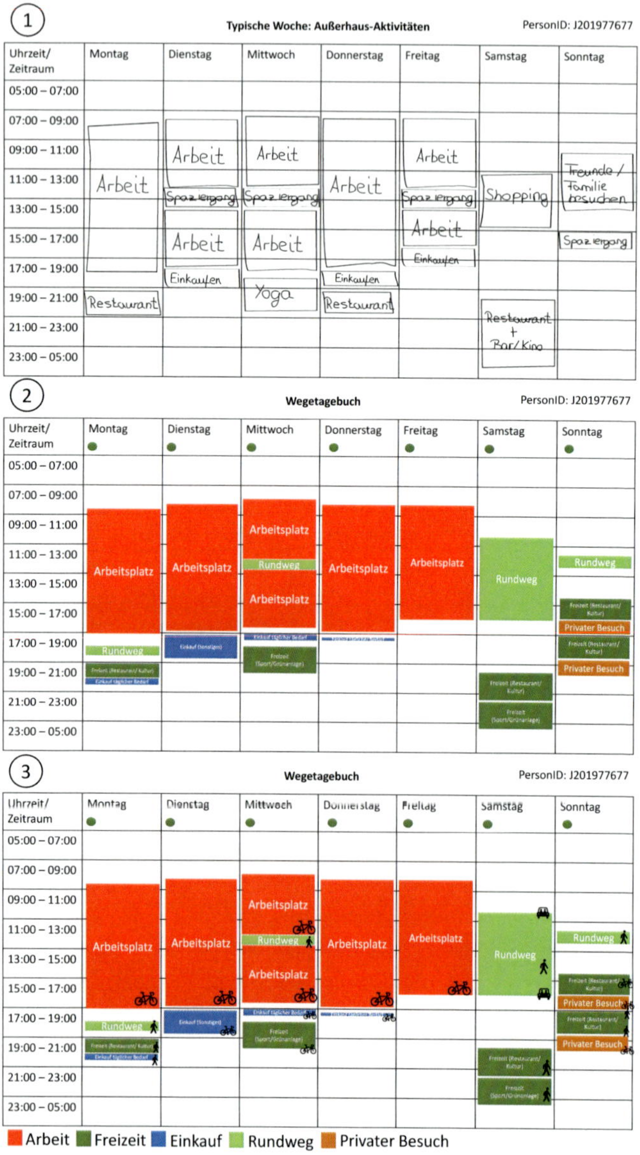

Abbildung 4-4: Stimulus zur Identifizierung des Mobilitätsverhaltens in einer „typischen" Woche (1) und Unterschiede zur zufälligen Woche des Tagebuchs (2,3)

Verkehrsmittelwahl

Die Abfrage der typischen Verkehrsmittelwahl erfolgte im Interview über die Beantwortung der Verkehrsmittelmatrix (siehe Abbildung 4-5). Vor dem Ausfüllen der Matrix wurde eine einführende Leitfrage gestellt: *„Nennen Sie die für Sie wichtigsten Verkehrsmittel im Alltag und beschreiben Sie, wieso gerade diese so wichtig für Sie sind?“*. Die Leitfrage unterstützt die Klärung, für welche Aktivitäten welche Verkehrsmodi genutzt werden, aber auch, wie saison- oder wetterabhängig einzelne Verkehrsmodi sind. In diesem Zusammenhang wurden die zweckgebundene Nutzung, die Stabilität und die Rolle der selten genutzten Verkehrsmittel diskutiert.

Zum Vergleich wurde den Teilnehmenden die berichtete Verkehrsmittelnutzung aus dem Mobilitätsskelett und die tatsächliche Nutzungshäufigkeit aus dem berichteten Wegetagebuch in Matrixform (2) präsentiert (siehe Abbildung 4-5). Darauf aufbauend wurden die Unterschiede in den Antworten der Matrizen diskutiert. Die Matrix des Interviews (1) bzw. des Mobilitätsskeletts (rote Kreuze in (2)) erstreckt sich durch die Beantwortung des typischen Verhaltens nicht nur über eine Woche. Dadurch werden auch weniger häufig benutzte Verkehrsmittel relevant und können diskutiert werden.

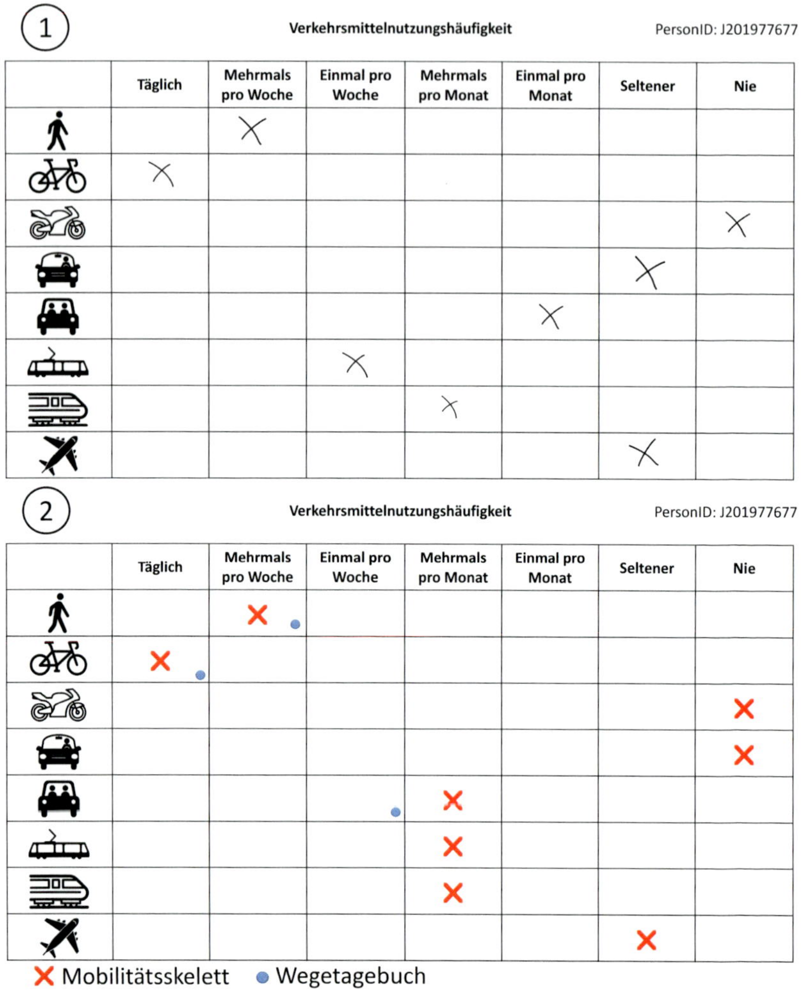

Abbildung 4-5: Vergleich der Verkehrsmittelwahl zwischen problemzentriertem Interview (1) sowie Mobilitätsskelett und Wegetagebuch (2)

Fernverkehr

Der Vollständigkeit halber erfolgt eine kurze Erläuterung zur Erfassung des Fernverkehrs im Interview. Dieser Teil des Interviews wird aber nicht zum Vergleich der beiden Ansätze in dieser Arbeit verwendet, da das Wegetagebuch derartige Informationen nur zufällig erfasst. Zunächst wurde im Interview thematisiert, ob die Angaben über die Häufigkeit und Art von Tagesausflügen und Reisen mit Übernachtungen im Mobilitätsskelett repräsentativ für die Person sind. Hierbei wurden auch saisonale Besonderheiten diskutiert. Dieser Interviewteil beschäftigt sich mit verschiedenen Phänomenen bei der retrospektiven Erfassung von Fernverkehrsereignissen, wie dem Seam-Effekt (z. B. Inkonsistenz bei der Angabe von Reisehäufigkeiten) und Telescoping-Effekt (zurückliegende Reisen werden als näherliegend erinnert) (vgl. FGSV, 2012b). Als zentrale Erzählaufforderung diente ein weiterer Stimulus in Form einer ellipsenförmigen Aufteilung von Reisen mit Übernachtungen aus dem letzten Jahr nach Ort und Reisedauer (siehe Abbildung 4-6). Die Interviewprobanden erhielten die Möglichkeit ihre Reisen zu berichten und zu beschreiben, ob es sich um wiederkehrende Ziele oder wiederkehrende Arten von Reisen (z. B. zu einem zweiten Wohnsitz) handelt. Hierbei wurde auch die Motivation der Reise thematisiert. Für detailliertere Informationen zu diesem Interviewteil sei auf die Studie von von Behren, Puhe und Magdolen (2022) verwiesen.

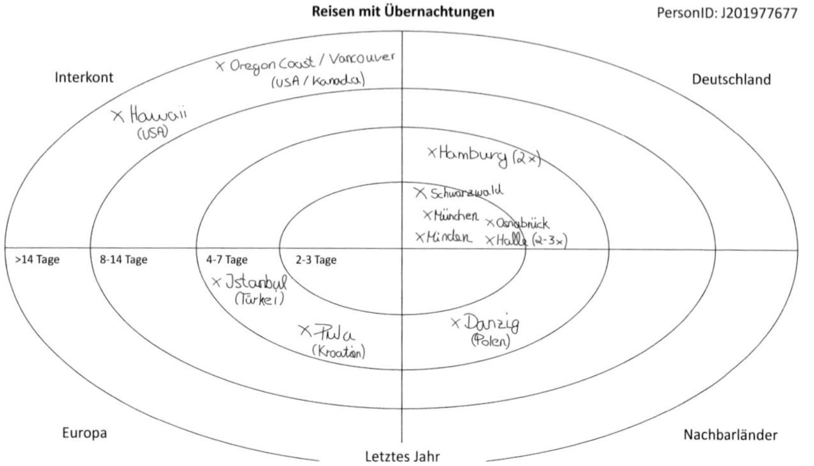

Abbildung 4-6: Beispiel für Fernverkehrsereignisse mit Übernachtungen im letzten Jahr

Als abschließende Frage des Interviews wurden die Interviewteilnehmenden allgemein über den Vergleich der beiden Erhebungsdesigns befragt: *„Welches Erhebungsdesign, Mobilitätsskelett oder Wegetagebuch, erfasst aus Ihrer Sicht Ihr Mobilitätsverhalten geeigneter und warum?“*.

Die Leitfragen bzw. Erzählaufforderungen, die Stichwortsammlung sowie die Nachfragen mit obligatorischer Formulierung als Unterstützung des problemzentrierten Interviews befinden sich in Anhang B.

4.2.2 Datenerhebung und -aufbereitung

Die Auswahl der Teilnehmenden für die Vergleichsstudie erfolgte nicht zufällig, sondern nach festen Auswahlregeln (Schnell et al., 2005). Sie wurden aus zwei soziodemographischen Teilgruppen ausgewählt: Studierende und Erwerbstätige ohne minderjährige Kinder. Hauptkriterium ist folglich, dass die Teilnehmenden in Haushalten ohne minderjährige Kinder wohnen. Das Auswahlkriterium basiert auf der Annahme, dass, im Gegensatz zu Haushalten mit Kindern, beide Gruppen, abgesehen von der Erwerbstätigkeit, eine gewisse Wahlfreiheit besitzen. In Bezug auf die sozialen Verpflichtungen, die ihnen von anderen und der Gesellschaft auferlegt werden, unterscheiden sich jedoch die beiden Gruppen der Studierenden und der Erwerbstätigen. Mit Bezug auf die Mobilitätsbedürfnisse wurden durch das Auswahlkriterium Personen ausgeklammert, die aufgrund von kleinen Kindern im Haushalt teilweise komplizierte Alltagsmuster haben. Für die problemzentrierten Interviews wurde für diese Arbeit zudem vorgegeben, dass der Anteil von Studierenden und Erwerbstätigen annähernd ausgeglichen ist, um ein breites Spektrum an artikulierten Gründen für Abweichungen zwischen typischem und tatsächlichem Mobilitätsverhalten aus beiden Personengruppen zu erfassen.

Für den quantitativen Vergleich der beiden Erhebungsdesigns wurden 97 Personen aus Karlsruhe mittels beider Methoden befragt (siehe Abbildung 4-3). Die Teilnehmenden waren überwiegend Studierende (65 von 97), die aus einer Vorlesung am Karlsruher Institut für Technologie (KIT) rekrutiert wurden. Darüber hinaus wurden 32 berufstätige Personen aus Karlsruhe befragt. Von der Gesamtstichprobe wurde eine Teilstichprobe von 38 Personen (39 % der Stichprobe) zusätzlich vertiefend interviewt. Ein Vorteil bei qualitativen Analysen mit nicht-numerischen Daten ist, dass bereits eine kleine Stichprobe ausreicht, um Erkenntnisse und Implikationen zu erhalten (Baur & Blasius, 2014). In den vertiefenden Interviews war das Verhältnis von Studierenden (19) und Beschäftigten (19), wie zuvor gefordert, ausgeglichen. Die Erhebungen erstrecken sich über die Jahre 2017, 2018 und 2019 und wurden jeweils im Herbst durchgeführt.

Im Rahmen der Aufbereitung der quantitativen Daten wurden die Informationen aus dem Mobilitätsskelett und dem Wegetagebuch digitalisiert[3] und pseudo-anonymisiert.

Aufgrund der Interviewdauer wird nach FGSV (2012a) eine Tonaufzeichnung für die spätere Analyse empfohlen. Durch die Aufnahme ist eine soziale Interaktion zwischen Interviewendem und Interviewten während des Gesprächs

[3] Bei der Digitalisierung wird eine umfassende Einzelfallplausibilisierung der Wegetagebücher durchgeführt. Hierfür wird das Softwaretool zur Plausibilisierung des MOP nach Ecke, Chlond, Magdolen, Hilgert und Vortisch (2019) eingesetzt, welches am Institut für Verkehrswesen am KIT entwickelt wurde.

einfacher möglich. Die Tonaufzeichnungen der geführten Interviews wurden anschließend anhand von Regeln nach Mayring (2010) transkribiert. Die Transkription[4] wurde durch die Software AmberScript unterstützt. Die nachgelagerte Inhaltsanalyse der Transkriptionen erfolgte mit der Software MAXQDA. Insgesamt wurden 1.843 Minuten (30 Stunden, 43 Minuten) Audiomaterial in 464 Seiten Text transkribiert. Die Audiodaten stellen nur ein Art Zwischenprodukt dar, auf das bei Bedarf zurückgegriffen werden kann.
Für die Analyse der Interviews wurden vor allem die Verschriftlichungen der Audiodatei verwendet (Kuckartz & Rädiker, 2019). Bei der qualitativen Inhaltsanalyse der Interviews erfolgte eine induktive Kategorienbildung, das heißt, die Kategorien wurden direkt am Material entwickelt und codiert[5]. Die Kategorien wurden während des Analyseprozesses überarbeitet und rücküberprüft (vgl. Kuckartz, 2016).

4.3 Quantitative Analyse

In den nachfolgenden Abschnitten wird zunächst die Verkehrsmittelwahl analysiert und anschließend die Aktivitätenwahl. Die Ergebnisse der quantitativen Analyse erheben keinen Anspruch auf Repräsentativität, vielmehr sollen Unterschiede und Ähnlichkeiten zwischen beiden Designs durch die Analyse sichtbar werden.

4.3.1 Verkehrsmittelwahl

Aufbauend auf Kapitel 4.1 werden für die 97 Probanden zunächst die bereits verwendeten multi- bzw. monomodalen Verkehrsmittelnutzungsgruppen mit Wochenbezug gebildet (siehe Abbildung 4-7), um die Multimodalität in der Verkehrsmittelwahl zu vergleichen. Die Rad-ÖV-Kombinierer stellen die

[4] Die Transkription erfolgt durch keine professionelle Agentur, sondern wird am Institut für Verkehrswesen am KIT durchgeführt.

[5] Im Rahmen der qualitativen Inhaltsanalyse wurden in MAXQDA insgesamt 7.355 Textstellen codiert und in 15 Hauptkategorien und 248 Sub-Kategorien unterteilt. Codieren bedeutet nach Kuckartz (2016) das Analysieren, Benennen, Kategorisieren und das theoretische Einordnen der Textdaten.

größte Gruppe dar, sowohl im Mobilitätsskelett als auch im Tagebuch. Lediglich bei den Fahrradfahrern und bei den hoch multimodalen Personen gibt es stärkere Unterschiede. Der Anteil monomodaler Fahrradfahrer ist im Mobilitätsskelett deutlich höher. Hier geben 72 % der Personen in der Stichprobe an, das Fahrrad mindestens einmal in der Woche zu nutzen. Im Wegetagebuch nutzen tatsächlich 66 % der Befragten das Fahrrad. Ähnlich zu diesem durchgeführten Vergleich liefert die MiD 2017 einen Wert von 53 % für Personen aus Karlsruhe mit mindestens wöchentlicher Fahrrad-Nutzung in der Verkehrsmittelnutzungsmatrix (Quasi-Längsschnitt). Am berichteten Stichtag in der MID verwenden es tatsächlich jedoch nur 26 % der befragten Personen (Nobis, 2019). An dieser Stelle zeigt sich erneut die Stärke einer Längsschnittbefragung über eine Woche, da die Variation bei den Verkehrsmitteln besser erfasst werden kann. Weiterhin ist die Gruppe der Kombinierer aller drei Verkehrsmittel im Wegetagebuch höher (siehe Abbildung 4-7). Insgesamt kann eine Ähnlichkeit der beiden Ansätze im Vergleich bestätigt werden.

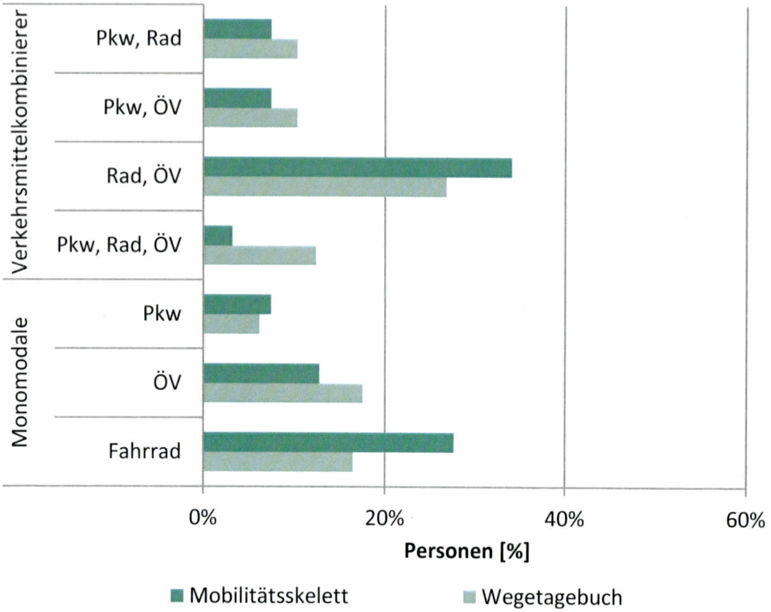

Abbildung 4-7: Vergleich der Multimodalitätsgruppen zwischen Mobilitätsskelett und Wegetagebuch (n = 97)

Bei dem Vergleich der Verkehrsmittelnutzungshäufigkeit auf individueller Ebene der Person wird eine ähnliche Einteilung, wie in der Studie von Kagerbauer et al. (2014) verwendet (siehe Tabelle 4-1). Hierdurch kann überprüft werden, wie gut die Einschätzung der typischen Verkehrsmittelnutzung mit der tatsächlichen Nutzung in der Berichtswoche zusammenpasst.

Tabelle 4-1: Bewertung der typischen Verkehrsmittelhäufigkeit in Anlehnung an Kagerbauer et al. (2014)

		(fast) täglich	Mehrmals pro Woche	Einmal pro Woche	Mehrmals pro Monat	Einmal pro Monat	Seltener als ein-mal pro Monat	Nie
Berichtete Verkehrsmittelnutzung im Wegetagebuch	0 Tage							
	1 Tag							
	2 Tage							
	3 Tage							
	4 Tage							
	5 Tage							
	6 Tage							
	7 Tage							

Beschreibung (Typische Nutzung gegenüber Nutzung im Tagebuch)

	Häufigere Nutzung (überschätzt)
	Gleich häufige Nutzung
	Weniger häufige Nutzung (unterschätzt)

Abbildung 4-8 zeigt die Ergebnisse für den Vergleich zwischen typischer Verkehrsmittelnutzung und tatsächlichem Verhalten in einer zufälligen Woche. Es wird beim Vergleich zwischen Studierenden (Stud) und Berufstätigen (Beruf) unterschieden. Die Ergebnisse zeigen, dass die Erhebung für die meisten Verkehrsmittel eine gleich häufige Nutzung erfasst. Bis auf die Kategorien Pkw als Mitfahrer bei Berufstätigen und die ÖV-Nutzung bei den Studierenden liegen alle Verkehrsmittel bei über 60 % Übereinstimmung (SK = TB). In den beiden stark abweichenden Fällen wird die typische Nutzung im Mobilitätsskelett deutlich niedriger eingeschätzt (SK < TB). In diesem Fall zeigt sich möglicherweise die Zufälligkeit der Berichtswoche. Acht Prozent der Studierenden geben bei der Verkehrsmittelmatrix an, mehrmals im Monat den ÖV zu nutzen. In der berichteten Woche nutzen sie den ÖV an zwei verschiedenen Tagen. Unter der Annahme, dass sie den ÖV im Monat nur in einer Woche zweimal benutzen, wäre inhaltlich immer noch eine Übereinstimmung vorhanden. Eine detaillierte Aussage aus dem Wegetagebuch wäre nur bei einer Betrachtung über einen längeren Zeitraum als einer Woche möglich.

Eine Überschätzung der typischen Fahrrad-Nutzung (SK > TB) zeigt sich auch wie zuvor beim Vergleich von Kagerbauer et al. (2014). Die Überschätzung ist bei den Studierenden jedoch deutlich geringer. Bereits in Abbildung 4-7 hat sich eine Abweichung bei den monomodalen Fahrrad-Nutzern zwischen den beiden Designs herausgestellt. Auch die bereits erläuterte Schwierigkeit beim Berichten der Kategorie Pkw als Mitfahrer bestätigt sich in dieser Analyse.

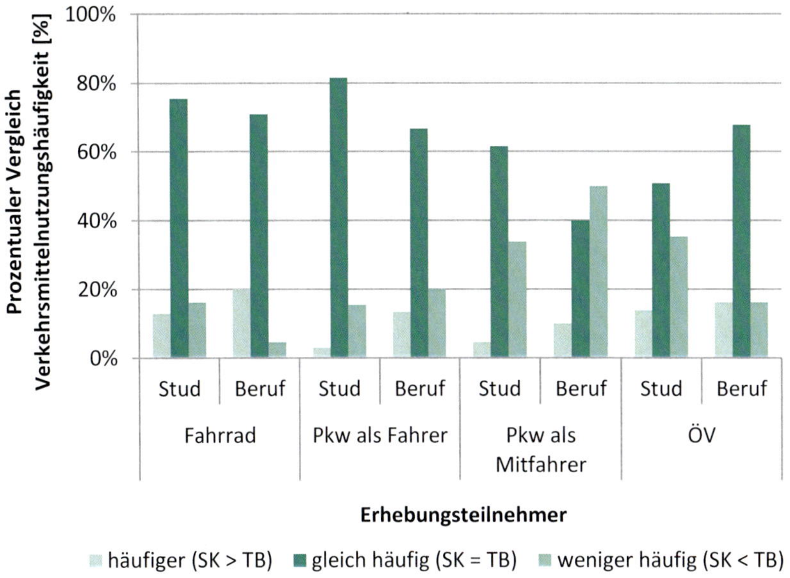

Abbildung 4-8: Vergleich zwischen typischer Verkehrsmittelnutzung (SK) und tatsächlichem Verhalten (TB) in einer zufälligen Woche (n = 97)

Ein abschließender Vergleich der Mittelwerte der Verkehrsmittelnutzungshäufigkeiten im Mobilitätsskelett und im Wegtagebuch sowie eine Überprüfung, inwieweit die Unterschiede signifikant sind, erfolgt in Anhang C. Hierbei wird vor allem ein Unterschied bei der mittleren Fahrrad-Nutzungshäufigkeit zwischen beiden Erhebungsdesigns sichtbar. Dieser signifikante Unterschied gilt aber nur bei den Studierenden. Bei beiden Gruppen ist ein signifikanter Unterschied beim Mitfahren im Pkw zwischen beiden Erhebungsdesigns zu beobachten. Dies zeigte sich bereits in den vorherigen Analysen.

Für die Beurteilung der Unterschiede zwischen den Designs kommt der deskriptive Vergleich an seine Grenzen, da es an Informationen zu den Ursachen der Abweichungen fehlt. Die Überschätzung kann beispielsweise der sozialen

Erwünschtheit oder der Zufälligkeit der Berichtswoche durch Witterungseinflüsse geschuldet sein. Für eine abschließende Klärung bedarf es der Analyse der problemzentrierten Interviews.

4.3.2 Aktivitätenwahl

Zur erweiterten quantitativen Analyse wird die Aktivitätenwahl in der berichteten Woche (TB) im Vergleich zur Angabe des typischen Verhaltens im Mobilitätsskelett (SK) betrachtet. Hierfür werden die Aktivitäten Arbeit, Ausbildung und Freizeit analysiert. Die Pflichtaktivitäten Arbeit und Ausbildung haben eine Übereinstimmung (SK = TB) von mindestens 80 % (siehe Abbildung 4-9). Die Freizeitaktivitäten wiederum unterliegen größeren Abweichungen zwischen den beiden Erhebungsdesigns. Die Abweichung in der Häufigkeit pro Woche ist bei berufstätigen Personen (Beruf) höher als bei Studierenden (Stud). Dies hängt vermutlich mit der größeren Variation bei der Häufigkeit zwischen den Wochen zusammen. Studierende führen die Aktivitäten vielleicht an wechselnden Tagen und Tageszeiten aus, ihre Aktivitätenhäufigkeit in der Woche ist aber anscheinend stabiler.

Tarigan und Kitamura (2009) untersuchen die Variabilität in der Häufigkeit der Freizeitaktivitäten zwischen Wochen unter Verwendung der Mobidrive-Daten. Sie stellen fest, dass vor allem die Arbeitswege eine hohe Stabilität haben. Im Gegensatz dazu weisen Freizeitaktivitäten eine hohe Variabilität bei der Häufigkeit von Woche zu Woche auf.

Beim Vergleich von Mobilitätsskelett und Wegetagebuch kann auf der individuellen Personenebene nicht abschließend geklärt werden, ob das Wegetagebuch über eine Woche die Aktivitäten besser erfasst als das Mobilitätsskelett. Es muss allerdings festgehalten werden, dass eine höhere Variabilität von Woche zu Woche die Erfassung von typischem Freizeitverhalten mit einem Wegetagebuch erschweren kann. Insbesondere bei Studierenden kann es auch typisch sein, wechselnde Freizeitaktivitäten innerhalb der Woche durchzuführen. Zudem entstehen Abweichungen, da zufällige Freizeitwege im Mobilitätsskelett nicht erfasst werden. Durch die Zufälligkeit der Woche kann es auch passieren, dass eigentlich regelmäßige Aktivitäten in dieser Woche ausfallen und andere Aktivitäten, die eigentlich selten vorkommen, stattdessen stattfinden. Vor allem bei den Freizeitaktivitäten erwerbstätiger Personen können außerdem einige Freizeitaktivitäten, wie z. B. Sport[6], durch soziale Erwünschtheit überschätzt werden.

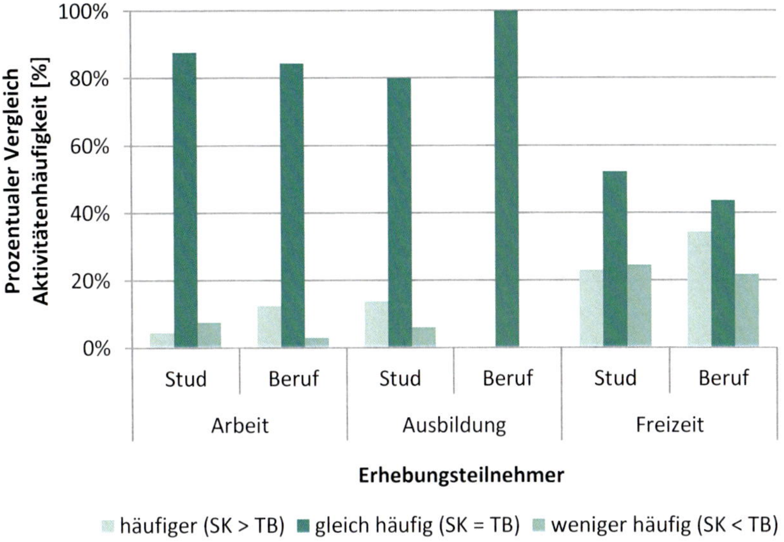

Abbildung 4-9: Vergleich zwischen typischer Aktivitätenwahl (SK) und tatsächlichem Verhalten (TB) in einer zufälligen Woche. Für den Vergleich wurden Abweichungen von einem Tag zugelassen (n = 97)

Die Verkehrsmittel- und Aktivitätenwahl wird abschließend noch kombiniert für die beiden Pflichtaktivitäten Arbeit und Ausbildung betrachtet. Hierfür wird das am häufigsten verwendete Verkehrsmittel für die jeweilige Aktivität im Wegetagebuch mit der Angabe im Mobilitätsskelett verglichen. Im Ergebnis stimmen 82 % der Verkehrsmittel auf dem Arbeitsweg und 93 % auf den Ausbildungswegen überein.

[6] Wenn sich Personen beispielsweise vornehmen mehr Sport zu praktizieren, um gesünder zu leben, aber in der Realität durch die berufliche Belastung abends keine Motivation mehr haben

Zusammenfassend ist eine gute quantitative Vergleichbarkeit mit wenigen Ausnahmen vorhanden. Bei der Verkehrsmittelnutzung unterscheiden sich die Ergebnisse der Erhebungen mit unterschiedlichen Erhebungsdesigns bei den Kategorien Fahrrad und Pkw als Mitfahrer. Bei den Aktivitäten zeigen sich zwischen den Designs größere Differenzen. Es ist schwierig, anhand der quantitativen Daten zu beurteilen, ob die Angaben des typischen Verhaltens über- oder unterschätzt sind oder ob die Zufälligkeit der Berichtswoche die Abweichung verursacht. Für eine abschließende Bewertung werden zusätzlich die qualitativen Interviews analysiert.

4.4 Qualitative Analyse

Für die qualitative Analyse wurde nur eine Teilstichprobe von 38 Personen interviewt. In Tabelle 4-2 sind die soziodemographischen Eigenschaften der Teilstichprobe dargestellt. Ziel der problemzentrierten Interviews ist es, Ursachen für die Abweichungen zwischen Mobilitätsskelett und Wegetagebuch zu untersuchen, um festzustellen, ob Berichtsverzerrungen vorliegen bzw. diese durch eine hohe intrapersonelle Variabilität zwischen den Wochen verursacht werden.

Tabelle 4-2: Soziodemographische Eigenschaften der Interviewten

ID	Geschlecht	Alter	Haushaltsgröße	Pkw im Haushalt	Beschäftigung
1	weiblich	60	2	1	Speditionskauffrau
2	weiblich	30	2	1	Telefonistin
3	weiblich	26	2	1	Arzthelferin
4	männlich	27	5	0	Forscher
5	weiblich	31	2	1	Verkehrsplanerin
6	weiblich	54	2	2	Immobilienmaklerin
7	männlich	26	2	1	Personalberater
8	weiblich	25	2	1	Forscherin
9	männlich	32	2	1	Softwareberater
10	weiblich	31	1	1	Hydrogeologin
11	weiblich	57	4	1	Putzfrau
12	männlich	59	3	1	Forscher
13	männlich	57	4	1	Versicherungskaufmann
14	weiblich	28	2	1	Assistentin
15	männlich	34	2	0	Forscher
16	weiblich	32	2	0	Bauingenieurin
17	weiblich	28	2	2	Personalmanagerin
18	männlich	65	2	1	Bauingenieur
19	männlich	29	2	1	Forscher
20	weiblich	22	2	1	Studentin
21	weiblich	24	2	0	Studentin
22	männlich	23	2	2	Student
23	männlich	22	3	0	Student
24	weiblich	24	3	0	Studentin
25	männlich	21	3	1	Student
26	männlich	27	5	0	Student
27	weiblich	24	3	2	Studentin
28	weiblich	30	2	1	Studentin
29	weiblich	27	2	1	Studentin
30	weiblich	22	4	0	Studentin
31	weiblich	24	2	0	Studentin
32	männlich	29	3	0	Student
33	männlich	23	2	0	Student
34	weiblich	23	2	1	Studentin
35	weiblich	27	4	3	Studentin
36	männlich	26	1	0	Student
37	weiblich	27	22	0	Studentin
38	männlich	21	2	0	Student

4.4.1 Verkehrsmittelwahl

Zunächst werden die festgestellten Abweichungen bei der Verkehrsmittelnutzung aus Kapitel 4.3.1 untersucht. Bei der Betrachtung der Multimodalitätsgruppen in Abbildung 4-7 wird deutlich, dass sich im Mobilitätsskelett mehr Personen als monomodale Fahrrad-Nutzer einschätzen als im Wegetagebuch beobachtet.

Wetterbedingte Abweichung

Kagerbauer et al. (2014) vermuten bereits in ihrem Vergleich, dass das Wetter vor allem die Fahrrad-Nutzung beeinflusst. Dieser witterungsbedingte Einfluss kann dazu führen, dass die tatsächliche Nutzung in der beobachteten (zufälligen) Woche zu anderen (unbeobachteten) Wochen einer Schwankung unterliegt. Diese witterungsbedingte Schwankung wird auch von den Interviewteilnehmenden beschrieben. Das kann bei Vielnutzern dazu führen, dass sie das Fahrrad in der beobachteten Woche weniger nutzen.

> *„Ich fahre eigentlich immer Fahrrad. Also wenn es regnet oder es ganz mieses Wetter ist, dann nimmt mich meine Frau [im Pkw] mit."*
>
> **[[ID19]]**

Bei Wenignutzern kann es auch dazu führen, dass überhaupt keine Nutzung in der Woche beobachtet wird, obwohl eine regelmäßige Fahrrad-Nutzung angegeben wurde.

> *„Wenn es regnet, fahre ich bestimmt kein Fahrrad. Dann nehme ich das Auto oder bleibe Zuhause. [...] ich bin da ein Schönwetterfahrer, was das Fahrrad angeht."*
>
> **[[ID14]]**

Wetterbedingt steigen die Personen mit einer niedrigeren Anpassungsfähigkeit bei der Fahrrad-Nutzung nicht zwangsläufig auf den Pkw um. Bei Personen ohne Pkw im Haushalt spielt vor allem der ÖV als Alternative eine relevante Rolle. Durch das gute Angebot in Karlsruhe bildet der ÖV bei schlechtem Wetter eine Rückfallebene für diese Probanden.

„Also an meinen Arbeitsplatz […] komme ich entweder mit dem Fahrrad oder mit der Straßenbahn. Mit dem Fahrrad komme ich dann immer hin, wenn gutes Wetter ist. Sprich, wenn es nicht zu kalt ist und nicht regnet."

[[ID16]]

Dieses instabile, wetterabhängige Verhalten erschwert die Erfassung der Verkehrsmittelnutzung im Wegetagebuch und Mobilitätsskelett gleichermaßen, was eine Abweichung zwischen den Ergebnissen der Designs zur Folge haben kann. Im Wegetagebuch ist viel von den Wetterbedingungen im Berichtszeitraum abhängig und beim Mobilitätsskelett kann eine derartige Verhaltensvarianz bei der Angabe der Fahrrad-Nutzungshäufigkeit nicht berücksichtigt werden. Im Mobilitätsskelett liefern allerdings die psychologischen Eigenschaften, wie die Radorientierung oder Wetterresistenz (siehe Tabelle 3-1), eine weitere nützliche Perspektive. Das Wetter muss nämlich nicht immer einen Einfluss auf die Fahrrad-Nutzung haben. Durch eine höhere Wetterresistenz bei Personen steigt die Stabilität im Verhalten. Sie passen sich an veränderte Wetterbedingungen an, z. B. durch spezielle Regenkleidung.

„[…] ich bin eine überzeugte Radfahrerin und freue mich jedes Mal, wenn ich diese Regenhose trage."

[[ID29]]

Teilweise werden je nach Wetterlage oder Saison sogar verschiedene Arten von Fahrrädern eingesetzt. Die Radorientierung ist bei manchen Personen derart stark ausgeprägt, dass Möglichkeiten geschaffen werden, die eine ganzjährige Fahrrad-Nutzung ermöglichen.

„Mit dem Fahrrad fahre ich auch täglich, auch im Winter. Wenn es mit dem Rennrad nicht mehr geht, dann nehme ich das Winterrad, aber auch bei Regen."

[[ID22]]

Die Vermutung des wetterbedingten Einflusses auf die Fahrrad-Nutzung kann über die Interviews teilweise bestätigt werden. Allerdings zeigt sich auch, dass das Mobilitätsskelett durch die Betrachtung psychologischer Eigenschaften einen Mehrwert bei der Analyse der Stabilität von Verhalten liefern kann.

Zufälligkeit der Berichtswoche

Die Zufälligkeit der berichteten Woche im Wegetagebuch kann auch durch andere Besonderheiten zu Abweichungen führen. Die Angabe „mehrmals im Monat“ beschreibt eine seltenere, eventuell auch zufälligere Nutzung. Das Verkehrsmittel unterliegt keiner wahrgenommenen Regelmäßigkeit in einem Wochenrhythmus. Daher ist eine häufigere Nutzung in einer zufälligen Woche möglich, ohne im Mobilitätsskelett eine verfälschte Antwort zu geben.

> *„[ÖV-Nutzung] mehrmals pro Monat [...], weil hier in Karlsruhe halt ab und zu mal kurze Strecken [zurückgelegt werden] oder wenn ich zu meinen Eltern fahre.“*
>
> **[[ID30]]**

Die Zufälligkeit der Woche zeigt sich auch durch andere Umstände (z. B. ein nicht einsatzfähiges Fahrrad) und führt zu einer Abweichung zwischen den Designs. Bei zwei regelmäßigen Fahrrad-Nutzern im Mobilitätsskelett findet im Wegetagebuch zufällig keine Nutzung statt.

> *„[...] in der berichteten Woche war es leider der Fall, dass mein Fahrrad kaputt war.“*
>
> **[[ID23]]**

> *„[...], weil ich da [in der Wegetagebuch-Woche] mein Fahrrad noch reparieren lassen musste.“*
>
> **[[ID21]]**

Die zufällige Woche kann eine unübliche Verkehrsmittelnutzung auf individueller Ebene darstellen, da ein relevantes Verkehrsmittel nicht genutzt werden kann oder ein selten genutztes Verkehrsmittel in der Woche eine zufällig hohe Nutzung erfährt.

Dies beinhaltet vor allem den ÖV als Rückfallebene für das Fahrrad bei schlechtem Wetter. Es findet sozusagen ein Austausch zwischen Fahrrad und ÖV statt. Bedingt durch das Wetter entsteht eine höhere Multimodalität, wenn nur einzelne Tage in der Woche durch das schlechte Wetter betroffen sind.

> *„[...], wenn es dann sehr kalt ist und regnet, dann steige ich um auf die Straßenbahn."*
>
> **[[ID16]]**

Bei den Studierenden tritt zudem noch eine weitere Besonderheit auf. Einige der Studierenden fahren im Abstand von zwei bis drei Wochen über das Wochenende zu ihren Eltern in die Heimat. Dort haben sie im Gegensatz zu ihrer Situation am Studienort häufig einen Pkw zur Verfügung und finden sich in einem anderen Raumtyp und in einem anderen gesellschaftlichen Umfeld wieder, was zu einer intensiveren Pkw-Nutzung führt. Vor allem Personen mit einer regionalen Verflechtung zu ihrem Heimatort besuchen in einer bestimmten Regelmäßigkeit ihre Eltern, Verwandte und Freunde in der Heimat (von Behren, Puhe & Magdolen, 2022).

> *„Also, wenn ich zu Hause [bei den Eltern] bin, da fahre ich nur Auto. [...], weil wir wohnen auf dem Land. Dort ist nichts erreichbar und ich habe daheim dann auch nicht wirklich ein Fahrrad."*
>
> **[[ID29]]**

Dies betrifft auch die seltenen Fernverkehrsereignisse, die zufällig in einer berichteten Woche auftreten und eine spezifische Verkehrsmittelnutzung mit sich bringen.

> *„Hier in Karlsruhe fahre ich immer mit dem Fahrrad. [...] Ansonsten für Wochenendtrips nehmen wir schon sehr häufig das Auto [...]"*
>
> **[[ID28]]**

Die qualitative Analyse verdeutlicht, dass der Betrachtungszeitraum einer Woche im Wegetagebuch auf der individuellen Ebene nicht ausreicht, um die typische Verkehrsmittelnutzung aus dem Mobilitätsskelett abschließend zu bewerten. Eine relevante Erkenntnis aus den Interviews ist, dass die Zufälligkeit der Betrachtungswoche für eine Verzerrung sorgt und Abweichungen beim Bericht intrapersonell erklären kann. Allerdings fällt es den Personen auch schwer, ihre beispielsweise nicht vorhandene Wetterresistenz in der Angabe der Nutzungshäufigkeit im Mobilitätsskelett, z. B. beim Fahrrad oder dem ÖV, geeignet wiederzugeben. Dies stellt eine Schwäche der schematisierten Abfrage dar, da Personen eventuell unterschiedlich mit dieser Problematik umgehen.

4.4.2 Aktivitätenwahl

Für die Validierung der Aktivitätenwahl werden die beiden quantitativen Erhebungsphasen (Abbildung 4-3) und die Angaben im Interview (siehe Abbildung 4-4) der 38 Probanden verglichen und die genannten Gründe der Abweichung untersucht.

In Abbildung 4-10 wird der paarweise Vergleich zwischen den Angaben im Wegetagebuch (TB), Mobilitätsskelett (SK) und problemzentrierten Interview (INT) veranschaulicht. Dabei fällt auf, dass die Angaben im TB und INT sowie im SK und INT ähnlicher sind als im Vergleich von SK und TB. Die Angaben zur Häufigkeit der Aktivitäten erfolgen im Interview in einer Art Mischform aus TB und SK, da die Teilnehmenden die Außerhaus-Aktivitäten in einer typischen Woche in einen Stundenplan eintragen. Das Element „typisch" kommt dem SK und die Stundenplan-Struktur mit der Möglichkeit des chronologischen Berichtens der Aktivitäten dem Wegetagebuch sehr nahe.

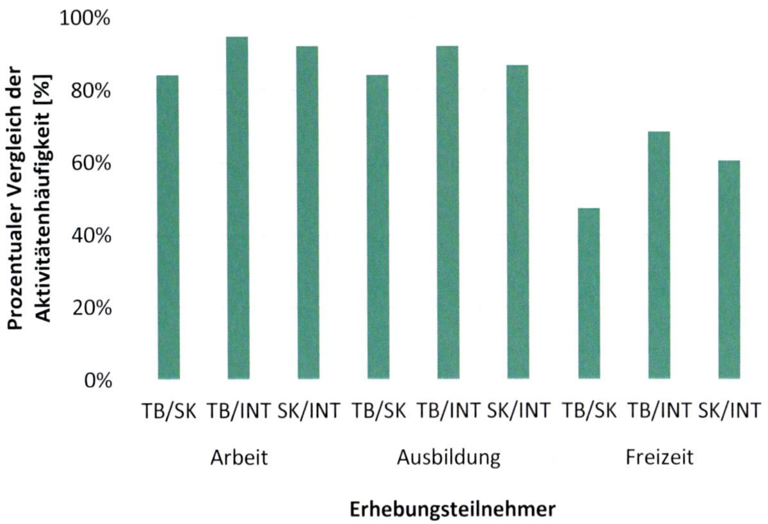

Abbildung 4-10: Vergleich der Aktivitätenhäufigkeit zwischen Tagebuch (TB), Mobilitätsskelett (SK) und problemzentriertem Interview (INT) (n = 38)

In diesem Abschnitt werden wie zuvor bei der Verkehrsmittelwahl die Abweichungen in den Designs durch eine qualitative Inhaltsanalyse der Interviews untersucht.

Pflichtaktivitäten

Bei der Aktivität Arbeit entstehen Unterschiede, wenn Personen unregelmäßig an einem Wochentag zusätzlich arbeiten oder durch unregelmäßige Home-Office-Tage einen Arbeitstag bzw. Arbeitsweg weniger berichten.

> *„Samstage und Sonntage sind unterschiedlich. Mal bin ich zu Hause. Mal treffe ich mich mit Freunden. Manchmal arbeite ich auch."*
>
> **[[ID3]]**

Im Wegetagebuch werden nur Wege und Außerhaus-Aktivitäten berichtet. Dadurch kann ein Arbeitstag im Home-Office gar nicht erfasst werden und führt zu einer Abweichung zwischen den Designs. Im Mobilitätsskelett wird explizit nach der Häufigkeit von Home-Office im Monat gefragt. Wenn in der zufälligen Woche ein oder zwei Home-Office-Tage berichtet werden, dann kommt es zur Abweichung, auch wenn die Person nur selten im Home-Office ist.

> *„[...] in den letzten drei Monaten, wenn überhaupt, zwei Freitage hatte, an denen ich im Home-Office war."*
>
> **[[ID9]]**

Im Einzelfall kann es neben Urlaub und Krankheit auch zu zufälligen Ausnahmen kommen.

> *„In der berichteten Woche war das [Arbeiten beim Kunden] relativ häufig. Schicksal der Woche [...]"*
>
> **[[ID19]]**

Insgesamt fallen die Berichtsunterschiede bei Arbeit und Ausbildung nur gering aus (vgl. Abbildung 4-9).

Freizeitaktivitäten

Höhere Abweichungen sind bei den Freizeitaktivitäten zwischen den drei Erhebungszeitpunkten (TB, SK und INT) zu beobachten. Dies zeigte sich bereits bei der quantitativen Analyse (siehe Abbildung 4-9).
Vor allem die Wochenendaktivitäten unterliegen bei einer Vielzahl von Teilnehmern keiner Stabilität.

> *„Typisches Wochenende ist schwierig. Ich fahre manchmal mit dem Fahrrad raus irgendwie im Schwarzwald, da ne Runde. Ich bin manchmal das Wochenende zu Hause und arbeite [...]"*
>
> **[[ID23]]**

> *„Dann gibt es noch oft an den Wochenenden irgendwelche Aktivitäten. Das variiert aber stark."*
>
> **[[ID9]]**

Mit dem Wegetagebuch kann diese Unregelmäßigkeit durch den kurzen Zeitraum nicht erfasst werden. Im Mobilitätsskelett wird die Variation durch die

längsschnittorientierte Betrachtungsweise teilweise erfasst, da zwischen den beiden Kategorien Freizeitaktivitäten im Alltag und Freizeitaktivitäten außerhalb des alltäglichen Umfelds unterschieden wird. Beim Wegetagebuch ist nur schwer nachzuvollziehen, ob die Aktivitäten wiederkehrend sind oder nur rein zufällig in der Woche stattfinden. Magdolen, Ecke et al. (2020) versuchen in ihrer Studie, unregelmäßige Wege (bzw. Touren) in einer Tagebuchwoche entfernungsabhängig zu identifizieren, um alltägliche von nicht alltäglichen Aktivitäten zu trennen. Es kann aber nicht geklärt werden, ob es ein seltenes oder regelmäßiges Ereignis ist, da keine Informationen über die Woche hinaus vorliegen. Beim Vergleich zwischen den Erhebungsdesigns besteht die Schwierigkeit, die Freizeitaktivitäten aus dem Wegetagebuch einer der beiden Kategorien im Mobilitätsskelett zuzuordnen. Folglich kann eine Abweichung in der Häufigkeit durch die beiden Kategorien entstehen.
Beim Mobilitätsskelett besteht allerdings noch eine andere Herausforderung: Wenn bei einem Probanden eine hohe Variabilität bei Freizeitaktivitäten zwischen Wochen besteht, dann fällt es schwer, eine Häufigkeitsangabe beim „typischen" Verhalten zu tätigen.

> *„Das ist wirklich wochenabhängig, […], wenn ich zweimal die Woche ins Fitnessstudio gehe und wir dann zusätzlich noch Fußball mit den Jungs spielen, […] dann vielleicht auch noch in eine Bar gehen, was trinken."*
>
> **[[ID7]]**

Beim Wegetagebuch ist durch die Zufälligkeit der Woche nicht klar, ob es sich bei der Häufigkeit von Freizeitaktivitäten um ein Minimum, Maximum oder ein Wert dazwischen handelt. Dies macht einen validen Vergleich der Freizeitaktivitäten zwischen Mobilitätsskelett und Wegetagebuch schwierig.

> *„Nein diese Woche [im Wegetagebuch] war eine totale Ausnahme, weil ich fünfmal freizeitlich unterwegs war und so häufig kommt das eigentlich nicht vor."*
>
> **[[ID14]]**

Aktivitätengebundene Verkehrsmittelnutzung

Das Ausfallen einer typischen Aktivität in der Wegetagebuchwoche kann Auswirkungen auf die Verkehrsmittelnutzung haben, wenn nur für diese Aktivität ein bestimmtes Verkehrsmittel (z. B. Mitfahrer) verwendet wird.

> *„Das ist blöd, dass es [die Bandprobe] in der Woche nicht war, aber der [Bandkollege] holt mich immer mit dem Auto ab."*
>
> **[[ID38]]**

> *„Dieser Rundweg ist die klassische Kompensation, da ich versucht habe, joggen zu gehen, weil das Tennis [typische Aktivität] nicht stattgefunden hat [...]"*
>
> **[[ID12]]**

Die quantitativen Analysen zeigen auch, dass es im Vergleich zwischen Mobilitätsskelett und Wegetagebuch einen ähnlich großen Anteil an Über- und Unterschätzung der Freizeitaktivitäten gibt. Eine pauschale Schlussfolgerung, dass Freizeitaktivitäten durch das Mobilitätsskelett überschätzt werden, ist nicht möglich.

4.4.3 Fehleinschätzungen im Mobilitätsskelett

Trotz Robustheit gegenüber der Zufälligkeit des Wetters und anderen Umständen, besteht beim Mobilitätsskelett durch die schematische Abfrage die Gefahr der Über- und Unterschätzung der Aktivitäts- und Verkehrsmittelnutzungshäufigkeiten (Chlond & Eisenmann, 2018; FGSV, 2012b; Kagerbauer et al., 2014).

Soziale Erwünschtheit

Eine relevante Fehlerquelle ist hierbei die soziale Erwünschtheit. Es kann passieren, dass beispielsweise bei nicht umweltfreundlichen Verkehrsmitteln eine geringere Nutzungshäufigkeit im Mobilitätsskelett angegeben wird.

„[...], da hatte ich wahrscheinlich eine Fehleinschätzung oder die Hoffnung, dass es [die Pkw-Nutzung] doch noch weniger wird."

[[ID28]]

Im Gegensatz dazu wird aus ähnlichen Gründen bei umweltfreundlichen Verkehrsmitteln manchmal eine höhere Nutzung angegeben.

„Naja einmal im Monat [den ÖV], ich denke, das ist etwas hoch gegriffen. Das ist der Wunschgedanke. Ich denke schon, also alle zwei Monate einmal, das ist realistischer."

[[ID6]]

Schwierigkeiten bei der Einschätzung

Darüber hinaus gibt es Verkehrsmittel, bei denen es den Probanden schwieriger fällt, die genaue typische Nutzungshäufigkeit im Mobilitätsskelett anzugeben.

„Und zu Fuß, ja das ist halt ein bisschen schwierig. Also das finde ich schwierig einzuschätzen, weil man halt doch häufig zu Fuß geht [...]"

[[ID34]]

„Mit dem Fahrrad ist es dann doch schon ein bisschen schwieriger, da würde ich im Sommer oder bei gutem Wetter das Kreuz eigentlich bei täglich setzen."

[[ID16]]

„Aber bei der Regelmäßigkeit [beim Fahrrad] fällt es mir schwer. [..] Ich würde sagen, wenn das Wetter schlechter ist, also wenn es regnet, fahre ich eigentlich fast gar kein Fahrrad."

[[ID15]]

Diese Schwierigkeiten können Ungenauigkeiten beim Mobilitätsskelett verursachen, da Probanden unterschiedlich auf die Problematik reagieren. Diesem Nachteil im Mobilitätsskelett steht die Berichtsmüdigkeit in Wegetagebüchern gegenüber, welche ebenfalls einen Einfluss auf die Nutzungshäufigkeit hat.

4.4.4 Kategorisierung der Abweichungsgründe

Basierend auf den Erkenntnissen aus Kapitel 4.4.1 und 4.4.3 wird eine zusammenfassende Betrachtung der Abweichungen bei der Verkehrsmittelnutzung vorgenommen. In Tabelle 4-3 sind die artikulierten Gründe kategorisiert und quantitativ dargestellt. Eine Quantifizierung von Interviewergebnissen ist in der qualitativen Sozialforschung durchaus üblich (vgl. Southerton, 2006). Die Kategorien und deren Häufigkeiten dienen dem besseren Verständnis der artikulierten Gründe und der Wirklichkeiten der Interviewteilnehmenden. Die Häufigkeiten in den Kategorien haben aber keinen Anspruch auf Repräsentativität.

Die Ergebnisse zeigen, dass vor allem die Zufälligkeit der Woche dazu führt, dass das Mitfahren im Pkw im Mobilitätsskelett (SK) geringer eingeschätzt wird. Zusätzlich haben die Teilnehmenden Schwierigkeiten, bei diesem Verkehrsmittel die typische Nutzungshäufigkeit anzugeben. Die Ursache der Überschätzung der Fahrrad-Nutzung im Mobilitätsskelett ist deutlich diverser. Hier spielt vor allem das Wetter, die Zufälligkeit der Woche und die Schwierigkeit der Einschätzung im Mobilitätsskelett eine Rolle. In Kombination mit der Unterschätzung tritt allerdings die wetterbedingte Abweichung in den Vordergrund. Insgesamt sind sieben von 15 Abweichungen (47 %) auf das Wetter zurückzuführen.

Tabelle 4-3: Kategorisierung der artikulierten Gründe für die Abweichungen zwischen Mobilitätsskelett (SK) und Wegetagebuch (TB) anhand der qualitativen Interviews

	Häufiger (SK > TB)					Gleich häufig (SK = TB)	Weniger Häufig (SK < TB)					Σ
	Sonstige Gründe	Wetterbedingt	Zufälligkeit der Woche	Soziale Erwünschtheit	Schwierigkeiten Einschätzung		Sonstige Gründe	Wetterbedingt	Zufälligkeit der Woche	Soziale Erwünschtheit	Schwierigkeiten Einschätzung	
Pkw als Fahrer	1		2		1	27	1	1	3	1	1	38
Pkw als Mitfahrer	1		2			18	1		12	1	3	38
Fahrrad		4	4	1	3	23		3				38
ÖV	1	1	1		1	24	1	6	1		2	38

4.4.5 Übergeordnete Bewertung der beiden Mobilitätserhebungsdesigns

Basierend auf der abschließenden Interviewfrage (siehe Anhang B), welche der beiden Designs die Mobilität geeigneter abbilde, wird in diesem Kapitel ein abschließender Vergleich vorgenommen. Im Ergebnis sehen 19 von 38 Personen (50 %) das Mobilitätsskelett als geeigneter an, um ihr Mobilitätsverhalten umfassend zu berichten. Ein Hauptkritikpunkt beim Wegetagebuch ist aus Sicht der Probanden die unzureichende Erfassung von Fernverkehrsereignissen.

> *„[...], wenn es darum geht, meine Mobilität insgesamt zu erfassen, dann ist das [Mobilitäts-] Skelett besser. Ich mache schon viele Fernreisen und die sind in der Woche nun mal einfach nicht passiert. Das heißt, die würden dadurch vollständig unterschlagen werden."*
>
> **[[ID15]]**

> *„[...] meine Fahrten nach München, die passieren halt nicht wöchentlich, aber sie prägen mein Mobilitätsverhalten schon stark."*
>
> **[[ID15]]**

Das Mobilitätsskelett erfasst durch den Quasi-Längsschnitt retrospektiv auch derartige Mobilitätsereignisse. Im Gegensatz dazu bewerten 13 von 38 Personen[7] (34 %) das Wegetagebuch als geeigneter. Sie sehen vor allem die detaillierte Angabe des Mobilitätsverhaltens in der berichteten Woche als Vorteil.

> *„[...] das Wegetagebuch stellt es besser dar, einfach weil jeder Weg drin ist mit den Entfernungen."*
>
> **[[ID35]]**

Zudem thematisiert diese Gruppe die Schwierigkeit bei der Angabe von Häufigkeiten (z. B. einmal die Woche oder mehrmals im Monat), wie bereits in Kapitel 4.4.3 thematisiert. Die schematische Abfrage der Häufigkeit kann dabei zu Verzerrungen führen, da die Probanden auch trotz Schwierigkeiten bei der Einschätzung eine Angabe im Fragebogen machen.

4.5 Exkurs zum Vergleich von Mobilitätserhebungen

Beim Vergleich der beiden unterschiedlichen Erhebungsdesigns in Karlsruhe (vgl. Kapitel 4.3 und 4.4) wurden Unterschiede festgestellt. Dabei muss zur Einordnung erwähnt werden, dass es auch zu relevanten Abweichungen zwischen Mobilitätserhebungen kommen kann, wenn identische Erhebungsansätze in vergleichbaren Räumen verwendet werden.
Am Beispiel der beiden Querschnitterhebungen der MiD 2017 und der SrV 2018 in Karlsruhe (vgl. Nobis, 2019; Stadt Karlsruhe, 2020) zeigen sich im Modal-Split-Vergleich in Abbildung 4-11 größere Unterschiede. Bei der Fahrrad-Nutzung beträgt der Unterschied sieben Prozentpunkte (SrV: 31 %, MiD: 24 %). Das heißt, dass in der SrV die befragten Personen 30 % häufiger Fahrrad fahren als in der MiD. Dieses Beispiel verdeutlicht nochmals die Schwierigkeit

[7] Bei sechs Interviewteilnehmenden wird keines der beiden Erhebungsdesigns favorisiert.

des Vergleichs von Mobilitätserhebungen. Wenn nun zusätzlich unterschiedliche Erhebungsdesigns eingesetzt werden, wie in der vorliegenden Arbeit, dann ist eine Abweichung der Ergebnisse ziemlich sicher zu erwarten.

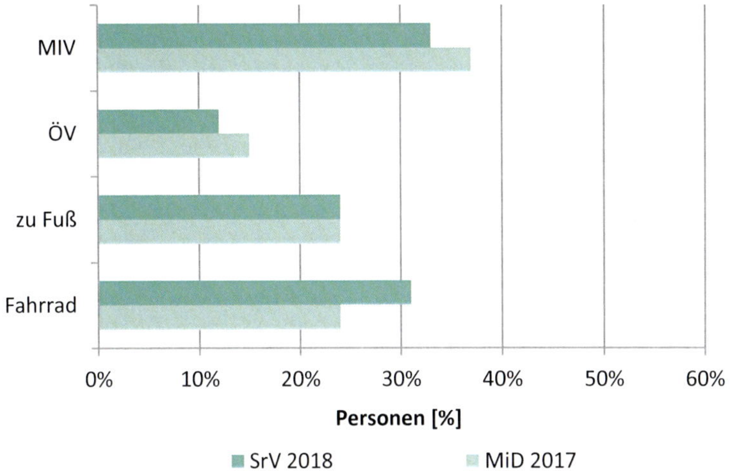

Abbildung 4-11: Modal-Split aus Querschnitterhebungen MiD 2017 und SrV 2018 für die Stadt Karlsruhe (Nobis, 2019; Stadt Karlsruhe, 2020)

4.6 Zusammenfassung und kritische Würdigung

Der Vergleich zwischen Mobilitätsskelett und Wegetagebuch liefert relevante Erkenntnisse. Grundsätzlich wird beim Vergleich der Verkehrsmittelwahl hinsichtlich Häufigkeit und Multimodalität eine geeignete Überschneidung zum etablierten Wegetagebuch-Ansatz festgestellt.

Implikationen aus der quantitativen Analyse

Beim quantitativen Vergleich zeigen sich zwar Abweichungen, allerdings sind diese nicht einseitig (z. B. zeigt sich nicht, dass die Verkehrsmittelnutzungshäufigkeiten im Mobilitätsskelett (fast) immer größer sind als im Wegetagebuch). Dies deutet auf keinen systematischen Fehler bei der Erfassung hin. Relevante Abweichungen zwischen den Designs werden wie bei Kagerbauer et al. (2014) beim Fahrradfahren und Mitfahren im Pkw beobachtet. Beim Vergleich der Aktivitäten werden starke Diskrepanzen bei den Freizeitaktivitäten festgestellt. Die Häufigkeiten der Freizeitaktivitäten unterliegen einer hohen Variabilität zwischen verschiedenen Wochen (Tarigan & Kitamura, 2009). Es ist daher nicht klar, ob das Mobilitätsskelett Häufigkeitswerte über- oder unterschätzt oder ob die zufällige Woche eine starke Abweichung vom typischen Verhalten der Personen darstellt. Die quantitative Analyse stößt bei der Beantwortung derartiger Fragen an ihre Grenzen.

Implikationen aus der qualitativen Analyse

Die qualitativen Interviews können die artikulierten Gründe für die Abweichungen zwischen typischem und berichtetem Verhalten offenlegen. Bei rein quantitativen Studien, wie z. B. von Kagerbauer et al. (2014), zur Verkehrsmittelwahl kann über diese Gründe nur spekuliert werden. Bei einem Vergleich stellt sich unweigerlich die Frage, welches Design, die Tagebuchwoche oder das typische Verhalten, die Mobilität des Individuums besser abbildet. Die Inhaltsanalyse der Interviews zeigt, dass die Beantwortung einer Einzelfallbetrachtung bedarf. Es existiert nicht die eine „grundlegende Wahrheit", sondern jede Person besitzt eine eigene Wahrheit bzw. Wirklichkeit. Es geht folglich nur darum, Implikationen für eine Nutzbarkeit des Mobilitätsskeletts zu erhalten. Die Ergebnisse der problemzentrierten Interviews verdeutlichen, dass vor allem die Zufälligkeit der Woche zu Abweichungen zwischen dem Wegetagebuch und dem Mobilitätsskelett auf individueller Ebene führt (z. B. durch die Witterung oder eine untypische Aktivtitätenhäufigkeit in der berichteten Woche). Im Gegensatz dazu besteht eine Stärke des Mobilitätsskeletts in der Robustheit gegenüber der Zufälligkeit einer Woche. Zudem können die Informationen über die psychographischen Merkmale (z. B. Wetterresistenz bei der Fahrrad-Nutzung) genutzt werden, um die Stabilität im Verhalten besser abzuschätzen. Die Schwäche des Mobilitätsskeletts besteht in der inhaltlichen Antworttendenz der sozialen Erwünschtheit, die beim Wegetagebuch keinen relevanten Einfluss aufweist. Beim Mobilitätsskelett zeigt sich durch die Interviews, dass die soziale Erwünschtheit und die grundsätzliche Problematik bei der Angabe von typischem Verhalten zu einer Über- und Unterschätzung der Aktivitäten- und Verkehrsmittelhäufigkeiten führen kann (vgl. Kapitel 4.4.3).

Zusammenfassend sind Abweichungen durch das unterschiedliche Erhebungsdesign zu erwarten. Wie in Abbildung 4-11 beim Vergleich von MiD und SrV in Karlsruhe veranschaulicht, entstehen aber auch Abweichungen im Aggregat bei fast identischen Erhebungsdesigns (Kapitel 4.5). Trotz Abweichungen ist bei einem Vergleich von zwei Erhebungsdesigns mit einer identischen Stichprobe eine ausreichende Überdeckung zu erwarten. Die quantitativen Ergebnisse haben dies hinsichtlich der Verkehrsmittelnutzung und der Erfassung der Multimodalität auch grundsätzlich nachgewiesen (vgl. Kapitel 4.3.1). Folglich kann festgehalten werden, dass das Mobilitätsskelett eine valide Überdeckung mit dem Wegetagebuch aufweist und daher für weitere Analysen eingesetzt werden kann. Vor allem durch die Vielfältigkeit dient der Ansatz als geeignete Grundlage zur Zielgruppensegmentierung in der interdisziplinären Mobilitätsforschung. Im Rahmen der Anwendungsfälle werden in Kapitel 5.3 zusätzliche Vergleiche des Mobilitätsskeletts zu anderen Mobilitätserhebungen in den Städten als zusätzliche Validierung durchgeführt.

Trotz allem zeigt die vorliegende Vergleichsstudie, dass das Mobilitätsskelett nicht ohne tiefergehende Forschung als Ersatz für Querschnitt- oder Längsschnitterhebungen mit Wegetagebüchern eingesetzt werden kann, wenn Eckwerte der Verkehrsnachfrage für eine Verkehrsstatistik berechnet werden müssen. Hierfür wäre ein weitergehender Vergleich mit einem Wegetagebuch über mehrere Wochen und einer größeren Stichprobe mit zusätzlichen soziodemographischen Gruppen notwendig. Die berichtete Woche im Wegetagebuch ist zu kurz, um die Erfassung des typischen Verhaltens im Mobilitätsskeletts abschließend zu bewerten.

5 Datengrundlage der internationalen Vergleichsstudie in Berlin, San Francisco und Shanghai

Zur Untersuchung verschiedener Zielgruppen in urbanen Mobilitätsmärkten wird aus den verschiedenen Anwendungsfällen des UTM aus Kapitel 3.2 die internationale Vergleichsstudie aus Berlin, San Francisco und Shanghai ausgewählt. Die Erhebungsdaten bilden die Grundlage für diese Arbeit.
Die drei Städte wurden aufgrund ihrer besonderen Eigenschaften ausgewählt, die in Kapitel 5.1 näher erläutert werden. Zudem wird die Stichprobe und die verwendete Gewichtung der Daten vorgestellt (Kapitel 5.2). Die Gewichtung ist notwendig, um in relevanten soziodemographischen Dimensionen Aussagen über die gesamte Stadt zu treffen. Abschließend wird in Kapitel 5.3 ein Vergleich der Erhebungsdaten des UTM mit anderen verfügbaren Statistiken zum Modal-Split in der jeweiligen Stadt durchgeführt.

5.1 Auswahl und Beschreibung der Städte

Teile dieses Abschnitts basieren auf der Veröffentlichung „International Comparison of Psychological Factors and their Influence on Travel Behavior in Hybrid Cities“ (von Behren, Schubert & Chlond, 2020).

Für die Vergleichsstudie des UTM wurden vor der Erhebung zwei Kriterien für die Auswahl der zu betrachtenden Städte aufgestellt.

1. Die Städte befinden sich in Ländern, die für deutsche Premium-Automobilhersteller aufgrund der Höhe des Absatzmarktes relevant sind.

2. Es soll gewährleistet sein, dass eine geeignete Vergleichbarkeit moderner Städte aus unterschiedlichen Ländern anhand des Mobilitätsverhaltens, der bestehenden Verkehrsinfrastruktur und der sozialen Praktiken vorhanden ist.

Auswahlkriterium Absatzmarkt

Zur Erfüllung des ersten Kriteriums wurde die Suche auf Städte aus Deutschland, den USA und China begrenzt. Alle drei Länder stellen einen wichtigen Absatzmarkt für Premium-Automobilhersteller dar. Die Beobachtung moderner Städte in diesen Ländern ist von besonderer Bedeutung, da sie als Frühindikatoren für die zukünftige Entwicklung des Mobilitätsmarktes dienen können.

Auswahlkriterium urbane Mobilitätskultur

Das Erreichen des zweiten Kriteriums gestaltete sich deutlich schwieriger, da bei einem Städtevergleich eine große Anzahl von Aspekten berücksichtigt werden muss. Um eine geeignete Auswahl für den Vergleich zu treffen, wurde die Idee der „urbanen Mobilitätskultur“ angewendet.
Unter diesem Begriff werden stadtweite Attribute, wie Stadtform, Infrastrukturbereitstellung, Lebensstile und Mobilitätsmuster zusammengefasst (Klinger & Lanzendorf, 2015; Kuhnimhof & Wulfhorst, 2013). Die einzigartige urbane Mobilitätskultur einer Stadt hebt sich auch vom Rest des Landes ab (ifmo, 2013). Eine relevante Arbeit für die Auswahl der Städte im UTM ist jene von Priester et al. (2013). Im Rahmen einer internationalen Studie segmentieren sie 41 Städte aus unterschiedlichen Ländern in sechs Arten urbaner Mobilitätskultur: „Hybrid Cities“, „Non-motorized Cities“, „Auto Cities“, „Paratransit Cities“ und „Traffic-saturated Cities“.
Für eine gute Vergleichbarkeit der Städte wurden drei Städte mit identischer urbaner Mobilitätskultur für diese Arbeit ausgewählt: Berlin (Deutschland), San Francisco (USA) und Shanghai (China). Diese drei Städte fallen in die Kategorie der „Hybrid Cities“. „Hybrid Cities“ sind durch einen dichten, auf den ÖV ausgerichteten Stadtkern gekennzeichnet. Diese Charakteristik hat zudem

eine signifikante Nutzung des ÖV und von nicht-motorisierten Verkehrsmitteln zur Folge. Gleichzeitig sind die Städte von auto-orientierten suburbanen Räumen mit geringerer Dichte umgeben, welche eine Pkw-Nutzung begünstigen (Manz et al., 2017). Der hybride Charakter lässt sich auch an der Entwicklung der Verkehrsinfrastruktur in diesen Städten beobachten. Die Bezeichnung "Push- und Push"-Politik beschreibt diese Entwicklung am treffendsten. Die Städte haben stark in die Straßeninfrastruktur und den ÖV investiert. Hohe Investitionen in die Verkehrsinfrastruktur erfordern entsprechende finanzielle Mittel für die politischen Entscheidungsträger. Daher ist es nicht überraschend, dass sich die „Hybrid Cities“ unter denjenigen Städten mit einem hohen Bruttoinlandsprodukt (BIP) pro Kopf befinden (Priester et al., 2013).
Der hybride Charakter spiegelt sich auch in der Verkehrsmittelwahl wider. In allen drei Städten besitzt der ÖV einen Anteil von mehr als 27 % am Modal-Split. Wege zu Fuß machen einen Anteil von mehr als 25 % aus. Die Pkw-Nutzung liegt in den Städten bei mindestens 22 % (Senatsverwaltung Berlin, 2017; SFMTA, 2017; Shanghai Municipal Government, 2018). Lediglich der Anteil des Fahrrads am Modal-Split in San Francisco ist im Vergleich zu den anderen beiden Städten aufgrund der Topografie niedriger.

Kritik an den urbanen Mobilitätskulturen

Mobilitätskulturen sind nicht statisch und können sich über die Zeit verändern (Manz et al., 2017). Shanghai hat sich beispielsweise in den letzten Jahren von einer "Non-motorized City" zu einer "Hybrid City" entwickelt und ist derzeit auf dem Weg, durch den Ausbau des öffentlichen Verkehrssystems in den kommenden Jahren, zu einer "Public Transit City" zu werden. San Francisco wird sich durch die Elektrifizierung des öffentlichen und privaten Verkehrs mittelfristig (Zeithorizont: 5-10 Jahre) in eine "E-Hybrid City" verwandeln (Manz et al., 2017). Eine weitere Begrenzung der urbanen Mobilitätskultur liegt in der Aggregation auf Stadtebene. Hierdurch werden Subkulturen in den Städten vernachlässigt.

Motorisierungsraten

Ein zusätzlicher wichtiger Faktor beim Vergleich von Städten ist die Motorisierungsrate. Hierbei zeigen sich allerdings deutliche Unterschiede zwischen den drei Städten. In Shanghai war ein starker Anstieg der Motorisierungsrate von 15 Pkw pro 1.000 Einwohner im Jahr 1995 zu 145 Pkw pro 1.000 Einwohner (2013) zu beobachten (Kenworthy, 2017). Dennoch liegt immer noch eine vergleichsweise geringe Motorisierung vor, da durch das starke Wachstum Zulassungsrestriktionen implementiert wurden (Liu et al., 2020). Kenworthy (2017) widerspricht daher auch der Ansicht, dass Shanghai aktuell zu den „Hybrid City" zähle und sieht die Stadt durch den hohen Anteil an ÖV-Nutzung in Verbindung mit einem hohen Anteil an nicht-motorisiertem Verkehr viel mehr jetzt schon als „Transit City". Hinsichtlich der Motorisierung liegt Berlin mit 326 Pkw pro 1.000 Einwohner (2016) in der Mitte der drei betrachteten Städte, zeigt aber im Vergleich zu anderen deutschen Großstädten eine bemerkenswert niedrige Motorisierung (Senatsverwaltung Berlin, 2017). San Francisco weist mit 570 Pkw pro 1.000 Einwohner (2017) die höchste Motorisierungsrate auf (SFMTA, 2019).

Zusammenfassend kann festgehalten werden, dass für die Auswahl der Städte die gemeinsame urbane Mobilitätskultur trotz bestehender Einschränkungen, als Betrachtungsgröße in einem internationalen Kontext geeignet ist.

5.2 Erhebung, Gewichtung und Datenbeschreibung

Um eine gute Vergleichbarkeit der Ergebnisse zu erreichen, wurde der gleiche standardisierte Erhebungsansatz mit dem Mobilitätsskelett in den drei Städten eingesetzt (vgl. Kapitel 3). Das CAPI wurde durch professionelle Interviewer zwischen Oktober 2016 und Januar 2017 durchgeführt. Die psychologischen Items wurden durch die Probanden während des persönlichen Interviews selbst ausgefüllt, um Beeinflussungen durch den Interviewer abzumindern.

Stichprobengröße

Die gesamte Stichprobe umfasst 1.800 Personen, wobei aus jeder Stadt 600 Personen interviewt wurden. Um eine gute Abbildung der Stadt in wenigen relevanten Dimensionen zu gewährleisten, wurde für die Erhebung in der jeweiligen Stadt eine Quotenwahl nach Alter, Geschlecht, Haushaltsgröße und Raumtyp angestrebt (vgl. Schnell et al., 2005). Zusätzlich wurde versucht, eine Heterogenität bei den Einkommensklassen zu sichern. Bei der Rekrutierung der Teilnehmer durch das Markforschungsinstitut mussten zusätzliche landesspezifische Bedingungen[1] berücksichtigt werden. In allen Städten wurde ein Access-Panel mit einem Telephone-Screening verwendet. In Berlin und San Francisco kamen zusätzlich On-Street-Recruitments zum Einsatz.

Gewichtung

Ein wichtiger Aspekt bei der Befragung des UTM ist, dass die Teilnehmenden in relevanten Eigenschaften den Merkmalen der Grundgesamtheit, z. B. der Bevölkerung einer Stadt, entsprechen. Hierfür wurde die beschriebene Quotierung in der Erhebung eingesetzt. Liegen dennoch Personen einer bestimmten Merkmalsgruppe über- oder unterrepräsentiert vor, zeigt die Stichprobe gegenüber der Grundgesamtheit in den vorgegebenen Quoten Schiefen. Um diese Schiefen der Stichprobe auszugleichen, ist es möglich Anpassungsgewichte zu berechnen (A. Hildebrandt et al., 2015). Sie werden durch einen Abgleich der Eigenschaften aus der Grundgesamtheit mit den Merkmalen aus der vorliegenden Stichprobe bestimmt. Für die Bestimmung der Verteilungen von Alter und Geschlecht sowie Haushaltsgröße und Raumtyp werden Informationen aus amtlichen Statistiken zugrunde gelegt. Die Gewichte ergeben sich aus einem Vergleich der Soll-Daten aus der amtlichen Statistik und den Ist-Daten aus der Erhebung. Werden anschließend Auswertungen mit der Berücksichtigung der Gewichte durchgeführt, ist es möglich, validere Aussagen für die betrachtete Stadt zu treffen.

[1] In China konnten die Interviews nicht bei den Probanden zuhause durchgeführt werden, da dies in China eher unüblich ist.

Zur Berechnung der Anpassungsgewichte dient das MOP zur Orientierung. Das dort angewendete zweistufige Verfahren zur Bildung von Gewichten wird für die vorliegenden Daten aus den Erhebungen mit dem Mobilitätsskelett adaptiert. Hierbei wird im ersten Verfahrensschritt eine Berechnung des Haushaltsgewichts vorgenommen, das den Raumtyp (nach Bevölkerungsdichte) und die Größe des Haushaltes berücksichtigt. In einem zweiten Verfahrensschritt wird eine Personengewichtung mit Berücksichtigung von Alter und Geschlecht ermittelt (vgl. Weiß et al., 2016). Für die Durchführung dieser Gewichtung werden in den drei Städten amtliche Statistiken und Daten des Geomarketing-Unternehmens Nexiga verwendet.

Datenbeschreibung

Tabelle 5-1 zeigt die relevanten personenbezogenen Merkmale der Stichprobe. Die Übersicht zu den Merkmalen der erhobenen Haushalte ist in Anhang D zu finden.

Tabelle 5-1: Beschreibung der Stichproben aus Berlin, San Francisco und Shanghai (gewichtet)

	Berlin [%]	**San Francisco [%]**	**Shanghai [%]**
Altersklassen			
< 36 Jahre	11,4	15,1	17,1
36 - 45 Jahre	34,9	40,3	43,0
46 - 65 Jahre	33,9	28,9	32,3
> 65 Jahre	19,8	15,8	7,6
Geschlecht			
Männlich	48,2	50,7	59,2
Weiblich	51,8	49,3	48,7
Beschäftigung			
Vollzeit	40,7	54,3	59,2
Teilzeit	11,5	2,8	0,6
Ausbildung (Studium/Schule)	13,4	14,9	10,2
Rentner	23,7	18,5	26,4
Sonstige	10,6	9,5	3,6
Bildungsgrad			
Hochschulabschluss (Master) und höher	27,3	24,5	6,5
Hochschulabschluss (Bachelor)	12,5	45,5	52,8
Sonstiger Abschluss	59,5	27,9	40,1
Kein Abschluss	0,7	2,1	0,6

5.3 Vergleich mit anderen Mobilitätserhebungen

In Kapitel 4 wurden zur Validierung des Mobilitätsskeletts bereits Vergleiche zwischen typischem Verhalten und tatsächlichem Verhalten im Wegetagebuch gezogen. Ergänzend zu diesen Analysen werden die Erhebungsdaten aus dem Mobilitätsskelett mit Daten aus anderen Mobilitätserhebungen in den drei Städten verglichen.

Verkehrsmittelnutzung

Eine geeignete Vergleichsgröße stellt der Modal-Split dar. Abbildung 5-1 veranschaulicht den Vergleich. Hierbei wird deutlich, dass die Werte des Mobilitätsskeletts (SK) fast identisch zur Mobilitätserhebung SrV 2018 in Berlin sind (vgl. Gerike et al., 2019). In einem erweiterten Vergleich des Anteils des motorisierten Individualverkehrs (MIV) zwischen Mobilitätsskelett, SrV 2018 und MiD 2017 in Berlin zeigt sich, dass die Werte des Mobilitätsskelett mit 23 % näher an der SrV mit 26 % liegen als die MiD mit 31 % (vgl. Agora Verkehrswende, 2020; Gerike et al., 2019).
Für San Francisco ist ein Unterschied von zehn Prozentpunkten beim MIV zu beobachten. Trotzdem bleibt ersichtlich, dass der Pkw in San Francisco eine wichtigere Rolle spielt als in den anderen beiden Städten. Wie schon in der Vergleichsstudie in Kapitel 4 diskutiert, sind Abweichungen zwischen den unterschiedlichen Erhebungsdesigns zu erwarten. Die Größenordnungen sind aber wiederholt vergleichbar, was eine Verwendung des erhobenen Datensatzes für weitere Analysen ermöglicht.

Wege pro Tag

Die gewichteten durchschnittlichen Wege pro Person und Tag aller 1.800 Personen werden zusätzlich mit Mobilitätsdaten aus der Literatur abgeglichen. Hierfür wird in Kapitel 6.3.3 die Berechnung der Wege pro Tag aus dem Mobilitätsskelett detailliert erläutert.
In Shanghai liegt der gewichtete Wert von 2,9 Wege pro Tag über dem Wert von 2,2 (Yin, 2017). In Berlin wiederum ist der Wert mit 3,0 leicht niedriger als 3,5 Wege pro Person und Tag aus der SrV (Gerike et al., 2019). In San Francisco liegt der Wert von 2,4 ebenfalls etwas unter dem Wert aus der Literatur von 3,0 Wegen pro Tag (Corey, Canapary & Galanis Research, 2017). In Berlin und San Francisco sind die Abstände zu den anderen Mobilitätserhebungen annähernd identisch. Insgesamt liegen in allen drei Städten die berechneten Werte in dieser Arbeit und die Abweichungen zu anderen Mobilitätserhebungen in einer annehmbaren Größenordnung. Abweichungen waren durch die unter-

schiedlichen Erhebungsdesigns zu erwarten, wobei durch die Abfrage der typischen Mobilität eher eine Unterschätzung zu erwarten ist, da zufällig durchgeführte Wege im Mobilitätsskelett methodenbedingt exkludiert sind.

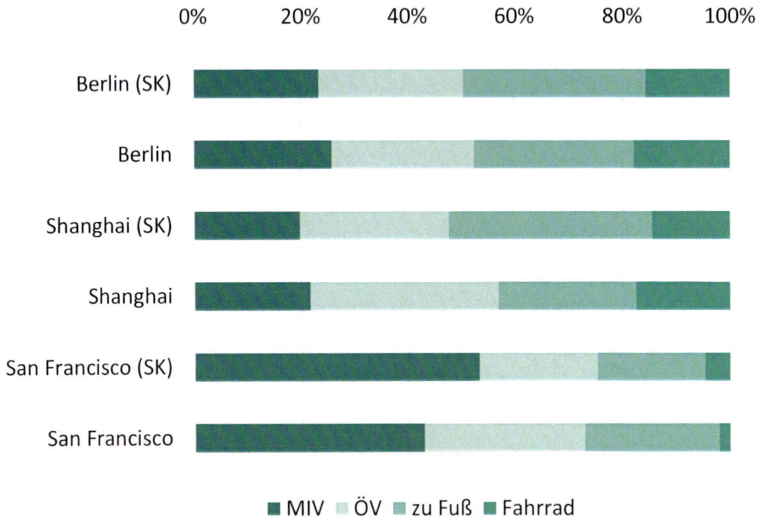

Abbildung 5-1: Modal-Split der Mobilitätsskeletterhebung (gewichtet) im Vergleich zu verfügbaren Mobilitätserhebungen in Berlin (Gerike et al., 2019), San Francisco (SFMTA, 2017) und Shanghai (Shanghai Municipal Government, 2018)

6 Segmentierung nach Mobilitätsverhalten und psychographischen Merkmalen

In den bisherigen Kapiteln 2, 3 und 4 standen die Einführung des Mobilitätsskeletts und dessen Validierung im Vordergrund. In den nachfolgenden Kapiteln 6 (Segmentierung) und 7 (Ursachen-Wirkungs-Zusammenhang) erfolgen nun die Beschreibungen der Anwendungsfälle des Mobilitätsskeletts.
Die Marktsegmentierung als Teildisziplin des Marketings wird eingesetzt, um einen Gesamtmarkt nach bestimmten Kriterien in einzelne Marktsegmente (Zielgruppen) zu unterteilen (Berekoven et al., 2009). Ziel der Segmentierung ist eine hohe interne Homogenität jedes Segments (Zielgruppe) und eine starke externe Heterogenität gegenüber allen anderen Segmenten. Damit wird eine deutliche Trennschärfe zwischen den Segmenten erreicht. Als Ergebnis kann ein heterogener Gesamtmarkt in homogene Zielgruppen überführt werden. In der Praxis können beispielsweise Automobilhersteller oder Anbieter von Mobilitätsdienstleistungen anhand der unterschiedlichen Zielgruppen passende Produkte hinsichtlich Fahrzeugkonzept oder Designs entwerfen. Die Maßnahmen der Städte für eine nachhaltigere Mobilität sollten nicht nach dem „Gießkannen-Prinzip“ erfolgen, vielmehr ist eine spezifische Ansprache der Zielgruppen möglich.

Argumente für Segmentierungen in Mobilitätsforschung und Praxis

Der Ansatz der Segmentierung ist auch in der Verkehrs- bzw. Mobilitätsforschung etabliert. Für den Einsatz von Segmentierungsansätzen nennt Hunecke (2015) zwei Argumente. Das erkenntnistheoretische Argument begründet sich in der fehlenden Sensibilität von Untersuchungen im Bereich der Ursachen-Wirkungs-Zusammenhänge durch Analysekonzepte wie Strukturgleichungs- und Regressionsmodelle. Diese Ansätze haben Stärken in der

Quantifizierung von Zusammenhängen (siehe Kapitel 7). Jedoch können bei einer großen Heterogenität in den vorliegenden Daten in Verbindung mit komplexen Fragestellungen relevante Zusammenhänge in Zielgruppen eventuell nicht identifiziert werden. Dies führt zu einer möglichen Fehlinterpretation. Durch eine geeignete Segmentierung können Zielgruppen abgeleitet und die Ursachen-Wirkungs-Zusammenhänge innerhalb dieser homogenen Zielgruppen näher untersucht werden. Das zweite Argument bedient eher einen pragmatischen Aspekt und spielt für die anwendungsbezogene Nutzung der Segmentierungsansätze eine entscheidende Rolle. Die Ansätze führen zu einer Vereinfachung der Kommunikation zwischen Wissenschaft und Praxis. Durch geeignete Zielgruppensegmentierungen können Forschungsergebnisse an Praxisakteure kommuniziert werden, mit dem Zweck daraus Handlungsoptionen abzuleiten (Hunecke, 2015). Das pragmatische Argument adressiert auch die Anforderungen an den UTM. Die Ergebnisse sollen bei der BMW Group in der Praxis angewendet werden, um in Städtekooperationen nachhaltige Verkehrskonzepte zu unterstützen. Zudem sollen die Erkenntnisse auch in die Produktgestaltung einfließen. Typologien eignen sich hierbei besser als die Beschreibung abstrakter Ursachen-Wirkungs-Zusammenhänge.

Grenzen der klassischen Verkehrswissenschaft

Durch die ausführliche Erfassung von Mobilitätsverhalten und mobilitätsbezogenen psychographischen Merkmalen mit dem Mobilitätsskelett ergeben sich interessante Möglichkeiten für die Segmentierung. Die Einbeziehung sozialwissenschaftlicher Erkenntnisse und Methoden für die Segmentierung erweitert die bisherige Perspektive. Die destruktiven Folgen für die Umwelt durch den hohen Motorisierungsgrad erfordern ein tiefergehendes Verständnis über den Besitz des privaten Pkw und dessen Nutzung. Derartige komplexe Fragestellungen können nicht mehr nur über deterministische Modelle und deren Folgerungen für die Verkehrsplanung und die Politik beantwortet werden. Dies wird insbesondere in Städten und den dort vorhandenen Stadtstrukturen, die auf dem Planungsparadigma der „autogerechten Stadt" aus 1960er Jahre basieren, deutlich. Eine derartige Struktur kann nicht einfach umgebaut werden (Götz et al., 2016). Vielmehr ist zu berücksichtigen, dass die vorhandenen Verkehrsprobleme auf den Entscheidungen von Individuen beruhen, die durch ihre Einstellungen und Normen beeinflusst werden. Diese Zusammenhänge können eine relevante Rolle bei Verkehrsmittelwahlentscheidungen spielen. Weiterhin kann deren Betrachtung für eine Öffnung der Perspektive in der Verkehrswissenschaft, z. B. hinsichtlich Themen wie urbaner Mobilität und Pkw-Besitz, sorgen.

Basierend auf dieser Möglichkeit sozialwissenschaftliche Erkenntnisse und Methoden einzubeziehen, erfolgt in der vorliegenden Arbeit eine Zielgruppensegmentierung. Nach der Darlegung der theoretischen Grundlagen in Kapitel 6.1 erfolgt die Vorstellung der drei Segmentierungsansätze in Kapitel 6.2 (Pkw-Besitzer), 6.3 (Mobilität des Gesamtmarkts) und 6.7 (Pkw-Vielnutzer) unter Berücksichtigung mehrdimensionaler Aspekte. Die einzelnen Segmentierungen stellen inhaltlich abgegrenzte Anwendungsfälle dar. Die vorgestellte Reihenfolge der Anwendungsfälle in dieser Arbeit repräsentiert auch eine methodische Weiterentwicklung der Segmentierungsansätze.

6.1 Segmentierungsansätze in der Mobilitätsforschung

Für ein besseres Verständnis der einzelnen Segmentierungsansätze in der Mobilitätsforschung erfolgt zunächst eine strukturierende Darstellung von Segmentierungsansätzen (Kapitel 6.1.1). Danach wird in Kapitel 6.1.2 eine Aufteilung der Ansätze nach ihren konzeptionellen Schwerpunkten vorgenommen.

6.1.1 Grundlage der Segmentierung

In der Literatur sind unterschiedliche Arten der Strukturierung von Segmentierungsansätzen zu finden. Häufig wird die Einteilung in zwei Gruppen verwendet: A-priori- und Post-hoc-Segmentierungen (auch A-posteriori-Segmentierung) (vgl. Anable, 2005; Hunecke, 2015; Wedel & Kamakura, 2000).

A-priori-Segmentierung

Die erste Gruppe von Segmentierungsansätzen folgt einer A-priori-Vorgehensweise und setzt daher ein theoretisches oder sachlogisches Vorwissen voraus. Die Anzahl der Segmente und die Segmentierungskriterien werden vor der eigentlichen Datenanalyse festgelegt.
Wedel und Kamakura (2000) beschreiben neben dem regelbasierten bzw. deskriptiven A-priori-Ansatz noch einen prädiktiven Ansatz. Beim prädikativen Ansatz sind die Segmente durch vorherige Analyse oder Studien schon bekannt. Die anschließend eingesetzten Verfahren sollen, basierend auf den bestehenden Segmenten, eine erklärende oder prognostizierende Funktion einnehmen. In diesem Zusammenhang werden sie als strukturprüfende Verfahren bezeichnet und nehmen eine konfirmatorische Rolle ein. In der multivariaten Statistik sind die Regression und die Diskriminanzanalyse als bekannte Vertreter zu nennen (Wedel & Kamakura, 2000). Beide Verfahren ermöglichen die Beschreibung von Zuteilungszusammenhängen. Sie können aber auch für die Prognose eingesetzt werden. Im maschinellen Lernen kommen als prädiktiver Ansatz die überwachten (*supervised*) Verfahren zur Anwendung. Sie erlernen auf Basis bestehender Segmente und Merkmalsausprägungen Zuteilungsmodelle, die auf noch nicht zugeteilte Daten angewendet werden können. Bekannte Verfahren sind hier der Random-Forest, die Support-Vector-Machine und die Neuronalen Netze (Widmer et al., 2011).

Post-hoc-Segmentierung

Daneben findet sich eine zweite Gruppe von Segmentierungsansätzen, die einer Post-hoc-Vorgehensweise folgt. Bei dieser Verfahrensgruppe sind weder die Anzahl der Segmente noch die genauen Segmentierungskriterien vor der Datenanalyse bekannt. Die Post-hoc-Segmentierung gehört zu den explorativen Verfahren und hat daher eine strukturentdeckende Funktion. Bei diesem Segmentierungsansatz werden statistische Methoden anstelle von umfassenden Vorkenntnissen und Annahmen verwendet, um die Gruppen und ihre

Merkmale aus den verfügbaren empirischen Daten zu bestimmen. Aus wissenschaftlicher Sicht bietet die Post-hoc-Segmentierung den Anwendenden den Vorteil, dass die Daten selbst die Grundlage für die Segmentierung bilden. Das bekannteste Post-hoc-Verfahren ist das Clusterverfahren. Im maschinellen Lernen werden diese Verfahren auch als unüberwachte (*unsupervised*) Verfahren bezeichnet. Eine große Herausforderung stellt vor allem die Identifikation interpretierbarer Cluster (Segmente) dar, die sich aus den Daten ergeben. Wittwer (2014) unterteilt die Clusterverfahren noch weiter in deterministische und probabilistische Verfahren. Der wesentliche Unterschied dieser beider Verfahrensgruppen liegt in der Zuteilung von Objekten bzw. Personen. Bei deterministischen Verfahren findet eine eindeutige Zuteilung zu Segmenten statt. Bei probabilistischen Verfahren, wie den latenten Klassenmodellen, werden die Objekte mit einer Wahrscheinlichkeit zwischen 0 und 1 einem Segment (Klasse) zugeteilt.

Abschließend muss festgehalten werden, dass die Einteilung lediglich einen Strukturierungsversuch darstellt. Die Verfahren sind nicht überschneidungsfrei. In einigen Studien kommen Verfahren aus beiden Gruppen kombiniert zum Einsatz (vgl. Bartz, 2015; Wittwer, 2014). In der Mobilitätsforschung finden grundsätzlich beide Verfahrensgruppen Anwendung, wenn auch die A-priori-Segmentierung seltener anzutreffen ist (Hunecke, 2015). Im nachfolgenden Abschnitt wird auf die unterschiedlichen konzeptionellen Ansätze in der Mobilitätsforschung eingegangen. Dabei wird nicht immer explizit zwischen A-priori- und Post-hoc-Segmentierung unterschieden. Die inhaltliche Analyse der Segmentierungskriterien steht hier im Vordergrund.

6.1.2 Konzeptionelle Ansätze in der Mobilitätsforschung

Segmentierungsansätze werden seit den 1970er Jahren in der Verkehrs- bzw. Mobilitätsforschung eingesetzt. Grundlegende Arbeiten in diesem Bereich gehen auf Kutter (1972, 1973), Pas (1980) und Schmiedel (1984) zurück (vgl. Schlich, 2004; Wittwer, 2014). Mittlerweile existiert eine Vielzahl von Segmentierungsstudien in der Mobilitätsforschung und den interdisziplinären Erweiterungen. Die verwendeten Segmentierungskriterien lassen sich inhaltlich in Anlehnung an Stegmüller (1995) in drei Hauptkategorien einteilen: *externe* (geographische, soziodemographische, sozioökonomische), *verhaltensbezogene* und *psychographische* Kriterien. Nachfolgend wird eine Auswahl verschiedener Studien aus den einzelnen Hauptkategorien vorgestellt. Für eine erweiterte Perspektive wird auf Wittwer (2014) und Hunecke (2015) verwiesen. Zudem lassen sich die Studien nicht überschneidungsfrei den einzelnen Hauptkategorien zuordnen, da auch in der Literatur kombinierte Ansätze existieren.

Segmentierungsansätze anhand externer Kriterien

Unter externen Kriterien werden geographische, soziodemographische und soziökonomische Kriterien verstanden.

Geographische Ansätze
Die geographischen Ansätze orientieren sich hauptsächlich an der Raum-, Siedlungs- und Verkehrsinfrastruktur (Hunecke, 2015). Sie berücksichtigen u. a. Kriterien wie Stadt/Land, Wohnortgröße und Region. Ähnlich wie Personen lassen sich diese Räume anhand ihrer Merkmale segmentieren.
Motte-Baumvol et al. (2010) segmentieren Gemeinden im suburbanen Raum von Paris nach ihrer räumlichen Pkw-Abhängigkeit in vier Typen. Hierfür verwenden sie verfugbare räumliche Informationen zur Beschreibung der Diversität. Nach der Definition der Autoren drängen Gemeinden mit weniger Gelegenheiten für Einkaufen und Freizeit die Einwohner dazu, in benachbarte Gemeinden zu fahren. Folglich besteht für die Einwohner eine höhere räumliche Pkw-Abhängigkeit.
In der internationalen Vergleichsstudie von Niklas, von Behren, Soylu et al. (2020) wird die Urbanität auf Basis von Postleitzahlen (PLZ) hinsichtlich der Notwendigkeit, einen Pkw zu nutzen, bewertet. Hierfür werden PLZ nach ihrer Urbanität segmentiert. Als Segmentierungskriterien orientieren sich die Autoren an den drei „Ds" (Dichte, Diversität und Design) nach Cervero und

Kockelman (1997). Sie gehen davon aus, dass die gebaute Umwelt die Nachfrage nach Mobilität entlang dieser drei Dimensionen beeinflusst. Bei der Segmentierung von PLZ zu Urbanitätstypen werden vier verschiedene Typen („super-urban“, „urban“, suburban/kleinstädtisch“ und „ländlich“) definiert. Hunecke (2015) betont bei der Beurteilung geographischer Kriterien, dass diese nicht zufällig variieren, sondern in bestimmten Raumtypen (Stadt/Land) vermehrt auftreten. Die Unterscheidung in urbane Räume und suburbane oder ländliche Räume spielt in der vorliegenden Arbeit eine wesentliche Rolle, da nur Personen in städtischen Räumen im UTM betrachtet werden.

Soziodemographische Ansätze

Die soziodemographischen Ansätze berücksichtigen u. a. Geschlecht, Alter und Familienstand. Schmiedel (1984) geht bei seiner Studie davon aus, dass durch die Einteilung der Personen nach soziodemographischen Eigenschaften *verhaltenshomogene Gruppen* entstehen, die spezifische Mobilitätsbedürfnisse haben. Ein weiteres Beispiel für solch einen Ansatz stellen die Haushaltstypen im MOP dar (vgl. Anhang D). Basierend auf soziodemographischen Kriterien sind außerdem Segmentierungen nach (Familien-)Lebensphasen möglich. In den unterschiedlichen Lebensphasen entstehen unterschiedliche Mobilitätsbedürfnisse. Familien mit Kindern verrichten eher Hol- und Bringdienste als Haushalte ohne Kinder, zumindest solange die Kinder keine eigenständige Mobilität haben. Dieses Mobilitätsbedürfnis von Familien hat beispielsweise Auswirkung auf den Pkw-Besitz oder die Anschaffung von Lastenfahrrädern. Einen wichtigen Ansatz, basierend auf Lebensphasen oder –zyklen, bildet das Konzept der *Mobilitätsbiografien* (vgl. Axhausen, 2007; Lanzendorf, 2003; Scheiner, 2007), auch lebenslauforientierter Ansatz genannt (vgl. Chatterjee et al., 2012). Dabei wird das Mobilitätsverhalten der gleichen Personen in unterschiedlichen Lebensphasen untersucht. Ein integraler Bestandteil der Untersuchungen sind die Verhaltensänderungen in der Mobilität durch Übergänge, wie Renteneintritt und andere Schlüsselereignisse, wie z. B. die Geburt eines Kindes. *Mobilitätsbiografien* nutzen sowohl soziodemographische als auch verhaltensbezogene Kriterien für die Segmentierung.

Sozioökonomische Ansätze

Für die Segmentierung werden auch sozioökonomische Kriterien, wie Beruf, Ausbildung und Einkommen, verwendet. In der klassischen Schichtungs- und Klassentheorie werden sie eingesetzt, um soziale Ungleichheiten zu beschreiben (Wittwer, 2014). In Kombination mit psychographischen Kriterien werden die Ansätze in der Mobilitätsforschung basierend auf Lebensstil- oder Milieutypologien als *Mobilitätsstile* berücksichtigt (Hunecke, 2015). Götz (2007) beschreibt diesen Ansatz als Lückenschluss in der Mobilitätsforschung, bei dem die Mikroebene der Psychologie mit der Makroebene der Gesellschaftstheorie verbunden wird. Vor allem die *Milieutypologie* findet in der Automobilindustrie Anwendung, um Kunden im Rahmen der Marktforschung zu segmentieren.

Verhaltensbasierte Segmentierung

Diese Kategorie wurde schon beim Konzept der *Mobilitätsbiografien* bei den soziodemographischen Ansätzen angeschnitten. Diese Art der Segmentierung berücksichtigt verhaltensbezogene Kriterien. In der Mobilitätsforschung spielen verhaltensorientierte Ansätze eine wichtige Rolle. Personen werden mithilfe von Wegetagebüchern (vgl. Kapitel 2.1.1) oder spezifischen Fragebögen hinsichtlich ihres Mobilitätsverhaltens befragt, um deren Wege oder Aktivitäten in einem beobachteten Zeitraum analysieren zu können. Für die Segmentierung wird anschließend das beobachtete Verhalten verwendet. Insbesondere längsschnittorientierte Wegetagebücher über eine Woche oder länger liefern detaillierte Informationen über das individuelle Mobilitätsverhalten und eignen sich durch die größere erfassbare intrapersonelle Varianz gut zur Segmentierung von Personen. Grundlegende Arbeiten in der verhaltensbasierten Segmentierung stammen von Pas (1980) und Hanson und Huff (1986, 1988). Weitere aktuellere Studien in diesem Forschungsbereich finden sich bei Lipps (2001), Maat und Arentze (2003), Berger (2004), Schlich (2004), Wittwer (2014), Allahviranloo et al. (2014), Ectors et al. (2016), Oostendorp et al. (2019), Magdolen, von Behren, Chlond und Vortisch (2020), Niklas et al. (2019) und Niklas, von Behren, Chlond und Vortisch (2020).

Hervorzuheben ist die Arbeit von Schlich (2004), da sie als Beispiel für viele andere Studien dient. Der Autor wählt für den konsekutiven Segmentierungsprozess 14 verhaltensbasierte Kriterien zur Erfassung der intra- und interpersonellen Varianz aus den Längsschnittdaten der Mobidrive-Erhebung aus. Die Auswahl der Segmentierungskriterien umfasst Aktivitätsart, Aktivitätszeit (Anteil der Wege am Wochenende), Wegeinformationen (Dauer und Distanz), verwendetes Verkehrsmittel und Häufigkeit der Aktivitäten. Als Ergebnis bilden sich im Segmentierungsprozess fünf verhaltenshomogene Gruppen, die sich in ihren soziodemographischen Eigenschaften unterscheiden. Wittwer (2014) nutzt die Längsschnittdaten des MOP, um junge Erwachsene hinsichtlich ihrer Zwangsmobilität zu segmentieren. Basierend auf 25 verhaltensbasierten Variablen und einer vorgeschalteten Hauptkomponentenanalyse zur Komplexitätsreduzierung entstehen im Clusterverfahren sechs verschiedene verhaltensdifferente Segmente.

Verhaltensbasierte Segmentierungen werden nicht nur mit Wegetagebuch-Daten durchgeführt. Basierend auf dem Mobilitätsskelett teilen Magdolen, von Behren, Chlond und Vortisch (2020) für ihre Analyse von Einflussfaktoren auf das Fernverkehrsverhalten Personen nach der Entfernung ihrer längsten Fernverkehrsreise regelbasiert in drei Segmente[1] („Local and Non-traveler", „Mid-distance Traveler" und „Long-haul Traveler") ein.

In der Studie von Niklas et al. (2019) erfolgt eine Segmentierung sensorbasierter Pkw-Nutzungsdaten mithilfe einer Support-Vector-Machine auf Basis bestehender Pkw-Nutzungsprofile des MOP mit einem Post-hoc-Ansatz nach Eisenmann und Buehler (2018).

Einstellungsbasierte Segmentierungsansätze

Die auf psychographischen Kriterien basierenden Segmentierungsansätze in der Mobilitätsforschung verwenden intrapsychische Eigenschaften zur Bewertung und Verarbeitung von Informationen (Hunecke, 2015). Das Ergebnis von Segmentierungen alleine anhand von psychographischen Kriterien wird

[1] Bei der Benennung von Segmenten in den einzelnen Studien wird auf eine Übersetzung ins Deutsche verzichtet.

in der interdisziplinären Mobilitätsforschung auch als *einstellungsbasierte Mobilitätstypen* bezeichnet.

Anable (2005) führt eine einstellungsbasierte Segmentierung mit 105 psychologischen Items durch, um das Änderungspotential des Verkehrsmittelwahlverhaltens zu untersuchen. Die verwendeten Items entstammen größtenteils der Theorie des geplanten Verhaltens (TPB) nach Ajzen (1991). Als Ergebnis des Clusterverfahrens werden sechs Zielgruppen („Malcontented Motorists“, „Complacent Car Addicts“, „Die Hard Drivers“, „Aspiring Environmentalists“, „Car-less Crusards“, „Reluctant Riders”) identifiziert. Dabei besteht die Lösung aus vier Gruppen mit Pkw-Besitz und zwei Gruppen ohne eigenen Pkw. Für jede Gruppe werden spezifische Handlungsempfehlungen vorgeschlagen.

Hunecke et al. (2010) führen im Projekt MOBILANZ ebenfalls eine einstellungsbasierte Segmentierung auf der erweiterten Grundlage der TPB durch. Um die ökologischen Auswirkungen von Mobilitätsverhalten zu bestimmen, werden fünf Mobilitätstypen („ÖV-distanzierte Zwangsmobile“, „Pkw-Individualisten“, „Wetterunempfindliche Rad-Fans“, „Umwelt-sensibilisierte ÖV-Fans“ und „Selbstbestimmte Mobile“) unterschieden.

Als weitere relevante einstellungsbasierte Segmentierungen sind die Studien von Dudleston et al. (2005), Prillwitz und Barr (2011), Collum und Daigle (2015) und Bartz (2015) zu nennen.

Bezogen auf die *Milieutypologien* wurde der Einsatz psychographischer Kriterien bei der Segmentierung bereits erwähnt. Bei der Betrachtung von sozialen Milieus in der Mobilitätsforschung wird davon ausgegangen, dass mittels sozialer Ungleichheit unterschiedliche Einstellungen und Verhaltensweisen erklärt werden können. Grundsätzlich wird auf Basis sozialer Milieus versucht, horizontale und vertikale Unterschiede und Ungleichheiten in einer Gesellschaft zu beleuchten. Eine ausführliche Übersicht der Anwendung von Milieukonzepten in der Mobilitätsforschung findet sich bei Dangschat (2017). Im Projekt mobility2know (m2k) in Österreich werden erstmalig die Sinus-Milieus[2] in der Mobilitätsforschung eingesetzt, um Unterschiede im Mobilitätsverhalten zu erklären (vgl. Dangschat et al., 2012). In der Studie von Hunecke

[2] Eine Zielgruppensegmentierung auf Basis von sozialen Milieus, die vom Sinus-Institut entwickelt wurde

et al. (2020) werden drei soziale Milieus von jungen Menschen („Prekariat", „Mittelschicht" und „Kosmopolit") verwendet, um Unterschiede in der Multimodalität und den verkehrsmittelbezogenen Einstellungen zu untersuchen. Die Milieus basieren auf Bildung und Einkommen. Das Mobilitätsverhalten und die Einstellungen werden in der Studie allerdings nur zur Beschreibung der Segmente verwendet. Daher ist der Segmentierungsansatz eher der Hauptkategorie der externen Kriterien zuzuordnen.

Das schon vorgestellte Forschungskonzept der *Mobilitätsstile* wird nun näher ausgeführt. Die *Mobilitätsstile* dienen dazu den Zusammenhang von Lebensstil, Mobilitätsverhalten und mobilitätsbezogener Einstellung zu erklären und auf Probleme der Nachhaltigkeit zu beziehen (Götz et al., 2016). Welche der drei Segmentierungskriterien berücksichtigt werden, ist in der bestehenden Literatur sehr unterschiedlich.

Der erste Einsatz erfolgt durch Götz et al. (1998) bei einer stadtökologischen Untersuchung zu Mobilitätsleitbildern in zwei deutschen Städten. Die Zusammenfassung der unterschiedlichen Ansätze zu Mobilitätsstil-Studien ist nicht trennungsscharf möglich, da in der Studie ein Schwerpunkt nur auf einer der drei Segmentierungskriterien liegt.

Redmond (2000) führt in ihrer Studie zum einen eine Segmentierung auf psychographischen Merkmalen, wie Stress oder Bequemlichkeit, mit sechs Clustern durch und zum anderen eine Segmentierung mit einer Kombination aus Persönlichkeit und Lebensstil mit elf Clustern. Beide Clusterlösungen werden hinsichtlich der soziodemographischen Eigenschaften verglichen.

Haustein (2012) segmentiert ältere Menschen anhand der Pkw-Verfügbarkeit, des Einkommens, der Einrichtungen (z. B. Einkaufsmöglichkeiten) in fußläufiger Umgebung, des sozialen Netzwerks und fünf psychologischen Faktoren in vier verschiedene Gruppen. Basierend auf den erhaltenen Gruppen werden die Unterschiede im Mobilitätsverhalten untersucht und insbesondere Unterschiede in der Pkw-Nutzung nachgewiesen.

Weitere relevante Beiträge zu den Mobilitätsstilansätzen mit einem teilweise starken Fokus auf Freizeitmobilität finden sich in der bestehenden Literatur (vgl. Götz et al., 2016; Götz & Schubert, 2006; Haustein & Nielsen, 2016; Kitamura, 2009; Ohnmacht et al., 2009; Scheiner & Holz-Rau, 2007).

Das Konzept der *Mobilitätskulturen*, das schon bei der Auswahl der Städte des UTM (siehe Kapitel 3.3.2) kurz beschrieben wurde, ist dem Ansatz der Mobilitätsstile ähnlich, nimmt aber eine breitere Perspektive ein. Im Vordergrund steht das Mobilitätsgeschehen in sozial-räumlichen Einheiten. Städte, Regionen oder Länder werden im Rahmen des Konzepts vergleichend analysiert. Dabei werden die Einheiten als komplexe Zusammenhänge von infrastrukturellen, baulichen, diskursiven, sozialen, soziokulturellen und handlungsbezogenen Faktoren beschrieben (Götz et al., 2016). Das Konzept der Mobilitätskulturen wird nicht einheitlich definiert, kann aber als ein integrativer Ansatz gesehen werden, welcher objektive und subjektive Aspekte der sozial-räumlichen Einheit berücksichtigt. Die vorliegende Mobilitätskultur kann erklären, warum ein bestimmtes Mobilitätsverhalten in einer Region zu beobachten ist, in einer anderen aber nicht (Haustein & Nielsen, 2016). Dabei konzentrieren sich einige Studien zur Mobilitätskultur lediglich auf geographische Kriterien, wie Infrastruktur oder die bauliche Umwelt, und sind daher eher geographischen Ansätzen zuzuordnen (vgl. Cervero, 2010; Newman & Kenworthy, 1999; Pucher & Buehler, 2006). Im Gegensatz dazu verwenden Klinger et al. (2013) neben geographischen Kriterien auch sozioökonomische, mobilitätsverhaltensbasierte und psychographische Kriterien als konstituierende Variablen. Die Autoren operationalisieren für ihren Vergleich zwischen 44 deutschen Städten den Begriff Mobilitätskultur anhand von quantitativen Daten. Die Operationalisierung stellt einen Kontrast zu der traditionell qualitativen Beschreibung von Mobilitätskultur dar (Sheller & Urry, 2006). Im Ergebnis können die betrachteten Städte in sechs unterschiedliche Mobilitätskulturen („Cycling Cities", „Transit Metropolis", „Auto-oriented Cities", „Transit Cities with Multimodal Potential", „Walking Cities with Multimodal Potential" und „Transit Cities") eingeteilt werden. Die schon erwähnte Studie von Priester et al. (2013) zur Auswahl der Städte im internationalen UTM ist ebenfalls dem Forschungskonzept der Mobilitätskulturen zuzuordnen. Durch die Operationalisierung der Inputvariablen können die Städte über Post-hoc-Segmentierungsverfahren den Mobilitätskulturen zugeteilt werden.

Übersicht der konzeptionellen Ansätze

Die verschiedenen Ansätze sind in Abbildung 6-1 sortiert. Fehlende Pfeile zwischen den Kategorien bedeuten nicht, dass es derartige Segmentierungsansätze nicht gibt. Eine eindeutige Trennung ist durch die kombinierten Formen und unterschiedlichen Definitionen nur bedingt möglich. Die Visualisierung erhebt keinen Anspruch auf Vollständigkeit. Sie dient vielmehr als Unterstützung, um die verschiedenen Ansätze zu sortieren und eine Übersicht zu schaffen. Die Darstellung spiegelt die Vielfalt an verschiedenen Ansätzen wider. Die Milieu- und Lebensstil-Studien werden nur angedeutet, da sie eher einen Mediator für mobilitätsorientierte Ansätze darstellen.

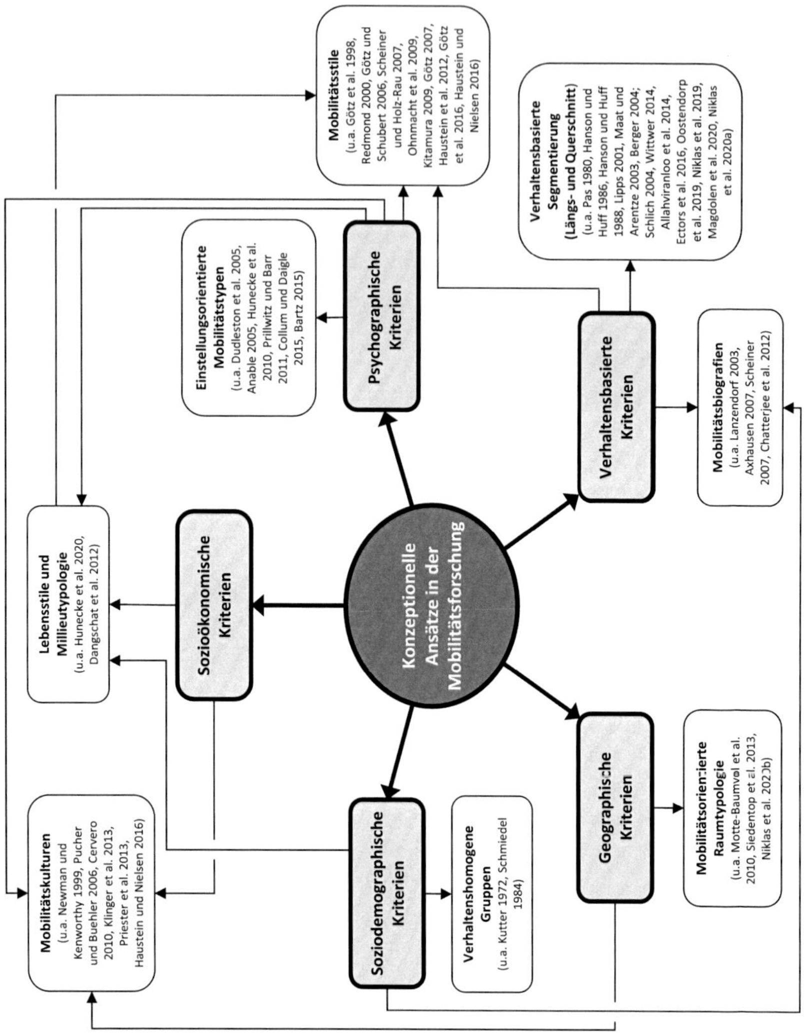

Abbildung 6-1: Übersicht der konzeptionellen Ansätze in der Mobilitätsforschung

Vergleich der konzeptionellen Ansätze

Die vielen verschiedenen Ansätze und Kombinationen von Segmentierungen unterstreichen die Bedeutung in der Mobilitätsforschung. Allerdings erscheinen die resultierenden Segmente bzw. Zielgruppen der unterschiedlichen Studien im ersten Moment sehr zufällig. Trotz verschiedener Kriterien, Anwendungsfälle und regionaler Stichproben finden sich immer wieder ähnliche Kernsegmente, was vermutlich am bestehenden Zusammenhang verschiedener Kriterien liegt (Haustein & Siren, 2015).

Es stellt sich bei der Vielzahl der Ansätze die Frage, ob es einen optimalen Ansatz gibt. Hunecke (2015) nimmt deshalb eine vergleichende Bewertung der Leistungsfähigkeit nach Dibb (1999) vor und erklärt ausführlich Vor- und Nachteile der jeweiligen konzeptionellen Ansätze. Das übergeordnete Ergebnis des Vergleichs lautet, dass keiner der Ansätze als überlegen bewertet werden kann. Vielmehr hat jeder Ansatz seine spezifischen Stärken und Schwächen und ist zusätzlich für eine abschließende Beurteilung vom Anwendungsfall abhängig. Zudem ist grundsätzlich eine kombinierte Anwendung unter Berücksichtigung unterschiedlicher Segmentierungskriterien anzustreben (Hunecke, 2015). Zwar werden in den Studien zu den Mobilitätsstilen und einstellungsbasierten Mobilitätstypen Einstellungen und Verhalten zusammen betrachtet, aber zur Segmentierung wird in der Regel nur die eine Dimension (Verhalten oder Einstellungen) verwendet. Die andere Dimension dient lediglich zur Beschreibung der Segmente. Durch ein derartiges Vorgehen können nur verhaltens- oder einstellungshomogene Gruppen identifiziert werden, jedoch keine Gruppen, die eine Dissonanz zwischen Verhalten und Einstellungen aufweisen.

Zusätzlich führt die Anforderung einer mehrdimensionalen Betrachtung (z. B. Verhalten, Einstellungen, Lebensstile) unmittelbar zu einem erhöhten Erhebungsaufwand, da unterschiedliche Dimensionen erfasst werden müssen.

Eine effiziente Lösung liefert hier der Einsatz des Mobilitätsskeletts. Neben der Erfassung typischer Mobilität im Alltag und im Fernverkehr werden auch psychographische, soziodemographische und sozioökonomische Merkmale erfasst. Die räumliche Differenzierung wird bei der Fokussierung auf urbane Mobilität weitreichend eingeschränkt, sodass diese nicht umfassender betrachtet werden muss. Im Vordergrund dieser Arbeit steht die bereits in Kapitel 2 und 3 diskutierte Kombination von Mobilitätsverhalten und psychographischen Merkmalen bei der Anwendung von Segmentierungsansätzen. Dieser Ansatz bildet die Grundlage zur Identifikation von Zielgruppen mit Dissonanzen zwischen Verhalten und Einstellungen in ihrer Mobilität.

6.2 Pkw-Abhängigkeit von Pkw-Besitzern

Teile dieses Abschnitts basieren auf der Veröffentlichung „Assessing Car Dependence: Development of a Comprehensive Survey Approach Based on the Concept of a Travel Skeleton" (von Behren, Minster, Esch et al., 2018).

Bei der Betrachtung der Verkehrsmittelwahl in urbanen Räumen und den damit verbundenen Auswirkungen auf die Umwelt durch Emissionen und Flächenverbrauch steht bei vielen Studien der private Pkw im Vordergrund. Der Pkw erzeugt als flexibles Verkehrsmittel, auch abhängig vom Wohnort, eine echte und gefühlte Abhängigkeit von dessen Verfügbarkeit und Gebrauch (Siedentop et al., 2013). Durch die Möglichkeit einer universellen Nutzung kann der Pkw grundsätzlich fast jede Art von Mobilitätsbedürfnissen befriedigen und verursacht beim Pkw-Nutzer eine hohe individuelle Handlungsfreiheit. Eine relevante Rolle des Pkw im städtischen Kontext konnte bereits bei der Betrachtung des Modal-Splits in den drei Städten Berlin, San Francisco und Shanghai im UTM nachgewiesen werden (siehe Kapitel 5.3). Der Unterschied zwischen urbanen Gebieten und anderen Raumtypen besteht, bezogen auf den Kontext der Mobilität, im Wesentlichen in der Verfügbarkeit von Verkehrsmittelalternativen wie dem ÖV oder dem Fahrrad. Durch die bestehenden Verkehrsmittelalternativen sind auch nicht rational erfassbare Beweggründe, wie emotionale Motive für die Nutzung des Pkw, zu vermuten. Aber auch die Nicht-Nutzung des privaten Pkw führt aufgrund des hohen Flächenverbrauchs (Parkraum) zu einer Verschlechterung der Lebensqualität in hochverdichteten Stadtquartieren. Die geringe Nutzung von einigen Pkw lässt

zusätzlich vermuten, dass nicht alle Personen mit Pkw-Besitz gleichermaßen von ihrem Pkw im Haushalt abhängig sind oder diesen notwendigerweise einsetzen müssen, um ihre Mobilitätsbedürfnisse zu befriedigen.
Zur Identifikation von Transformationspotenzialen im Mobilitätsverhalten von Menschen in Städten weg vom Pkw und hin zu anderen Verkehrsträgern ist folglich die Bestimmung der Pkw-Abhängigkeit von Pkw-Besitzern notwendig. Vor allem Pkw-Besitzer mit niedriger verhaltensbasierter (objektiver) oder einstellungsbasierter (subjektiver) Abhängigkeit könnten höheres Potenziale für die Abschaffung ihres Pkw aufweisen.
Die Bestimmung einer Pkw-Abhängigkeit ist in der Mobilitätsforschung kein gänzlich neuartiger Ansatz. Bestehende Studien konzentrieren sich zumeist entweder auf eine objektive oder subjektive Pkw-Abhängigkeit. Für ein genaueres Verständnis auf individueller Ebene ist die Einbeziehung beider Dimensionen wünschenswert, da die Bereitschaft einen Pkw aufzugeben nicht nur im Mobilitätsverhalten, sondern auch in den Einstellungen gegenüber dem Pkw begründet ist. Im Rahmen dieser Arbeit wird ein Segmentierungsansatz angestrebt, der Pkw-Besitzer nach dem Grad ihrer Abhängigkeit auf objektiver und subjektiver Ebene einteilt. Folgende zentrale Forschungsfragen leiten sich aus der Problemstellung der Pkw-Abhängigkeit ab:

- Sind in unterschiedlichen Städten autounabhängige Pkw-Besitzer mit einem hohen Potenzial zur Pkw-Abschaffung zu finden?
- Existieren bei Pkw-Besitzern Widersprüche zwischen subjektiver und objektiver Pkw-Abhängigkeit?
- Welche Typen von Pkw-Abhängigkeit dominieren in unterschiedlichen Städten?

Um diese Fragen ausführlich zu beantworten, werden die UTM-Daten von Pkw-Besitzern aus Berlin, San Francisco und Shanghai verwendet. Der nachfolgend vorgestellte Segmentierungsansatz baut dabei auf den Erkenntnissen existierender Studien auf und liefert einen Beitrag zur Diskussion der Pkw-Abhängigkeit in Städten. Daher wird zunächst ein Überblick der bestehenden Studien gegeben.

6.2.1 Stand der Forschung

Das Konzept der Pkw-Abhängigkeit wurde bereits aus verschiedenen Perspektiven betrachtet. Eine einheitliche Definition des Begriffs existiert jedoch nicht und hängt stark von der Betrachtungsebene ab (Lucas & Jones, 2009; Mattioli et al., 2016). In der Literatur finden sich verschiedenen Einteilungsansätze. Es können grundsätzlich autoabhängige Orte, Wege oder Menschen unterschieden werden (Stradling, 2007). Mattioli et al. (2016) unterteilen die bestehenden Studien in ähnlicher Weise in drei Betrachtungsebenen. Sie verwenden hierfür die Terminologie der Makro-, Meso- und Mikroebene der Pkw-Abhängigkeit.

Makroebene der Pkw-Abhängigkeit

Auf der Makroebene der Pkw-Abhängigkeit stehen vor allem die Gesellschaft und die bebaute Umwelt, wie Infrastruktur oder Bevölkerungsdichte, im Vordergrund. Auf dieser Betrachtungsebene wird analysiert, wie gut Orte bzw. Ziele ohne Pkw erreichbar sind. Die Makroebene beschreibt aber auch die gesellschaftliche Entwicklung hin zum Pkw, wie z. B. das Leitbild der „autogerechten Stadt“ für eine autoorientierte Landnutzung. In einigen Studien werden die Eigenschaften von Städten hinsichtlich der Pkw-Nutzung zusammengefasst und zum Vergleich mit anderen Städten herangezogen. In der Studie von Newman und Kenworthy (1989) als eine der grundlegenden Arbeiten zur Makro-Betrachtung werden Mobilitätsverhaltensmuster und Landnutzung von Städten kombiniert, um deren Pkw-Abhängigkeit zu beurteilen. Die Autoabhängigkeit von Städten kennzeichnet sich durch ein hohes Level an Pkw-Besitz und -Nutzung bei vergleichsweiser geringer ÖV-Nutzung der Einwohner (Kenworthy & Laube, 1999). Weitere Studien zum Vergleich von Städten hinsichtlich der Pkw-Abhängigkeit auf der Makroebene sind diejenigen von Kenworthy und Laube (1996), Litman (2002), MacKenzie (2009) und Wulfhorst et al. (2013).
Eine kleinräumigere Betrachtung der Pkw-Abhängigkeit von Orten ist in den Studien von Motte-Baumvol et al. (2010), Siedentop et al. (2013) und Niklas,

von Behren, Soylu et al. (2020) zu finden. Diese können ebenfalls der Makroebene zugeordnet werden. Siedentop et al. (2013) verfolgen einen ähnlichen Ansatz wie die beiden anderen bereits vorgestellten Studien zur räumlichen Pkw-Abhängigkeit (siehe Kapitel 6.1.2). Sie teilen Gebiete in der Region Stuttgart nach ihrer räumlichen Abhängigkeit vom Pkw ein. Dabei verwenden sie in ihrem regelbasierten Ansatz als Segmentierungskriterien die Erreichbarkeit von Zielen (Ärzte oder Einkaufsmöglichkeiten) mit nicht-motorisierten Individualverkehrsmitteln (NMIV) sowie die Qualität des ÖV. Im Ergebnis werden vier verschiedene Grade der Pkw-Abhängigkeit (sehr gering, gering bis mittel, mittel bis hoch und sehr hoch) bestimmt. Als weitere relevante Beiträge auf Makroebene sind die Studien von Goodwin et al. (1995), Bruhova Foltynova et al. (2005) und Dupuy (2006) zu nennen.

Mesoebene der Pkw-Abhängigkeit

Die Studien auf Mesoebene fokussieren sich stärker auf Wege oder Aktivitäten, die einer bestimmten Pkw-Abhängigkeit unterliegen. Goodwin (1995) und Haag (1996) schreiben bestimmten durchgeführten Wegen eine höhere Abhängigkeit zu, z. B. wenn Kinder, andere Personen oder schwere Gegenstände transportiert werden müssen. Stradling (2007) beschreibt ebenfalls autoabhängige Wege als eigene Betrachtungsebene. Auch die Unterscheidung zwischen subjektiv und objektiv abhängigen Wegen findet sich in der Literatur (Lucas & Jones, 2009). Dabei stellen Wege ohne Verkehrsmittelalternativen eine objektive Abhängigkeit dar. Werden vorhandene Alternativen nicht genutzt, dann sind dies subjektive Gründe für die Abhängigkeit.

Mikroebene der Pkw-Abhängigkeit

Die meisten existierenden Studien zur Pkw-Abhängigkeit beziehen sich auf die Mikroebene (vgl. Gray et al., 2001; Cullinane & Cullinane, 2003; Anable, 2005; Eisenmann et al., 2018; Handy et al., 2005; Verma, 2015; J. Zhao, 2011). Auf dieser Ebene steht die individuelle Pkw-Abhängigkeit von Menschen im Vordergrund. Dabei kann es sich um verhaltensbasierte oder einstellungsbasierte Abhängigkeit handeln.

Verhaltensbasierte Betrachtung

Eisenmann et al. (2018) quantifizieren verhaltensbasierte (objektive) Abhängigkeitsindikatoren auf Haushalts- und Pkw-Ebene, um Pkw-Substitutionspotenziale in Deutschland zu ermitteln. Der verhaltensbasierte Ansatz basiert auf der Studie von von Behren, Minster, Esch et al. (2018). Dabei wird neben dem Mobilitätsverhalten der Personen (Pkw-Nutzung beim Pendeln oder bei Servicewegen) auch das Verkehrsangebot (ÖV-Anbindung am Arbeitsplatz) berücksichtigt. Sie kommen zu dem Ergebnis, dass gerade Haushalte in größeren Städten unabhängiger vom Pkw sind als Haushalte in anderen Raumtypen. Zumkeller, Chlond und Ottmann (2005) berechnen mit den Längsschnittdaten des MOP über den Reisezeitverlust die objektive Pkw-Abhängigkeit, wenn Personen anstelle des Pkw auf andere Verkehrsmittel ausweichen müssen. Zusätzlich bestimmen sie regelbasiert anhand der allgemeinen Pkw-Nutzung für unterschiedliche Zwecke eine Pkw-„Captivity“ der Personen. Handy et al. (2005) führen eine weitere Differenzierung der Pkw-Nutzung durch. Pkw-Fahrten können demnach entweder „notwendig“ sein oder „zusätzlich“ stattfinden. Als notwendig werden alle Fahrten definiert, die für die Haushaltsabläufe durchgeführt werden müssen. Auch Farrington et al. (1998) unterteilen die Pkw-Nutzung in ländlichen Gebieten nach „bewusst” (oder „praktisch”) und „strukturell” (bzw. „abhängig“). Diese differenzierte Betrachtungsweise öffnet den Blick für weiter gefasste Fragestellungen in Bezug auf die Definition und Verwendung des Begriffs „Abhängigkeit“.

Aufgrund der Komplexität der individuellen Pkw-Abhängigkeit werden außerdem verstärkt interdisziplinäre Ansätze angewandt, um ein besseres Verständnis der Pkw-Nutzung zu gewinnen.

Einstellungsbasierte Betrachtung

Hiscock et al. (2002) betonen durch die Analyse qualitativer Interviews, dass gerade die Autonomie des Pkw relevant ist. Der Pkw ermöglicht es, die notwendigen Fahrten mit einer hohen Zuverlässigkeit durchzuführen und liefert zudem eine bessere Erreichbarkeit von Orten bzw. Zielen im Gegensatz zum ÖV. Zusätzliche Fahrten können daher „absichtlich“ oder „unabsichtlich“ sein,

wobei absichtlich stark mit der Freude am Fahren zusammenhängt. Unabsichtliche Fahrten sind eher aufgrund von Routinen und fehlender Reflektion zu beobachten.
Bei einer Vielzahl von Studien werden die psychographischen Merkmale der Personen, wie Normen und Einstellungen, betrachtet (Anable, 2005; Götz et al., 1998; J. Zhao, 2011). J. Zhao (2011) untersucht in London die subjektive Pkw-Abhängigkeit anhand der Autoorientierung und der Intention, den Pkw weniger zu verwenden. Die Autoorientierung zeigt dabei einen starken Zusammenhang mit der tatsächlichen Nutzung und hat zudem einen negativen Einfluss auf die Intention der Nutzungsreduzierung. In der Studie von Dudleston et al. (2005) werden Pkw-Nutzer und Nicht-Nutzer anhand ihrer Einstellungen segmentiert, um deren Pkw-Abhängigkeit zu untersuchen. Dabei ergeben sich vier Pkw-Nutzer-Typen und drei Nicht-Nutzer-Typen, die sich hinsichtlich der Aspekte Multimodalität und Intention zur Reduzierung der Pkw-Nutzung voneinander unterschieden. Die vorgestellten Studien setzen allerdings den Fokus auf die psychographischen Merkmale. Das Mobilitätsverhalten wird in den Studien nicht als typkonstituierend eingesetzt.

In der bestehenden Literatur zur Mikroebene fehlt folglich ein zweidimensionaler Ansatz zur Abschätzung der Pkw-Abhängigkeit anhand von objektiven und subjektiven Kriterien. Dabei stellen die subjektiven Kriterien einstellungsbasierte Merkmale und die objektiven Kriterien das Verhalten und mögliche Alternativen dar. Eine isolierte Betrachtung „objektiver“ Verhaltensweisen reicht nicht aus, um den Grad der Pkw-Abhängigkeit zu definieren. Es gibt immer auch eine subjektive Komponente (Siedentop et al., 2013).

6.2.2 Daten und Vorgehensweise

Die verwendeten Daten für diese Analyse basieren auf der internationalen Vergleichsstudie des UTM in Berlin, San Francisco und Shanghai. Aus der Gesamtstichprobe von 1.800 Befragten werden nur Personen ausgewählt, die einen Pkw besitzen. Zudem können nur Personen betrachtet werden, die in den relevanten Dimensionen der Pkw-Abhängigkeit keine fehlenden Werte aufweisen. Auf eine Datenimputation[3] wird an dieser Stelle verzichtet und die Durchführung der Segmentierung erfolgt mit der reduzierten Stichprobe von 1.035 Personen. Im Ergebnis werden 329 Personen aus Berlin, 463 Personen aus San Francisco und 243 Personen aus Shanghai berücksichtigt. Durch die Teilstichprobe von Pkw-Besitzern kann zudem die Gewichtung aus Kapitel 5.2 nicht angewandt werden[4]. Eine realistische Abbildung der Motorisierungsrate in den einzelnen Städten wird über die berücksichtigten Personen erreicht (vgl. Kapitel 5.1).

Eine hilfreiche Einschränkung bei der Definition der Pkw-Abhängigkeit besteht darin, dass nur Pkw-Besitzer aus Städten betrachtet werden. Starke räumliche Unterschiede in der Bevölkerungsdichte und Erreichbarkeit, welche zusätzlich Einfluss auf die Pkw-Abhängigkeit haben (vgl. Niklas, von Behren, Soylu et al., 2020), sind durch die urbane Betrachtung nicht zu erwarten.

In Abbildung 6-2 ist der Verfahrensablauf zur Segmentierung der Pkw-Abhängigkeitstypen dargestellt. Zur Bestimmung der Typen wird ein A-priori-Segmentierungsansatz eingesetzt. Hierbei erfolgt zunächst die Definition der Segmente vor der eigentlichen Datenanalyse (Kapitel 6.2.3). Danach wird zur Operationalisierung der verschiedenen Segmente für beide Dimensionen ein objektiver und subjektiver Pkw-Abhängigkeitsindikator gebildet. Die Indikatorbildung folgt dabei einem regelbasierten Ansatz[5]: Je höher der berechnete Wert, desto höher ist die jeweilige Abhängigkeit vom Pkw. Basierend auf den beiden Indikatorwerten können im nachfolgenden Schritt die Grenzen zwischen den Segmenten regelbasiert festgelegt und die Pkw-Besitzer den einzelnen Pkw-Abhängigkeitstypen zugeteilt werden. Die erhaltenen Typen werden in einem weiteren Schritt hinsichtlich verschiedener Eigenschaften in Kapitel 6.2.4 analysiert. In Kapitel 6.2.5 erfolgt eine Diskussion möglicher

[3] Bei der Imputation werden fehlende Werte im Datensatz durch Verfahren vervollständigt (siehe Kapitel 6.3.2).

[4] Eine angepasste Haushalts-Gewichtung, unter Berücksichtigung des Pkw-Besitzes in der Bevölkerung nach Haushaltsgröße und Raumtyp, kann aufgrund fehlender Daten aus der offiziellen Statistik nicht durchgeführt werden.

[5] Der regelbasierte Ansatz zur Berechnung der Pkw-Abhängigkeit ist an eine Nutzwertanalyse angelehnt.

Handlungsoptionen für diese Typen im Hinblick auf eine nachhaltigere Mobilität in Städten. Finaler Schritt ist ein internationaler Vergleich zwischen den Städten Berlin, San Francisco und Shanghai.

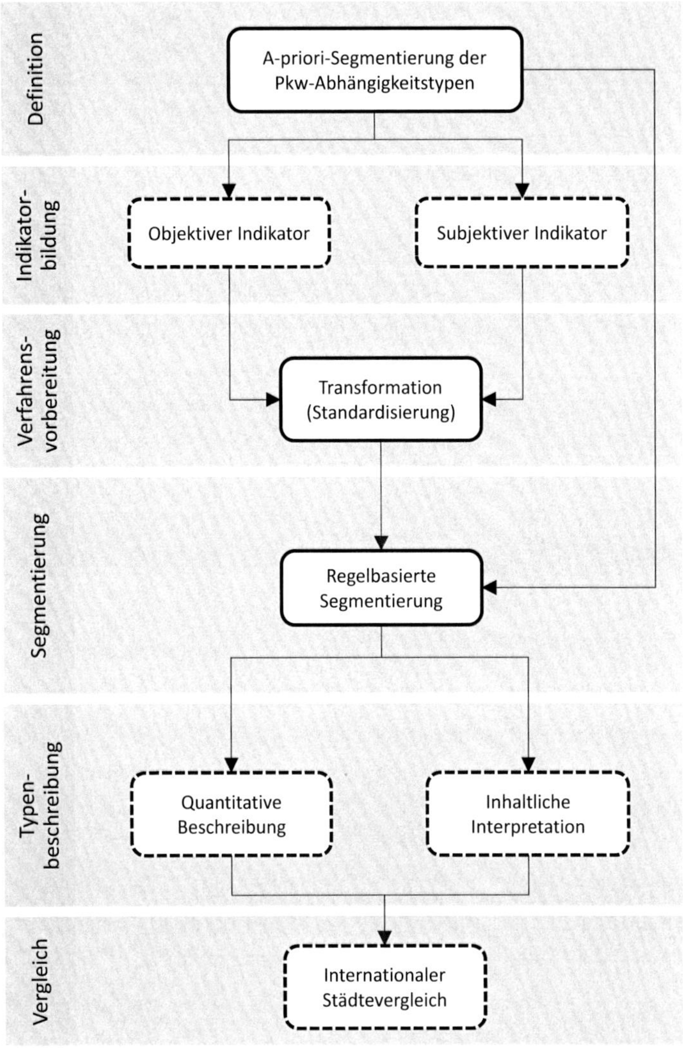

Abbildung 6-2: Verfahrensablauf zur A-priori-Segmentierung von Pkw-Abhängigkeitstypen

6.2.3 Methodik

Die Beschreibung der Pkw-Abhängigkeit auf individueller Ebene setzt ein Verständnis hinsichtlich der subjektiven und objektiven Dimension der Pkw-Nutzung voraus.

- Die objektive Dimension beschreibt das tatsächliche Mobilitätsverhalten und die zugrundeliegenden Verhaltensdeterminanten und dient der Abschätzung, ob eine Alltagsmobilität ohne Pkw leicht oder schwer umsetzbar wäre.
- Die subjektive Dimension lässt sich beschreiben als Kombination von „Affinität" (inwiefern die Befragten Freude am Fahren empfinden) und „wahrgenommener Notwendigkeit" der Pkw-Nutzung (Überzeugung der Befragten, im Alltag auf den Pkw angewiesen zu sein).

Ziel der zweidimensionalen Betrachtung ist es zusätzlich, Dissonanzen zwischen Verhalten und Einstellungen zu beobachten. McFadden et al. (2000) weisen darauf hin, dass Individuen Informationen nicht immer konsistent abrufen und verarbeiten können, was zu einer Vielzahl kognitiver Anomalien (Dissonanzen) führen kann und ein nicht konsistentes Verhalten erzeugt, z. B. den Pkw häufig zu nutzen, obwohl man nicht gerne Pkw fährt.

Definition von Pkw-Abhängigkeitstypen

Unter Berücksichtigung der Anforderungen an die beiden Dimensionen der Pkw-Abhängigkeit wird eine A-priori-Segmentierung ausgewählt. Dieses theoriegeleitete Vorgehen basiert auf der vorgestellten umfassenden Literaturanalyse zur Pkw-Abhängigkeit und einem vorangegangenen Workshop – im Rahmen des Projekts „Neue Mobilität Berlin" – am 15.04.2016 in Karlsruhe. Am Workshop nahmen Experten aus unterschiedlichen Fachgebieten teil, um eine umfassende Berücksichtigung von Aspekten der Pkw-Abhängigkeit zu erreichen[6]. Darauf aufbauend wurde eine Typologie mit fünf verschiedenen

[6] Am Workshop am Karlsruher Institut für Technologie (KIT) nahmen ein Umweltpsychologe, eine Raumplanerin, zwei Mobilitätsforscher sowie eine Vertreterin und ein Vertreter aus der Automobilindustrie teil.

Segmenten skizziert, welche in einer Kurzfassung in Abbildung 6-3 beschrieben ist. Die ausführliche Beschreibung der Typen erfolgt nach der Zuteilung der Personen in Kapitel 6.2.4 im Zusammenhang mit der Analyse und Interpretation.

Typologie

Die fünf Typen unterscheiden sich in der objektiven Dimension durch eine niedrige Abhängigkeit („Autounabhängige Pragmatiker“, „Verhinderte Autofreunde“, „Autoaffine Pragmatiker“) oder eine hohe Abhängigkeit („Auto-Captives“, „Überzeugte Autonutzer“). In der subjektiven Dimension gibt es zusätzlich das mittlere Segment „Verhinderte Autofreunde“ (siehe Abbildung 6-3).

Die „Autounabhängigen Pragmatiker“ haben zwar einen Pkw im Haushalt zur Verfügung, brauchen diesen im Alltag aber nicht. „Verhinderte Autofreunde“ benötigen objektiv keinen Pkw, aber sie würden den Pkw gerne mehr fahren. Sie können aus unterschiedlichen Gründen (Parkplatz- oder Stauproblematik) den Pkw nicht sinnvoll nutzen. Die „Autoaffinen Pragmatiker“ glauben, dass sie einen Pkw brauchen und fahren diesen auch gerne. Tatsächlich benötigen sie den Pkw im Alltag jedoch nicht. Die „Auto-Captives“ sind angelehnt an die „Captive-Riders“[7] mit Bezug auf den ÖV (vgl. Buehler & Pucher, 2012). Die „Auto-Captives“ sind im Alltag auf das Auto angewiesen, obwohl sie nicht gerne fahren. Die „Überzeugten Autonutzer“ sind das Gegenbild zu den „Autounabhängigen Pragmatikern“. Sie zeigen einen starken Zusammenhang zwischen objektiver und subjektiver Abhängigkeit. Personen aus dieser Gruppe können im Alltag nicht auf ihren Pkw verzichten.

Diese fünf vorgestellten Typen werden in den nachfolgenden Abschnitten in beiden Dimensionen operationalisiert und zur Segmentierung verwendet.

[7] Sie müssen mit dem ÖV fahren (z. B. aus Gründen des fehlenden Pkw).

Abbildung 6-3: Zweidimensionale Pkw-Abhängigkeit zur Bildung von fünf Pkw-Abhängigkeitstypen

Dimensionen der Pkw-Abhängigkeit

Der objektive Indikator stellt eine Kombination aus dem Nutzungsverhalten, den Alternativen zum Pkw und den Eigenschaften des Haushalts dar (siehe Abbildung 6-4). Der subjektive Indikator bildet sich aus zwei Aspekten: zum einen wird die Autoorientierung (Autofahren bedeutet Spaß) und zum anderen die wahrgenommene Pkw-Notwendigkeit im Alltag (Schwierigkeit, den Alltag ohne Auto zu bestreiten) berücksichtigt. Im Nachfolgenden werden die beiden Indikatoren und ihre Berechnung erläutert.

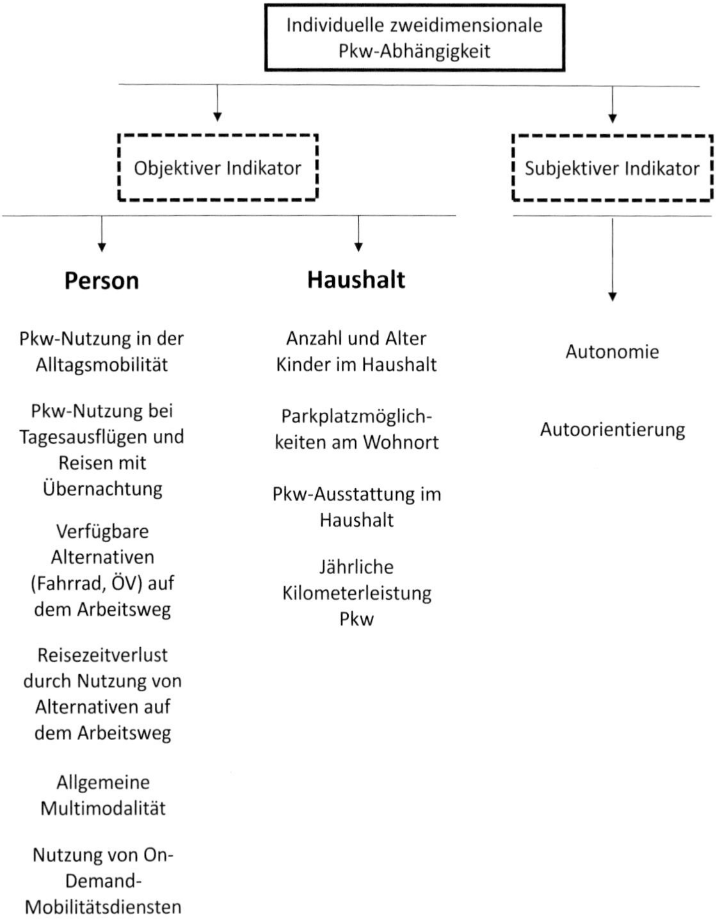

Abbildung 6-4: Struktur der Indikatoren der zweidimensionalen Pkw-Abhängigkeit

Berechnung der objektiven Pkw-Abhängigkeit

Die Quantifizierung eines abstrakten Forschungsgegenstands, wie die objektive Abhängigkeit vom Auto auf individueller Ebene, erfordert die Beobachtung des Mobilitätsverhaltens über einen längeren Zeitraum. Nur so lässt sich die Variabilität im Verhalten zwischen Alltag und Fernverkehr erkennen. Die

längsschnittorientierte Darstellung des Mobilitätsskeletts über das typische Verhalten von Personen erfüllt diese Anforderung und kann als vorteilhaft gegenüber anderen Erhebungsdesigns angesehen werden. Die Fragestellung der Nutzenstiftung des Pkw zur Erfüllung der Mobilitätsbedürfnisse kann durch das Mobilitätsskelett ganzheitlich betrachtet werden.
Die Bestimmung des objektiven Indikators erfolgt regelbasiert im Rahmen der A-priori-Segmentierung in zwei Schritten.

- Im ersten Schritt werden für die einzelnen berücksichtigten Kriterien ein individueller Wert bzw. Nutzen berechnet (linke Seite Tabelle 6-1).
- Im zweiten Schritt werden die Kriterien anhand der Wichtigkeit gewichtet (rechte Seite Tabelle 6-1). Hat ein Kriterium einen hohen individuellen Nutzen bzw. verursacht es eine starke Abhängigkeit, wird eine hohe Gewichtung des Kriteriums vorgenommen.

Die Berechnung des Nutzens der einzelnen Kriterien und die Gewichtung der Kriterien untereinander basiert auf der umfassenden Literaturstudie, dem Expertenaustausch[8] sowie der subjektiven Einschätzung und Interpretation des Autors dieser Arbeit. Die Gewichtung der einzelnen Bestandteile stellt einen Vorschlag dar und kann bei der Anwendung des Ansatzes in anderen Ländern oder Regionen gegebenenfalls angepasst werden. Für die Berechnung des objektiven Indikators werden die Ebenen der Person und des Haushalts anhand verschiedener Kriterien betrachtet.

Personenebene
Hierunter fallen auf der persönlichen Ebene die Nutzung des Pkw für Arbeits-, Freizeit-, Service- oder Einkaufswege im Alltag sowie für Tagesausflüge und Reisen mit Übernachtungen. Zusätzlich beinhaltet diese Ebene auch die Bewertung der Möglichkeit, andere Verkehrsmittel zu nutzen (Erreichbarkeit des Arbeitsortes mit dem ÖV). Die Berechnung des Zeitverlustes oder -gewinns durch die ÖV-Nutzung als Alternative auf dem Weg zur Arbeit und das

[8] Im Rahmen des beschriebenen Workshops fand auch ein Expertenaustausch zur Quantifizierung der objektiven Pkw-Abhängigkeit statt, welcher in der Berechnung berücksichtigt wurde.

damit verbundene Potenzial, den Pkw nicht mehr zu nutzen, sind an die Studie von Zumkeller, Chlond und Ottmann (2005) angelehnt. Sie berechnen in ihrer Studie einen Reisezeitverlust oder -gewinn durch den Wechsel vom Pkw zu einem anderen Verkehrsmittel und bestimmen so die Abhängigkeit vom Pkw.

Haushaltsebene
Auf Ebene des Haushalts wird die Pkw-Ausstattung, die Jahresfahrleistung des Pkw und die Anzahl der Kinder im Haushalt berücksichtigt (siehe Abbildung 6-4). Vor allem durch Kinder und eine höhere Anzahl von Pkw im Haushalt erhöht sich die Nutzung des Pkw (vgl. Hunecke et al., 2007; von Behren, Schubert & Chlond, 2020; Zumkeller, Chlond & Ottmann, 2005). Zwingend notwendige Aktivitäten wie Arbeiten oder Hol- und Bringdienste bekommen eine höhere Gewichtung als beispielsweise Freizeitaktivitäten. Diese höhere Gewichtung orientiert sich an den Studien zur Mesoebene, die autoabhängige Wege, wie Servicewege und Arbeitswege, definieren (vgl. Haag, 1996).

Die Auflistung der berücksichtigten Kriterien mit ihrer Gewichtung findet sich in Tabelle 6-1. Die Angabe der Zahlenwerte bei der Berechnung des Werts bzw. Nutzens der einzelnen Kriterien ist durch die Vielfältigkeit nicht anschaulich möglich. Es erfolgt allerdings eine detaillierte inhaltliche Erklärung der Bewertung in Tabelle 6-1. Zudem ist auch die Angabe des exakten Werts der Gewichtungsfaktoren nicht zielführend, da es sich bei der Festlegung um eine subjektive Einschätzung handelt. Im Vordergrund steht das Verhältnis der Kriterien durch die Angabe der relativen Gewichte von niedrig, mittel, hoch bis sehr hoch zueinander.
Nichtsdestotrotz kann anhand der Antworten ein individueller Wert $X_{obj,i}$ je befragter Person i berechnet werden. Durch Normalisierung der Werte $X_{obj,i}$ wird der Wertebereich des objektiven Indikators $X'_{obj,i}$ zwischen 0 und 1 festgelegt:

$$X'_{obj,i} = \frac{X_{obj,i} - X_{obj,min}}{X_{obj,max} - X_{obj,min}}. \qquad 6\text{-}1$$

Der Wert $X'_{obj,min}$ stellt den minimal möglichen Wert und $X'_{obj,max}$ den maximal möglichen Wert bei dem objektiven Indikator dar. Die Befragten erhalten so in der objektiven Dimension einen Indikatorwert zwischen 0 und 1. Die Werte 0 und 1 werden nicht unbedingt angenommen, da es sich um die minimal und maximal mögliche Ausprägung des regelbasierten Ansatzes handelt. Ein hoher Wert nahe 1 bedeutet eine hohe objektive Pkw-Abhängigkeit und ein niedriger Wert nahe 0 eine starke Unabhängigkeit.

Tabelle 6-1: Berechnung des Indikators der objektiven Pkw-Abhängigkeit

Berechnung des individuellen Werts bzw. Nutzens	**Gewichtung**
Zeitverlust / Zeitersparnis durch den Einsatz von Alternativen beim Arbeitsweg	sehr hoch
Die Bewertung berücksichtigt den Zeitverlust oder die Zeitersparnis durch die Nutzung eines alternativen Verkehrsmittels (ÖV) anstelle des Pkw. Ein hoher Zeitverlust durch die Nutzung der Alternative wird mit einem hohen Wert versehen. Wenn eine Person das Auto nicht auf dem Arbeitsweg benutzt oder nicht arbeitet, ist der Wert niedrig.	
Entfernung und Reisezeit beim Arbeitsweg	sehr hoch
Kurze Entfernungen und Zeiten für den Arbeitsweg führen zu einer geringeren Abhängigkeit, da andere Verkehrsmittel wie das Fahrrad oder der ÖV leicht nutzbar sind.	
Autobesitz im Haushalt (# Pkw/ # Erwachsene; Alter der Pkw, Jahresfahrleistung der Pkw)	niedrig
Eine höhere Anzahl von Autos pro Erwachsenem, ein höheres Alter des Autos (ausgenommen Oldtimer) und eine geringere jährliche Fahrleistung führen zu einer geringeren Abhängigkeit vom einzelnen eigenen Auto.	
Parkplatzsituation am Wohnort	mittel
Wenn die Parkplatzsituation am Wohnort schlecht ist, ist es wahrscheinlich, dass eine Person ihr Auto weniger häufig nutzt. Infolgedessen kann die Person indirekt unabhängiger von ihrem Pkw sein. Hingegen sind Personen mit einem Privatparkplatz von einer schlechten Parksituationen in der Nachbarschaft nicht betroffen.	

Fortsetzung nächste Seite...

... Fortsetzung

Holen und Bringen und Alter der Kinder im Haushalt	hoch
Die Notwendigkeit zur Durchführung von Servicewegen, wie z. B. ein häufiger Transport von Kindern und anderen Personen, bedeutet eine höhere Abhängigkeit. Die Anzahl und das Alter der Kinder im Haushalt werden ebenfalls berücksichtigt. Kinder ohne selbstständige Mobilität müssen von den Eltern begleitet werden.	
Pkw-Nutzung für regelmäßige Freizeitaktivitäten und Erledigungen (inkl. Einkaufen)	mittel
Eine hohe Pkw-Nutzung für Freizeitaktivitäten und Besorgungen in einer typischen Woche mit dem Auto impliziert eine höhere Abhängigkeit.	
Pkw-Nutzung für Tagesausflüge und Reisen mit Übernachtungen (Fernverkehr)	hoch
Seltene Fernverkehrsaktivitäten wie Tagesausflüge am Wochenende und Reisen mit Übernachtungen oder allgemein Aktivitäten mit größeren Entfernungen können über den Autobesitz mitentscheiden, da diese Ziele oft nur mit dem Auto erreichbar sind (z. B. entlegene Orte). Sie erhöhen folglich die Pkw-Abhängigkeit.	
Variabilität oder Stabilität in der Verkehrsmittelwahl	hoch
Um die Bereitschaft zur Nutzung anderer Verkehrsmittel zu bewerten, wird die tatsächliche Multimodalität miteinbezogen. Der Herfindahl-Hirschman-Index (HHI), wie er von Mallig und Vortisch (2017) verwendet wird, wird zur Berechnung der Stabilität der Verkehrsmittelwahl der Pkw-Nutzer herangezogen. Eine geringe Stabilität der Verkehrsmittelwahl der Pkw-Nutzer impliziert eine höhere Multimodalität. Multimodale Personen sind nicht stark von der Pkw-Nutzung abhängig, da sie ihren Verkehrsträger intuitiv wechseln und daher flexibler sind.	
Nutzung von Mobility-on-Demand-Services (MOD)	mittel
Wenn Personen häufig MOD-Dienste nutzen (z. B. Car-Sharing oder Mitfahrgelegenheiten), haben sie eine geringe Abhängigkeit bezüglich ihres eigenen Pkw. Diese Dienste stellen einen Ersatz für die Nutzung des privaten Pkw für bestimmte Wege dar.	

Berechnung der subjektiven Pkw-Abhängigkeit

Bei der Auswahl der Items zur Berechnung der subjektiven Abhängigkeit werden neben der Diskussion aus dem Workshop auch die Studien von Hunecke et al. (2007) und von Behren, Schubert und Chlond (2020)[9] berücksichtigt. In beiden Studien werden Regressionsanalysen durchgeführt, um den Einfluss psychologischer Faktoren auf die Pkw-Nutzung zu untersuchen. Dabei zeigt sich, dass vor allem die wahrgenommene Autonomie und die Autoorientierung in einem starken Zusammenhang mit der Nutzung stehen.

Regressionsanalyse

Die Studie von von Behren, Schubert und Chlond (2020) basiert auf den Daten des UTM und kann als geeignete Voranalyse angesehen werden. Dabei werden in der Studie die Items aus Tabelle 3-1 mithilfe einer Faktorenanalyse reduziert und in ein Ordered-Logit-Regressionsmodell integriert. Den höchsten Einfluss auf die Pkw-Nutzungshäufigkeit übt die Autoorientierung (AutoPKW1, ErlPKW1, ErlPKW2, PrivPKW1) aus. In anderen Worten: Menschen mit einer hohen Orientierung nutzen mit einer höheren Wahrscheinlichkeit häufiger den Pkw. Das Gegenteil ist bei der wahrgenommenen Verhaltenskontrolle des ÖV als Teil der ÖV-Orientierung der Fall. Menschen, die durch den ÖV eine hohe Autonomie wahrnehmen, nutzen mit geringerer Wahrscheinlichkeit häufiger den Pkw (von Behren, Schubert & Chlond, 2020). Hierbei sind vor allem die Items AutoPkw2, AutoOEV1, PBC1 und PBC2 relevant. Gardner und Abraham (2008) zeigen in ihrer Meta-Analyse, dass das psychologische Konstrukt der PBC eine starke Korrelation zur Nicht-Nutzung des Pkw hat. Personen, die den Pkw nicht für ihre Alltagsmobilität verwenden, sind subjektiv davon überzeugt, den Pkw im Alltag auch nicht nutzen zu müssen (Hunecke, 2015).

Folglich beinhaltet der Indikator über die subjektive Pkw-Abhängigkeit einen kombinierten Wert aus Autoorientierung (AutoPKW1, ErlPKW1, ErlPKW2, PrivPKW1) und Autonomie (AutoPKW2, AutoOEV1, PBC1 und PBC2). Der Indikator für die Abhängigkeit ergibt sich aus der Addition der beiden Durchschnittswerte der Antworten zu den Items, die sich auf die Orientierung und

[9] Die internen Ergebnisse der Regressionsanalyse lagen schon deutlich vor dem Veröffentlichungsdatum vor und wurden u. a. auf der 15th World Conference on Transport Research (WCTR) 2019 in Mumbai, Indien präsentiert.

Autonomie beziehen. AutoPKW2, AutoOEV1 und PBC2 werden für die Kalkulation in ihrer Bedeutung umgekehrt, um eine gleichgerichtete Bewertung zu erreichen. Da sich die jeweiligen Items auf einer 5-Punkte Likert-Skala befinden, kann minimal ein Wert von 2 und maximal ein Wert von 10 für den subjektiven Indikator erreicht werden. Für den subjektiven Indikator wird ebenfalls eine Normalisierung durchgeführt. Hohe Werte nahe 1 bedeuten, dass die Personen im Alltag auf den Pkw angewiesen sind und auch gerne fahren.

Zuordnung zu den Pkw-Abhängigkeitstypen

Basierend auf den A-priori-Festlegungen der Pkw-Abhängigkeitstypen und der Berechnung der beiden Dimensionen kann die Zuordnung zu den Typen erfolgen. Hierfür werden zunächst die Indikatoren mit einem Mittelwert von 0 und einer Varianz von 1 standardisiert. Die Einteilung in der Vertikalen (objektive Pkw-Abhängigkeit) erfolgt am Mittelwert. Werte größer oder gleich dem Mittelwert bilden die beiden Typen in der oberen Hälfte der objektiven Abhängigkeit (siehe Abbildung 6-3). Personen mit niedrigeren Werten befinden sich in einem der drei unteren Typen. Bei der horizontalen Einteilung (subjektive Abhängigkeit) wird ähnlich verfahren. Eine Ausnahme bilden die „Verhinderten Autofreunde“. Sie setzen sich aus Personen zusammen, welche eine niedrige Notwendigkeit haben, den Pkw zu nutzen (geringe Autonomie), aber zeitgleich eine hohe Autoorientierung aufweisen.

6.2.4 Ergebnisse

Nach der Zuordnung der Personen zu den Segmenten können die Ergebnisse in den drei Städten analysiert werden. Zunächst werden die einzelnen Werte in den beiden Dimensionen betrachtet. Anschließend erfolgt eine inhaltliche Analyse der Typen und abschließend ein Vergleich zwischen den Städten.

Pkw-Abhängigkeit von Pkw-Besitzern

Im Ergebnis zeigt sich eine interpersonelle Varianz in beiden Dimensionen (siehe Abbildung 6-5). Außerdem ist ein positiver Zusammenhang zwischen beiden Dimensionen zu erkennen, was zunächst nicht überraschend erscheint. Für die subjektive Dimension werden Werte zwischen 0,0 und 1,0 und für die objektive Dimension Werte von 0,22 bis 0,86 erreicht. Beim objektiven Indikator werden keine Minimal- oder Maximalwerte erreicht.

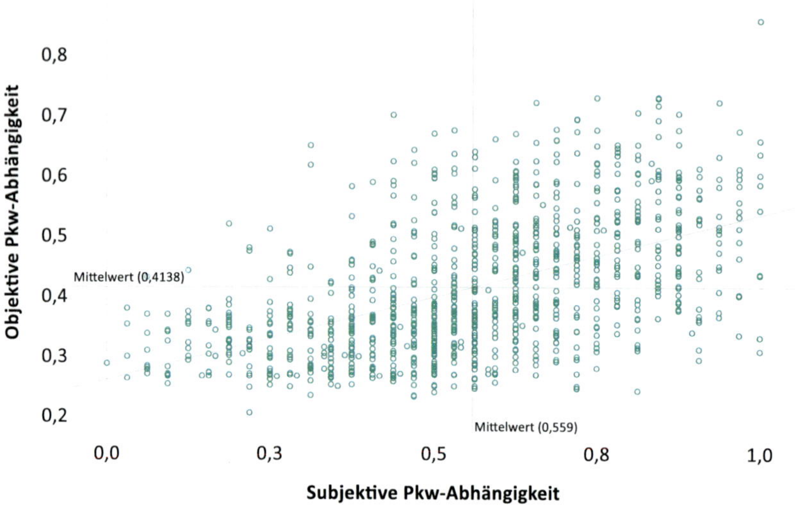

Abbildung 6-5: Individuelle Werte für die objektive und subjektive Pkw-Abhängigkeit

Aus der Zuteilung der Befragten zu den Abhängigkeitstypen ergibt sich die prozentuale Verteilung der Segmente, wie in Tabelle 6-2 dargestellt. Die beiden größten Gruppen (Typen) bilden die „Unabhängigen Pragmatiker“ und die „Überzeugten Autonutzer“. Die kleinste Gruppe stellen die „Auto-Captives“ dar. Die fünf Typen werden im Folgenden detailliert vorgestellt. Hierfür werden auch Eigenschaften zur Beschreibung der Gruppen verwendet, welche nicht unmittelbar in die Indikatorbildung eingeflossen sind.

Typ 1 – „Autounabhängige Pragmatiker“ (n = 335)

Die Personen in dieser Gruppe sind nicht auf den Pkw angewiesen und fahren auch nicht gerne. Subjektive und objektive Pkw-Abhängigkeit sind gleichermaßen niedrig. Das bedeutet auch, dass sie ihren Alltag gut mit anderen Verkehrsmitteln bewältigen können und weitgehend ohne Pkw zurechtkommen. Sie wählen stattdessen das für sie beste Verkehrsmittel für den jeweiligen Fahrtzweck aus (Pragmatismus). Sie nutzen für ihre Wege häufig den ÖV, das Fahrrad oder gehen zu Fuß (siehe Tabelle 6-2). Die Personen in dieser Gruppe benötigen aufgrund ihrer geringen Nutzung keinen Pkw und stehen an der Schwelle zum Nicht-Besitz, obwohl sie teilweise in Haushalten mit Kindern wohnen.

Typ 2 – „Verhinderte Autofreunde" (n = 128)

„Verhinderte Autofreunde" ist die jüngste Gruppe und vermutlich eher ein städtisches Phänomen. Diese Personen haben eine hohe Orientierung zum Auto, aber im Alltag keine Gelegenheit es zu nutzen. Sie leben in hoch verdichteten Räumen und können vieles zu Fuß erreichen, daher haben sie auch bei der Häufigkeit der Fußwege den höchsten Wert (2,4)[10]. Darüber hinaus benutzen sie gegenüber den anderen Typen am häufigsten das Fahrrad und den ÖV. Die Pkw-Nutzung wird vermutlich aufgrund einer schlechten Parkplatzsituation oder schlechten verkehrlichen Bedingungen in der Stadt eingeschränkt. Diese Gruppe hat allerdings durch ihre hohe Autoorientierung ein großes Potenzial für eine zukünftige Nutzung unter veränderten Rahmenbedingungen.

Typ 3 – „Autoaffine Pragmatiker" (n = 136)

Personen aus dieser Gruppe fahren gerne Auto. Allerdings haben sie einen geringen Wert bei der objektiven Abhängigkeit. Diese Personen könnten ihren Alltag gut ohne einen eigenen Pkw bestreiten. Sie finden es jedoch wichtig und wünschenswert, einen Pkw für ihren Alltag zur Verfügung zu haben (hohe Autonomie). Die Wichtigkeit des Pkw zeigt sich zusätzlich im zweithöchsten Anteil an Premiumfahrzeugen in den Haushalten (27 %). Im Alltag können viele Wege mit dem ÖV zurückgelegt werden (siehe Tabelle 6-2). Im Modal-Split ist ein hoher relativer Anteil an Pkw-Nutzung (63,3 %) zu verzeichnen.

[10] Ordinalskala der Verkehrsmittel-Nutzungshäufigkeit: 1=(fast) täglich; 2=mehrmals die Woche; 3=einmal die Woche; 4=mehrmals im Monat; 5=einmal im Monat; 6=seltener; 7=nie

Personen aus dieser Gruppe haben aber gleichzeitig im Mittel das niedrigste Verkehrsaufkommen mit 2,3 Wegen pro Tag[11]. Durch die geringe absolute Pkw-Nutzung steht das Fahrzeug viel im Parkraum. Die Pkw-Besitzer aus dieser Gruppe sind multimodaler als die „Überzeugten Autonutzer“, obwohl sie eine ähnlich hohe subjektive Abhängigkeit aufweisen. Dadurch können sie als „Pragmatiker“ bezeichnet werden, auch wenn die Ausprägungen nicht so stark sind wie bei Autounabhängigen.

Typ 4 – „Auto-Captives" (n = 101)

Personen aus dieser Gruppe benötigen ihren Pkw für ihre Alltagsmobilität, allerdings fahren sie nicht gerne Auto. Sie brauchen ihren Pkw täglich und haben auch eine hohe Fahrleistung (Ø 34,6 km/Tag). Sie nutzen den Pkw vermutlich aus Mangel an Alternativen für regelmäßige Fahrten. Die Gruppe setzt sich zu gleichen Teilen aus Frauen und Männern zusammen. Leben Kinder im Haushalt, gibt es komplexe Wegeketten, die mit anderen Verkehrsmitteln schwer zu realisieren sind.

Typ 5 – „Überzeugte Autonutzer" (n = 335)

Überzeugte Pkw-Nutzer haben sowohl subjektiv als auch objektiv hohe Werte bei der Pkw-Abhängigkeit. Sie sind auf den Pkw angewiesen und fahren auch gerne. Personen aus dieser Gruppe denken vermutlich nicht über Alternativen nach, da sie den Pkw als einzige Möglichkeit der Fortbewegung erachten, sofern keine äußeren Faktoren sie von der Nutzung abhalten. Aktive Mobilität, wie zu Fuß gehen oder Fahrradfahren, findet in dieser Gruppe fast nicht statt (6,0 %). Sie haben zudem den höchsten Anteil an Premium-Pkw in den Haushalten (31 %). Die Gruppe wird zudem von Männern dominiert (66 %).

[11] Die Berechnung der Wege pro Tag im Mobilitätsskelett wird in Kapitel 6.3.3 erläutert.

Tabelle 6-2: Soziodemographische und mobilitätsbezogene Unterschiede in den Pkw-Abhängigkeitstypen

		Unabhängige Pragmatiker	Verhinderte Autofreunde	Autoaffine Pragmatiker	Auto-Captives	Überzeugte Autonutzer
Verteilung der Stichprobe		**32 %**	**12 %**	**13 %**	**10 %**	**33 %**
Soziodemographische Eigenschaften						
Personenbezogene Eigenschaften						
Geschlecht (männl. in %)	***	40,0	48,4	37,5	47,5	66,0
Alter (in Jahre)	*	44	42	49	45	47
Haushaltsbezogene Eigenschaften						
# Personen im Haushalt	*	3,21	2,98	3,21	3,15	2,84
# Kinder (< 18 Jahre)	*	0,50	0,39	0,31	0,81	0,43
Premium-Pkw im Haushalt (in %)	***	18,8	20,3	27,2	22,8	31,0
Fahrrad (in %)	***	50,7	58,6	38,2	49,5	38,8
Mobilitätsverhalten						
Kilometer pro Tag	***	17,1	16,9	24,9	34,6	33,6
Wege pro Tag	***	2,4	3,1	2,3	3,0	2,9
Tagesausflüge letzte 3 Monate	***	2,3	2,1	3,5	2,4	3,4
Reisen mit Übernachtungen pro Jahr		2,0	3,4	1,9	2,1	2,2
MIV (in %)	***	29,1	24,0	63,3	57,7	75,7
ÖV (in %)	***	35,2	44,5	27,5	20,8	17,4
NMIV (in %)	***	33,6	29,3	8,2	20,3	6,0

Signifikanzniveaus (Sig.): *< 0,10, **< 0,05, ***< 0,001
Welchs ANOVA gibt an, ob sich die Typen signifikant im jeweiligen Merkmal unterscheiden.

Vergleich der Pkw-Abhängigkeit zwischen Städten

Die aggregierten Ergebnisse können dazu genutzt werden, die Städte hinsichtlich ihrer Ausprägung der Pkw-Abhängigkeit zu vergleichen. Abbildung 6-6 zeigt die Aufteilung der Pkw-Besitzer in die verschiedenen Gruppen und hebt die räumlichen und verkehrlichen Besonderheiten der jeweiligen Stadt hervor. Pkw-Besitzer in San Francisco sind objektiv abhängiger vom Pkw als in den anderen Städten (Ø 0,43). Berlin und Shanghai ähneln sich in Bezug auf die objektive Pkw-Abhängigkeit (Ø 0,39 und Ø 0,40). Im Gegensatz dazu sind die subjektiven Werte für San Francisco und Shanghai annähernd identisch. Die Befragten dieser beiden Städte geben dem Pkw einen höheren Stellenwert als die Befragten in Berlin (Ø 0,53). In Shanghai sind weniger Pkw-Besitzer objektiv – jedoch nicht subjektiv – auf die Nutzung ihres Pkw im Alltag angewiesen. In Shanghai korrelieren beide Dimensionen stärker als in Berlin oder San Francisco.

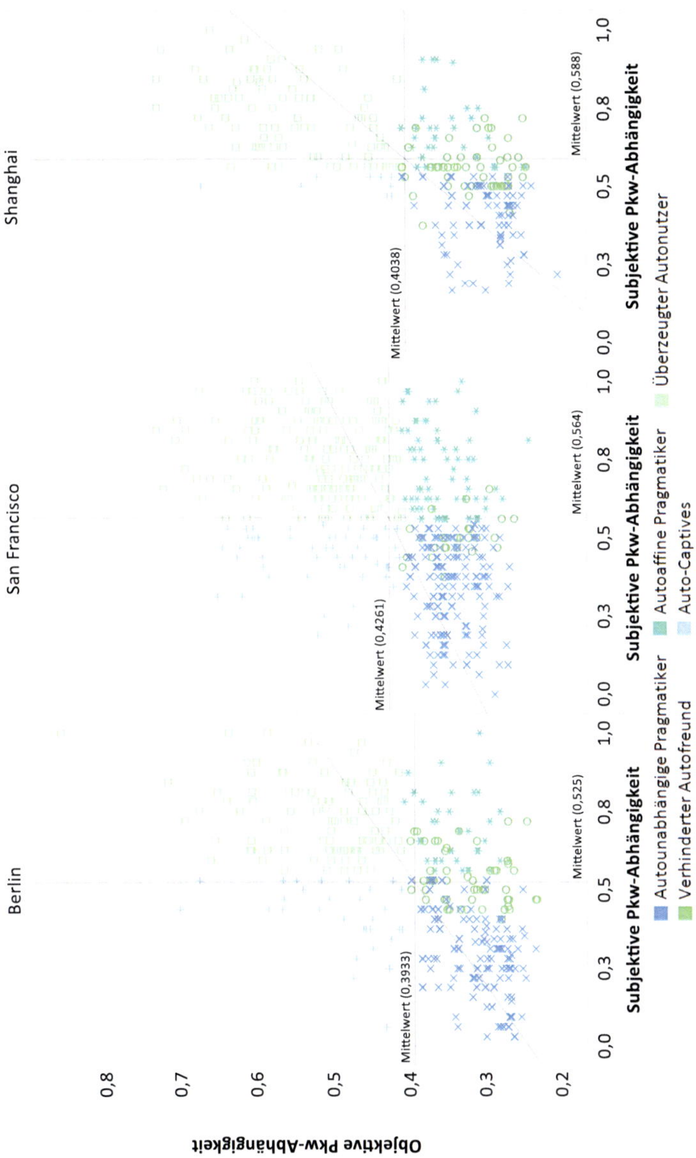

Abbildung 6-6: Subjektive und objektive Pkw-Abhängigkeitswerte, unterschieden nach Pkw-Abhängigkeitstypen in den drei Städten

Um die Unterschiede zwischen den untersuchten Städten besser zu bestimmen, werden die Pkw-Abhängigkeitstypen prozentual hinsichtlich ihrer Anteile verglichen (siehe Tabelle 6-3). Shanghai und Berlin weisen auch in der Verteilung mehr Ähnlichkeiten auf als San Francisco.

In Shanghai gibt es weniger „Auto-Captives“, bedingt durch ein effektives und gut genutztes ÖV-System. Dies bestätigt teilweise die Hypothese von Kenworthy (2017), dass Shanghai eine „Transit City“ sei. Zusätzlich gibt es wenige Pkw-Besitzer, die auf ihren Pkw angewiesen sind, aber nicht gerne fahren. Demgegenüber sind „Auto-Captives“ am häufigsten in San Francisco (14 %) zu finden. 67 % der „Auto-Captives“ nutzen ihren Pkw auf dem Arbeitsweg. Viele Arbeitsplätze liegen außerhalb der Stadt in der „Bay Area“ und um dorthin zu pendeln ist ein Pkw zwingend notwendig. In Berlin liegt der Wert nur bei 58 %. Allerdings spielt der Pkw bei Hol- und Bringwegen eine relevante Rolle für 87 % der „Auto-Captives“. Diese Gruppe zeigt eine starke Dissonanz zwischen beiden Pkw-Abhängigkeits-Dimensionen. Ihre starke objektive Abhängigkeit mit niedriger Autoorientierung weist darauf hin, dass auch externe Faktoren, wie Stau, die Pkw-Nutzung unattraktiv werden lassen. Allerdings haben die „Auto-Captives“ vor allem in San Francisco keine Wahlmöglichkeit und müssen den Pkw häufig nutzen.

Dort ist außerdem ein hoher Anteil an „Überzeugten Autonutzern“ (33 %) zu beobachten. Bei der Betrachtung des Modal-Splits fällt auf, dass „Überzeugte Autonutzer“ in San Francisco fast ausschließlich den Pkw nutzen (88,8 %). In Berlin und Shanghai liegt dieser Wert nur bei 61,1 % bzw. 69,9 %. Diese Gruppe ist auf den Pkw für ihre Alltagsmobilität angewiesen und dies korreliert stark mit ihren Einstellungen zum Pkw.

In allen Städten gibt es jeweils eine große Gruppe „Autounabhängiger Pragmatiker“. Diese Gruppe wäre am wahrscheinlichsten dazu bereit, zugunsten anderer Verkehrsmittel in ihrer Alltagsmobilität auf den eigenen Pkw zu verzichten. Der niedrigste Anteil findet sich in Shanghai (29 %). Für den Weg zur Arbeit nutzen in Berlin nur 3 % dieser Personen den Pkw.

Zur Überprüfung, ob sich Berlin, San Francisco und Shanghai hinsichtlich des Aufkommens der Pkw-Abhängigkeitstypen signifikant unterscheiden, wird eine χ^2-Kontingenzanalyse durchgeführt. Durch die Analyse kann ermittelt werden, ob der Zusammenhang zwischen Stadt und Pkw-Abhängigkeitstypen signifikant ist. Das Ergebnis der Kontingenzanalyse zeigt einen signifikanten Zusammenhang, wobei der Effekt mit einem Cramers V[12] von 0,149 als schwach interpretiert werden kann (vgl. Cohen, 2013).

Tabelle 6-3: Verteilung der Pkw-Abhängigkeitstypen in Berlin, San Francisco und Shanghai

	Unabhängige Pragmatiker	**Verhinderte Autofreunde**	**Autoaffine Pragmatiker**	**Auto-Captives**	**Überzeugte Autonutzer**
Alle Städte	**32 %**	**12 %**	**13 %**	**10 %**	**33 %**
Berlin	34 %	15 %	12 %	9 %	30 %
San Francisco	33 %	6 %	14 %	14 %	33 %
Shanghai	29 %	20 %	13 %	4 %	34 %

$\chi^2 = 45{,}71$; $p < 0{,}001$; Cramers V= 0,149

6.2.5 Diskussion der Ergebnisse

Die Ergebnisse der Pkw-Abhängigkeits-Segmentierung dienen der Ermittlung von Transformationspotenzialen in den drei Städten. Es stellt sich die grundlegende Frage, welche Pkw-Besitzer in der Stadt ein Auto brauchen und welche im Zweifel auf alternative Verkehrsmittel umsteigen würden. Viele Umsteiger können für eine erhöhte Lebensqualität in den Stadtquartieren sorgen, da die durch den Wegfall von parkenden Fahrzeugen frei werdende Fläche umgewidmet werden kann, z. B. zu begrünten Aufenthaltsflächen.
Die im Folgenden diskutierten Handlungsoptionen orientieren sich an den „3V-Maßnahmen“: Verkehrsvermeidung, Verkehrsverlagerung und verträgliche Abwicklung des Verkehrs (FGSV, 1995). Neben verkehrsplanerischen Überlegungen sind auch Implikationen für Anbieter von Mobilitätsdienstleistungen erkennbar, die im Folgenden näher beschrieben werden. Handlungsempfehlungen werden für die einzelnen Typen ausführlich diskutiert.

[12] Maß für den statistischen Zusammenhang zwischen zwei nominalen Variablen

Handlungsempfehlungen für „Autounabhängige Pragmatiker"

Transformationspotenziale werden vor allem bei den „Autounabhängigen Pragmatikern" deutlich, da sie ein hohes Potenzial haben, auf den privaten Pkw-Besitz zu verzichten und ihre verbleibende Pkw-Mobilität durch MOD-Dienste abzudecken (z. B. Car-Sharing, Ride-Sharing oder Leih-Lastenräder). In jeder Stadt wird ein großer Anteil (29 % - 34 %) dieser Gruppe unter den Pkw-Besitzern identifiziert.

Die Abschaffung des Pkw und die Gestaltung der Rahmenbedingungen für einen Nicht-Besitz können als grundlegende Maßnahmen gesehen werden, die auf die Vermeidung oder Verlagerung einwirken. Durch die Abschaffung des Pkw wird motorisierter Individualverkehr vermieden, da ohne Pkw nähere Ziele für das Einkaufen oder Freizeitaktivitäten aufgesucht werden. In vielen Fällen steht der private Pkw nur als eine Rückfallebene für die Alltagsmobilität zur Verfügung oder wird für sehr seltene Fernverkehrsereignisse eingesetzt. In Berlin werden 65 % der Tagesausflüge in dieser Gruppe mit dem Pkw durchgeführt.

Um die Potenziale bei den „Autounabhängigen Pragmatikern" auszuschöpfen, wird in den Stadtquartieren eine kritische Masse an Car-Sharing-Fahrzeugen benötigt, damit diese Gruppe auch das Gefühl bekommt, dass immer ein Pkw verfügbar ist, wenn sie es brauchen. Dies beinhaltet auch attraktive Angebote für Tagesausflüge am Wochenende. Insbesondere Free-Floating-Anbieter, wie ShareNow, bieten aktuell nur eine Rückgabe der Fahrzeuge in ihren Geschäftsgebieten an. Hierdurch kann eine Ausleihe sehr teuer und unattraktiv werden.

Die Erkenntnisse zur Pkw-Abhängigkeit wurden bereits in Quartiersentwicklungsprojekten in Berlin und Hamburg genutzt und in die verkehrsplanerische Praxis umgesetzt (siehe Kapitel 3.3.1). Mit der „Sommerflotte" in den beiden Stadtquartieren Mierendorff-Insel und Klausenerplatz in Berlin wurden vor allem die Gruppe der „Autounabhängigen Pragmatiker" adressiert (Neue Mobilität Berlin, 2020). Im Rahmen des Projekts gaben die teilnehmenden Personen ihren Pkw „temporär" ab, um neue Mobilitätsdienstleistungen auszuprobieren. Initiale Ansprache der ersten „Umparker-Kampagne“ war die Erfassung der lokalen Mobilitätsbedürfnisse, basierend auf dem Mobilitätsskelett und den erstellten Pkw-Abhängigkeitstypen.

Handlungsempfehlungen für „Auto-Captives“

Die zweite interessante Gruppe für verkehrspolitische Maßnahmen stellt die der „Auto-Captives“ dar. Sie sind aufgrund komplizierter Wegemuster und fehlender Alternativen auf den Pkw angewiesen und nutzen diesen auch regelmäßig.

In San Francisco gehören 14 % und in Berlin 9 % (Pkw-Besitzer) dieser Gruppe an. Viele Wege dieser Gruppe lassen sich nicht vermeiden. Durch einen weiteren Ausbau des ÖV in Kombination mit MOD-Diensten zur Flexibilisierung des Verkehrssystems könnte eine Verkehrsverlagerung bewirkt werden. Vor allem die Zu- und Abgangsmöglichkeiten zum ÖV müssen für diese Gruppe verbessert werden. Sie haben ein hohes Transformationspotential, da sie nicht gerne mit dem Pkw fahren. Alternative Verkehrsmittel müssen allerdings in Kombination miteinander für eine ausreichende Unabhängigkeit vom Pkw sorgen. Vor allem in San Francisco mit seinen starken verkehrlichen Verflechtungen in die „Bay Area“ fehlen häufig ÖV-Alternativen. Hier könnten Fahrgemeinschaften Abhilfe beim Pendeln schaffen, um motorisierten Verkehr zu vermeiden bzw. zu reduzieren. Dies wird zusätzlich durch priorisiertes Fahren auf HOV-Fahrstreifen (High-Occupancy-Vehicle) gefördert. Die Gruppe würde in weiterer Zukunft von autonomen Fahrzeugen stark profitieren, da diese die Flexibilität eines Pkw aufweisen, jedoch nicht selbst gefahren werden müssen.

Handlungsempfehlungen für „Verhinderte Autofreunde“

Die „Verhinderten Autofreunde“ haben ein sehr großes Potenzial, den Pkw zukünftig noch häufiger zu nutzen. Sie sind daher aus Sicht der Automobilhersteller eine interessante Zielgruppe. In welche Richtung sich die durchschnittlich jüngste Gruppe entwickelt, hängt stark vom Angebot und den Rahmenbedingungen in den Städten ab. Aus verkehrsplanerischer Sicht und für eine nachhaltige Verkehrspolitik muss die Attraktivität der Nutzung des Pkw durch restriktive Maßnahmen im MIV, wie Parkplatzgebühren oder City-Maut, weiter verringert werden. Hierdurch könnte eine weitere Verkehrsverlagerung zum MIV vermieden werden. Zusätzlich sollen Personen dieser Gruppe an verschiedene Mobilitätsdienstleistungen herangeführt werden, damit sie deren Vorteile gegenüber dem privaten Pkw erfahren können. Für Anbieter von Mobilitätsdienstleistungen sind die „Verhinderten Autofreunde" grundsätzlich interessant, da es sich um eine junge Gruppe handelt, die einen einfachen Zugang zu digitalen Services findet. In Berlin zeigt diese Gruppe schon jetzt die höchste durchschnittliche Nutzungshäufigkeit von Car-Sharing und in Shanghai zeichnet sie sich durch viele Ride-Sharing-Fahrten aus.

Handlungsempfehlungen für „Autoaffine Pragmatiker"

Die „Autoaffinen Pragmatiker" haben eine starke subjektive Abhängigkeit vom Pkw, obwohl sie ihn durch ihr eher geringeres Verkehrsaufkommen wenig nutzen. Dadurch sind vor allem nachhaltigere Antriebsarten, wie Elektrofahrzeuge, für diese Gruppe interessant. Deren Nutzung würde zu einer verträglicheren Abwicklung des Verkehrs führen.
Trotz teilweise geringer Nutzung wird der Pkw-Besitz in dieser Gruppe vermutlich nicht hinterfragt. Dies liegt auch an vergleichsweise niedrigen Parkgebühren. In Berlin sind diese Kosten mit ca. 20 € für einen Parkausweis mit einer zweijährigen Gültigkeit in der jeweiligen parkraumbewirtschafteten Zone vergleichsweise gering und haben daher keinen Einfluss auf die Pkw-Besitz-Entscheidung. Gezieltes sozialverträgliches Parkraummanagement könnte diese Gruppe zum Umdenken bewegen. Die „Autoaffinen Pragmatiker" wären aufgrund ihrer Wenig-Nutzung eine passende Zielgruppe für Car-Sharing-Anbieter. Vor allem ein Premium-Car-Sharing, wie ShareNow, könnte bei verbesserter Verfügbarkeit eine Alternative zum privaten Pkw bedeuten, da die Gruppe einen sehr hohen Anteil an Premium-Pkw in den Haushalten aufweist.

Handlungsempfehlungen für „Überzeugte Autonutzer"

Bei den „Überzeugten Autonutzern" ist eine angebotsgetriebene Verlagerung wie bei den „Auto-Captives" nicht zu erwarten. Positive Fahrerlebnisse sind mit dem Willen, ein nachhaltigeres Mobilitätsverhalten anzunehmen und Maßnahmen für eine Reduzierung der Pkw-Nutzung zu akzeptieren, negativ verbunden (Nilsson & Küller, 2000; Stradling et al., 1999). Vielmehr kann eine Verkehrsverlagerung hin zu nachhaltigeren Verkehrsmitteln eher über restriktive Maßnahmen erzielt werden. Punitive „Push"-Maßnahmen zeigen bei subjektiver Pkw-Abhängigkeit die größten Erfolge. Vor allem nicht notwendige Wege mit dem Auto könnten eingeschränkt werden. Derartige Maßnahmen trafen in der Vergangenheit jedoch vermehrt alte und arme Menschen (Stradling et al., 2000).

Die „Überzeugten Autonutzer" sind in der objektiven und subjektiven Dimension stark abhängig vom Pkw und werden voraussichtlich auch zukünftig den Pkw nutzen. Hier stünde vor allem die Elektromobilität im Fokus, um eine nachhaltigere Abwicklung des Verkehrs der „Überzeugten Autonutzer" zu erreichen. Inwieweit diese Zielgruppe derartige Antriebstechnologien nachfragen wird, muss allerdings noch weiter untersucht werden.

Exkurs zu den Herausforderungen bei der Reduzierung des Pkw-Bestands in Städten

Als wichtige Argumentation für eine Marktsegmentierung von Pkw-Besitzern in dieser Arbeit gilt die Identifikation von Zielgruppen, die ein hohes Potenzial aufweisen, ihren privaten Pkw abzuschaffen. Vor allem die „Autounabhängigen Pragmatiker" stehen, wie bei den Handlungsempfehlungen diskutiert, an der Schwelle zum Nicht-Besitz.

Ein Teil der Pkw-Besitzer in Städten schafft auch ohne spezielle Maßnahmen ihren Pkw ab. Gleichzeitig gibt es jedoch einen natürlichen Austausch mit aktuellen Nicht-Besitzern, die sich einen Pkw anschaffen. Zur Veranschaulichung der beiden beobachtbaren Prozesse wird ein kurzer Exkurs mit dem MOP vorgenommen. Hierfür werden die Übergänge des Pkw-Besitzes zwischen zwei Erhebungswellen im MOP (2013-2017) analysiert. Dabei werden für einen besseren Bezug zu der vorliegenden Arbeit nur Haushalte betrachtet, die im Kern einer Großstadt mit mehr als 100.000 Einwohnern leben (vgl. BIK Aschpurwis + Behrens GmbH, 2001). Hierbei wird deutlich, dass es einen natürlichen Austausch beim Pkw-Besitz in Städten gibt (vgl. Tabelle 6-4). Im

MOP reduzieren 3,3 % der Haushalte ihre Pkw-Ausstattung zwischen zwei Beobachtungszeiträumen (Summe links unterhalb der Diagonale), wobei 3,2 % der Haushalte ihre Pkw-Ausstattung erhöhen (Summe rechts oberhalb der Diagonale). Die Abweichung von 0,1 % ist als ein „statistisches Rauschen“ zu verstehen und lässt keine Rückschlüsse auf eine positive Entwicklung zu. Dies führt zu einer Stabilität im Pkw-Besitz, auch wenn einige Haushalte, vermutlich Personen aus der Gruppe der „Autounabhängigen Pragmatiker“, einen Pkw abschaffen. Durch das Freiwerden von Parkraum und mehr Kapazität auf der Straße werden Nicht-Besitzer eventuell zu einer Anschaffung motiviert. Für eine nachhaltige Entwicklung in den Städten muss dieser beobachtbare Kreislauf durchbrochen werden. Durch die gezielte Ansprache von Haushalten aus der Gruppe der „Autounabhängigen Pragmatiker“ und der gleichzeitigen Schaffung von Rahmenbedingungen für eine Mobilität ohne Pkw könnte eine Reduzierung des Pkw-Bestands erreicht werden.

Tabelle 6-4: Beobachtung von Übergängen des Pkw-Besitzes im MOP zwischen zwei Beobachtungszeitpunkten im Kern einer Großstadt mit mehr als 100.000 Einwohnern (n = 1.712)

Nachher / **Anteil Haushalte** / **Vorher**	Kein Pkw	1 Pkw	2 Pkw	3 Pkw und mehr	**Gesamt "Vorher"**
Kein Pkw	26,1 %	0,8 %	0,0 %	0,0 %	**26,9 %**
1 Pkw	0,9 %	48,3 %	1,5 %	0,1 %	**50,7 %**
2 Pkw	0,0 %	1,8 %	16,9 %	0,8 %	**19,5 %**
3 Pkw und mehr	0,0 %	0,1 %	0,5 %	2,3 %	**2,9 %**
Gesamt "Nachher"	**27,0 %**	**51,0 %**	**18,8 %**	**3,2 %**	**100,0 %**

6.2.6 Zusammenfassung und kritische Würdigung

Der vorgestellte Ansatz der Pkw-Abhängigkeit zeigt inhaltliche und methodische Vor- und Nachteile, die in diesem Abschnitt abschließend diskutiert werden. Zunächst wird auf die zu Beginn gestellten Forschungsfragen zur Pkw-Abhängigkeit eingegangen.

Sind in unterschiedlichen Städten autounabhängige Pkw-Besitzer mit einem hohen Potenzial zur Pkw-Abschaffung zu finden?

In allen drei Städten kann ein Anteil von mindestens 29 % an „Autounabhängigen Pragmatikern“ identifiziert werden. Die relativen Anteile müssen immer auch in Bezug zur Motorisierungsrate in den Städten gesetzt werden. Insbesondere in San Francisco mit der höchsten Motorisierungsrate finden sich auch 33 % „Autounabhängige Pragmatiker“. Dieser Anteil macht bezogen auf die Gesamtbevölkerung mehr aus als in Berlin oder Shanghai. Zusammenfassend kann festgehalten werden, dass in allen drei Städten bei etwa einem Drittel der Pkw-Besitzer ein Potenzial zur Abschaffung des Pkw besteht.

Existieren bei Pkw-Besitzern Widersprüche zwischen subjektiver und objektiver Pkw-Abhängigkeit?
Es zeigt sich in den Ergebnissen eindeutig, dass eine zweidimensionale Segmentierung von Vorteil ist. Neben Abhängigkeitstypen mit konsonantem Zustand bilden sich auch Pkw-Besitzer-Typen im Spannungsfeld zwischen Pkw-Nutzung und Einstellungen. Diese Dissonanz wird besonders deutlich bei den „Auto-Captives“. Durch die Miteinbeziehung beider Dimensionen haben die Segmente einen beschreibenden Charakter und können Potenziale für Handlungsempfehlungen aufzeigen. Eine Einschränkung durch die Verwendung der beiden Dimensionen besteht darin, dass keine davon als Prädiktor für die jeweils andere dienen kann. Dies wird in der vorliegenden Arbeit methodisch akzeptiert, da die Konsonanz oder Dissonanz zwischen Pkw-Nutzung und -Orientierung im Vordergrund der Untersuchung steht.

Welche Typen von Pkw-Abhängigkeit dominieren in unterschiedlichen Städten?
Obwohl die drei Städte zwar Unterschiede bei der Verteilung der Typen zeigen, gibt es keinen Pkw-Abhängigkeitstyp, der in den drei Städten dominiert. Die größten Unterschiede sind bei den „Verhinderten Autofreunden“ festzustellen. In San Francisco sind nur 6 % und in Shanghai 20 % der Pkw-Besitzer in dieser Gruppe. Die Beobachtung ähnlicher Verteilungen in den drei Städten hängt vermutlich stark mit der Mobilitätskultur der „Hybrid Cities“ zusammen. In „Auto Cities“ ohne ein gut ausgebautes ÖV-System wäre mit einem höheren Anteil an objektiv abhängigen Pkw-Besitzern zu rechnen. Die ähnliche Verteilung spricht auch für eine geeignete Auswahl der Städte zur Definition der Pkw-Abhängigkeitstypen.

Kritische Würdigung der Pkw-Abhängigkeitstypen

Neben der Beantwortung der Forschungsfragen ist eine kritische Auseinandersetzung mit dem vorgestellten Ansatz notwendig. Bei der Segmentierung in Kapitel 6.2.3 wurde ein A-priori-Ansatz gewählt, welcher stark durch Annahmen in der objektiven Dimension getrieben ist. Durch den Schwerpunkt

auf die Pkw-Nutzung oder Nicht-Nutzung wird die Komplexität allerdings ausreichend reduziert. Bei einer Betrachtung aller Verkehrsträger würde der regelbasierte Ansatz an seine Grenzen stoßen. Eine weitere Einschränkung des Ansatzes besteht darin, dass die Segmentierung nicht, wie bei einem Post-hoc-Ansatz, datengetrieben ist. Pkw-Abhängigkeitstypen, welche nicht vorab definiert werden, können auch nicht explorativ identifiziert werden. Durch die regelbasierte Segmentierung können zukünftig sehr einfach weitere Pkw-Besitzer den Typen zugeteilt werden, was sich sehr vorteilhaft auf den UTM als fortlaufende Erhebung urbaner Mobilität auswirkt.
Ein weiterer Kritikpunkt des Ansatzes besteht darin, dass die verwendeten 1.035 Pkw-Besitzer aus Berlin, San Francisco und Shanghai als einzelne Haushalte für die Marktsegmentierung betrachtet werden. Im UTM wurde bei der Rekrutierung zwar versucht, ganze Haushalte zu erfassen, was jedoch aufgrund der hohen Kosten und unterschiedlichen kulturellen Hintergründe in den drei Städten nur mit Einschränkungen funktionierte. Daher werden die Personen in der Analyse als unabhängige Haushalte betrachtet. Im objektiven Indikator werden deshalb auch Haushaltseigenschaften ausführlich berücksichtigt. Das Vorgehen, nur eine Person aus dem Haushalt zu betrachten, findet sich auch in anderen Studien (vgl. Anable, 2005; Dudleston et al., 2005).

6.3 Urbane Mobilitätstypen

Teile dieses Abschnitts basieren auf den Veröffentlichungen „Bringing Travel Behavior and Attitudes Together: An Integrated Survey Approach for Clustering Urban Mobility Types" (von Behren, Minster, Magdolen et al., 2018) und „Combining Attitudes and Travel Behavior – A Comparison of Urban Mobility Types Identified in Shanghai, Berlin and San Francisco" (Magdolen et al., 2019).

Die Analyse der Pkw-Abhängigkeit nach objektiven und subjektiven Dimensionen hat einige Vorteile für die Mobilitätsmarktsegmentierung von Pkw-Besitzern aufgezeigt. Allerdings bezieht sich die vorgestellte A-priori-Segmentierung in Kapitel 6.2 nur auf Personen mit einem Pkw im Haushalt und dessen

Nutzung. Für eine ganzheitliche Zielgruppensegmentierung der urbanen Mobilität müssen neben dem Pkw auch andere Verkehrsmittel und psychologische Konstrukte zur Abbildung der intraindividuellen Variabilität berücksichtigt werden. Dies beinhaltet vor allem auch die ökologische Normorientierung und deren Interaktion mit der Wahl des Verkehrsmittels. Die Erweiterung der Betrachtung auf alle Personen und deren Verkehrsmittelnutzung im urbanen Raum führt gleichzeitig auch zu einer höheren Komplexität bei der Identifizierung unterschiedlicher Zielgruppen. Als Folge der Komplexitätserhöhung wird im nachfolgenden Segmentierungsansatz eine Post-hoc-Segmentierung (vgl. Kapitel 6.1.1) angewendet, die die Segmente auf Basis statistischer Verfahren aus den verfügbaren Daten bildet.

Für die Segmentierung werden, wie bei den Pkw-Abhängigkeitstypen, Verhaltens- und Einstellungsvariablen herangezogen. Der methodische Ansatz wurde in der Studie von von Behren, Minster, Magdolen et al. (2018) im Rahmen der Quartiersentwicklungsprojekte in Hamburg und Berlin (vgl. Kapitel 3.3.1) entwickelt und in Magdolen et al. (2019) verfeinert. Basierend auf der Idee, den urbanen Gesamtmarkt zu betrachten und mit dem Ziel, unterschiedliche Zielgruppen mit und ohne eigenen Pkw zu identifizieren, können folgende anwendungsspezifische Forschungsfragen formuliert werden:

- Wie stark unterscheiden sich Städte im gesamten Mobilitätsmarkt und inwieweit sind stadtspezifische Zielgruppen zu finden?
- Wie stark unterscheiden sich die Zielgruppen in ihrer Multimodalität?
- Finden sich Widersprüche zwischen dem Mobilitätsverhalten der Stadtbewohner und ihrer ökologischen Normorientierung?
- Welche Rolle spielt der Fernverkehr in der Mobilität von Stadtbewohnern?

Zur Beantwortung dieser Forschungsfragen wird zunächst nochmals kurz die relevante Literatur mit Schwerpunkt auf einstellungs- und verhaltensorientierte Ansätze beleuchtet. Basierend auf den Erkenntnissen der Literaturübersicht und dem Segmentierungsansatz aus Kapitel 6.2 wird eine umfassende Zielgruppensegmentierung durchgeführt.

6.3.1 Stand der Forschung

Es gibt eine Vielzahl von Segmentierungsansätzen, die einstellungs- und verhaltensbasierte Merkmale berücksichtigten (vgl. Abbildung 6-1). Für die vorliegende Arbeit sind vor allem jene Studien relevant, bei denen aus beide Dimensionen cluster-bildende Variablen berücksichtigt werden, da diese Methodik auch hier angewendet werden soll. Dieser methodische Ansatz findet sich nur vereinzelt in bestehenden Studien.

Haustein und Nielsen (2016) segmentieren in ihrer Studie zu Mobilitätskulturen zunächst Personen aus 28 europäischen Ländern anhand subjektiver und objektiver Einflussfaktoren auf die Verkehrsmittelwahl in Mobilitätsstile. Für die Post-hoc-Segmentierung werden das Verkehrsmittel an einem „typischen“ Tag, die Hauptgründe für die Verkehrsmittelwahl (Bequemlichkeit, Preis, Geschwindigkeit) und der Faktor „Umweltbedenken durch Verkehrsemissionen“ als konstituierende Kriterien im Clusterprozess verwendet. Als Ergebnis ergeben sich acht unterschiedliche Mobilitätsstile: „Convenience Drivers“, „Busy Green Drivers“, „Price-Oriented PT-users“, „Green PT-Users“, „Practical Cyclists“, „Green Cyclists“, „Price-Oriented Pedestrians“ und „Green Pedestrians“. Dabei stellen Haustein und Nielsen (2016) Unterschiede hinsichtlich der Verkehrsmittelwahl, Sozioökonomie, IT-Affinität und Lebenszufriedenheit fest. Durch die Berücksichtigung subjektiver und objektiver Dimensionen zeigen sich auch Mobilitätsstile mit starken Widersprüchen, wie die „Busy Green Drivers“, die zu 96 % den Pkw aufgrund von Geschwindigkeitsvorteilen im Alltag nutzen. Zeitgleich sorgen sie sich jedoch durch die Verkehrsbelastung um die Umwelt. Ein Nachteil der Studie besteht in dem starken Fokus auf die Verkehrsmittelwahl. Die Aktivitäten, das allgemeine Verkehrsaufkommen und die Fernverkehrsmobilität der Personen werden in der Studie nicht betrachtet.

Die Studie von von Behren, Minster, Magdolen et al. (2018) besitzt konzeptionell eine Ähnlichkeit zu dem Konzept der Mobilitätsstile. Zur Identifikation von urbanen Mobilitätstypen wird mit drei Indikatoren zum Mobilitätsverhalten (Alltagskomplexität, Anteil umweltfreundlicher Verkehrsmittel und Kilometer pro Tag) und drei psychologischen Komponenten ein Clusterverfahren durchgeführt. Die Datengrundlage bilden Erhebungsdaten aus den Quartiersentwicklungsprojekten aus Kapitel 3.3.1. Als Ergebnis werden acht Mobilitätstypen identifiziert, die teilweise Dissonanzen zwischen Verhalten und Einstellungen aufzeigen. Bei der Studie wird allerdings das Fernverkehrsverhalten der Stadtbewohner nicht betrachtet.

Klinger et al. (2013) verwenden für die Segmentierung von Städten sieben Faktoren zur Beschreibung von Mobilitätskulturen. Dabei werden geografische, sozioökonomische, mobilitätsverhaltensbasierte und psychographische Indikatoren zunächst in einer Faktorenanalyse reduziert und nachfolgend mit einem Clusterverfahren segmentiert. Die Segmentierung erfolgt allerdings nicht wie bei den anderen beiden Ansätzen auf Personenebene, sondern auf Stadtebene. Es werden Einstellungen zum Fahrrad aus einer Sekundärerhebung auf Stadtebene verwendet. Der Ansatz verdeutlicht den Vorteil der Kombination unterschiedlicher Verhaltens- und Einstellungs-Dimensionen. Bei den Ergebnissen zeigen sich auch Besonderheiten in den Clustern. In den „Transit Metropolis"-Städte, wie München oder Hamburg, wird die Qualität des ÖV höher wahrgenommen als in reinen „Transit Cities", wie Karlsruhe oder Nürnberg.

Die drei Studien mit unterschiedlichen Anwendungsfällen verdeutlichen, dass die Berücksichtigung verhaltens- und einstellungsbasierter Merkmale im Segmentierungsprozess vorteilhaft ist. Die vorliegende Arbeit orientiert sich für den internationalen Vergleich am Ansatz der urbanen Mobilitätstypen nach von Behren, Minster, Magdolen et al. (2018).

6.3.2 Daten und Vorgehensweise

Für die Segmentierung von Personen zu urbanen Mobilitätstypen werden die kompletten Erhebungsdaten (n = 1.800) aus der internationalen Erhebung in

Berlin, San Francisco und Shanghai verwendet, um eine gute Abbildung der Bevölkerung zu ermöglichen.

Aufbereitung der Daten

In den meisten statistischen Analysen müssen Beobachtungen mit fehlenden Einzelwerten ausgeschlossen werden. Dies reduziert die Stichprobengröße mitunter erheblich und führt zu Verzerrungen bei den Analysen. Auch für das nachgelagerte Clusterverfahren müssten in der vorliegenden Arbeit aufgrund von fehlenden Einzelwerten 587 Personen aus der Stichprobe entfernt werden. Vor allem die 27 psychologischen Items aus Tabelle 3-1 weisen fehlende Einzelwerte auf.

Zum einen werden Variablen mit vielen fehlenden Werten ausgeschlossen. Personen ohne Pkw im Haushalt haben die beiden Items zum Pkw-Erlebnis nur ungenügend beantwortet. Die beiden Items ErlPKW1 und ErlPKW2 werden folglich für die Analyse der urbanen Mobilitätstypen aus dem Datensatz entfernt. Dies war bei den Pkw-Abhängigkeitstypen in Kapitel 6.2 irrelevant, da nur Pkw-Besitzer betrachtet wurden.

Um die Anzahl der zu entfernenden Personen durch weitere fehlende Einzelwerte zu reduzieren, wird zum anderen ein Imputationsverfahren eingesetzt, das fehlende Einzelwerte bei *„missing at random“* (MAR) ersetzt, da der Ausfall durch andere erhobene Variablen prognostiziert werden kann. In den Daten finden sich aber auch fehlende Einzelwerte als *„not missing at random“* (NMAR), welche nicht imputiert werden sollten (Eid et al., 2017).

Die Anwendung von Imputationsverfahren für MAR-Werte wird zwar in der Forschung kritisch diskutiert, dennoch findet sie häufig statt. Der Einsatz derartiger Verfahren hat sich in der praktischen Anwendung als adäquate Methode etabliert (Böwing-Schmalenbrock & Jurczok, 2012). Sie finden ebenfalls bei der Imputation fehlender Werte bei psychologischen Items Anwendung (vgl. Hunecke et al., 2021).

Auswahl der Imputationsmethode

Für die Auswahl einer geeigneten Imputationsmethode kommen zwei anerkannte Imputationsmethoden zum Einsatz. Die Imputation von Mittelwerten wird nicht angewendet, da sie häufig die verteilungsbasierte Zufälligkeit der Werte vernachlässigt (Böwing-Schmalenbrock & Jurczok, 2012). Zunächst wird eine multiple Imputation (MI) mit logistischer Regression mit der Software SAS (Statistical Analysis System)[13] durchgeführt, wie von Rodriguez de Gil und Kromrey (2013) vorgeschlagen. Zudem wird das Paket missForest in der Software R von Stekhoven und Bühlmann (2012) zur Imputation angewendet, das sich auf Algorithmen des maschinellen Lernens stützt und auf dem Prinzip von Entscheidungsbäumen basiert. Um Verzerrungen bei der Imputation möglichst klein zu halten, werden auch Informationen zu soziodemographischen Merkmalen, wie Alter und Geschlecht, sowie der Anteil der Auto- und ÖV-Nutzung der Personen im Imputationsverfahren berücksichtigt. Gemessen am Indikator „Proportion Falsely Classified" (PFC), zeigen die imputierten Daten mit der missForest-Methode den geringsten Imputationsfehler. Der PFC ermittelt den Anteil falsch klassifizierter Werte durch eine Kreuzvalidierung innerhalb des Verfahrens. Darüber hinaus empfiehlt die vorhandene Literatur die Imputationsmethode des missForest aufgrund der geringeren Fehlerschätzungen bei gemischten Datentypen gegenüber multivariaten Imputationsmethoden (Doove et al., 2014; Stekhoven & Bühlmann, 2012). Um den Fehler der imputierten Daten weiter zu reduzieren, werden Personen mit 14 oder mehr fehlenden Werten[14] komplett aus dem Datensatz entfernt.

Im Wissen um die möglichen Nachteile, die eine Imputation auf die Daten haben kann, können durch die Aufbereitung für das Clusterverfahren 1.662 statt lediglich 1.213 Personen verwendet werden. Hierdurch bleibt auch die ursprüngliche Größenverteilung der Personen aus den drei Städten weitestgehend erhalten (siehe Kapitel 5.2).

[13] Version SAS Enterprise Guide 7.1
[14] Bei der Imputation werden insgesamt 40 Variablen betrachtet.

Verfahrensablauf der clusteranalytischen Typologisierung

Der Verfahrensablauf mit den einzelnen Analyseschritten, die zur Identifizierung urbaner Mobilitätstypen führen, ist in Abbildung 6-7 veranschaulicht. Die Hauptschritte bestehen aus der Variablenauswahl (Kapitel 6.3.3) aus beiden Dimensionen und einer geeigneten Datenvorbereitung für den Clusterprozess (Kapitel 6.3.4). Im Verfahrensschritt der Clusteranalyse in Kapitel 6.3.5 werden unterschiedliche Verfahren getestet und für eine optimale Lösung kombiniert. Diesem Schritt folgt eine umfassende Analyse der Cluster (Kapitel 6.3.6) und die Validierung der Lösung hinsichtlich Prognosefähigkeit, Trennschärfe und Stabilität (Kapitel 6.3.7). Die Analyse wird im letzten Schritt mit einem Vergleich der drei Städte (Kapitel 6.3.8), einer Diskussion der Ergebnisse (Kapitel 6.3.9) und einer Zusammenfassung (Kapitel 6.3.10) abgeschlossen. Zusätzlich erfolgt in Kapitel 6.4 ein Vergleich zwischen der Clusterlösung der urbanen Mobilitätstypen und der Pkw-Abhängigkeitstypen.

Bei der Anwendung des Clusterverfahrens kann der Vorwurf aufkommen, Daten so zu manipulieren, dass sich die gewünschten Ergebnisse einstellen. Diesem Vorwurf kann nur durch eine ausreichende Transparenz in den Verfahrensschritten begegnet werden (Götz et al., 1998). Aus diesem Grund findet in dieser Arbeit eine ausführliche Erklärung der einzelnen Verfahrensschritte statt.

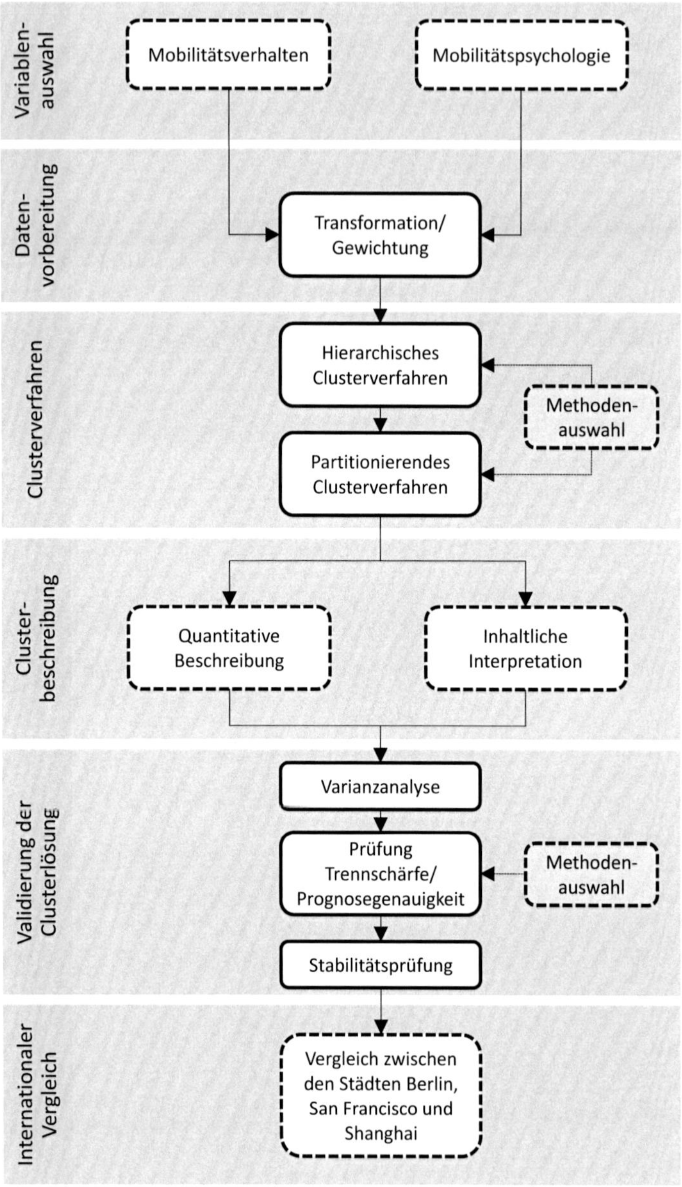

Abbildung 6-7: Verfahrensablauf zur clusteranalytischen Typologisierung

6.3.3 Variablenauswahl

Eine zentrale Herausforderung bei der Segmentierung liegt bei den für die Zuweisung verwendeten Eingangsvariablen (Segmentierungskriterien), da diese die spätere Zuteilung im Clusterprozess maßgeblich beeinflussen. Die Auswahl geeigneter Eingangsvariablen in den Daten ist abhängig vom Anwendungsfall und der damit verbundenen Zielsegmentierung. Wenn zum Beispiel beabsichtigt wird, multimodale Segmente zu erhalten, werden als Eingangsvariablen vermehrt Informationen über die Nutzung verschiedener Verkehrsmittel ausgewählt (vgl. Oostendorp et al., 2019). Gleichzeitig ergibt sich bei der Auswahl von Variablen eine zweite Herausforderung: Mit einer größeren Anzahl an Variablen im Clusterprozess steigt auch die Komplexität, was den sogenannten „Fluch der Dimensionalität" fördert (Murphy, 2012). Dies wirkt sich nicht nur auf das Clusterverfahren hinsichtlich der Rechenzeit aus, sondern auch auf die nachfolgende Analyse und Interpretationsfähigkeit der gefundenen Lösung. Aus diesem Grund sollte immer überprüft werden, ob die berücksichtigten Eingangsvariablen überhaupt einen signifikanten Einfluss auf die Clusterbildung haben (vgl. Kapitel 6.3.7) und ob die entstehenden Cluster gut zu interpretieren sind (vgl. Kapitel 6.3.6). Falls kein signifikanter Einfluss vorliegt, sollten die Variable nicht in den Prozess einfließen.
Zur Bestimmung der Eingangsvariablen für das nachgelagerte Clusterverfahren werden die beiden unterschiedlichen Dimensionen der Mobilitätspsychologie und des Mobilitätsverhaltens berücksichtigt.

Auswahl mobilitätsbezogener Variablen

Durch den Einsatz des Mobilitätsskeletts liegen die Mobilitätsinformationen nicht auf einer detaillierten Wegeebene, sondern bereits in aggregierter Form vor. Dies reduziert die Komplexität der Auswahl geeigneter Indikatoren für den Clusterprozess. Im Unterschied zu Wegetagebüchern können bestimmte Mobilitätskennwerte, wie die Mobilitätszeit, nicht nachträglich aus den Mobilitätsdaten berechnet werden. Dies stellt somit eine Einschränkung des gewählten Ansatzes dar.

Bei der Berücksichtigung des Mobilitätsverhaltens in der Segmentierung sind zwei Aspekte wesentlich. Zum einen sollen Indikatoren entwickelt werden, die Varianz im Verhalten der Personen abbilden. Zum anderen sollen mit den Indikatoren unterschiedliche Aspekte des Mobilitätsverhaltens (z. B. Alltags- und Fernverkehrsmobilität) adressiert werden. Die Auswahl der Indikatoren beschreibt vier wichtige Aspekte:

- Verkehrsaufkommen
- Aktivitätenwahl im Alltag
- Verkehrsmittelwahl
- Fernverkehrsaufkommen

Die Auswahl dieser vier Aspekte und die damit verbundenen Annahmen werden im Nachfolgenden erläutert.

Verkehrsaufkommen
Eine der maßgebenden Mobilitätskennzahlen ist das Verkehrsaufkommen, definiert als die mittlere Anzahl zurückgelegter Wege je Person und Tag. Es nimmt neben der Verkehrsleistung und der Mobilitätszeit einen der Eckwerte der Mobilitätsbeschreibung ein. Daher wird es auch in anderen Studien zur Segmentierung angewendet (vgl. Schlich, 2004; Wittwer, 2014). Die Berechnung der mittleren Wege pro Tag erfolgt im Mobilitätsskelett über die Angaben, wie oft die Aktivitätenbereiche Arbeit bzw. Ausbildung, Freizeit, Holen- und Bringen von Personen, Erledigungen und Einkaufen vorkommen (vgl. Kapitel 3.1.1). Hierdurch ist es möglich abzuschätzen, wie viele Wege in einer typischen Woche zurückgelegt werden. Zufällige Wege, wie sie im Wegetagebuch berichtet werden, bleiben unberücksichtigt. Die Anzahl von Wegen je Person und Tag ist somit ein geschätzter Mittelwert aus den Angaben zu einer typischen Woche in den verschiedenen Aktivitätenbereichen.
Die Berechnung der Wege pro Person und Tag wird nun am Beispiel der Arbeitswege erläutert. Die Angabe Arbeitstage pro Woche wurde in eine konkrete Anzahl an Wegen umgerechnet. Hierbei wurde die vereinfachende Annahme getroffen, dass „ein Tag pro Woche“ einem Weg zur Aktivität und einem Weg nach Hause entspricht. Mehrere Wege zur Arbeit an einem Tag

bleiben hierbei unberücksichtigt. Wenn eine Person angegeben hat, dass sie Wege zur Arbeit mit Wegen zu anderen Aktivitäten kombiniert oder eine bestimmte Anzahl an Home-Office-Tage hat, dann wird dies bei der Berechnung geeignet berücksichtigt. Die Anzahlen der Wege pro Woche aus den unterschiedlichen Aktivitätenbereichen werden addiert und auf einen Tag gemittelt.
Die entstandene Anzahl der Wege pro Tag wird zusätzlich mit der Verkehrsmittelnutzungshäufigkeit der Personen validiert. Bei sehr großen Abweichungen wird die Anzahl der Wege entsprechend nach oben oder unten korrigiert. Als Ergebnisse wird der Indikator Wege pro Tag (WpT) für die Segmentierung übernommen. In Kapitel 5.3 wurden die Wege pro Tag bereits mit anderen Mobilitätserhebungen zur Validierung verglichen.

Aktivitäten
Zur Einschätzung, wie verpflichtend bzw. regelmäßig Aktivitäten für die Personen sind, wird bei der Aktivitätenwahl der Anteil an Wegen zu fakultativen und stabilen Aktivitäten berechnet. Als Eingangsvariable für die Segmentierung wird der Anteil an Wegen zu Pflichtaktivitäten (PflichtAkt), also stabilen Aktivitäten, gegenüber allen Wegen berechnet.
Diese Unterteilung orientiert sich an der bestehenden Literatur. Zimmermann et al. (2001) zeigen in ihrer Längsschnitts-Studie ebenfalls, dass Personen mit Erwerbstätigkeit oder in Ausbildung ein stabileres Verhalten aufweisen als andere Personen, da ihr Alltag durch die Pflichtaktivitäten stärker geprägt ist. In ihrer Studie betonen van Acker et al. (2010), dass vor allem die Variabilität wahrgenommener Aktivitäten eine wichtige Einflussgröße auf das Mobilitätsverhaltens darstellt. Personen mit vielen Freizeit- oder Einkaufswegen haben eine höhere Variabilität bezüglich Tag und Uhrzeit ihrer Wege als Personen, die nur Wege zur Arbeit oder Ausbildung zurücklegen. Convery et al. (2017) unterstreichen zudem, dass Wege in der Freizeit im Vergleich zu Arbeitswegen stärker durch den Lebensstil geprägt sind und sich dies auch in der Anzahl der wahrgenommenen Aktivitäten zeigt. Wie in Kapitel 3.1.1 beschrieben, kann die Alltagsmobilität in eine Zwangsmobilität und eine freiwillige Mobilität unterschieden werden. Die Zwangsmobilität wird dabei als eingeschränkte

Handlungs- und Entscheidungsfreiheit verstanden, wie z.B. das Aufsuchen des Arbeitsplatzes. In der vorliegenden Arbeit wird der Begriff Pflichtaktivität, wie bei Zimmermann et al. (2001) und Hilgert et al. (2018), durch Wege zur Arbeit oder Ausbildung definiert. Für weitere Wege wird die Annahme getroffen, dass diese vermehrt fakultativ durchgeführt werden.

Verkehrsmittelwahl

Als weitere Eingangsvariable wird die Verkehrsmittelwahl berücksichtigt. Sie nimmt eine maßgebende Rolle in der Beschreibung der Mobilität ein (Weiß et al., 2016; Wulfhorst et al., 2013). Allgemein beschreibt der Modal-Split, für welchen Anteil der Wege ein bestimmtes Verkehrsmittel genutzt wird (Schellhase, 2000). In urbanen Räumen spielt vor allem die Pkw-Nutzung eine wesentliche Rolle für eine klimagerechte Entwicklung, da die Nutzung des privaten Pkw den Handlungsdruck der Städte erhöht. Vor diesem Hintergrund ist es für die Zielgruppensegmentierung relevant, welche Personen in der Stadt einen Pkw im Alltag nutzen und welchen Anteil diese Nutzung am Gesamt-Model-Split der Individuen ausmacht. Basierend auf dieser Überlegung wird über die Verkehrsmittelnutzungsmatrix der Anteil der Pkw-Nutzung (PkwNutz) an der Gesamtverkehrsmittelnutzung berechnet und als Eingangsvariable in den Segmentierungsprozess übernommen. Die Pkw-Nutzung beinhaltet auch das Mitfahren und die Nutzung von MOD-Diensten mit dem Pkw. Durch die Verwendung des Anteils der Pkw-Nutzung wird auch der Umfang der Nutzung anderer Verkehrsmittel als Restanteil berücksichtigt. Niedrige Anteile der Pkw-Nutzung bilden eine bestehende Multimodalität (mindestens ein weiteres relevantes Verkehrsmittel) ab.

Fernverkehrsaufkommen

Der Fernverkehr ist für die individuelle Mobilität insofern von Bedeutung, als dass derartige Verkehre einen großen Anteil der Gesamtverkehrsleistung ausmachen. In den meisten Mobilitätsstudien und Segmentierungen wird dieser Aspekt vernachlässigt. Darum wird an dieser Stelle detaillierter auf dessen Bedeutung für die Analyse urbaner Mobilitätstypen eingegangen.

Die Bedeutung des Fernverkehrs wird am einfachsten bei der Betrachtung statistischer Daten und Studien in Deutschland deutlich: 45 % der insgesamt zurückgelegten Kilometer werden durch Wege mit einer Mindestentfernung von 100 km verursacht (Frick & Grimm, 2014). Zusätzlich können Fernverkehrsaktivitäten den Pkw-Besitz von Personen in Städten trotz geringer Nutzung im Alltag erklären (vgl. Tabelle 6-1 bei der objektiven Pkw-Abhängigkeit). Bei der Untersuchung von Fernverkehrsereignissen wird der Raumtyp des Wohnorts der Personen als ein wichtiger Einflussfaktor deutlich (Holz-Rau & Sicks, 2013; Reichert & Holz-Rau, 2015). Studien zeigen, dass Menschen, die in städtischen Gebieten leben, eine höhere Nachfrage nach Fernverkehr zeigen als Menschen, die nicht in städtischen Gebieten leben (Holden & Norland, 2005; LaMondia et al., 2014). Magdolen, von Behren, Chlond und Vortisch (2020) betonen, dass Menschen, die in urbanen Räumen leben, in ihrer alltäglichen Mobilität kürzere Wege aufweisen, gleichzeitig aber auch die Tendenz zeigen, diese kürzeren Wege durch häufigere und entferntere Freizeitfahrten zu kompensieren. Innerhalb von Städten werden allerdings auch Unterschiede deutlich. Personen aus hochverdichteten urbanen Räumen zeigen eine höhere Fernverkehrsmobilität als Menschen in weniger verdichteten Räumen aus derselben Stadt. Für diese Personen sind die Wege im Fernverkehr durch ihre Häufigkeit ein wichtiger Bestandteil ihrer Gesamtmobilität. Zusätzlich weisen Zumkeller, Manz et al. (2005) daraufhin, dass sich Personen vor allem hinsichtlich der Häufigkeit von Fernreisen voneinander unterscheiden. Der Fernverkehr sollte folglich bei einer Segmentierung urbaner Mobilitätstypen zwingend Berücksichtigung finden.

Das Mobilitätsskelett bietet im Gegensatz zu Wegetagebüchern die Möglichkeit, diese seltenen Fernverkehrsereignisse auf effiziente Weise mit abzufragen. Darauf aufbauend konnte in der vorliegenden Arbeit ein Indikator für das Fernverkehrsaufkommen entwickelt werden, welcher die Häufigkeit von Tagesausflügen und Reisen mit Übernachtung berücksichtigt. Für die Berechnung des Indikators erfolgt zunächst eine Vorselektion der berichteten Aktivitäten im Fernverkehr, da nur Tagesausflüge und Reisen mit Übernachtungen mit einer Distanz von mindestens 100 km als Fernverkehrsreisen für die Segmentierung berücksichtigt werden. Diese Entfernungseinteilung folgt der Definition von Axhausen und Frick (2004) sowie Reichert und

Holz-Rau (2014). Als Ergebnis repräsentiert der Indikator Fernverkehrsaufkommen (FernAuf) die geschätzte Anzahl an Fernverkehrsreisen über 100 km bezogen auf ein Jahr.

Auswahl psychographischer Merkmale

Für eine bestmögliche Abbildung urbaner Mobilität werden auch psychographische Eigenschaften der Personen berücksichtigt. Die Auswahl an Merkmalen sollte vor allem Einstellungen zu unterschiedlichen Verkehrsmitteln, wie Fahrrad oder ÖV, und die ökologische Normorientierung beinhalten. Diese Perspektive soll später helfen zu verstehen, ob die verwendeten Verkehrsmittel aus Überzeugung genutzt werden. Durch die Berücksichtigung psychographischer Merkmale kann auch bisher nicht realisiertes Mobilitätsverhalten in den Zielgruppen aufgedeckt werden.
Für eine umfassende Berücksichtigung werden die 25 von 27 Items[15] aus Kapitel 3.1.3 übernommen. Ein Vorteil des Itemsets besteht in den unterschiedlichen mobilitätsorientierten Items zu Fahrrad, Auto oder ÖV. Hierdurch kann eine hohe interpersonelle Variabilität bei den Personen abgebildet werden. Die Items zu den Motiven der Pkw-Nutzung werden hier nicht eingesetzt, um die Vergleichbarkeit der psychologischen Konstrukte zur bestehenden Literatur zu erhalten.

Hauptkomponentenanalyse

Aufgrund der hohen Anzahl an Items (25) wird zur Komplexitätsreduzierung eine Hauptkomponentenanalyse (*principle component analysis*, PCA) durchgeführt. Das Ziel der PCA besteht darin, die gemeinsame Varianz der Items auf wenige Hauptkomponenten zu überführen. Dabei sollen Korrelationen zwischen Items der gleichen Hauptkomponente größer sein als die Korrelation zu Items anderer Hauptkomponenten (Bühner, 2010). Die Vorschaltung einer PCA ist ein geeignetes und etabliertes Verfahren bei Segmentierungsansätzen mit psychographischen Merkmalen (vgl. Anable, 2005; Hunecke et al., 2010; Prillwitz & Barr, 2011; Rode et al., 2015). Die PCA wird im Rahmen

[15] Wie in Kapitel 6.3.2 beschrieben werden die beiden Items ErlPKW1 und ErlPKW2 wegen zu vieler „Missings“ ausgeschlossen.

der Interdependenzanalyse häufig den Verfahren der explorativen Faktorenanalyse zugeordnet, obwohl sie streng genommen nicht zu den faktoranalytischen Methoden zählt (Bühner, 2010; Wentura & Pospeschill, 2015). Sie dient hauptsächlich der Datenreduktion und Beschreibung der Items durch wenige Hauptkomponenten. Die Datenreduktion beschreibt gleichzeitig den Nachteil der PCA, da dieses Vorgehen auch mit einem Informationsverlust einhergeht. Bei der PCA wird, im Gegensatz zu den anderen Verfahren der Faktorenanalyse (Hauptachsenanalyse, Maximum-Likelihood-Faktorenanalyse), außerdem keine Fehlerkomponente berücksichtigt. Es wird vielmehr angenommen, dass die gesamte Varianz eines Items aufgeklärt werden kann (Backhaus, Erichson, Plinke & Weiber, 2016). Hierdurch können Hauptkomponenten eindeutig berechnet werden. Das Grundmodell der PCA nach Bühner (2010) geht davon aus, dass sich die Ausprägungen der Probanden in den Items z_{im} als Linearkombination aus den individuellen Werten von q verschiedenen Komponenten darstellen lassen:

$$z_{im} = f_{i1} \cdot a_{m1} + \cdots + f_{iq} \cdot a_{mq} \quad mit\ m = 1, \ldots, p;\ i = 1, \ldots, n \qquad 6\text{-}2$$

Dabei ist p die Anzahl an Items, q die Anzahl an Komponenten, z_{im} der Wert einer Person i auf einem Item $m \in \{1, \ldots, p\}$, f_{ij} der Wert einer Person i auf einer Komponente $j \in \{1, \ldots, q\}$ und a_{mj} die Ladung des Items m auf die Komponente j.

Die PCA folgt dem Prinzip der Varianzmaximierung. Das bedeutet, dass zuerst diejenige Komponente gesucht wird, die die meiste Varianz aller Items beschreibt. Ist danach noch unaufgeklärte Varianz vorhanden, wird eine zweite Komponente gesucht. Dies wird solange wiederholt, bis keine Itemvarianz mehr vorhanden ist. Die Anzahl der Komponenten ist somit maximal so groß wie die Anzahl der Items ($q \leq p$). Für die Datenreduktion verfolgt die PCA am Ende das Ziel, weniger Komponenten als Items zu extrahieren ($q < p$). Hierbei bleibt eine Restvarianz übrig, welche nicht durch die Komponenten erklärt wird. Die Kommunalität (aufgeklärte Varianz) als Indikator gibt an, wie gut ein Item durch alle extrahierten Komponenten wiedergegeben ist (Bühner, 2010).

Durchführung der Hauptkomponentenanalyse
Nach Williams et al. (2014) sind fünf Schritte zur Durchführung einer Hauptkomponentenanalyse zu berücksichtigen:

- Eignungsprüfung der empirischen Daten
- Anwendung von Extraktionsmethoden
- Entscheidung über die geeignete Anzahl
- Auswahl einer Rotationsmethode
- Interpretation und Benennung der Hauptkomponenten

Im Folgenden wird auf die einzelnen Schritte eingegangen und das jeweilige Vorgehen beschrieben. Die Anwendung verschiedener Extraktionsmethoden entfällt in dieser Arbeit, da die PCA zum Ziel der Datenreduktion bereits ausgewählt wurde.

Eignungsprüfung der empirischen Daten
Backhaus, Erichson, Plinke und Weiber (2016) beschreiben zwei Möglichkeiten der Eignungsprüfung. Eine Möglichkeit ist die Betrachtung der Korrelationen zwischen den Items. Hier gilt, dass eine PCA nur dann sinnvoll ist, wenn auch Korrelationen (> 0,3) erkennbar sind. Die andere Möglichkeit ist die Anwendung von Gütekriterien. Der Kaiser-Meyer-Olkin-Koeffizient (KMO-Koeffizient) zeigt beispielsweise an, ob die Itemauswahl für eine Durchführung geeignet ist. Hierfür wird geprüft, ob die Items einen hohen spezifischen Varianzanteil vorweisen, den sie mit keinem anderen Item teilen. Liegt dies vor, so sinkt der Wert des Koeffizienten. Niedrige KMO-Werte (< 0,5) weisen auf eine Inkompatibilität für eine Durchführung der PCA hin. Hohe Werte nahe bei 1,0 beschreiben eine sehr gute Eignung. Ein weiteres Gütekriterium stellt der Bartlett-Test auf Sphärizität dar. Hierbei wird gegen die Nullhypothese, dass alle Korrelationen zwischen den Items null sind, getestet. Ist der Test nicht signifikant und wird damit die Hypothese verworfen, dann eignen sich die Daten für eine PCA. Zuletzt ist noch der Measure-of-Sample-Adequacy-Koeffizient (MSA-Koeffizient) zu nennen. Der Koeffizient ist ähnlich zum KMO-Koeffizienten, allerdings wird hier die Eignung eines einzelnen

Items bewertet. Hierfür wird die Partialkorrelation eines Items zu den anderen Items betrachtet.
Für die vorliegenden Daten aus Berlin, San Francisco und Shanghai ist eine ausreichende Voraussetzung für den Einsatz einer PCA vorhanden. Neben großen Korrelationen zwischen den Items (siehe Anhang E) liegen zudem die Gütekriterien in einem mittleren bis sehr guten Bereich (siehe Tabelle 6-5). Daher wird die PCA in dieser Arbeit zur Datenreduktion eingesetzt.

Tabelle 6-5: Eignung der vorliegenden Daten des UTM für eine Hauptkomponentenanalyse

Methode	**Wert**	**Dateneignung/ Signifikanz**
Bartletts Test auf Spharizität	χ^2 (185) = 2039.28, p < 0,001	signifikant
KMO-Koeffizient der einzelnen Items	Minimum bei 0,725	mittel
MSA-Koeffizient über alle Items	0,90445 > 0,9	sehr gut

Entscheidung über die geeignete Anzahl

In der Literatur werden als geeignete Methoden zur Bestimmung der Anzahl häufig das Kaiser-Kriterium, der Scree-Test nach Catell, der Minimum-Average-Partial-Test von Velicer (MAP-Test) sowie der Paralleltest nach Horn genannt (Bühner, 2010). Nach dem Kaiser-Kriterium werden nur Hauptkomponenten extrahiert, die einen Eigenwert > 1 haben. Ein Eigenwert stellt die Summe der quadrierten Ladungen[16] über alle Items auf eine Hauptkomponente dar. Bei einem Eigenwert < 1 würde die Hauptkomponente weniger Varianz binden als ein Item in die Analyse einbringt (Wentura & Pospeschill, 2015). Beim Scree-Test wird für die Bestimmung der Anzahl nach einem relevanten Eigenwertabfall (Knick) in der graphischen Darstellung gesucht. Der Scree-Test stellt die am häufigsten angewendete Extraktionsmethode dar

[16] Eine Ladung beschreibt die Korrelation eines Items mit einer Komponenten (bei unkorrelierten Komponenten).

(Wentura & Pospeschill, 2015). Beim MAP-Test wird die Anzahl an Komponenten ausgewählt, bei der die mittlere quadrierte (Partial-)Korrelation am geringsten ist. Bei diesem Abbruchkriterium ist der systematische Varianzanteil der Items ausgeschöpft und weitere Komponenten binden nur noch Zufallsvarianz (Wentura & Pospeschill, 2015). Beim Paralleltest nach Horn werden die Eigenwerte aus der PCA basierend auf dem vorliegenden Datensatz mit Eigenwerten aus einer PCA mit unabhängigen normalverteilten Zufallsvariablen verglichen. Ausgewählt werden nur die Hauptkomponenten, deren empirisch beobachtete Eigenwerte über einem zufälligen Eigenwertverlauf der Zufallsvariablen liegen (Bühner, 2010). Nach Auffassung verschiedener Autoren ist die Parallelanalyse anderen Methoden überlegen (Fabrigar et al., 1999; Zwick & Velicer, 1986). Grundsätzlich sollten aber verschiedene Methoden für eine Entscheidung angewendet werden.

Die angewendeten Extraktionsmethoden geben für den vorliegenden Datensatz eine unterschiedliche Anzahl geeigneter Hauptkomponenten an (siehe Tabelle 6-6). Abhängig von der Methode sind zwischen vier und sechs Hauptkomponenten möglich. Das Ziel der Hauptkomponentenanalyse ist eine möglichst sparsame Beschreibung der Items (Bühner, 2010). Fabrigar et al. (1999) sieht eine Überfaktorisierung (mehr Hauptkomponenten als empfohlen) weniger kritisch als die Extraktion von zu wenigen Hauptkomponenten. Bühner (2010) weist zusätzlich darauf hin, dass neben der Anzahl der Hauptkomponenten die Interpretierbarkeit im Vordergrund steht.

Tabelle 6-6: Methoden zur Bestimmung der Anzahl von Hauptkomponenten

Extraktionsmethode	**Kriterium**	**Anzahl Hauptkomponenten**
Kaiser-Kriterium	Nur Hauptkomponenten mit Eigenwert > 1	6
Scree-Test nach Catell	Anzahl der zu extrahierender Hauptkomponenten vor einem "Knick"	3 / 6 / 9
MAP-Test	Niedrigste mittlere quadrierte Partialkorrelation	4
Parallelanalyse nach Horn	Eigenwertverlauf unterhalb Eigenwertverlauf unkorrelierter Zufallsvariablen	5

In der Anwendung der PCA zeigt sich, dass bei einer Verwendung von vier oder fünf Hauptkomponenten keine Komponente zur Autoorientierung berücksichtigt wird, welche für die spätere Interpretation der unterschiedlichen Mobilitätstypen durchaus sinnvoll ist. Aus Gründen der besseren Interpretierbarkeit werden daher sechs Hauptkomponenten für die PCA extrahiert, die 69 % der Varianz erklären.

Auswahl einer Rotationsmethode

Laden Items auf mehrere Hauptkomponenten gleich hoch, so ist eine sinnvolle Interpretation der Komponenten deutlich erschwert. Durch die Anwendung von Rotationstechniken bei der PCA kann eine bessere Zuordnung von Items zu den Hauptkomponenten erfolgen. Das angestrebte Ziel ist hier eine Einfachstruktur durch die Rotation. Bei dieser soll ein Item mit einer Hauptkomponente hoch und mit den anderen Hauptkomponenten möglichst niedrig korrelieren. Durch die Rotationstechnik ändern sich die Positionen der Items im Raum nicht, jedoch ändert sich, wie die Items durch die Hauptkomponenten beschrieben werden (Bühner, 2010). In der vorliegenden Arbeit wird eine orthogonale Rotationstechnik angewendet, um die gewünschte Einfachstruktur zu erreichen. Tabelle 6-7 zeigt die Ergebnisse der PCA mit der Varimax-Rotation.

Interpretation und Benennung der Hauptkomponenten

Für die Beschreibung der Hauptkomponenten sollten die zu berücksichtigenden Items eine hohe Ladung aufweisen. Dazu sind gewisse Konventionen in der Literatur entwickelt worden. Items mit einer Ladung ≥ 0,4 sind den jeweiligen Hauptkomponenten zuzuordnen. Wird diese Konvention angewendet, kann auch jedes Item einer Hauptkomponente zugeordnet werden (in Tabelle 6-7 fett markiert). Zu erkennen ist, dass lediglich die beiden Items SN1 und SN2 nennenswert auf eine zweite Hauptkomponente laden.

In Tabelle 6-7 wird zudem der Cronbach-α-Wert für jede Hauptkomponente angegeben. Dieser Wert beschreibt die interne Konsistenz (Reliabilität) der Itemgruppe je Hauptkomponente. Die akzeptierte Untergrenze für Cronbach-α liegt in der exploratorischen Forschung bei 0,6 (Hair, 2010). Die beiden Hauptkomponenten 4 (0,62) und 6 (0,60) besitzen nur eine akzeptable interne Konsistenz und erfüllen lediglich die Mindestanforderungen. Die anderen Hauptkomponenten liegen mit Werten zwischen 0,8 und 0,94 in einem sehr guten bis exzellenten Bereich. Zu erwähnen ist, dass der Wert auch mit der Anzahl der zu berücksichtigende Items steigt. Dies gilt gleichzeitig als Kritik dieses Gütekriteriums, da eventuell redundante Items in einer Hauptkomponente enthalten sein können.

Tabelle 6-7: Hauptkomponentenanalyse (PCA) – Varimax-Rotation

	Hauptkomponenten					
	1	*2*	*3*	*4*	*5*	*6*
	ÖV-Orientierung (OEVOri)	***Radorientierung (RadOri)***	***Ökologische Norm (OekNorm)***	***Privatheit ÖV (PrvtOV)***	***Wahrgenommene Mobilitätszwänge (PMN)***	***Autoorientierung (AutoOri)***
Cronbach-α	*α = 0,93*	*α = 0,92*	*α = 0,81*	*α = 0,62*	*α = 0,80*	*α = 0,60*
AutoOEV1	**0,834**	0,120	0,135	-0,147	-0,002	-0,097
IntOEV2	**0,823**	0,043	0,199	-0,100	0,080	-0,111
ErlOEV4	**0,809**	0,053	0,113	0,012	0,080	0,003
ErlOEV3	**0,808**	0,136	0,155	-0,128	0,067	-0,082
IntOEV1	**0,791**	0,115	0,206	-0,119	0,021	-0,123
ErlOEV2	**0,778**	0,115	0,073	-0,084	0,082	-0,044
ErlOEV1	**0,765**	0,040	0,044	-0,053	0,084	0,026
PBC2	**0,687**	0,134	0,169	-0,200	0,021	-0,007
AutoPKW2	**0,668**	0,186	0,130	-0,054	-0,178	-0,236
PBC1*	**0,526**	0,076	-0,081	0,233	-0,189	-0,284
ErlRAD1	0,179	**0,900**	0,157	-0,062	0,068	0,008
ErlRAD2	0,151	**0,892**	0,158	-0,077	0,076	0,034
ErlRAD3	0,163	**0,890**	0,185	-0,094	0,094	0,047
WetRes2	0,087	**0,778**	0,100	-0,032	0,029	-0,143
PN2	0,118	0,215	**0,835**	0,011	0,037	-0,003
PN1	0,155	0,211	**0,824**	0,009	0,084	-0,038
SN1	0,406	0,106	**0,618**	-0,193	0,052	-0,016
SN2	0,480	0,129	**0,548**	-0,151	0,061	-0,089
PrivOEV2*	-0,086	-0,016	-0,049	**0,853**	-0,074	0,002
PrivOEV1*	-0,232	-0,087	0,008	**0,807**	-0,054	0,009
WetRes1*	-0,118	-0,206	-0,170	**0,421**	-0,214	-0,167
PMN1	0,054	0,107	0,078	-0,110	**0,884**	0,042
PMN2	0,062	0,099	0,071	-0,116	**0,874**	0,123
PrivPKW1	-0,159	-0,055	0,006	0,050	-0,021	**0,835**
AutoPKW1	-0,185	0,019	-0,101	-0,132	0,206	**0,764**

*umkodiert

Für die weitere Verwendung ist eine inhaltliche Interpretation der extrahierten Hauptkomponenten sinnvoll. Hinsichtlich des ÖV differenzieren sich u. a. zwei symbolische Dimensionen aus: ÖV-Orientierung (OEVOri) und Privatheit öffentlicher Nahverkehr (PrvtOV). OEVOri fasst das Erlebnis (ErlOEV), die Autonomie des ÖV (AutoOEV), die Intention (IntOEV) und die wahrgenommene Verhaltenskontrolle (PBC) zusammen. PrvtOV bildet sich aus der Privatheit im ÖV (PrivOEV1-2) und der Wetterresistenz (WetRes1). Alle drei Items wurden vor der PCA umkodiert. Eine geringe Zustimmung bedeutet eine starke Einschränkung der Privatheit im ÖV. Das bedeutet, dass durch die Wetterresistenz neben der Privatheit auch ein Komfortaspekt abgedeckt und eine Art Anpassungsfähigkeit erfasst wird. Die Bewertungen des Pkw und des Fahrrads führen jeweils zu einer gemeinsamen Hauptkomponente, die im Folgenden Radorientierung (RadOri) und Autoorientierung (AutoOri) genannt werden. Bei der RadOri wird das Erlebnis (ErlRAD1-3) mit der Wetterresistenz (WetRes2) verbunden. AutoOri bildet die Autonomie und Privatheit des Autos ab und ist aus inhaltlicher Sicht ein wichtiges Konstrukt für die anschließende Segmentierung. Die wahrgenommenen Mobilitätszwänge (PMN) bilden ein eigenes Konstrukt. Im Gegensatz zu der Annahme der Norm-Aktivations-Theorie bildet sich durch die personale Norm (PN) keine unabhängige Hauptkomponente. Es entsteht mit der subjektiven Norm eine gemeinsame Hauptkomponente, die als ökologische Norm bezeichnet wird (vgl. Hunecke & Haustein, 2007). Im Ergebnis werden aus den psychologischen Items sechs Hauptkomponenten für den Clusterprozess gebildet, die als psychographische Merkmale für das weitere Verfahren verwendet werden.

Insgesamt werden für die nachfolgende Clusteranalyse zehn Eingangsvariablen verwendet: sechs psychologische Variablen (OEVOri, RadOri, OekNorm, PrvtOV, PMN, AutoOri) und vier verhaltensbasierte Variablen (WpT, PflichtAkt, PkwNutz, FernAuf).

6.3.4 Datenvorbereitung

Die Gewichtung aus Kapitel 5.2 wird für die reduzierte Anzahl von 1.662 Personen angepasst[17]. Als Vorbereitungsschritt für die Clusteranalyse ist es zusätzlich für die Vergleichbarkeit sinnvoll, eine geeignete Transformation der ausgewählten Eingangsvariablen vorzunehmen, damit keine Variablen eine höhere Gewichtung im Clusterprozess erhalten. Die Anwendung einer Standardisierung muss bei irregulär geformten Clustern nicht zwangsläufig zu einer verbesserten Clusterlösung führen (SAS Institute Inc., 2000). Für eine optimale Transformation der Daten wäre es hilfreich, die Intra-Cluster-Kovarianzmatrix schon vor der Clusterung der Daten zu kennen. Hierdurch könnten die Eingangsvariablen derart transformiert werden, dass eher sphärische Cluster im Prozess entstehen. Da die Cluster zu diesem Prozessschritt nicht bekannt sind, ist eine Berechnung der Kovarianzmatrix nicht unmittelbar möglich. Hierfür stellt die Software SAS eine Schätzmethode zur Verfügung. Die Prozedur ACECLUS (*approximate covariance estimation for clustering*) führt hierbei eine lineare Transformation durch, bei der die Intra-Cluster-Kovarianzmatrix geschätzt und der Einheitsmatrix angenähert wird (Krämer et al., 2018). Diese Prozedur folgt dem Verfahren von Art et al. (1982) und wird besonders empfohlen, wenn in der nachfolgenden Clusteranalyse Techniken wie k-Means oder Wards Minimum-Varianz-Methode angewendet wird. Insbesondere k-Means sucht stets sphärische Cluster – bedingt durch die Minimierung des Abstandes zum Clustermittelpunkt.

Die Anwendung der vorgestellten Transformation hat die nachfolgende Clusterlösung und deren Interpretation deutlich verbessert. Aus diesem Grund werden die transformierten Eingangsvariablen (siehe Abbildung 6-8) aus der ACECLUS-Prozedur für den nachfolgenden Clusterprozess verwendet.

[17] Hierfür wird zunächst das Haushaltsgewicht mit den Dimensionen Raumtyp und Haushaltsgröße angepasst und auf diesem Gewicht basierend die Personengewichtung mit den Dimensionen Alter und Geschlecht neu berechnet. Das neuberechnete Gewicht kann im Folgenden für das Clusterverfahren und die nachgelagerten Auswertungen eingesetzt werden.

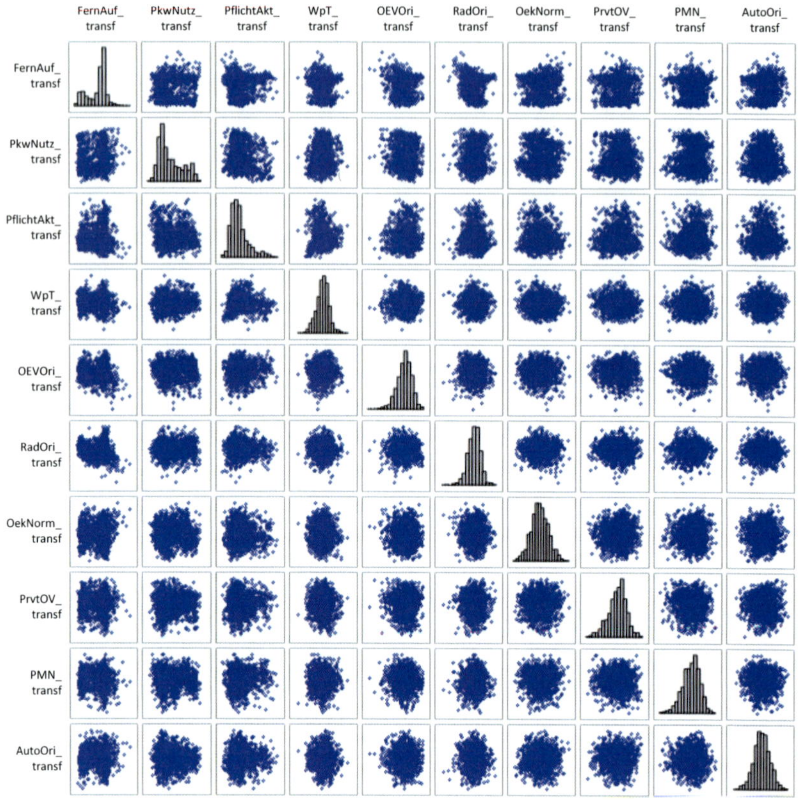

Abbildung 6-8: Paarplot der zehn transformierten Eingangsvariablen

6.3.5 Clusterverfahren

Zur Bestimmung einer geeigneten Segmentierung urbaner Mobilitätstypen auf Basis ihrer psychographischen Merkmale und ihrem Mobilitätsverhalten wird auf der Grundlage der zehn transformierten Eingangsvariablen eine Clusteranalyse angewendet. Zunächst muss hierfür allerdings die Frage beantwortet werden, welches Segmentierungsverfahren und welches Proximitätsmaß (Distanz- oder Ähnlichkeitsmaß) geeignet ist.

Die Clusterverfahren können grundsätzlich in hierarchische und partitionierende Verfahren[18] unterteilt werden (König & Jäckle, 2017). Hierarchische Clusterverfahren unterscheiden zwischen agglomerativen und divisiven Verfahren. Bei hierarchisch agglomerativen Verfahren werden feinste Cluster (jedes Objekt entspricht einem Cluster) sukzessiv fusioniert, bis alle Objekte in einem Cluster sind. Hingegen verwenden divisive Verfahren das gröbste Cluster als Ausgangspunkt und zerteilen dieses schrittweise in kleinere Cluster (Backhaus, Erichson, Weiber & Plinke, 2016).

Zu den bekanntesten agglomerativen Verfahren gehören Single-Linkage, Complete-Linkage, Average-Linkage, Centroid- und Wards Minimum-Varianz-Methode. Vor allem die Ward-Methode findet in der praktischen Anwendung eine weite Verbreitung (Backhaus, Erichson, Weiber & Plinke, 2016). Dabei spielen die Cluster-Centroide[19] eine zentrale Rolle. Bei der sukzessiven Hinzunahme von Objekten zur Vergrößerung bestehender Cluster wird eine möglichst geringe Zunahme der Varianz im Cluster angestrebt. Hierbei wird die quadrierte euklidische Distanz der Objekte zu den Cluster-Centroiden gemessen, um den geringsten Heterogenitätszuwachs zu verursachen.

Partitionierende Verfahren nutzen, im Gegensatz zu hierarchischen Clusterverfahren, eine vorgegebene Clusterzuteilung als Ausgangspunkt und versuchen durch Verlagerung der Objekte, eine verbesserte Clusterlösung zu erzielen. Dieses Vorgehen stellt einen Vorteil gegenüber den hierarchischen Clusterverfahren dar, da einmal konstruierte Cluster auch verändert werden können. Als grundlegendes und sehr weit verbreitetes Verfahren bei den partitionierenden Ansätzen kann das k-Means-Verfahren angeführt werden (König & Jäckle, 2017). Beim k-Means-Verfahren müssen die Cluster-Centroide a priori festgelegt sein und dienen als Startwert im Zuteilungsprozess. Weitere Objekte werden den verschiedenen Clustern anhand der ge-

[18] Diese Unterscheidung ist nicht die einzig denkbare Einteilung und wird bei weitem nicht der Vielfalt unterschiedlicher Verfahren in der Literatur gerecht. Die Unterteilung bezieht sich auf häufig eingesetzte Verfahren.

[19] Cluster-Schwerpunkte (Mittelwerte)

ringsten euklidischen Distanz zu den Cluster-Centroiden zugeteilt. Im Anschluss erfolgt eine Neuberechnung der Centroide. Dieser Prozess wird solang wiederholt und optimiert, bis sich die Centroide nicht mehr verändern.

In der Mobilitätsforschung wird für die Zielgruppensegmentierung das k-Means-Clusterverfahren häufig verwendet (vgl. Collum & Daigle, 2015; Haustein & Nielsen, 2016). Hunecke et al. (2010) setzen ebenfalls das k-Means-Verfahren ein, um eine einstellungsbasierte Clusterung vorzunehmen. Ein Nachteil des k-Means-Clusterverfahren ist die vorab notwendige Kenntnis der optimalen Clusteranzahl.

Beirão und Cabral (2008) führen aus diesem Grund ein zweistufiges Clusterverfahren durch. Dabei wird auf Basis der optimalen Clusteranzahl einer zuvor durchgeführten hierarchischen Average-Linkage-Clusterung im zweiten Schritt ein k-Means-Clusterverfahren eingesetzt, das die erste Lösung verbessert. Klinger et al. (2013) führen für die Ermittlung urbaner Mobilitätskulturen ebenfalls eine hierarchische und partitionierende Clusterung durch. Mithilfe der Ward-Methode werden in dieser Studie die Anzahl der Cluster bestimmt und die Cluster-Centroide für die anschließende partitionierende k-Means-Clusterung verwendet. Diesem Verfahrensablauf folgt auch Anable (2005) in ihrer Studie. Der Vorteil der Durchführung zweier verschiedener Clusterverfahren liegt darin, dass hierarchische Clusterverfahren der Ermittlung der Datenstruktur dienen. Es ist möglich, dabei Cluster-Centroide zu ermitteln, die in die nachfolgende partitionierende Clusterung eingehen. Durch die nachgeschaltete k-Means-Clusterung ist es möglich, eine sehr stabile Lösung zu finden, da die Zuordnung der Objekte zu den Clustern durch einen Austausch optimiert wird.

In Anlehnung an die Literatur wird in dieser Arbeit der vorgestellte Verfahrensvorteil durch die Anwendung beider Clusterverfahren genutzt und für die Identifikation urbaner Mobilitätstypen eingesetzt. Im Folgenden wird zuerst ein hierarchisches Clusterverfahren zur Bestimmung der Centroide und der optimalen Clusteranzahl und im Anschluss ein partitionierendes Verfahren zur Verbesserung der Clusterlösung angewendet. Als Proximitätsmaß wird die standardmäßig eingesetzte euklidische Distanz verwendet, die in den meisten Studien Anwendung findet.

Hierarchisches Clusterverfahren

Für die hierarchische Clusteranalyse werden die vorgestellten transformierten Eingangsvariablen aus sechs psychologischen Variablen und vier verhaltensbasierten Variablen verwendet.

Die hierarchischen Clusterverfahren können vergleichsweise sensitiv auf Ausreißer reagieren. Aus diesem Grund wird empfohlen, vor der Anwendung Ausreißer aus dem Datensatz zu eliminieren. In SAS können mithilfe der TRIM-Option beim PROC CLUSTER-Verfahren Ausreißer identifiziert und entfernt werden. In der vorliegenden Arbeit wurde 1 % der Personen aus dem Datensatz entfernt. Im Ergebnis finden damit nur 1.645 Personen für den weiteren Clusterprozess Verwendung.

Verfahrensauswahl

Die Cluster werden im Verfahren nun so lange zusammengefasst, bis alle Objekte in nur noch einem Cluster enthalten sind. Folglich stellt sich die Herausforderung der Bestimmung der optimalen Clusterzahl. Dazu können als Unterstützung verschiedene Kriterien, wie das Bestimmtheitsmaß R^2, Sarles Cubic-Cluster-Criterion (CCC), die Pseudo-F-Statistik und die Pseudo t^2-Statistik, zur Entscheidungsfindung genutzt werden.

R^2 ist ein globales Kriterium zur Beschreibung der erklärten Varianz mit der jeweiligen Clusteranzahl (Schlich, 2004). In Abbildung 6-9 sind basierend auf den vorliegenden Daten unterschiedliche Segmentierungsverfahren und die Zunahme der erklärten Varianz veranschaulicht. Die Abbildung zeigt, dass das Complete-Linkage-Verfahren und die Ward-Methode den höchsten Varianzanteil erklären können. Bei beiden Verfahren ist eine starke Zunahme der erklärbaren Varianz für weniger als acht Cluster zu beobachten. Zwischen acht und elf Clustern ist nur noch eine leichte Verbesserung zu erkennen. Ab elf Clustern findet bei der Ward-Methode fast keine Verbesserung mehr statt. Das Average-Linkage-Verfahren zeigt erst ab zwölf Clustern keine Verbesserung. An dieser Stelle werden 57 % der Variabilität durch die Clusterzugehörigkeit erklärt. Ab zwei Clustern erklärt die Ward-Methode im Vergleich zu den anderen Methoden die meiste Varianz.

Bei der Auswahl des Segmentierungsverfahrens spielen zusätzlich die Clustergrößen eine entscheidende Rolle. Zu kleine Cluster könnten auf Ausreißer hinweisen. Die Ward-Methode erzielt auch hier das beste Ergebnis mit Clustergrößen über 43 Personen. Beim Complete-Linkage-Verfahren entstehen im Vergleich sehr kleine Cluster mit 18 Personen.

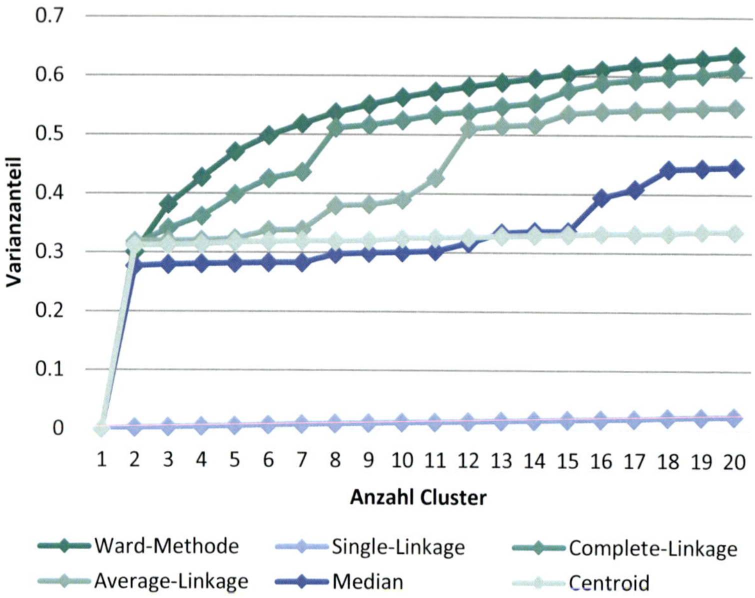

Abbildung 6-9: Anteil erklärter Varianz (R^2) nach Clusteranzahl und hierarchischem Segmentierungsverfahren

Die Lösung mit einer Anzahl von elf Clustern unter der Ward-Methode wird auch durch andere Kriterien unterstützt. Mit dem CCC kann die Güte einer Clusterlösung beurteilt werden. Dabei wird unter der Annahme unkorrelierter Variablen die Nullhypothese geprüft, dass alle Cluster die Form gleich großer mehrdimensionaler Würfel (*hypercubes*) besitzen (Kaufmann, 2001). Bei hohen CCC-Werten kann angenommen werden, dass die Cluster tatsächlich verschieden sind (Sarle, 1983). Um die geeignete Anzahl an Clustern auszuwählen, ist ein lokales Maximum mit einem Wert > 2 zu wählen. Sind die CCC-

Werte alle negativ, dann ist eine erweiterte Ausreißer-Untersuchung notwendig (SAS Institute Inc., 2010). Bei elf Clustern ist hier ein lokales Maximum > 2 sichtbar (siehe Abbildung 6-10).
Bei der Pseudo-F-Statistik wird eine möglichst große Heterogenität zwischen den Clustern angestrebt. Deswegen weisen lokale Maxima auf eine gute Clusterlösung hin. Im vorliegenden Fall liefert dieses Kriterium keine Implikationen für die optimale Clusteranzahl. Die Pseudo-t^2-Statistik drückt aus, wieviel heterogener ein „neues" Cluster nach einer Fusion gegenüber den beiden „alten" Clustern ist. Folglich zeigen lokale Minima eine gute Clusterlösung an (Oerthel & Tuschl, 1995). Bei elf Clustern ist in der vorliegenden Analyse ein lokales Minimum zu finden (siehe Abbildung 6-10).

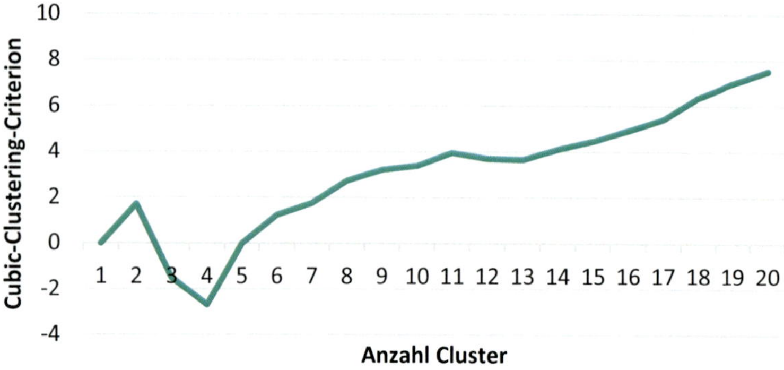

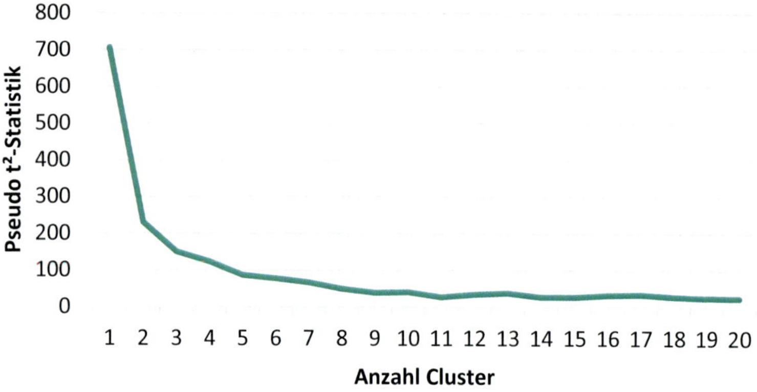

Abbildung 6-10: Verlauf des CCC und der Pseudo t^2-Statistik für die Bestimmung der optimalen Clusteranzahl.

Partitionierendes Clusterverfahren

Basierend auf dem hierarchisch agglomerativen Verfahren mit der Ward-Methode können elf Cluster identifiziert und deren Cluster-Centroide berechnet werden. Das hierarchische Verfahren kann hierdurch seine Stärke zeigen, die Daten zu explorieren und zu verstehen. Die gefundenen Cluster-Centroide aus der Ward-Methode dienen in der nachfolgenden partitionierenden Clusterung des k-Means-Verfahrens als Ausgangslösung. Zur Berechnung wird die

Prozedur FASTCLUS in SAS eingesetzt. Die starke Abhängigkeit von einer geeigneten Startlösung ist eine Schwäche des k-Means-Verfahrens, die durch die Übergabe der Information aus der Ward-Methode reduziert wird. Das Ergebnis des k-Means-Clusterverfahrens ist in Tabelle 6-8 im nächsten Kapitel dargestellt.

6.3.6 Clusterbeschreibung

Auf der Grundlage der durchgeführten Clusteranalyse können elf Cluster identifiziert werden. Zunächst werden in diesem Kapitel die Cluster inhaltlich analysiert und interpretiert. Im nachfolgenden Kapitel 6.3.7 wird die Validierung der Lösung vorgenommen, indem der Einfluss der cluster-bildenden Variablen, die Trennschärfe und Prognosefähigkeit überprüft werden.
Die elf Cluster repräsentieren unterschiedliche urbane Mobilitätstypen in den drei Städten. Insgesamt wurden 1.645 Personen berücksichtigt. Die Clustergrößen variieren zwischen 84 und 403 Personen. Die minimale Clustergröße ist als ausreichend zu betrachten.
Mathematisch sinnvolle Cluster führen nicht automatisch zu sinnvoll interpretierbaren Clustern. Wittwer (2014) betont, dass eine Clusterlösung nur brauchbar ist, wenn sie auf Basis der zugrundeliegenden Eingangsvariablen sinnvoll interpretiert werden kann. Daher ist die Interpretationsfähigkeit der entstandenen Cluster ein wichtiger zu berücksichtigender Aspekt im Clusterverfahren. Eine inhaltliche Analyse bezüglich der Unterscheidbarkeit der Cluster anhand der Eingangsvariablen in Verbindung mit der Benennung der einzelnen Typen ist daher ein relevanter Schritt zur Überprüfung der Clusterlösung.
Die entstandenen urbanen Mobilitätstypen lassen sich vor allem durch die cluster-bildenden Variablen unterscheiden. Eine Betrachtung von cluster-beschreibenden Variablen, wie soziodemographische und -ökonomische Merkmale, sowie weitere Informationen über das Mobilitätsverhalten können jedoch auch herangezogen werden. Die Unterschiede zwischen den Clustern werden nachfolgend in einem ersten Schritt anhand der cluster-bildenden Variablen quantifiziert und inhaltlich analysiert. In einem zweiten Schritt werden

weitere Unterschiede mithilfe von cluster-beschreibenden Variablen herausgearbeitet.

Cluster-bildende Variablen

Tabelle 6-8 gibt einen Überblick über die Mittelwerte der cluster-bildenden Variablen (vier Indikatoren des Verkehrsverhaltens und sechs Hauptkomponenten, die die psychographischen Merkmale repräsentieren). Die sechs Komponenten sind standardisiert, um direkte Vergleiche in der psychologischen Dimension zu ermöglichen. Die vier Verhaltensindikatoren werden in ihrer ursprünglichen Skala dargestellt. Jedes Cluster weist charakteristische Eigenschaften auf, die sich von denen der anderen Cluster unterscheiden. Besonderheiten der jeweiligen Cluster sind in der Tabelle 6-8 fett markiert.
Durch die kombinierte Betrachtung von psychographischen Merkmalen und Verhaltensmerkmalen ist es möglich zu erkennen, ob beide Dimensionen innerhalb eines Mobilitätstyps übereinstimmen oder einander widersprechen. Im Detail bedeutet dies eine Überprüfung auf konsistentes Verhalten, das heißt, ob Personen in einem Cluster nicht nur eine Orientierung zu einem Verkehrsmittel haben, sondern dieses Verkehrsmittel auch tatsächlich nutzen. Für die Benennung der Mobilitätstypen (Cluster) werden Aspekte aus beiden Dimensionen kombiniert. Diese Vorgabe kann allerdings nicht für alle Cluster umgesetzt werden.

Tabelle 6-8: Deskriptive Merkmalsausprägungen der elf Cluster anhand der cluster-bildenden Variablen der k-Means-Clusterlösung

Cluster	**1**	**2**	**3**	**4**	**5**	**6**	**7**	**8**	**9**	**10**	**11**
Anzahl Beobachtungen	**122**	**98**	**84**	**117**	**403**	**162**	**163**	**138**	**129**	**123**	**106**
in %	**7 %**	**6 %**	**5 %**	**7 %**	**25 %**	**10 %**	**10 %**	**8 %**	**8 %**	**7 %**	**6 %**
Cluster-bildende Variablen											
FernAuf	0,84	0,67	**2,93**	0,74	1,50	1,53	2,13	2,63	**8,53**	2,44	2,09
PkwNutz	**0,87**	**0,95**	0,81	0,17	0,11	0,16	0,75	0,21	0,28	0,14	0,25
PflichtAkt	0,00	**0,51**	0,44	0,01	**0,55**	0,47	0,50	0,01	0,40	0,07	0,22
WpT	1,12	2,89	**3,41**	1,21	2,75	3,03	2,77	1,51	3,14	3,29	**5,61**
OEVOri*	-0,99	-0,88	-1,53	0,37	**0,42**	**0,96**	-0,50	0,13	0,18	0,25	0,30
RadOri*	-0,64	-0,64	-0,03	-1,08	**0,77**	-1,09	-0,13	**0,63**	0,19	0,28	0,35
OekNorm*	-0,78	-0,96	**1,04**	-0,16	0,11	-0,40	0,17	0,24	0,06	**0,41**	0,13
PrvtOV*	0,61	1,00	**1,28**	-0,01	0,02	-0,08	-0,71	-0,34	-0,21	0,13	-0,30
PMN*	-0,74	**0,78**	-0,50	-0,88	0,05	0,10	**0,50**	-0,49	0,10	-0,15	0,08
AutoOri*	-0,37	0,25	**0,50**	-0,20	-0,04	-0,44	**0,34**	0,22	0,07	-0,34	0,17

Angegeben ist der gewichtete Mittelwert oder der prozentuale Anteil im Cluster
*standarisierte Komponenten

In Abbildung 6-11 werden zusätzlich die verschiedenen psychographischen Profile der urbanen Mobilitätstypen veranschaulicht. Hier zeigen sich starke Unterschiede zwischen den einzelnen Typen, die bei der inhaltlichen Interpretation der Cluster berücksichtigt werden. Im Folgenden werden die Namen der Cluster aufgeführt und deren Inhalte näher beschrieben.

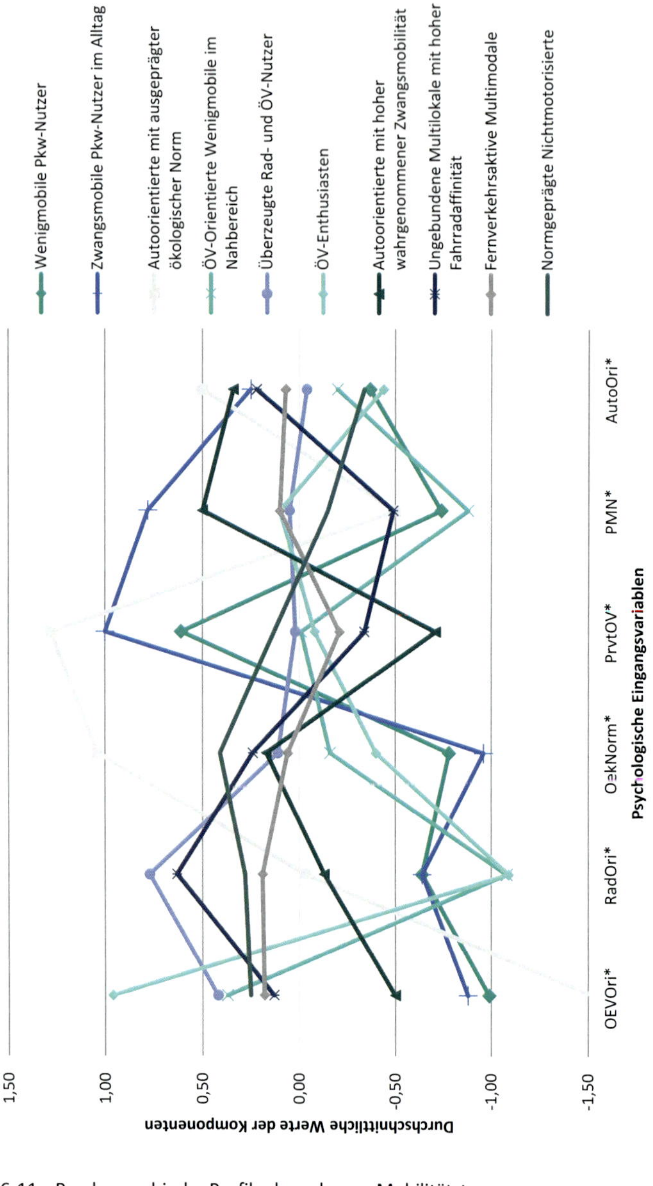

Abbildung 6-11: Psychographische Profile der urbanen Mobilitätstypen

Cluster 1: „Wenigmobile Pkw-Nutzer" (n = 122)

Cluster 1 zeichnet sich durch einen sehr hohen Anteil an Pkw-Nutzung (PkwNutz) aus und unterscheidet sich von anderen Mobilitätstypen durch ein sehr geringes Verkehrsaufkommen (WpT). Dieses niedrige Mobilitätslevel zeigt sich auch im Fernverkehr (FernAuf). Mit durchschnittlich nur 0,84 Fernverkehrsereignissen pro Jahr ist dieser Wert im Vergleich zu anderen Gruppen sehr gering. „Wenigmobile Pkw-Nutzer" haben zudem keine ausgeprägte Verkehrsmittelorientierung. Insbesondere der sehr geringe Wert für die Autoorientierung (AutoOri) steht dem hohen Anteil an Pkw-Nutzung (PkwNutz) gegenüber. Die Variable PkwNutz beinhaltet allerdings auch das Mitfahren im Pkw, was eine niedrigere Autoorientierung erklären könnte.

Cluster 2: „Zwangsmobile Pkw-Nutzer im Alltag" (n = 98)

Personen aus dem zweiten Cluster fahren fast ausschließlich mit dem Pkw. Der Anteil dieses Verkehrsmittels liegt bei 95 %. Eine weitere charakterisierende Merkmalsausprägung dieses Mobilitätstyps ist der höchste Anteil an Pflichtaktivitäten (PflichtAkt). 51 % aller Aktivitäten in einer typischen Woche sind Pflichtaktivitäten. Dies zeigt sich auch in den größten Werten für die wahrgenommenen Mobilitätszwänge (PMN). Personen aus diesem Cluster müssen folglich in Ihrer Wahrnehmung immer mobil sein und benötigen in der Praxis hierfür den Pkw.

Cluster 3: „Autoorientierte mit ausgeprägter ökologischer Norm" (n = 84)

Die Personen im kleinsten Cluster zeigen einen Widerspruch zwischen der Verkehrsmittelnutzung und ihrer empfundenen ökologischen Normorientierung. Sie haben die höchste Autoorientierung (AutoOri) in Verbindung mit der höchsten ökologischen Norm (OekNorm) bei einem gleichzeitig hohen Anteil an Pkw-Nutzung. Zusätzlich unternehmen diese Personen überdurchschnittlich viele Fernverkehrsreisen (2,93 Reisen pro Jahr) und sind nicht nur im Alltag sehr aktiv. Sie haben außerdem die niedrigste ÖV-Orientierung (OEVOri) und den höchsten PrvtOV-Wert unter den Mobilitätstypen. Sie geben zwar an, anpassungsfähig zu sein und keine Einschränkung der Privatheit im ÖV zu erfahren, jedoch rührt diese Einschätzung nicht aus der eigenen Erfahrung, da sie den ÖV überhaupt nicht nutzen.

Cluster 4: „ÖV-Orientierte Wenigmobile im Nahbereich“ (n = 117)

Das Cluster 4 hat eine inhaltliche Ähnlichkeit im Mobilitätsverhalten zu Cluster 1 und zeichnet sich ebenfalls durch wenige Wege und einen sehr geringen Anteil an Pflichtaktivitäten aus. Unterschiede gibt es aber bei der Verkehrsmittelwahl. Personen aus Cluster 4 haben eine ausgeprägte Orientierung zum ÖV (OEVOri) und gleichzeitig die fast niedrigste Rad-Orientierung (RadOri). Eine weitere prägende Eigenschaft lässt sich in den cluster-beschreibenden Variablen erkennen, die in diesem Fall ergänzend zur Benennung hinzugezogen werden (vgl. Tabelle 6-10). Das Cluster hat einen sehr geringen Wert bei der Verkehrsleistung (6,0 km/Tag). Der Aktionsradius der Personen beschränkt sich demnach in erster Linie auf den Nahbereich am Wohnort.

Cluster 5: „Überzeugte Rad- und ÖV-Nutzer“ (n = 403)

Eine sehr starke Orientierung zum Umweltverbund prägt das mit Abstand größte Cluster. Diese Personen haben die stärkste Radorientierung (RadOri) in Verbindung mit einer hohen ÖV-Orientierung (OEVOri). Bezüglich des Mobilitätsverhaltens zeigt sich eine geringe Pkw-Nutzung mit nur 11 %. Der AutOri-Wert (-0,04) ist aber nicht so gering wie bei anderen Clustern, was auf keine eindeutige Distanzierung vom Pkw hinweist.

Cluster 6: „ÖV-Enthusiasten“ (n = 162)

Das sechste Cluster wird durch die mit Abstand höchste ÖV-Orientierung (OEVOri) unter den urbanen Mobilitätstypen charakterisiert. Im Gegensatz dazu haben sie die geringste Rad- und Autoorientierung unter allen Clustern. Dies zeigt sich auch in der geringen Pkw-Nutzung. Die Personen aus Cluster 6 haben allerdings einen geringen Wert bei der ökologischen Norm (OekNorm). Sie fahren gerne mit dem ÖV, aber nicht durch eine ökologische Normorientierung verursacht.

Cluster 7: „Autoorientierte mit hoher wahrgenommener Zwangsmobilität“ (n = 163)

Das Cluster 7 zeichnet sich durch eine hohe wahrgenommene Zwangsmobilität (PMN) und eine hohe Autoorientierung (AutoOri) aus. Durch diese Merkmalskombination besteht eine Ähnlichkeit zu Cluster 2. Beide Cluster unterscheiden sich aber deutlich beim Fernverkehr (FernAuf) und der Privatheit im ÖV (PrvtOV). Personen aus Cluster 7 sind auch im Fernverkehr sehr aktiv und machen im Schnitt dreimal so viele Fernreisen als Personen aus Cluster 2 (2,13 Fernreisen pro Jahr). Der Pkw ermöglicht ihnen, ihre hohe Mobilität im Fernverkehr umzusetzen. Die Privatheit im ÖV (PrvtOV) spielt für dieses Cluster eine relevante Rolle. Sie fühlen sich in ihrer Privatsphäre bei der Nutzung des ÖV stark eingeschränkt. Das Cluster 7 ist das größte Pkw-Nutzer-Cluster (PkwNutz ≥ 75 %).

Cluster 8: „Ungebundene Multilokale mit hoher Fahrradaffinität" (n = 138)
Eine hohe Radorientierung (RadOri) gepaart mit einem niedrigen Anteil an Pflichtaktivitäten (PflichtAkt) und wenigen Wegen pro Tag (WpT) charakterisieren das Cluster 8. Zudem besteht bei diesen Personen auch ein niedriger PMN-Wert. Sie sind im Alltag weitestgehend ungebunden und sich dessen auch bewusst. Im Fernverkehr sind die Personen aus diesem Mobilitätstyp überdurchschnittlich häufig unterwegs (2,32 Fernreisen pro Jahr), was bei dem sonst niedrigen Mobilitätslevel im Alltag auffällig ist. Es ist eine Art von Multilokalität bei den Personen zu vermuten (z. B. regelmäßige Besuche bei der entfernten Verwandtschaft).

Cluster 9: „Fernverkehrsaktive Multimodale" (n = 129)
Am besten wird dieser Mobilitätstyp durch sein außerordentlich hohes Fernverkehrsaufkommen (FernAuf) beschrieben. Im Durchschnitt tätigen die Personen aus diesem Cluster 8,53 Fernverkehrsreisen pro Jahr. Im Alltag weisen sie ein multimodales Verhalten (vgl. Tabelle 6-10) mit keiner ausgeprägten Orientierung zu einem bestimmten Verkehrsmittel auf. Sie akzeptieren grundsätzlich alle Verkehrsmittel und sind vermutlich sehr pragmatisch veranlagt. Je nach Situation verwenden sie das für sie am besten geeignete Verkehrsmittel.

Cluster 10: „Normgeprägte Nichtmotorisierte" (n = 123)
Die Personen aus Cluster 10 haben eine ausgeprägte ökologische Norm (OekNorm) und eine sehr niedrige Autoorientierung (AutoOri). Diese Kombination zeigt sich auch in der geringen Pkw-Nutzung. Bei der Betrachtung der restlichen Verkehrsmittelnutzung wird deutlich, dass hauptsächlich nichtmotorisierte Modi verwendet werden (vgl. Tabelle 6-10). Die Personen haben wenige Pflichtaktivitäten, aber gleichzeitig viele Wege pro Tag (WpT), was auf eine große Anzahl von Freizeitaktivitäten hindeutet.

Cluster 11: „Aufgeschlossene Hochmobile" (n = 106)
Das letzte Cluster zeichnet sich durch die höchste Anzahl von Wegen pro Tag (WpT) aus, die aber nicht durch Pflichtaktivitäten dominiert werden (22 %). Die Personen haben auch keine hohe wahrgenommene Zwangsmobilität (PMN). Die hohe Anzahl an Wegen pro Tag ist daher eher durch Eigenmotivation als durch Verpflichtungen verursacht. Personen aus diesem Cluster sind aufgeschlossen gegenüber unterschiedlichen Verkehrsmitteln, was sich vor allem in der unterschiedlichen Orientierung (RadOri, OEVOri und AutoOri) zeigt (siehe Abbildung 6-11).

Neben den cluster-bildenden Variablen können auch cluster-beschreibende Variablen für die inhaltliche Analyse verwendet werden. Diese werden nicht als Eingangsvariablen im Clusterverfahren berücksichtigt. Eine Unterscheidung anhand dieser Aspekte kann aber weitere interessante Anhaltspunkte für die Interpretation liefern. Teilweise sind cluster-beschreibende Variablen bei der vorangestellten Beschreibung und der Benennung der Cluster bereits berücksichtigt worden.

Cluster-beschreibende Variablen

In Tabelle 6-9 sind die cluster-beschreibenden Variablen in zwei Bereiche unterteilt. Abschnitt 1 enthält soziodemographische und -ökonomische Merkmale der Mobilitätstypen. Neben Informationen auf individueller Ebene, wie Alter und Geschlecht, werden auch Details auf Haushaltsebene ausgewertet. Dazu gehören u. a. die Anzahl der Pkw im Haushalt und die Einkommensklasse. Diese ist in fünf Kategorien differenziert. Um die Einkommen zwischen

den Städten vergleichbar zu halten, wird zusätzlich eine Umrechnung der Einkommenskategorien anhand der Kaufkraftparitäten durchgeführt. Dabei werden die Einkommen nicht mit dem reinen Wechselkurs umgerechnet, sondern mit der zusätzlichen Berücksichtigung des Preisniveaus (Burg, 2011).
Der zweite Abschnitt besteht aus Variablen zum Mobilitätsverhalten. Hierbei werden die durchschnittlichen Kilometer pro Tag und der Nutzungsanteil des ÖV sowie der Anteil des Zu-Fuß-Gehens und Radfahrens (nicht-motorisierte Verkehrsmittel) beschrieben. Die Besonderheiten in den Merkmalsausprägungen sind fett markiert.

Tabelle 6-9: Merkmalsausprägungen der elf Cluster anhand ausgewählter cluster-beschreibender Variablen

Cluster	**1**	**2**	**3**	**4**	**5**	**6**	**7**	**8**	**9**	**10**	**11**
Soziodemographische Eigenschaften											
Personenbezogene Eigenschaften											
Führerschein (ja in %)	42,4	96,5	84,6	43,3	55,5	64,2	93,3	53,0	65,6	53,5	71,5
Männlich (in %)	**23,1**	31,1	53,6	**27,2**	52,4	33,5	**65,2**	48,2	**49,0**	40,0	46,4
Alter (in Jahren)	**66**	44	**34**	**59**	**33**	**36**	**39**	**56**	**43**	52	**40**
Fahrrad (in %)	**5,34**	12,15	**36,61**	**8,29**	**74,84**	**16,71**	**39,83**	**79,42**	**64,07**	68,09	**72,63**
Vollzeit- und Teilzeittätigkeit (in %)	7,0	**74,5**	64,8	17,7	62,6	**62,5**	**91,0**	19,9	78,2	21,4	53,3
Studierende (in %)	0,0	9,8	14,3	0,0	**25,0**	**22,7**	4,7	1,5	4,2	10,5	19,6
Rentner (in %)	73,8	10,9	5,5	63,8	1,1	2,7	1,8	**61,1**	12,0	51,7	19,4
Haushaltsbezogene Eigenschaften											
Einkommens-klasse* (1 = niedrig bis 4 = hoch)	2,92	3,31	**3,49**	2,14	2,08	2,23	**2,61**	**1,97**	**2,32**	**1,84**	2,19
# Personen im Haushalt	3,28	2,87	3,48	2,39	2,14	2,32	2,41	2,18	2,11	**2,06**	2,37
# Kinder (< 18 Jahre)	0,21	**0,36**	0,28	0,22	0,25	0,29	**0,31**	0,11	0,26	**0,14**	**0,60**
# Pkw	0,98	1,73	**1,51**	**0,44**	**0,47**	0,64	1,13	0,49	0,65	**0,27**	0,61
Mobilitätsverhalten											
Kilometer pro Tag	**10,8**	**51,1**	**50,9**	6,0	22,0	20,3	28,9	**5,7**	22,0	11,2	**29,4**
Anteil ÖV-Nutzung	**0,04**	**0,02**	0,00	0,41	0,35	**0,50**	0,10	0,21	0,24	0,25	**0,31**
Anteil nichtmotorisierte Verkehrsmittel	**0,09**	**0,03**	0,19	0,42	0,51	0,30	0,14	**0,54**	0,45	**0,59**	**0,42**

Angegeben ist der gewichtete Mittelwert oder der prozentuale Anteil im Cluster
*Einkommensklassen 1: < 2.000 €, 2: 2.000 € bis unter 4.000 €, 3: 4.000 € bis unter 6.500 €, 4: ≥ 6.500 €

Es zeigen sich vor allem beim Alter große Unterschiede zwischen den Clustern. Cluster 1 weist ein Durchschnittsalter von 66 Jahren und Cluster 5 von 33 Jahren auf. Auch die Verteilung zwischen Männern und Frauen ist sehr unterschiedlich. Der Männeranteil liegt abhängig vom Cluster zwischen 23,1 % und 65,2 %. Bei der Pkw-Ausstattung sind ebenfalls Unterschiede zu erkennen. Es existieren auch Cluster mit mehreren Pkw im Haushalt. Ein Haushalt in Cluster 2 besitzt durchschnittlich 1,73 und in Cluster 3 1,51 Pkw. Dies spricht in beiden Fällen für eine hohe Pkw-Ausstattung im städtischen Umfeld. Beide Cluster zeigen auch eine sehr hohe Nutzung des Pkw in Verbindung mit einer hohen Autoorientierung (AutOri).

Beim Mobilitätsverhalten wird deutlich, dass vor allem Cluster 4 und 8 eine geringe Verkehrsleistung aufweisen. Die Personen sind hauptsächlich im Nahbereich unterwegs. Cluster 2, 3, 7 und 11 weisen durchschnittlich mehr als 25 km/Tag auf. Bei der Betrachtung der Verkehrsmittelnutzung fällt vor allem die hohe ÖV-Nutzung in Cluster 5 auf. Der ÖV-Anteil liegt bei 50 % bei einer durchschnittlichen Verkehrsleistung von 20,3 km/Tag.

Zur Vereinfachung und Zusammenfassung sind die relevanten Merkmalsausprägungen nochmals für jedes Cluster in Tabelle 6-10 zusammengefasst.

Tabelle 6-10: Beschreibung der elf Cluster anhand von soziodemographischen Eigenschaften und Mobilitätsverhalten

	Cluster	%	Clusterbeschreibung
1	Wenig-Mobile Pkw-Nutzer	7,42	• Geringe Verkehrsleistung (10,8 km/Tag) • Höchstes Durchschnittsalter mit 66 Jahren (viele Rentner: 73,8 %) und überwiegend Frauen (76,9 %) • Keine ÖV- oder Fahrrad-Nutzung
2	Zwangsmobile Pkw-Nutzer im Alltag	5,96	• Hauptsächlich Frauen mit hoher Anzahl an Kindern • Sehr hohe Kilometerleistung (51,1 km/Tag) • Voll- oder Teilzeitbeschäftigte (74,5 %) • „Alltagsperformer" ohne ÖV- oder Radnutzung
3	Pkw-Orientierte mit hoher ökologischer Norm	5,11	• Viele Kilometer pro Tag (50,9 km/Tag) • Niedriges Durchschnittsalter (34 Jahre) • Höchstes durchschnittliches Einkommen • Große Haushalte (3,48 Pers.) mit Zweitwagen (1,51 Pkw/HH)
4	ÖV-Orientierte Wenigmobile im Nahbereich	7,11	• Hohes Durchschnittsalter (59 Jahre) und viele Frauen (72,8 %) • Pkw-lose Haushalte • Niedrigste Verkehrsleistung (6 km/Tag) mit hohem Anteil an nichtmotorisiertem Verkehr oder ÖV

Fortsetzung nächste Seite...

... Fortsetzung

5	Überzeugte Rad- und ÖV-Nutzer	24,5	• Jüngstes Cluster mit vielen Studierenden (25 %) • Hoher Anteil an nichtmotorisierten Verkehrsmitteln (51 %) • Jeder zweite Haushalt hat einen Pkw (0,47 Pkw/HH) • Kleine Haushalte (2,08 Pers./HH)
6	ÖV-Enthusiasten	9,85	• Junges Cluster aus Berufstätigen und Studierenden • Überwiegend Frauen (66,5 %) • Höchste ÖV-Nutzung (50 %) mit durchschnittlich 20,3 km/ Tag
7	Autoorientierte mit hoher wahrgenommener Zwangsmobilität	9,91	• Höchster Anteil an Männern (65,2 %) im mittleren Alter (39 Jahre) • Fast ausschließlich Berufstätige mit hohem durchschnittlichen Einkommen • Haushalte mit Kindern (0,31 Kinder/HH)
8	Ungebundene Multilokale mit hoher Fahrradaffinität	8,39	• Höchstes Durchschnittsalter (56 Jahre) mit vielen Rentnern (61,1 %) • Niedriges Einkommen mit höchstem Fahrradbesitz • Sehr geringe Verkehrsleistung (5,7 km/Tag) mit hohem Anteil an nichtmotorisiertem Verkehr
9	Fernverkehrsaktive Multimodale	7,84	• Mittleres Alter (43 Jahre) mit gleichen Anteilen an Frauen und Männern • Höheres Einkommen mit 0,65 Pkw/HH • Multimodales Verhalten mit ÖV- und Pkw-Nutzung und nichtmotorisierten Verkehr
10	Normgeprägte Nichtmotorisierte	7,48	• Pkw-lose Haushalte mit niedrigstem Durchschnittseinkommen • Kleinste Haushaltsgröße (2,06 Pers./HH) und keine Kinder • Höchste Nutzung nichtmotorisierter Verkehrsmittel
11	Aufgeschlossene Hochmobile	6,44	• Mittleres Alter (40 Jahre) mit höchster Anzahl an Kindern (0,6 Kinder/HH) • Fast gleichverteilte Nutzung von Pkw, ÖV und nichtmotorisierten Verkehrsmitteln • Hohe Verkehrsleistung (29,4 km/Tag)

Die inhaltliche Analyse zeigt, dass sich die Cluster geeignet unterscheiden und interpretieren lassen. Die beschriebenen Cluster weisen in einigen Dimensionen Ähnlichkeiten auf, was aber grundsätzlich zu erwarten war. Insgesamt liegt eine inhaltlich sinnvolle Segmentierungslösung mit elf Clustern vor.

6.3.7 Validierung der Clusterlösung

Die Validierung der Clusterlösung kann neben der inhaltlichen Überprüfung wie in Kapitel 6.3.6 durchgeführt, zusätzlich durch struktur-prüfende Verfahren erfolgen.
Zu diesen Verfahren, die häufig zur Validierung eingesetzt werden, gehören die statistischen Verfahren der Varianzanalyse und die Diskriminanzanalyse. Zusätzlich sind für die Überprüfung der Klassifizierung auch *supervised*[20] Verfahren des maschinellen Lernens anwendbar.
In diesem Kapitel wird zunächst eine Varianzanalyse durchgeführt, um den Einfluss der cluster-bildenden Eingangsvariablen auf den Clusterprozess zu überprüfen. Danach erfolgt eine Diskriminanzanalyse zur Bestimmung der Trennschärfe und Prognosefähigkeit der Clusterlösung. Dieses Verfahren wird mit dem *supervised* Verfahren des Random-Forest (RF) weiter überprüft. Die Diskriminanzanalyse und der RF können durch die Nutzung bestehender Cluster den A-priori-Segmentierungsansätzen aus Kapitel 6.1.1 zugeordnet werden. Im Anschluss wird noch geprüft, ob die unterschiedlichen Clusterverfahren der Post-hoc-Segmentierung zu ähnlichen Clusterlösungen führen.

Signifikanter Einfluss der Eingangsvariablen im Clusterprozess

In diesem Abschnitt wird zunächst der Einfluss der cluster-bildenden Eingangsvariablen in den Clusterprozess mithilfe einer Varianzanalyse bestimmt. Dieser Schritt wird häufig vor der inhaltlichen Analyse und Interpretation beschrieben. In dieser Arbeit wird die Varianzanalyse der Validierung zugeordnet und erst an dieser Stelle durchgeführt.
Mit der Varianzanalyse, auch ANOVA (*analysis of variance*) genannt, wird das Ziel verfolgt, den Beitrag der Eingangsvariablen an den entstandenen Clustern zu messen. Dabei ist lediglich von Bedeutung, ob eine Eingangsvariable keine Signifikanz in der Varianzanalyse aufweist. Wäre dies der Fall, dann würde diese Eingangsvariable zur Bildung der Cluster keinen entscheidenden Beitrag leisten und sollte zur Dimensionsreduktion aus dem Clusterprozess entfernt

[20] Vgl. Kapitel 6.1.1

werden. Für die Anwendung einer ANOVA muss zunächst getestet werden, ob eine Varianzhomogenität zwischen den Gruppen besteht. Für die Überprüfung wird der Levene-Test angewendet. Nicht für alle Eingangsvariablen im vorliegenden Clusterprozess kann die Homogenität bestätigt werden. Bei ungleich großen Gruppen führt eine starke Verletzung der Varianzhomogenität zu einer Verzerrung der ANOVA. Delacre et al. (2019) empfehlen, für eine robustere Analyse grundsätzlich die sogenannte Welch-ANOVA einzusetzen. Sie benötigt keine Varianzhomogenität als Voraussetzung.

Die Ergebnisse der einfaktoriellen Welch-ANOVA sind in Tabelle 6-11 dargestellt. Es wird sichtbar, dass alle Eingangsvariablen signifikant sind und einen Beitrag für die Clusterbildung leisten. Ein hoher F-Wert und eine Signifikanz beschreiben, dass die Werte innerhalb der Cluster ähnlicher sind als die Werte in unterschiedlichen Clustern. Die Ergebnisse zeigen, dass alle verhaltens- und einstellungsbasierten Dimensionen einen Beitrag zur Clusterbildung leisten.

Tabelle 6-11: Ergebnisse einer einfaktoriellen Welch-ANOVA zur Überprüfung des Einflusses der Eingangsvariablen bei der Clusterung

	ANOVA			
	df1	**df2**	**F**	**Sig.**
FernAuf_transf	10	525,5	1.362,47	***
PkwNutz_transf	10	527,8	848,87	***
PflichtAkt_transf	10	532,3	147,95	***
WpT_transf	10	528,7	99,62	***
OEVOri_transf	10	533,3	70,8	***
RadOri_transf	10	540,4	32,36	***
OekNorm_transf	10	538,5	45,88	***
PrvtOV_transf	10	542,3	7,5	***
PMN_transf	10	541,6	13,73	***
AutoOri_transf	10	548,7	20,56	***

Signifikanzniveaus (Sig.): *< 0,10, **< 0,05, ***< 0,001
Welchs ANOVA gibt an, ob sich die Typen signifikant im Merkmal unterscheiden.

Prognosegenauigkeit und Trennschärfe der Clusterlösung

Die Prognosegenauigkeit und Trennschärfe werden mit verschieden Verfahren überprüft. Hierfür wird zunächst eine lineare und eine quadratische Diskriminanzanalyse und anschließend ein RF-Modell durchgeführt. Die Ergebnisse der eingesetzten Verfahren werden zuletzt miteinander verglichen und die Prognosegüte abgeleitet.

Lineare und quadratische Diskriminanzanalyse

Die Diskriminanzanalyse wird formal als ein Verfahren beschrieben, mit dem eine nominal skalierte Gruppierungsvariable (Clusterzuteilung) durch eine Mehrzahl von metrisch skalierten Variablen (Eingangsvariablen) erklärt oder prognostiziert wird. Die Diskriminanzanalyse dient zur Bestimmung der Trennschärfe durch die Quantifizierung des trennenden (diskriminierenden) Einflusses der Eingangsvariablen. Zusätzlich wird die Analyse zur Bestimmung der Prognosegenauigkeit von Clusterlösungen eingesetzt. Die Diskriminanzanalyse hilft Anwendern, Personen aus nachfolgenden Erhebungen, deren Gruppenzugehörigkeit nicht bekannt ist, aufgrund ihrer Merkmalsausprägungen den bestehenden Clustern zuzuordnen (Backhaus, Erichson, Plinke & Weiber, 2016). Eine Person wird anhand ihrer erhobenen Merkmalsausprägungen in die Gruppe eingeordnet, zu deren Centroid der kleinste Abstand besteht. Dieser Aspekt ist vor allem für das UTM-Projekt interessant, da eine Erhebung von weiteren Städten mit einem ähnlichen Ansatz angestrebt wird (vgl. Kapitel 3.3.4).

Die Diskriminanzanalyse hat eine formale Ähnlichkeit zur Regressionsanalyse, allerdings besteht ein modelltheoretischer Unterschied zwischen den Verfahren. Bei der Regressionsanalyse ist die abhängige Variable eine Zufallsvariable, während die unabhängige Variable einen fixen Wert annimmt. Bei der Diskriminanzanalyse sind die Gruppen fixiert und die Merkmalsausprägungen (Eingangsvariablen) variieren zufällig (Backhaus, Erichson, Plinke & Weiber, 2016). Bei der linearen Diskriminanzanalyse wird unterstellt, dass sich der Zusammenhang zwischen den Eingangsvariablen und der Gruppenzugehörigkeit linear abbilden lässt:

$$Y = b_0 + b_1 \cdot X_1 + b_2 \cdot X_2 + \ldots + b_J \cdot X_J \quad mit \quad j = 1, \ldots, J \qquad 6\text{-}3$$

Die Konstante b_0 und die Diskriminanzkoeffizienten b_j der Merkmalsausprägungen $j = 1, \ldots, J$ sind mit dem Modell so zu bestimmen, dass sich im vorliegenden Fall die elf urbanen Mobilitätstypen bestmöglich unterscheiden. Für eine ausführliche mathematische Beschreibung des Verfahrens sei auf Backhaus, Erichson, Plinke und Weiber (2016) verwiesen.

Die lineare Diskriminanzanalyse wird in der Praxis häufig verwendet, obwohl die Voraussetzung der Gleichheit der Varianz-Kovarianz-Matrizen i. d. R. verletzt ist. Bei der Verletzung der Annahme sollte eine quadratische Diskriminanzanalyse, welche den Zusammenhang in einem Polynom 2. Ordnung abbildet, zum Einsatz kommen (Backhaus, Erichson, Plinke & Weiber, 2016). Sie kann sich durch ihre Eigenschaften besser an die zu analysierende Stichprobe anpassen. Die quadratische Diskriminanzanalyse wird trotzdem häufig nicht

eingesetzt, da sie sehr empfindlich auf Abweichungen von der Normalverteilung und auf die Änderung der Zusammensetzung der zu analysierenden Stichprobe beim Einsatz von Kreuzvalidierungen reagiert. Ein weiteres Problem der quadratischen Diskriminanzanalyse besteht in der großen Anzahl der zu schätzenden Parameter. Zudem ist der einzelne Beitrag von Variablen zur Beurteilung der Trennschärfe nicht zu ermitteln (Schnurr, 1997).
Eine Verzerrung durch die Verletzung der Annahmen ist bei einer größeren Stichprobe bei der Diskriminanzanalyse jedoch weniger folgenreich. Die Stichprobe sollte unter dem Gesichtspunkt der Stabilität der Kennwerte mindestens 20-mal so groß sein wie die Anzahl der verwendeten Variablen (Pituch & Stevens, 2016). Im vorliegenden Fall ist eine Stichprobe von mindestens 200 Personen gefordert, welche durch den verwendeten Datensatz gegeben ist. Im nachfolgenden Verfahrensvergleich werden daher die Ergebnisse beider Diskriminanzanalysen dargestellt.

Random-Forest
Zur weiteren Validierung der Ergebnisse kommt zusätzlich ein Verfahren des maschinellen Lernens zum Einsatz, das keinen starken restriktiven Annahmen unterliegt. Für die vorliegende Arbeit wurde aus den überwachten Lernverfahren (*supervised learning*) der Random-Forest ausgewählt. Das Verfahren wird gegenüber anderen Verfahren bevorzugt, da es weniger dem „Black-Box"-Ansatz folgt und eine gute Interpretierbarkeit der Ergebnisse zulässt. Da das Verfahren bisher weniger häufig in der Mobilitätsforschung Anwendung findet, erfolgt an dieser Stelle eine detaillierte Erklärung des Verfahrens.
Die Bezeichnung Random-Forest (RF) leitet sich aus der Eigenschaft ab, dass im Modell eine Vielzahl von Entscheidungsbäumen[21] betrachtet wird, die auf zufällig gezogenen Bootstrap-Stichproben (Teilstichprobe der Beobachtungen bzw. Personen) basieren (Richter, 2019). Zusätzlich wird bei jeder zu bestimmenden Astgabelung (Entscheidung) nur eine kleine Zufallsauswahl der M Eingangsvariablen des Clusterverfahren für die urbanen Mobilitätsty-

[21] Entscheidungsbäume sind geordnete, gerichtete Bäume, die der Darstellung von Entscheidungsregeln dienen. Sie visualisieren einen mehrstufigen Entscheidungsprozess.

pen als Kriterium für den Schnitt an der Astgabelung verwendet. Bei Klassifizierungen, wie im vorliegenden Fall der bestehenden Clusterlösung der urbanen Mobilitätstypen, werden als Standardeinstellung $m = \sqrt{\#Eingangsvariablen}$ ausgewählt. Die anschließende Auswahl aus den m zufälligen Variablen für den Schnitt (*split*) wird mittels Minimierung der Entropie durchgeführt. Durch die zufällige Auswahl der m Variablen aus M kommt weniger häufig die Eingangsvariable mit einem hohen Einfluss beim Schnitt zum Zug. Durch dieses Vorgehen wird einer zu starken Ähnlichkeit der Bäume (De-Korrelationseffekt) und einem möglichen „Overfitting" des Modells entgegengesteuert. Für die Bewertung der Prognosegenauigkeit bzw. der Fehler der Schätzung kann in den einzelnen Bäumen der Teil der Beobachtungen, welcher nicht für das Trainieren (Erlernen der Entscheidungs- bzw. Zuteilungsregeln) verwendet wurde, für das Testen und zur Berechnung des Fehlers eingesetzt werden. Dieser Teil der Beobachtungen wird als „Out-of-Bag" (OOB) bezeichnet. Der OOB-Fehler als Gütekriterium der Prognose berechnet den gemittelten Fehler basierend auf der Gesamtzahl der Entscheidungsbäume (Bootstrap-Stichproben). Dieses Vorgehen ist der Kreuzvalidierung, wie bei der Diskriminanzanalyse, sehr ähnlich. Beim RF-Modell ist es über das Variablenwichtigkeitsmaß (*variable importance measure*, VIM) möglich, den Einfluss der Eingangsvariablen auf die Zuteilung zu bestimmen (Sauer, 2019). Die VIM misst die Unreinheit in jedem Baum, die durch die jeweilige Variable verursacht wurde. Als Unreinheitsmaß findet der Gini-Koeffizient Anwendung. Je höher der VIM-Wert, desto wichtiger ist die Eingangsvariable für die Zuteilung (bzw. den Clusterprozess). Auf dieser Grundlage wird eine Funktion zwischen den Gruppen und allen Eingangsvariablen geschätzt.

Um die Interpretierbarkeit des RF-Modells weiter zu verbessern, schlägt Friedman (2001) in seiner Studie die Verwendung von *„partial dependence plots"* (PDP) vor. Mit dieser Technik kann der partielle Einfluss einer einzelnen Variablen auf die Zuteilung analysiert werden.

Für die Berechnung des RF-Modells wird die Implementierung von Wright und Ziegler (2015) im Ranger-Paket[22] in der Software R eingesetzt. Die Anzahl an verwendeten Bäumen wird auf 5.000 festgelegt.

Verfahrensvergleich und Prognosegüte

Ziel der Prognosegüte ist anzugeben, wie genau (in Prozent) ein Verfahren die Klassifizierung prognostizieren kann. Durch die Anwendung des „Proportional-Kriteriums" bei den Verfahren wird die relative Gruppenstärke als Maß für die Clusterzugehörigkeit berücksichtigt. Das Kriterium sollte angewendet werden, wenn sich die Gruppengrößen stark unterscheiden, um dies bei der Beurteilung der Prognosegenauigkeit zu berücksichtigen (Wolf & Best, 2010). Beim Vergleich der unterschiedlichen Verfahren (siehe Tabelle 6-12) wird deutlich, dass alle drei Verfahren (lineare und quadratische Diskriminanzanalyse, Random-Forest) eine außerordentlich gute Prognosegenauigkeit von mindestens 89 % bei der Verwendung der zehn transformierten Eingangsvariablen liefern. Die Verfahren zeigen bei der Verwendung der zehn nichttransformierten Variablen (vier Verhaltensvariablen und sechs Hauptkomponenten aus Tabelle 6-8) oder den 29 Originalvariablen (vier Verhaltensvariablen und 25 Items) auch eine ausreichende Genauigkeit. Lediglich die quadratische Diskriminanzanalyse liegt mit knapp 76 % Genauigkeit etwas darunter. Die höchste Genauigkeit liefert die lineare Diskriminanzanalyse, gefolgt vom RF-Modell. Für eine Zuordnung von Personen aus einer zusätzlichen Erhebung wären folglich auch alle drei Verfahren geeignet.

Zur Bewertung, ob das eingesetzte Zuteilungsverfahren überhaupt sinnvoll ist, sollte die Prognosegenauigkeit als Mindestanforderung zusätzlich über dem Wert einer zufälligen Zuteilung in die elf Cluster liegen. Daher wird neben der bestehenden Clusterlösung noch eine zufällige Clusterlösung mit elf Clustern zum Vergleich erzeugt. Die zufällige Clusterlösung hat verfahrensunabhängig eine deutlich schlechtere Genauigkeit (≤ 23,4 %).

[22] Das „Ranger"-Paket ist eine schnelle C++-Implementierung in R mit verschiedenen zusätzlichen Optionen, wie z. B. Unterstützung der Vorhersagen von Klassenwahrscheinlichkeiten.

Tabelle 6-12: Prognosegenauigkeit der Clusterlösung unter Anwendung verschiedener Verfahren

	Prognosegenauigkeit			
	Clusterlösung			Zufällige Clusterlösung (transformierte Variablen)
Methode	Transformierte Variablen *(10)*	Original-variablen *(10)*	Original-variablen *(29)*	
Lineare Diskriminanzanalyse	92,71 %	91,79 %	90,27 %	23,40 %
Quadratische Diskriminanzanalyse	89,00 %	88,91 %	75,99 %	17,08 %
Random-Forest	91,49 %	90,40 %	89,12 %	21,09 %

In Klammern: Anzahl der verwendeten Variablen

Die lineare Diskriminanzanalyse verletzt im vorliegenden Anwendungsfall die Voraussetzung (Gleichheit der Varianz-Kovarianz-Matrizen). Aus diesem Grund wird im Weiteren in Tabelle 6-13 die Prognose mit dem RF-Modell mit der zweithöchsten Genauigkeit näher beleuchtet.

Alle Cluster, außer Cluster 11, zeigen eine Genauigkeit von mindestens 80 %. Bei Cluster 1 werden beispielsweise 119 der 122 Personen aus Cluster 1 mit dem Random-Forest richtig zugeordnet (98 %). Die niedrigere Prognosegenauigkeit von Cluster 11 liegt hauptsächlich an der falschen Zuordnung zum Cluster 5. Beide Cluster haben vor allem bei der Verkehrsmittel-Orientierung Ähnlichkeiten, welche eine eindeutige Zuordnung vermutlich erschwert.

Tabelle 6-13: Gruppenzugehörigkeit (absolut und relativ) beim Random-Forest-Modell (Prognosegenauigkeit)

	Vorausgesagte (kreuzvalidierte) Gruppenzugehörigkeit Random-Forest											
	1	2	3	4	5	6	7	8	9	10	11	Insgesamt
1	**119**	0	0	0	0	0	0	3	0	0	0	122
2	0	**85**	4	0	0	0	8	0	0	1	0	98
3	0	2	**78**	0	0	1	1	0	1	0	1	84
4	3	0	0	**107**	0	0	0	7	0	0	0	117
5	0	0	0	0	**385**	5	4	0	4	3	2	403
6	0	0	1	0	6	**149**	2	0	2	1	1	162
7	0	2	1	0	5	2	**150**	0	2	1	0	163
8	3	0	0	3	0	0	0	**129**	1	2	0	138
9	0	0	0	0	1	1	4	0	**123**	0	0	129
10	1	0	0	2	8	1	2	6	2	**99**	2	123
11	0	0	0	0	12	6	5	0	2	0	**81**	106
1	**98 %**	0 %	0 %	0 %	0 %	0 %	0 %	2 %	0 %	0 %	0 %	100 %
2	0 %	**87 %**	4 %	0 %	0 %	0 %	8 %	0 %	0 %	1 %	0 %	100 %
3	0 %	2 %	**93 %**	0 %	0 %	1 %	1 %	0 %	1 %	0 %	1 %	100 %
4	3 %	0 %	0 %	**91 %**	0 %	0 %	0 %	6 %	0 %	0 %	0 %	100 %
5	0 %	0 %	0 %	0 %	**96 %**	1 %	1 %	0 %	1 %	1 %	0 %	100 %
6	0 %	0 %	1 %	0 %	4 %	**92 %**	1 %	0 %	1 %	1 %	1 %	100 %
7	0 %	1 %	1 %	0 %	3 %	1 %	**92 %**	0 %	1 %	1 %	0 %	100 %
8	2 %	0 %	0 %	2 %	0 %	0 %	0 %	**93 %**	1 %	1 %	0 %	100 %
9	0 %	0 %	0 %	0 %	1 %	1 %	3 %	0 %	**95 %**	0 %	0 %	100 %
10	1 %	0 %	0 %	2 %	7 %	1 %	2 %	5 %	2 %	**80 %**	2 %	100 %
11	0 %	0 %	0 %	0 %	11 %	6 %	5 %	0 %	2 %	0 %	**76 %**	100 %
	126	89	84	112	417	165	176	145	137	107	87	**91 %**

Grundlage: zehn transformierte Eingangsvariablen

Für die Bestimmung des Einflusses der einzelnen transformierten Eingangsvariablen wird zusätzlich die VIM betrachtet (Abbildung 6-12). Die Einflussgrößen sind lediglich im Verhältnis zueinander zu interpretieren. Hierbei wird deutlich, dass die Anzahl an Fernverkehrsereignissen (FernAuf) und der Anteil der Pkw-Nutzung (PkwNutz) den höchsten Einfluss auf die Zuteilung haben. Die Betrachtung des Fernverkehrs für die Unterscheidung der Cluster ist ein Vorteil des Mobilitätsskeletts, welcher sich in dieser Analyse wieder deutlich zeigt. Den wichtigsten Einfluss bei den psychographischen Merkmalen haben die ÖV-Orientierung (OEVOri) und die ökologische Normorientierung (OekNorm). Die Privatheit im ÖV (PrvOV) hat den geringsten Einfluss auf die Zuteilung. Der Einfluss der psychographischen Eigenschaften ist etwas geringer, allerdings werden auch mehr Variablen als beim Mobilitätsverhalten berücksichtigt, um eine bestmögliche Unterscheidung anhand des eingesetzten Itemsets zu erreichen. Die Ergebnisse verdeutlichen, dass die Verwendung beider Dimensionen von Vorteil ist.

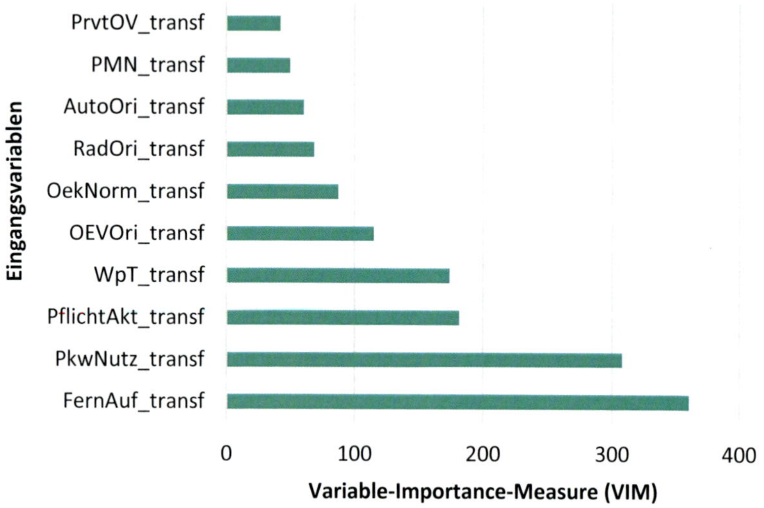

Abbildung 6-12: Variablenwichtigkeitsmaß der Eingangsvariablen (*variable importance measures*, VIM)

Zusätzlich können noch die PDP näher betrachtet werden. Die Auswertungen befinden sich im Anhang G. Sie dienen dem besseren Verständnis der Zuteilung zu den Mobilitätstypen in Abhängigkeit des jeweiligen Werts der Eingangsvariable und werden an dieser Stelle nicht näher vertieft.

Die erlernten RF-Modelle werden in Kapitel 6.5 als Grundlage für die Zuteilung der zusätzlich erhobenen Personen aus München (Kapitel 3.3.4) verwendet. Die Personen sollen den bestehenden elf Clustern zugeteilt werden.

Stabilitätsprüfung der Clusterlösung

Als abschließender Schritt bei der Validierung der vorgestellten Lösung wird die Stabilität verschiedener Clusterlösungen miteinander vergleichen, um den Einfluss der Segmentierungsmethode zu untersuchen. Eine ausreichende Stabilität ist eine notwendige Voraussetzung für die inhaltliche Gültigkeit der Ergebnisse. Nachfolgend werden die beiden Clusterstufen des hierarchischen Clusterverfahrens (Ward-Methode) und des partitionierenden Clusterverfahrens (k-Means-Methode) miteinander verglichen. Für eine ausreichend hohe Stabilität ist eine Übereinstimmung der Segmentierungsergebnisse von ungefähr 70 % anzustreben (Bacher et al., 2010). Im vorliegenden Vergleich liegt die Ähnlichkeit bei 79 %, was auf eine geeignete Stabilität hindeutet. Lediglich bei Cluster 11 findet ein starker Austausch mit Cluster 5 statt. Wie schon bei der Validierung in Tabelle 6-13 sichtbar, funktioniert die Trennung zwischen dem größten Cluster 5 und dem Cluster 11 nur eingeschränkt. Dies sollte bei der Interpretation berücksichtigt werden.

Insgesamt kann so von einer validen Clusterlösung ausgegangen werden. Die erhaltenen Cluster dienen als Zielgruppensegmentierung der drei unterschiedlichen Mobilitätsmärkte Berlin, San Francisco und Shanghai.

Tabelle 6-14: Stabilitätsprüfung der Clusterlösung der Ward- und k-Means-Methode

		Hierarchische Ward-Methode, quadrierte euklidische Distanz											
		1	2	3	4	5	6	7	8	9	10	11	Insgesamt
k-Means-Clusterlösung	1	90	0	0	17	0	0	1	14	0	0	0	122
	2	0	66	7	0	3	0	16	0	0	0	6	98
	3	0	0	64	0	0	0	18	0	1	0	1	84
	4	0	0	0	94	0	0	0	12	0	11	0	117
	5	0	0	0	0	356	14	2	0	18	13	0	403
	6	0	0	0	0	11	141	5	0	3	2	0	162
	7	0	1	2	0	17	4	135	0	0	4	0	163
	8	0	0	0	4	0	0	0	115	0	19	0	138
	9	0	0	1	0	1	1	9	3	114	0	0	129
	10	0	0	0	5	5	6	9	3	14	81	0	123
	11	0	0	0	0	51	19	0	0	0	0	36	106
k-Means-Clusterlösung	1	74 %	0 %	0 %	14 %	0 %	0 %	1 %	11 %	0 %	0 %	0 %	100 %
	2	0 %	67 %	7 %	0 %	3 %	0 %	16 %	0 %	0 %	0 %	6 %	100 %
	3	0 %	0 %	76 %	0 %	0 %	0 %	21 %	0 %	1 %	0 %	1 %	100 %
	4	0 %	0 %	0 %	80 %	0 %	0 %	0 %	10 %	0 %	9 %	0 %	100 %
	5	0 %	0 %	0 %	0 %	88 %	3 %	1 %	0 %	4 %	3 %	0 %	100 %
	6	0 %	0 %	0 %	0 %	7 %	87 %	3 %	0 %	2 %	1 %	0 %	100 %
	7	0 %	1 %	1 %	0 %	10 %	2 %	83 %	0 %	0 %	2 %	0 %	100 %
	8	0 %	0 %	0 %	3 %	0 %	0 %	0 %	83 %	0 %	14 %	0 %	100 %
	9	0 %	0 %	1 %	0 %	1 %	1 %	7 %	2 %	88 %	0 %	0 %	100 %
	10	0 %	0 %	0 %	4 %	4 %	5 %	7 %	2 %	11 %	66 %	0 %	100 %
	11	0 %	0 %	0 %	0 %	48 %	18 %	0 %	0 %	0 %	0 %	34 %	100 %
		90	67	74	120	444	185	195	147	150	130	43	**79 %**

6.3.8 Internationaler Vergleich

Für eine weitere inhaltliche Analyse der elf urbanen Mobilitätstypen wird ein internationaler Vergleich zwischen den drei Städten Berlin, Shanghai und San Francisco durchgeführt. Durch die Betrachtung der Städte aus drei unterschiedlichen Ländern entsteht ein hilfreicher Einblick in das Vorkommen ur-

baner Mobilitätstypen in modernen „Hybrid Cities“. Von besonderem Interesse ist es zu untersuchen, ob Personen aus einer der Städte durch ein Cluster primär charakterisiert werden. Dies würde es ermöglichen, einen Zusammenhang zwischen stadtspezifischen Merkmalen und Mobilitätstypen zu erkennen. Räumliche, infrastrukturelle und kulturelle Aspekte können durchaus Unterschiede in der Verteilung der urbanen Mobilitätstypen erklären.
Für jeden Mobilitätstyp wird hierfür der Anteil von Personen aus Berlin, San Francisco und Shanghai untersucht und in Abbildung 6-13 veranschaulicht. Ein Vergleich der Anteile "innerhalb der Cluster" hebt die stadtspezifischen Mobilitätstypen hervor. Es wird deutlich, dass die ersten drei Cluster („Wenigmobile Pkw-Nutzer“, „Zwangsmobile Pkw-Nutzer im Alltag“ und „Pkw-Orientierte mit hoher ökologischer Norm“) sehr stark durch Personen aus San Francisco geprägt werden. Vor allem Cluster 3 mit 97 % der Personen aus San Francisco wird in den anderen beiden Städten fast gar nicht beobachtet. Cluster 2 ist ebenfalls hauptsächlich in San Francisco vertreten. Die Gründe für das verstärkte Auftreten des Mobilitätstyps sind in der Raumstruktur zu finden. In San Francisco sind Personen im Alltag eher vom Pkw abhängig. Diese höhere Pkw-Abhängigkeit entsteht durch die räumliche Verflechtung in die San Francisco „Bay Area“ mit wenig Verkehrsmittelalternativen zum Pkw. Bei Cluster 1 ist sogar eine sehr geringe Orientierung zum Pkw vorhanden. Da der Anteil der Pkw-Nutzung dennoch hoch ist, liegt die Vermutung nahe, dass stadtspezifische Bedingungen sich stark auf die Pkw-Nutzung dieses Mobilitätstyps auswirken. Die Merkmale von Cluster 1 wie auch von Cluster 10 können eine „autogerechte Stadtplanung“ und teilweise schlechte oder unattraktive Verkehrsmittelalternativen widerspiegeln. Im Gegensatz dazu finden sich die „Überzeugten Rad- und ÖV-Nutzer“ vermehrt in Berlin und Shanghai. Die mit diesem Mobilitätstyp verbundene Fahrrad-Nutzung ist möglicherweise aufgrund der Topografie in San Francisco nicht so stark ausgeprägt. Die „ÖV-Enthusiasten“ (Cluster 6) sind in allen drei Städten etwa gleich relevant vertreten. Personen aus Cluster 6 haben vermutlich eine starke ÖV-Sozialisierung erfahren, die sich nun in ihrer ausgeprägten Orientierung zum ÖV zeigt. Das Cluster 8 („Ungebundene Fahrradaffine Multilokale“) wird durch Menschen aus Berlin dominiert (53,6 %).

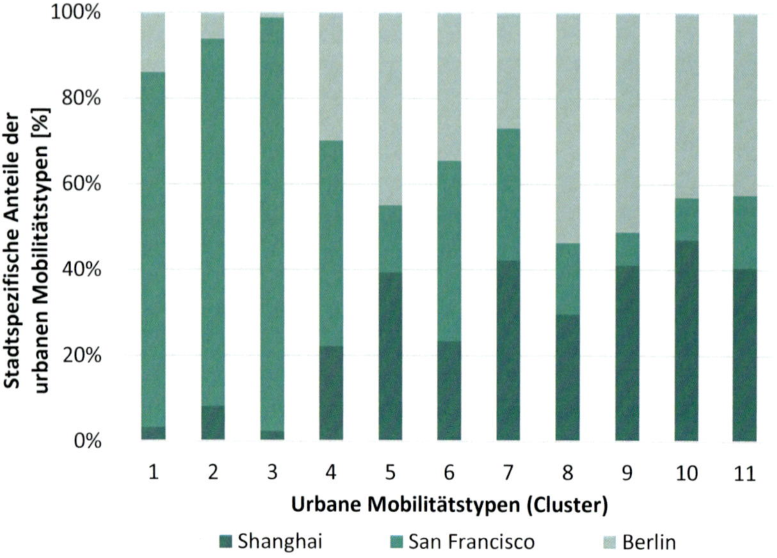

Abbildung 6-13: Stadtspezifische Anteile der urbanen Mobilitätstypen innerhalb der elf Cluster

Nur die ersten drei Cluster können einer Stadt (d. h. San Francisco) unmittelbar zugeordnet werden. Keine der anderen Cluster werden durch Personen aus einer Stadt maßgeblich dominiert.

Die χ^2-Kontingenzanalyse wird an dieser Stelle erneut eingesetzt (vgl. Kapitel 6.2.4), um die zwei nominalen Variablen Stadt und Mobilitätstyp zu vergleichen und herauszufinden, ob sich Berlin, San Francisco und Shanghai hinsichtlich des Aufkommens der urbanen Mobilitätstypen signifikant unterscheiden. Das Ergebnis der Kontingenzanalyse zeigt einen signifikanten Zusammenhang ($\chi^2_{(20)}$ = 591,71, p < 0,001) bei einem mittleren Effekt mit einem Cramers V von 0,424 (vgl. Cohen, 2013). Das bedeutet, dass die Cluster- und Städtezugehörigkeiten nicht unabhängig voneinander sind.

Zusätzlich wird untersucht, wie häufig die elf identifizierten Mobilitätstypen innerhalb jeder der drei Städte vorkommen. In Abbildung 6-14 wird die Ähnlichkeit zwischen Berlin und Shanghai sichtbar. Nur bei den Clustern 1, 7, 8 und 10 sind stärkere Unterschiede in den Anteilen erkennbar. Die große Bedeutung von „Überzeugten Rad- und ÖV-Nutzern“ (Cluster 5) wird in beiden Städten nochmals deutlich. San Francisco wird deutlich stärker durch Personen mit Pkw-Nutzung dominiert. Die Motorisierung ist in San Francisco auch deutlich höher als in den beiden anderen Städten und dient als plausible Erklärung für die unterschiedliche Verteilung.

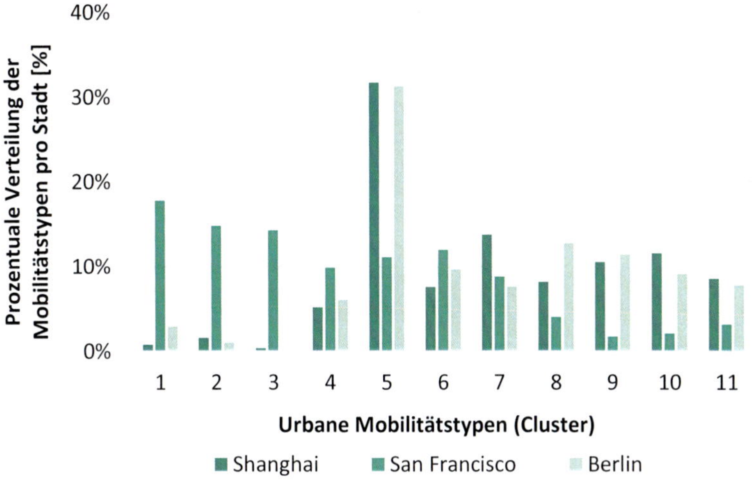

Abbildung 6-14: Prozentuale Verteilung der Cluster in den Städten

6.3.9 Diskussion der Ergebnisse

Die elf urbanen Mobilitätstypen haben spezifische Eigenschaften und Potenziale, die Städte und mobilitätsorientierte Unternehmen zur Ableitung von Strategien zur Angebotsgestaltung sowie zur Entwicklung von Handlungsempfehlungen nutzen können. Handlungsoptionen für Pkw-Besitzer in den Städten wurden bereits in Kapitel 6.2.5 im Hinblick auf die Pkw-Abhängigkeit ausführlich diskutiert. Aus diesem Grund wird hier nicht weiter auf Cluster 1, 2 und 7 eingegangen.

Handlungsempfehlungen für „Autoorientierte mit ausgeprägter ökologischer Norm“

Cluster 3 stellt einen Sonderfall dar. Dieser Mobilitätstyp wurde mit dem vorherigen Ansatz der Pkw-Abhängigkeit nicht identifiziert, da die ökologische Normorientierung nicht zur Segmentierung verwendet wurde. Haustein und Nielsen (2016) können in ihrer Studie eine vergleichbare Gruppe, die „Busy Green Drivers“, identifizieren, die zu 96,3 % Pkw-Nutzer sind, sich aber aufgrund der Verkehrsemissionen stark um die Umwelt sorgen. Der Mobilitätstyp „Pkw-Orientierte mit hoher ökologischer Norm“ besitzt neben seiner starken Autoorientierung gleichzeitig eine widersprüchliche ökologische Norm. Die generelle Nutzung des Pkw als Individualverkehrsmittel in der Stadt wird von dieser Zielgruppe vermutlich nicht ausreichend in Frage gestellt. Durch ihre hohe ökologische Normorientierung, vielleicht auch aus einer sozialen Erwünschtheit heraus, hinterfragen sie vermutlich maximal den verwendeten Antrieb des Pkw. Dies könnte auch die erhöhte Akzeptanz von Elektromobilität in Kalifornien erklären oder mindestens ein hohes Potenzial dafür beschreiben. Niklas, von Behren, Chlond und Vortisch (2020) können ebenfalls eine erhöhte Akzeptanz des Elektroautos in der Alltagsmobilität in Kalifornien in verschiedenen Pkw-Nutzungsprofilen auf der Grundlage von Pkw-Sensordaten beobachten. Der Mobilitätstyp aus Cluster 3 bietet ein umfassendes Potenzial für nachhaltige Elektro- oder Wasserstoffmobilität. Durch die stärkere Relevanz der Nachhaltigkeit in der Gesellschaft könnten sich auch Pkw-Nutzer aus Berlin und Shanghai in diese Richtung entwickeln.

Handlungsempfehlungen für „ÖV-Orientierte Wenigmobile im Nahbereich“

Personen aus Cluster 4 mit einem hohen Durchschnittsalter von 59 Jahren benötigen verstärkt einen barrierefreien und einfachen Zugang zum ÖV. Für die Zugangsmöglichkeiten zum ÖV sind einfache Lösungen notwendig, da diese Personengruppe durch ihr Alter bei digitalen Diensten teilweise Probleme haben könnten. Vor allem Schulungen zur Bedienung von Apps könnten hier Abhilfe schaffen. Die restlichen Wege werden bei dieser wenig mobilen Gruppe zu Fuß oder mit dem Fahrrad durchgeführt.

Handlungsempfehlungen für „ÖV-Enthusiasten"

Cluster 6 ist das junge Pendant zu Cluster 4 und nutzt den ÖV im Alltag regelmäßig. Die „ÖV-Enthusiasten" haben mit Abstand die höchste ÖV-Orientierung. Fahrrad und Pkw stellen für sie keine geeignete Alternative dar. Hier steht vor allem der Ausbau des ÖV und die Einfachheit bei der Nutzung im Vordergrund. Lösungen wie einheitliche Ticketsysteme und Apps mit Echtzeiterfassung können die Attraktivität weiter steigern. Vor allem eine weitere Flexibilisierung des ÖV käme dieser Gruppe zugute. Ein positives Beispiel hierfür liefert der Mobilitätsanbieter MOIA in Hamburg und Hannover.

Handlungsempfehlungen für „Überzeugte Rad- und ÖV-Nutzer"

Cluster 5 ist das im Mittel jüngste Cluster und zeigt eine starke Orientierung zum ÖV und zum Fahrrad, was sich auch in der Nutzung beider Verkehrsmittel zeigt. Die Pkw-Nutzung ist gering und die Autoorientierung nicht stark ausgeprägt. Die Personen aus diesem Cluster haben durch ihr junges Alter noch Entwicklungspotential. Die Städte sollten versuchen, durch ein integriertes Angebot aus ÖV und Mobilitätsdienstleistungen auch wachsende Mobilitätsbedürfnisse dieser Gruppe zu befriedigen. Vor allem das Car-Sharing spielt eine entscheidende Rolle, da es die autoabhängigen Wege abdeckt und eine Rückfallebene bilden kann. Dies stellt auch ein Potenzial für Mobilitätsdienstleister dar, da Personen dieser Gruppe durchaus gerne mit dem Pkw fahren. Bezüglich der Infrastruktur ist die Förderung von Radverkehrsinfrastruktur unerlässlich, um die Attraktivität dieses Verkehrsmittels in der Stadt hoch zu halten.

Handlungsempfehlungen für „Ungebundene Multilokale mit hoher Fahrradaffinität"

Personen aus Cluster 8 fahren ebenfalls gerne Fahrrad. Sie sind aber deutlich stärker im Fernverkehr aktiv. Ihre Verkehrsleistung entsteht daher eher außerhalb der Stadt. Für diese Gruppe sind Angebote interessant, die ihre Fernverkehrsmobilität unterstützen und das Vorhalten eines Pkw in der Stadt entbehrlich macht.

Handlungsempfehlungen für „Fernverkehrsaktive Multimodale"

Bei Cluster 9 ist der Kontrast zwischen Alltagsmobilität und Fernverkehr noch deutlicher. Sie zeigen sich im Alltag stark multimodal und haben ein nachhaltiges Mobilitätsverhalten. Allerdings macht diese Gruppe im Schnitt 8,53 Fernverkehrsreisen im Jahr. Die „Fernverkehrsaktiven Multimodalen" finden sich verstärkt in Berlin (51,2 %). Der Ansatz der städtischen Verkehrsplanung hat nur bedingt Auswirkung auf die emissionserzeugende Mobilität dieser Gruppe, da sie größtenteils außerhalb der Stadt stattfindet. Insbesondere Großstädte, wie Berlin, San Francisco und Shanghai, bieten durch ihr Flughafenangebot einfache Möglichkeiten, Fernreisen zu unternehmen. Die Nachhaltigkeit des Verhaltens der Bewohner einer Stadt kann daher nicht nur über die Alltagsmobilität gemessen werden. Für die Car-Sharing-Anbieter zeigt diese Gruppe allerdings ein hohes Potenzial, da sie im Alltag auf ihren Pkw, sofern vorhanden, nicht angewiesen ist. Im Fernverkehr wird jedoch häufiger ein Pkw benötigt. Hierfür müssen bessere Angebote für die Nutzung außerhalb des Geschäftsgebietes beim Free-Floating-Car-Sharing geschaffen werden.

Handlungsempfehlungen für „Normgeprägte Nichtmotorisierte"

Die Personen aus Cluster 10 sind eher im Nahbereich unterwegs und würden von stadtplanerischen Veränderungen in ihren Stadtquartieren profitieren. Diese Gruppe ist verstärkt in Shanghai anzutreffen (47,2 %). Für sie sind vor allem stadtplanerische Pilotprojekte hilfreich, wie die „Superblocks" in Barcelona, welche den Autoverkehr in bestimmten Bereichen untersagen und die Aufenthaltsqualität erhöhen (vgl. Mueller et al., 2020).

Handlungsempfehlungen für „Aufgeschlossene Hochmobile"

Personen in Cluster 11 haben durch ihre Multimodalität in Verbindung mit dem hohen Verkehrsaufkommen großes Potenzial für flexible ÖV-Lösungen. Zum einen nutzen sie bereits regelmäßig den ÖV und zum anderen benötigen die Personen aus dieser Gruppe für einige Anwendungsfälle auch den Pkw. Ein flexibles Angebot würde auch dieser Gruppe helfen, ihre Mobilität zu unterstützen.

6.3.10 Zusammenfassung und kritische Würdigung

In diesem Kapitel wird der entwickelte Ansatz der urbanen Mobilitätstypen inklusive seiner möglichen Grenzen kritisch hinterfragt. Dabei erfolgt zunächst die Beantwortung der formulierten Forschungsfragen aus Kapitel 6.3.

Wie stark unterscheiden sich Städte im gesamten Mobilitätsmarkt und inwieweit sind stadtspezifische Zielgruppen zu finden?
Trotz ähnlicher Mobilitätskultur in den drei Städten werden durch den Segmentierungsansatz besondere stadtspezifische Subgruppen identifiziert. Es zeigt sich, dass die drei Cluster 1, 2 und 3 („Wenigmobile Pkw-Nutzer", „Zwangsmobile Pkw-Nutzer im Alltag" und „Pkw-Orientierte mit hoher ökologischer Norm") fast ausschließlich in San Francisco vorkommen. Der Anteil der Personen aus San Francisco in diesen Clustern beträgt mindestens 82 %. Diese stadtspezifische Besonderheit kann vor allem durch die räumliche Verflechtung in die „Bay Area" und durch den grundsätzlich höheren Motorisierungsgrad (vgl. Kapitel 5.1) begründet werden. In den anderen Clustern ist keine Stadt dominant vertreten.

Wie stark unterscheiden sich die Zielgruppen in ihrer Multimodalität?
Bei den elf Clustern werden hinsichtlich der Multimodalität deutliche Unterschiede beobachtet. Die „Fernverkehrsaktiven Multimodalen" (Cluster 9) und die „Aufgeschlossenen Hochmobilen" (Cluster 11) sind ausgeprägte Verkehrsmittelkombinierer. Sie verwenden den Pkw, den ÖV und nicht-motorisierte Verkehrsmittel jeweils zu mindestens 24 % und maximal 45 %. Der Unterschied bei beiden Clustern liegt allerdings in der Rad- und ÖV-Orientierung. Personen aus Cluster 11 haben eine stärkere Orientierung zu diesen beiden Verkehrsmitteln. „Normgeprägte Nichtmotorisierte" (Cluster 10) haben zwar eine sehr ausgeprägte multimodale Orientierung, nutzen aber, begründet durch ihren geringen Aktionsraum, hauptsächlich (59 %) nicht-motorisierte Verkehrsmittel.
Im Gegensatz dazu sind die Zielgruppen mit hoher Monomodalität die der Pkw-Nutzer. Die Cluster 1, 2, 3 („Wenigmobile Pkw-Nutzer", „Zwangsmobile Pkw-Nutzer im Alltag", „Pkw-Orientierte mit hoher ökologischer Norm")

und 7 („Autoorientierte mit hoher wahrgenommener Zwangsmobilität“) haben einen durchschnittlichen Pkw-Nutzungsanteil von mindestens 75 %. Vor allem bei Cluster 3 und 7 kann zusätzlich eine starke Autoorientierung der Personen beobachtet werden.

Finden sich Widersprüche zwischen dem Mobilitätsverhalten der Stadtbewohner und ihrer ökologischen Normorientierung?
Der Mobilitätstyp „Pkw-Orientierte mit hoher ökologischer Norm“ wurde ausführlich in Kapitel 6.3.9 diskutiert und steht mit seiner monomodalen Pkw-Nutzung im starken Widerspruch zu seiner ökologischen Normorientierung. Dieses Phänomen ist fast ausschließlich in San Francisco zu beobachten und könnte auch den Erfolg von Elektrofahrzeugherstellern wie Tesla in Kalifornien erklären.

Welche Rolle spielt der Fernverkehr in der Mobilität von Stadtbewohnern?
Die Ergebnisse bestätigen die Erkenntnisse von Magdolen, von Behren, Chlond und Vortisch (2020), dass Stadtbewohner sehr fernverkehrsaktiv sind. Die Ergebnisse zeigen aber auch, dass ein kleiner Teil der Bevölkerung für einen Großteil des Fernverkehrsaufkommens verantwortlich ist. Die „Fernverkehrsaktiven Multimodalen“ (Cluster 9) mit einem Stichprobenanteil von 8 % unternehmen im Schnitt 8,5 Fernreisen/Jahr. Die Cluster 3 und 8 machen mit einem Wert von 2,9 und 2,6 deutlich weniger Fernreisen pro Jahr.

Die Verwendung beider Dimensionen (Mobilitätsverhalten und Mobilitätspsychologie) bestätigt den vermuteten Vorteil, dass mittels der Methode der urbanen Mobilitätstypen auch Widersprüche in den Mobilitätstypen identifiziert werden können. Gleichzeitig zeigen einige Mobilitätstypen eine starke Konsistenz zwischen den Dimensionen. Die Berücksichtigung beider Dimensionen hat eine Komplexitätserhöhung zur Folge. Die Betrachtung der ANOVA und VIM rechtfertigen allerdings eine Berücksichtigung der einzelnen Variablen aus beiden Dimensionen, da sie maßgeblich an der Segmentierung beteiligt sind.

Der Ansatz der urbanen Mobilitätstypen zeigt insbesondere Vorteile in der ganzheitlichen Betrachtung psychologischer und verhaltensbezogener Merkmale. Letztlich kann der Ansatz aber nur eine beschreibende Funktion des Mobilitätsverhaltens einnehmen, da die zu erklärenden Variablen des Mobilitätsverhaltens im Clusterprozess als konstituierende Variablen berücksichtigen werden. Ansätze, wie bei Hunecke und Haustein (2007), ermöglichen eine Prognose des Verhaltens, da nur die psychologischen Merkmale berücksichtigt werden. Durch die deutlich umfassendere Betrachtung ist aber eine weitreichende Ableitung von Potenzialen für Mobilitätsdienstleistungen oder den Stellenwert des Pkw möglich. Diese Einschränkung muss bei der Interpretation berücksichtigt werden.

Einen weiteren inhaltlichen Kritikpunkt der Ergebnisse stellt die zeitliche Instabilität der urbanen Mobilitätstypen dar. Durch Veränderungen der Rahmenbedingungen in den Städten können sich typische Verhaltensmuster und Orientierungen mit der Zeit daran anpassen. Manz et al. (2017) beschreiben diesen Prozess auch im Zusammenhang mit Mobilitätskulturen. Städte können sich zu anderen Mobilitätskulturen verändern oder es können neue Kulturen entstehen. Dieser Wandel ist ein eher längerfristiger Prozess, der zunächst durch „Reallabors“ erprobt werden muss, um anschließend eine Transformation in den Städten zu verursachen. Eine Orientierung, wie z. B. die zum Pkw, wird womöglich schon in der Kindheit geprägt und lässt sich daher nicht kurzfristig verändern (Gössling, 2017). Die fehlende Stabilität über die Zeit erfordert außerdem eine Wiederholung der Erhebung und des Clusterprozesses in drei bis fünf Jahren im Rahmen des UTM-Projekts. Der Vergleich der Mobilität zu verschiedenen Zeitpunkten könnte auch Rückschlüsse über die Stabilität der urbanen Mobilitätstypen zulassen.

Neben der inhaltlichen Auseinandersetzung mit dem gewählten Ansatz existieren methodische Kritikpunkte. Die Anwendung der Clusteranalyse besitzt eher deskriptiven Charakter, denn die Verfahren sind nicht inferenzstatistisch basiert. In der explorativen Forschung ist dieser Kritikpunkt zu vernachlässigen. Für eine inferenzstatistisch basierte Segmentierung sollten latente Klassenmodelle präferiert werden (Hartmann, 2012). Damit ergibt sich eine weitere Einschränkung des Ansatzes. In der Clusteranalyse wird eine deterministische Zuteilung durchgeführt. Anhand von Distanzmaßen werden Personen einem bestimmten Cluster zugeordnet. Personen, die zwischen zwei oder mehreren Clustern stehen, werden exakt einem Cluster zugeteilt, auch wenn sie zu einem anderen Cluster ähnlich gut passen. Probabilistische Verfahren, wie die latenten Klassenmodelle, geben eine Zuteilungswahrscheinlichkeit zu den erhaltenen Clustern an. Hierdurch können die Ergebnisse differenziert betrachtet werden. Die konkrete Zuteilung hat andererseits den Vorteil, dass eine konkrete Gruppe entsteht. In der praktischen Anwendung können diese Gruppen auch tatsächlich adressiert werden.

6.4 Vergleichende Analyse der Pkw-Abhängigkeitstypen und der urbanen Mobilitätstypen

Die beiden vorgestellten Segmentierungsansätze in Kapitel 6.2 und 6.3 basieren auf den Erhebungen in Berlin, San Francisco und Shanghai. Nach einer Segmentierung der Pkw-Besitzer nach ihrer Abhängigkeit vom Pkw in fünf Typen und einer ganzheitlichen Betrachtung urban lebender Personen und deren Mobilität in elf urbanen Mobilitätstypen liegt ein Vergleich der beiden Segmentierungen nahe. Zudem werden teilweise die gleichen Personen in beiden Typologien verwendet. Die Personen mit Pkw im Haushalt bilden dabei eine Teilmenge in der Segmentierung der urbanen Mobilitätstypen. Es können weiterhin nicht alle Personen aus den Pkw-Abhängigkeitstypen auch den urbanen Mobilitätstypen zugeordnet werden, da sie teilweise nicht alle Items vollständig beantwortet haben oder im Zuge der Ausreißer-Eliminierung im Clusterverfahren entfernt wurden. In Tabelle 6-15 wird die Verteilung der urbanen Mobilitätstypen auf die Pkw-Abhängigkeitstypen dargestellt und Besonderheiten sind dabei in fett markiert. Beim Vergleich der Typologien wird deutlich, dass in den einzelnen Typen auch eine gewisse Heterogenität besteht.

„Verhinderte Autofreunde" in den urbanen Mobilitätstypen

Die „verhinderten Autofreunde" befinden sich zu einem großen Teil unter den „Überzeugten Rad- und ÖV-Nutzern". Diese Einteilung scheint zunächst unerwartet, bei näherer Betrachtung ist sie aber durchaus plausibel. Zum einen besteht bei den „Überzeugten Rad- und ÖV-Nutzern" keine starke Distanzierung zum Pkw (vgl. Tabelle 6-8) im Gegensatz zu anderen Clustern, wie den „Normgeprägten Nichtmotorisierten". Zum anderen ist es das größte Cluster bei den urbanen Mobilitätstypen, was Unterschiede zwischen den Personen innerhalb des Clusters erwarten lässt.

„Überzeugten Autonutzer" in den urbanen Mobilitätstypen

Die „Überzeugten Autonutzer" finden sich hauptsächlich bei den „Autoorientierten mit hoher wahrgenommener Zwangsmobilität" und bei den „Zwangsmobilen Pkw-Nutzern im Alltag". Diese Übereinstimmung bestätigt die regelbasierte Einteilung bei den Pkw-Abhängigkeitstypen.

„Auto-Captives" in den urbanen Mobilitätstypen

Die „Auto-Captives" verteilen sich auf verschiedene Cluster, wobei 39 % auf urbane Mobilitätstypen mit einer hohen wahrgenommenen Zwangsmobilität fallen.

„Autounabhängige Pragmatiker" in den urbanen Mobilitätstypen

Die „Autounabhängigen Pragmatiker" sind hauptsächlich in zwei Mobilitätstypen anzutreffen. Zum einen sind viele Personen in den Clustern der Wenigmobilen („Wenigmobile Pkw-Nutzer" und „Wenigmobile im Nahbereich") und zum anderen auch in den beiden Clustern des Umweltverbunds („Überzeugte Rad- und ÖV-Nutzer" und „ÖV-Enthusiasten") zu finden. Für diese Personen ist es praktischer, den Umweltverbund zu nutzen, als auf ihren privaten Pkw zurückzugreifen.

„*Autoaffine Pragmatiker" in den urbanen Mobilitätstypen*

Die „Autoaffinen Pragmatiker" treten stark bei den „Wenigmobilen Pkw-Nutzern" auf. An dieser Stelle wird deutlich, dass diese Pkw-Besitzer-Gruppe teilweise nicht pragmatisch agiert, da sie tendenziell ein niedrigeres Mobilitätsniveau als „Überzeugte Autonutzer" hat. Die Betrachtung beider Typologien erhöht das Verständnis für die „Autoaffinen Pragmatiker".

Die beschriebenen Erkenntnisse können für Potenzialanalysen in der Automobilindustrie genutzt werden, wenn es darum geht, neue Zielgruppen anzusprechen. Beispielsweise zeigt sich ein Teil der „Überzeugten Rad- und ÖV-Nutzer" durchaus autoorientiert und könnte sich in einer späteren Lebensphase zu einer potenziellen Kundengruppe entwickeln. Der Vergleich der beiden Ansätze verdeutlicht aber auch die Schwierigkeit von Segmentierungsansätzen. Abhängig von der Anzahl der Dimensionen können Personen durch konstituierende Merkmale, die vielleicht in der jeweils anderen Segmentierung nicht berücksichtigt werden, unterschiedlichen Typen zugeordnet werden. Bei der Pkw-Abhängigkeit wurden in Kapitel 6.2.3 acht psychologische Items zur Beschreibung der subjektiven Abhängigkeit verwendet. Beim Ansatz der urbanen Mobilitätstypen sind es mit 25 mehr als dreimal so viele Items. Trotzdem finden sich die Personen bei beiden Ansätzen in vergleichbaren und nachvollziehbaren Clustern wieder, was eine wichtige abschließende Überprüfung beider Ansätze darstellt.

Tabelle 6-15: Vergleich der Zuordnung zu urbanen Mobilitätstypen und Pkw-Abhängigkeitstypen

	Pkw-Abhängigkeitstypen					
Urbane Mobilitätstypen	Verhinderte Autofreunde	Überzeugte Autonutzer	Auto-Captives	Auto-unabhängige Pragmatiker	Autoaffine Pragmatiker	Σ
Wenigmobile Pkw-Nutzer	0	27	4	**36**	**29**	96
Zwangsmobile Pkw-Nutzer im Alltag	0	**70**	12	6	10	98
Pkw-Orientierte mit hoher ökologischer Norm	0	**44**	2	5	23	74
Wenigmobile im Nahbereich	3	4	4	**27**	7	45
Überzeugte Rad- und ÖV-Nutzer	**34**	15	11	**95**	12	167
ÖV-Enthusiasten	17	4	8	**53**	3	85
Autoorientierte mit hoher wahrgenommener Zwangsmobilität	4	**91**	22	9	20	146
Ungebundene Multilokale	14	13	3	**29**	12	71
Fernverkehrsaffine Multimodale	10	27	12	**27**	11	87
Normgeprägte Nicht-Motorisierte	11	9	5	14	5	44
Hochmobile Multimodale	12	21	10	18	1	62
Insgesamt	105	325	93	319	133	975

6.5 Zuordnung von Personen zu den bestehenden urbanen Mobilitätstypen

Im Rahmen des UTM wurden von Januar bis Februar 2020 auch in München 509 Personen mit dem Mobilitätsskelett befragt (siehe Kapitel 3.3.4). Die Beschreibung der Stichprobe befindet sich in Anhang D und E. Diese Daten sollen im Folgenden genutzt werden, um die urbanen Mobilitätstypen mit einer prädiktiven A-priori-Segmentierung zu ergänzen. Hierfür finden die Prognosemodelle aus Kapitel 6.3.7 Anwendung. Für die Zuteilung werden alle 29 Originalvariablen (25 Items und vier Verhaltenskriterien) berücksichtigt. Wie bereits erläutert, ist das Verfahren des Random-Forest der linearen und quadratischen Diskriminanzanalyse vorzuziehen. Mit einer Genauigkeit von 89,12 % zeigt das Verfahren des Random-Forest in der bisherigen Anwendung eine geeignete Prognosegüte (siehe Tabelle 6-12). Die Zuteilung unabhängiger Beobachtungen auf bereits bestehende Clusterlösungen mit einem *supervised* Verfahren findet sich auch in anderen Studien wie in Niklas et al. (2019) und Niklas, von Behren, Chlond und Vortisch (2020).

Urbane Mobilitätstypen in München

Die Ergebnisse der Zuteilung der 509 Personen aus München zu den urbanen Mobilitätstypen mit dem Random-Forest-Verfahren in Relation zur bestehenden Zuteilung der internationalen Erhebung sind in Abbildung 6-15 dargestellt.

Die Verteilung zeigt, dass die Personen aus München vor allem in Cluster 9 und 11 einen hohen Anteil ausmachen. Bei den Personen aus München hängt dieses Verhalten vermutlich stark mit der Nähe zu den Alpen zusammen und spiegelt sich durch den hohen Anteil von 41,1 % im Cluster „Fernverkehrsaffine Multimodale“ wider. Am Wochenende verlassen Personen aus München oft die Stadt, um zum Skifahren oder Wandern in die Berge zu fahren. Hierfür wird vermehrt auch der Pkw benötigt. In München finden sich vergleichsweise eher wenige „Ungebundene Multilokale mit hoher Fahrradaffinität“ (Cluster 8).

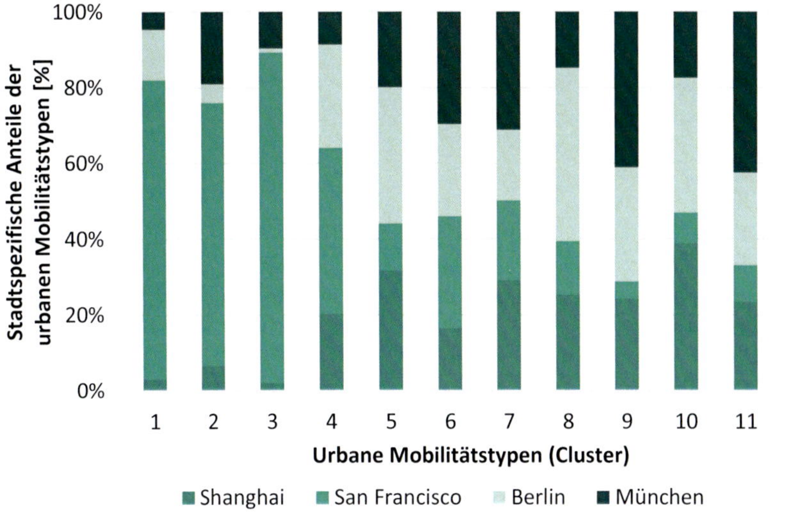

Abbildung 6-15: Stadtspezifische Anteile der urbanen Mobilitätstypen innerhalb der elf Cluster mit der Berücksichtigung von München

Wird die Verteilung innerhalb der Stadt analysiert, dann fällt auf, dass ein größerer Teil der Personen aus München den „Überzeugten Rad- und ÖV-Nutzern" (Cluster 5) zugeordnet werden kann (siehe Abbildung 6-16). Der Anteil ist aber deutlich geringer als in Berlin und Shanghai. Der hohe Motorisierungsgrad in München wird besonders bei Cluster 2 und 7 deutlich. Die „Zwangsmobilen Pkw-Nutzer im Alltag" (Cluster 2) und die „Autoorientierten mit hoher wahrgenommener Zwangsmobilität" (Cluster 7) machen zusammen 19 % der Personen in München aus. Abbildung 6-16 veranschaulicht auch die Bedeutung des ÖV in München. Es findet sich der höchste Anteil an „ÖV-Enthusiasten" (Cluster 6) innerhalb der Stadt im Vergleich aller Städte untereinander. Diese Erkenntnis wird auch durch die Studie der Mobilitätskulturen von Klinger et al. (2013) bestätigt, die ebenfalls eine hohe Orientierung zum ÖV in München identifizierten (vgl. Kapitel 6.3.1).

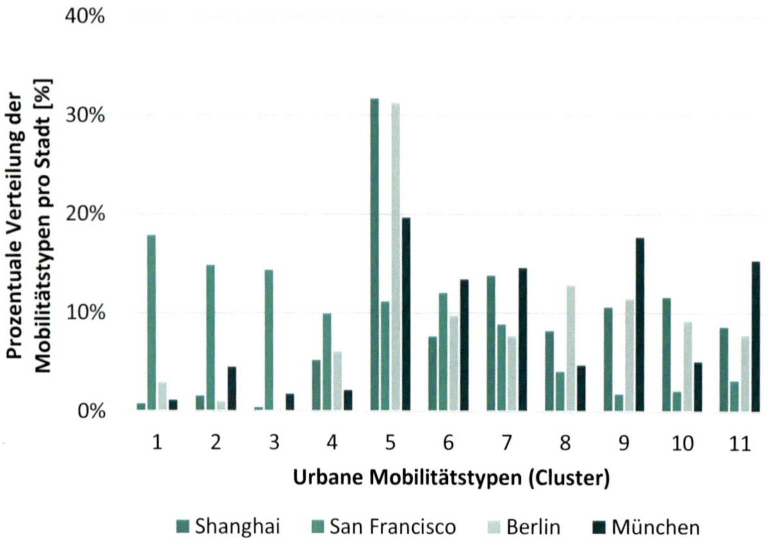

Abbildung 6-16: Prozentuale Verteilung der Cluster in den Städten mit der Berücksichtigung von München

Die Beobachtungen aus der Erweiterung der urbanen Mobilitätstypen um die Stadt München verdeutlichen erneut, wie auch äußere Randbedingungen, wie attraktive Ziele außerhalb der Stadt, die Mobilität der Menschen und deren Pkw-Besitz beeinflussen. Vor allem der hohe Anteil an fernverkehrsaffinen Personen in München ist ein interessanter Aspekt und sollte auch hinsichtlich der Pkw-Nutzung nochmals untersucht werden. Dadurch wird gleichzeitig die Relevanz des Fernverkehrs als zu berücksichtigenden Aspekt bei der Untersuchung des Mobilitätsverhaltens hervorgehoben, der bisher in den meisten Mobilitätserhebungen gänzlich vernachlässigt wurde.

6.6 Zwischenfazit

Die Ergebnisse der beiden deterministischen Segmentierungsverfahren in Kapitel 6.2 und 6.3 haben eine Vielfalt an Aspekten in den betrachteten Städten aufgezeigt. Die beiden Zielgruppensegmentierungen wurden auch über den direkten Vergleich nochmals analysiert und lieferten dabei plausible Ergebnisse.

Unterschiedliche Schwerpunkte der Segmentierungen

Es muss festgehalten werden, dass die beiden vorgestellten Segmentierungsansätze unterschiedliche Schwerpunkte aufweisen, was sich auch in der Beantwortung der formulierten Forschungsfragen in Kapitel 6.2.6 und 6.3.10 zeigte. Bei den fünf Pkw-Abhängigkeitstypen werden Pkw-Besitzer, ohne Berücksichtigung der tatsächlichen Nutzung, in einem A-priori-Ansatz segmentiert. Die Miteinbeziehung von Pkw-Besitzern mit sehr wenig Pkw-Nutzung hat den Nachteil, dass eine detaillierte Unterscheidung innerhalb von Besitzern mit regelmäßiger Nutzung weniger detailliert ausfällt. Durch den A-priori-Ansatz können zudem keine zusätzlichen Gruppen anhand der Daten explorativ entdeckt werden. Der zweite Segmentierungsansatz der elf urbanen Mobilitätstypen berücksichtigt zwar auch Pkw-Besitzer, behandelt jedoch eher deren Abgrenzung zu Nicht-Pkw-Besitzern.

Dissonanzen in den Zielgruppen

Bei der Interpretation steht vor allem die bestehende Dissonanz im Spannungsfeld von Einstellungen und Verhalten innerhalb der Gruppen im Vordergrund, die bei beiden Ansätzen hinreichend aufgedeckt wird. Hingegen besteht ein schon diskutierter Nachteil der beiden Ansätze in der fehlenden Maßnahmensensitivität. Durch die Verwendung beider Dimensionen (Verhalten und psychographische Merkmale) besteht keine Prognosefähigkeit mehr. Die Ableitung von Potenzialen und Ansätzen für die Beeinflussung des Mobilitätsverhaltens ist jedoch ausreichend, um Handlungsoptionen für Städte und Anbieter von Mobilitätslösungen zu entwickeln, die ausführlich in Kapitel 6.2.5 und 6.3.9 thematisiert wurden.

Schwäche der deterministischen Zuteilung

Eine zusätzliche methodische Schwäche besteht in der deterministischen Zuteilung von Personen. Bei beiden Segmentierungen werden Personen allein einer Gruppe zugeteilt, auch wenn verschiedene Gruppen bei einer Person ähnlich geeignet wären. Eine Lösung für diese Problematik liefern die latenten Klassenmodelle (*latent class analysis*, LCA). Sie verfolgen einen probabilistischen Ansatz und können die Zuteilung zu unterschiedlichen Segmenten (latenten Klassen) mit einer Wahrscheinlichkeit für das jeweilige Individuum angeben. Damit sind sie anderen Ansätzen überlegen. Sie sind wie das Clusterverfahren den Post-hoc-Segmentierungen zuzuordnen.

Vor der oben beleuchteten Schwierigkeit, regelmäßige Pkw-Nutzer von unregelmäßigen Pkw-Nutzern abzugrenzen, sollte zur Weiterentwicklung des inhaltlichen und methodischen Vorgehens eine probabilistische Segmentierung von Pkw-Besitzern mit regelmäßiger Nutzung hinsichtlich ihrer psychographischen Merkmale erfolgen.

6.7 Latente psychographische Klassen von Autobesitzern mit regelmäßiger Pkw-Nutzung

Teile dieses Abschnitts basieren auf der Veröffentlichung „Classifying Car Owners to Psychographic Profiles" (von Behren, Bönisch et al., 2021).

Für eine abschließende Betrachtung urbaner Pkw-Besitzer werden im Folgenden nur Personen betrachtet, die einen Pkw im Haushalt haben und mindestens mehrmals im Monat einen Pkw als Fahrer nutzen. Dadurch unterscheidet sich der Ansatz von der Analyse der Pkw-Abhängigkeitstypen in Kapitel 6.2. Durch die regelmäßige Nutzung ist gewährleistet, dass nur Personen betrachtet werden, die einen Pkw u. a. aufgrund ihres Mobilitätsverhaltens besitzen. Die Definitionen zur Pkw-Abhängigkeit wurden in Kapitel 6.2 bereits ausführlich thematisiert und werden an dieser Stelle nicht wiederholend ausgeführt. Allerdings wird zusätzlich zur Autoorientierung und der Autonomie aus Kapitel 6.2 auf die Dimension der Privatheit eingegangen. In der Studie von von Behren, Schubert und Chlond (2020) wird dieser Einfluss auf die Nutzungshäufigkeit des Pkw nachgewiesen. Dabei zeigt sich die Privatheit im Pkw als stabiler Verhaltensprädiktor für die Nutzung und ermöglicht eine weitere Dimension für die Segmentierung von Pkw-Nutzern. Basierend auf dem Ziel der vertiefenden Analyse der Pkw-Vielnutzer und der erweiterten Perspektive der Privatheit werden folgende anwendungsspezifische Forschungsfragen formuliert:

- Führt eine gefühlte Einschränkung der Privatheit im ÖV zu einer Nicht-Nutzung des ÖV bei Pkw-Besitzern?
- Existieren auch regelmäßige Pkw-Nutzer mit einer starken Distanzierung zum Pkw?
- Wie stark sind Unterschiede zwischen Städten mit unterschiedlichen Motorisierungsgraden in der Gesellschaft ausgeprägt?

Zur Beantwortung dieser Fragen wird eine LCA in den beiden deutschen Städten Berlin und München durchgeführt. Zunächst wird eine kurze ergänzende Übersicht zu dem psychologischen Konstrukt der Privatheit bei der Verkehrsmittelwahl in der bestehenden Literatur präsentiert. Eine analoge Zusammenstellung zu den LCA-Modellen wird im Abschnitt zur Methodik in Kapitel 6.7.3 vorgestellt.

6.7.1 Stand der Forschung

Die Relevanz der Privatsphäre für den Besitz und die Nutzung des Pkw wurde schon in verschiedenen Studien empirisch nachgewiesen (Beirão & Sarsfield Cabral, 2007; Ellaway et al., 2003; Hiscock et al., 2002; Hunecke et al., 2010; Shiftan et al., 2008; von Behren, Schubert & Chlond, 2020). Auch bei den urbanen Mobilitätstypen in Kapitel 6.3 konnte ein Cluster („Autoorientierte mit hoher wahrgenommener Zwangsmobilität") mit einer hohen Relevanz der Privatheit identifiziert werden (siehe Tabelle 6-8). Die Personen in diesem Mobilitätstyp nutzen ungern den ÖV, da ihnen dort andere Personen häufig zu nahe kommen. Hiscock et al. (2002) beschreiben den bequemen „Kokon" Pkw als den Vorteil des Pkw gegenüber dem ÖV hinsichtlich der höheren Privatsphäre als Ergebnis ihrer qualitativen Studie. Ein Interviewteilnehmer umschreibt dabei den Pkw sogar als eine Erweiterung seines eigenen persönlichen Raums. Die Autoren konstatieren Autonomie und Privatheit des Pkw als entscheidenden Nutzen für dessen Besitzer. Beirão und Cabral (2008) liefern hierfür ebenfalls einen qualitativen Nachweis mittels durchgeführter Interviews. Ein Teilnehmer gibt dabei an, dass vor allem die Nutzung eines eigenen privaten Raums einen Vorteil des Pkw gegenüber anderen Verkehrsmitteln darstellt. Ellaway et al. (2003) finden ebenfalls starke Hinweise für eine hohe Relevanz der Privatheit bei der Verkehrsmittelwahl. Sowohl Personen mit als auch Personen ohne Zugang zu einem Pkw stimmen einer hohen Privatsphäre im Pkw zu (79 % und 60 %) und empfinden eine verminderte Privatsphäre im ÖV. Für seine Nutzer ist der Pkw mit Privatheit und Vertrautheit verbunden. Sie können in dieser vertrauten Umgebung den öffentlichen Raum passieren. Nach N. Hildebrandt et al. (2001) gehört der Pkw zum leiblichen Eigenraum. Bartz (2015) identifiziert in ihrer internationalen Segmentierungsstudie von Mobilitätstypen die Privatsphäre als verkehrsmittelübergreifendes Mobilitätsbedürfnis, welches auch im internationalen Vergleich und in verschiedenen Altersklassen existiert. Die Relevanz der Privatsphäre wird durch die vorgestellten Studien nachgewiesen, allerdings fehlt in der Literatur ein Vergleich von Pkw-Nutzern in Städten, bei dem die drei symbolisch-emotionalen Dimensionen Privatheit, Autonomie und Erlebnis kombiniert untersucht werden.

6.7.2 Daten

Zur Identifikation psychographischer Klassen werden neben den Daten aus Berlin aus der internationalen Vergleichsstudie auch die Daten der Erweiterung aus München verwendet (vgl. Kapitel 3.3.4). An dieser Stelle sei nochmals darauf hingewiesen, dass in München ein webbasierter Ansatz für das Mobilitätsskelett eingesetzt wurde.

Für den Vergleich werden im Gegensatz zu den beiden anderen Segmentierungen nur die beiden deutschen Städte Berlin und München gewählt. Die räumliche und vergleichsweise kulturelle Ähnlichkeit in Verbindung mit unterschiedlichen Motorisierungsgraden ist für diesen Anwendungsfall besonders geeignet.

Nach der Kontrolle auf fehlende Werte in den Daten und der Auswahl von Personen, die den geforderten Kriterien entsprechen (Pkw-Besitz im Haushalt und mindestens mehrmals im Monat Nutzung des Pkw als Fahrer), verbleibt eine Stichprobe von 600 Befragten, bestehend aus den Teilstichproben München (364) und Berlin (236). Die soziodemographischen Eigenschaften der Personen aus der verwendeten kombinierten Stichprobe werden in Abbildung 6-17 dargestellt.

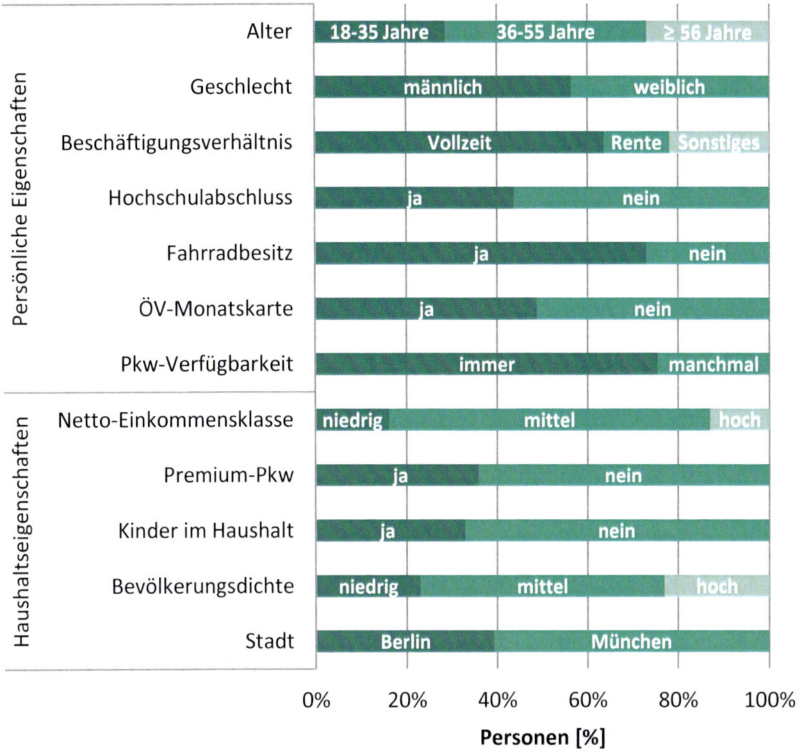

Abbildung 6-17: Stichprobenzusammensetzung der Pkw-Besitzer mit regelmäßiger Nutzung in München und Berlin

6.7.3 Methodik

In diesem Kapitel werden zuerst die Dimensionen erläutert, die bei der Definition von latenten psychographischen Klassen Berücksichtigung finden. Dies beinhaltet auch die Auswahl an psychologischen Items zur Beschreibung der Klassen. Anschließend wird der Ansatz der LCA detailliert beschrieben und die Anforderungen an das Verfahren erläutert. Zuletzt wird auf die Modellauswahl eingegangen.

Anforderungen zur Bildung latenter Klassen

Um latente psychographische Klassen von regelmäßigen Pkw-Nutzern in Berlin und München zu definieren, werden verschiedene psychologische Items aus dem verwendeten Itemset nach Hunecke et al. (2010) im Mobilitätsskelett ausgewählt. Für die LCA werden aus den manifesten Items keine kontinuierlichen latenten Variablen gebildet (wie in Kapitel 6.3.3), sondern nicht-beobachtbare latente Klassen (bzw. Typen). Bei der LCA entstehen nominalskalierte latente Klassen, die ein gleiches (erwartetes) Antwortmuster innerhalb einer Klasse besitzen.
Folgende Anforderungen hinsichtlich der Dimensionen der Klassen werden aufgestellt: Die Klassen sollen erstens die Autonomie repräsentieren, die durch die Pkw-Nutzung im Gegensatz zum ÖV möglicherweise gegeben ist. Zweitens sollen die latenten Klassen das Pkw-Erlebnis wiedergeben können. Beide Dimensionen (Autonomie und Autoorientierung) werden auch in der Definition der subjektiven Autoabhängigkeit verwendet. Als dritte Dimension soll die Bedeutung der Privatsphäre berücksichtigt werden.
Um die drei Basisdimensionen Autonomie, Privatheit und Erlebnis (Autoorientierung) zu adressieren, werden zehn Items aus dem verfügbaren Itemset ausgewählt. Darunter fallen die Items zur Autonomie des Autos (AutoPKW1, AutoPKW2) und des ÖV (AutoOEV1), die wahrgenommene Verhaltenskontrolle (PBC1, PBC2), die Privatheit im Auto (PrivPKW1) und ÖV (PrivPT1, PrivPT2) sowie das Pkw-Erlebnis (ErlPKW1, ErlPKW2).

Für die Analyse wird für jedes Item ein dichotomer Indikator erstellt. Diese Vereinfachung orientiert sich am Ansatz von Rhead et al. (2018), in dem latente Klassen ebenfalls über dichotome Indikatoren zur Einstellung gegenüber der Umwelt identifiziert werden. Das Item wird als 1 kodiert, wenn die Person der Aussage „zustimmt" oder „teilweise zustimmt" und als 0 in den anderen Fällen. Folgende Indikatoren werden für die Analyse in Ihrer Bedeutung umkodiert: PBC1, AutoOEV1 und AutoPKW2. Sie beschreiben nun bei Zustimmung eine Notwendigkeit für den Pkw im Alltag.

Klassifizierungsansatz mit latenter Klassenanalyse

In dieser Arbeit werden psychographische Klassen von Pkw-Nutzern mithilfe einer LCA untersucht. Dieses Verfahren ist auch als Mischverteilungsmodell (*binomial (finite) mixture model*) oder Clusterverfahren mit Messfehler bekannt. In der Literatur des maschinellen Lernens findet sich die bayesianische Version unter dem Namen latente Dirichlet-Allokation (*latent dirichlet allocation*, LDA) (Oberski, 2016).

Bei dem Ansatz der LCA können die Befragten probabilistisch in latente Klassen eingeordnet werden. Basierend auf der Modellannahme der LCA liegen den Daten eine nicht beobachtbare Anzahl von Klassen zugrunde. Des Weiteren bestehen gleiche (erwartete) Antwortprofile innerhalb der Klassen und es liegt eine lokale stochastische Unabhängigkeit vor (Schurig, 2017).

Messmodell

Im LCA-Modell werden die Wahrscheinlichkeiten γ der Klassenzugehörigkeiten der Klassen $c \in \{1, \dots, C\}$ und die Indikator-Antwortwahrscheinlichkeiten ρ, die von der Klassenzugehörigkeit abhängen, geschätzt (Lanza et al., 2007). Dieser Teil des Modells wird auch Messmodell genannt. In diesem erklären die latenten Klassen den Zusammenhang zwischen den Indikatoren.

Strukturmodell

Zusätzlich zum Messmodell besitzt jedes Individuum eine Wahrscheinlichkeit für jede latente Klasse, die auf den individuellen Merkmalen, wie z. B. Alter oder Geschlecht, basiert. Um dies widerzuspiegeln, ist eine Erweiterung des

Modells erforderlich. Die Merkmale werden durch aktive Kovariate im Strukturmodell der LCA berücksichtigt, die die Klassenzugehörigkeit vorhersagen. Wenn eine oder mehrere Kovariate integriert werden, dann müssen zusätzlich die β-Parameter als logistische Regressionskoeffizienten für die Kovariaten geschätzt werden, um die Klassenzugehörigkeitswahrscheinlichkeit zu berechnen (Lanza et al., 2007). Folglich wird γ als Funktion von β und den Kovariaten bestimmt. Eine wichtige Anforderung an aktive Kovariaten ist, dass sie nicht endogen zu den Indikatoren sind (Lanza et al., 2007; Ton et al., 2019).

Zur detaillierteren Erklärung wird angenommen, dass ein latentes Klassenmodell mit C Klassen auf der Grundlage eines Datensatzes geschätzt werden soll. Dieser Datensatz beinhaltet M kategoriale Items und eine Kovariate x. Sei $Y_i = (Y_{i1}, \dots, Y_{iM})$ der Vektor der Antworten auf die M Items von Individuum i mit $Y_{im} \in \{1, 2, \dots, r_m\}$, wobei r_m die Anzahl an Antwortmöglichkeiten beim Item m mit $m = 1, \dots, M$ ist. Sei $C_i \in \{1, 2, \dots, C\}$ die latente Klassenzugehörigkeit des Individuums i und $I(y = k)$ die Indikatorfunktion, die gleich 1 ist, wenn die Antwort y gleich k ist und sonst gleich 0. Es wird zudem angenommen, dass x_i den Wert des Kovariats für das Individuum i angibt, und sein Wert die Wahrscheinlichkeiten γ der Zugehörigkeit in jeder latenten Klasse bestimmt. Dann kann das latente Klassenmodell ausgedrückt werden als:

$$P(Y = y|x_i) = \sum_{c=1}^{C} \gamma_c(x_i) \prod_{m=1}^{M} \prod_{k=1}^{r_m} \rho_{mk|c}^{I(y_m=k)} \qquad \text{6-4}$$

$$\text{mit } y = (y_1, \dots, y_m)$$

wobei $\gamma_c(xi\,) = P(C_i\; = c|x_i)$ ein standardmäßiges multinomiales logistisches Modell ist. Dementsprechend gilt:

$$\gamma_c(x_i) = P(C_i = c|x_i) = \frac{exp(\beta_{0c} + x_i\beta_{1c})}{1 + \sum_{j=1}^{C-1} exp\left(\beta_{0j} + x_i\beta_{1j}\right)} \qquad \text{6-5}$$

für $c = 1, \dots, C - 1$ mit Klasse C als Referenzklasse in der logistischen Regression. Dies ermöglicht die Abschätzung, dass ein Individuum in die latente Klasse c relativ zur Referenzklasse C fällt (Lanza et al., 2007).

Die relative Häufigkeit jeder latenten Klasse wird als Mittelwert der teilnehmerspezifischen Klassenzugehörigkeitswahrscheinlichkeiten berechnet (Lanza et al., 2007).

Im vorliegenden Ansatz werden zusätzlich auch inaktive Kovariate hinsichtlich des Mobilitätsverhaltens, der soziodemographischen Merkmale und der Umwelteinstellungen berücksichtigt (siehe Abbildung 6-18). Diese werden nicht in das Modell für die Schätzung von Zugehörigkeitswahrscheinlichkeiten zu den Klassen einbezogen, helfen aber, die daraus resultierenden Klassen besser zu verstehen. Ein detaillierte Beschreibung der LCA finden sich in Lanza et al. (2007) und Schurig (2017).

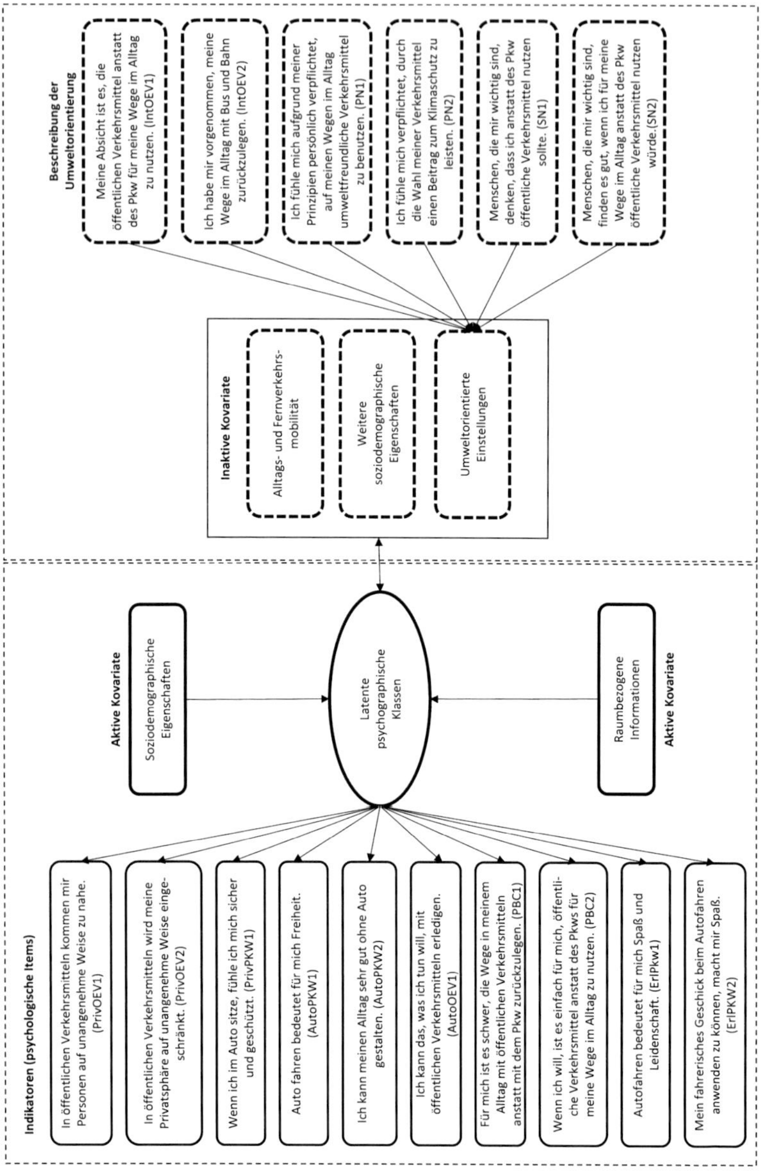

Abbildung 6-18: Modellspezifikation für die Identifikation psychographischer Klassen von Pkw-Besitzern

Im Allgemeinen gibt es kein formales Kriterium der Mindeststichprobengröße für die Durchführung einer LCA. In der angewandten Forschung wird eine Stichprobengröße von 500 Befragten als ausreichend betrachtet (Finch & Bronk, 2011). Diese Mindestanforderung an die Stichprobengröße wird mit dem vorliegenden Datensatz aus München und Berlin ausreichend erfüllt.
Einen entscheidenden Analyseschritt in der LCA stellt die Auswahl der optimalen Anzahl von Klassen auf der Grundlage statistischer Kriterien dar, die im nächsten Abschnitt näher erläutert wird. Nach der Entscheidung über die optimale Anzahl von Klassen und der Integration aktiver Kovariate werden beide Modellteile (Mess- und Strukturmodell) kombiniert geschätzt. Für die Schätzung der latenten Klassen wird die Software SAS mit dem Verfahren PROC LCA von Lanza et al. (2007) verwendet. Die Parameter werden über die Maximum-Likelihood-Schätzung unter der Verwendung des Expectation-Maximization-Algorithmus (EM) geschätzt. Der Algorithmus dient als eine iterative Methode, einen Maximum-Likelihood-Schätzwert zu ermitteln, wenn das Modell von nicht beobachtbaren latenten Klassen abhängt. Da das Verfahren nur gegen lokale Maxima konvergiert und nicht garantiert werden kann, dass es sich um ein globales Maximum handelt, muss das Verfahren mit unterschiedlichen Startwerten mehrfach aufgerufen werden. Das finale Modell wird durch die beste Kombination aktiver Kovariate ausgewählt, indem die Verbesserung des Log-Likelihoods bewertet wird.

Modellauswahl

Ein anspruchsvoller Teil der LCA ist die Ermittlung der optimalen Anzahl von Klassen (He & Fan, 2018). Fit-Indizes ermöglichen einen Vergleich verschiedener LCA-Modelle mit unterschiedlicher Anzahl von Klassen. Folgende Fit-Indizes werden häufig für die Bestimmung der optimalen Anzahl an Clustern in der LCA verwendeten (siehe Tabelle 6-16): Akaike-Informationskriterium (AIC) und Bayes'sches Informationskriterium (BIC) (vgl. Nylund-Gibson & Choi, 2018). Bei beiden Kriterien zeigt das am besten geeignete Modell den niedrigsten AIC- oder BIC-Wert (Nylund-Gibson & Choi, 2018; Ton et al., 2019). Die Likelihood-Ratio-Chi-Quadrat-Statistik, bezeichnet als G^2, beschreibt die Übereinstimmung zwischen dem beobachteten und dem vorhergesagten

Antwortmuster. Die Entropie kann zur Bewertung der Qualität der Klassifikation verwendet werden. Werte über 0,8 weisen auf eine gute Klassifikation hin (Nylund-Gibson & Choi, 2018). Zu kleine Klassen im Modell (< 5 % der Stichprobe) werden als fehlerhaft betrachtet (He & Fan, 2018). Ferner empfehlen Ton et al. (2019) Modelle mit einer Klassengröße von mindestens 8 % auszuwählen. Neben der Verwendung von Auswahlkriterien ist die Interpretierbarkeit der erhaltenen Klassen eine zwingende Voraussetzung für eine geeignete Modellauswahl.

Vergleich der unterschiedlichen Modelle

Die Bestimmung der Anzahl der Klassen erfolgt basierend auf dem geschätzten Messmodell, das aus den Indikatoren gebildet wird. Begonnen wird mit einem 1-Klassen-LCA-Modell, das als Vergleichsgrundlage für Modelle mit mehr Klassen dient. Anschließend wird die Anzahl der Klassen bis zu einem 10-Klassen-LCA-Modell sukzessive erhöht.

Auf der Grundlage der Fit-Indizes und einer inhaltlichen Analyse der erhaltenen Klassen wird die 6-Klassen-Lösung gewählt (siehe Tabelle 6-16). Das 6-Klassen-Modell hat den niedrigsten BIC-Wert und eine gute Klassifikation mit einer Entropie von 0,83. Die AIC nimmt mit der Zunahme der Klassenzahl weiter ab und G^2 ist höher als der Freiheitsgrad. Beide Indizes helfen nicht bei der Auswahl der optimalen Anzahl von Klassen. Was die Klassengrößen betrifft, so enthalten Modelle mit mehr als sechs Klassen sehr kleine Klassen mit weniger als 8 % der Befragten. Modelle ab acht Klassen erfüllen zudem die Mindestanforderung für Klassengrößen von 5 % nicht (vgl. He & Fan, 2018).

Tabelle 6-16: Auswahlkriterien für die Auswahl der Anzahl an Klassen

Klassen	**Anzahl zu schätzen-der Parameter**	**Log-Likelihood**	**G^2**	**AIC**	**BIC**	**Entropie**	**Kleinste Klasse***
1	21	-3.890,37	2.033,57	2.053,57	2.097,54	1,00	100 %
2	42	-3.528,56	1.309,95	1.351,95	1.444,29	0,79	41 %
3	63	-3.323,57	899,97	963,97	1.104,67	0,82	27 %
4	84	-3.256,16	765,15	851,15	1.040,22	0,82	8 %
5	105	-3.199,45	651,74	759,74	997,17	0,82	9 %
6	**126**	**-3.160,34**	**573,51**	**703,51**	**989,31**	**0,83**	**8 %**
7	147	-3.131,98	516,78	668,78	1002,95	0,82	6 %
8	168	-3.116,02	484,87	658,87	1041,40	0,82	5 %
9	189	-3.103,65	460,13	656,13	1087,03	0,82	4 %
10	210	-3.093,94	440,72	658,72	1137,98	0,83	2 %

*Anteilige Größe der kleinsten Klasse

Erweiterung um aktive Kovariate

Das 6-Klassen-Modell wird um eine Kombination von sieben geeigneten aktiven Kovariaten erweitert, die exogen zu den Indikatoren sind (siehe Abbildung 6-18). Die aktiven Kovariate im Strukturmodell beschreiben, wie wahrscheinlich Personen mit den betrachteten Merkmalen in den einzelnen Klassen vorkommen. Zu diesen Kovariaten gehören soziodemographische (u. a. Alter, Geschlecht, Bildungsgrad, Haushaltsgröße) und räumliche Merkmale (u. a. Bevölkerungsdichte, ÖV-Verfügbarkeit). Bei der Auswahl werden verschiedene Kovariate getestet und die signifikanten Kovariate zur Modellverbesserung berücksichtigt (siehe Tabelle 6-17). Der Log-Likelihood des Basismodells ohne Kovariate kann durch diese Integration um 22 % verbessert werden.

6.7.4 Ergebnisse

Basierend auf der Berechnung des 6-Klassenmodells mit aktiven Kovariaten werden im Folgenden zunächst die sechs latenten Klassen inhaltlich analysiert. Anschließend werden der Einfluss der exogenen, aktiven Kovariate beschrieben und Besonderheiten bei den inaktiven Kovariaten erläutert. Abschließend folgt eine Diskussion der Ergebnisse.

Psychographische Klassen von Pkw-Nutzern

Die Ergebnisse aus der latenten Klassenanalyse sind in Tabelle 6-17 dargestellt, in der die Merkmale der jeweiligen Klassen abgelesen werden können. In der dritten Zeile wird die prozentuale Verteilung der Klassengrößen aufgezeigt. Im oberen Teil der Tabelle wird das Messmodell beschrieben. Die Zahlenwerte geben an, wie wahrscheinlich ein Individuum aus den Klassen eins bis sechs den Indikatoren (siehe linke Seite in Abbildung 6-18) zugestimmt hat. Zur besseren Veranschaulichung werden die klassenspezifischen Antwortprofile in Abbildung 6-19 visualisiert. Im Abschnitt zum Strukturmodell in Tabelle 6-17 wird der Einfluss der aktiven Kovariate auf die Klassenzuteilung dargestellt. Positive Werte erhöhen die Zuteilungswahrscheinlichkeit zu einer Klasse. Nach intensiven inhaltlichen Analysen kann jede psychographische Klasse mit einem Namen versehen werden, der die prägenden Merkmale der jeweiligen Klasse repräsentiert.

Tabelle 6-17: Parameter der latenten Klassenanalyse mit sechs Klassen

	Psychographische latente Klassen						
		Auto-Distan-zierte	Auto-abhängige	Auto-Fans	Pkw-Individualisten	Mein Auto ist mein Zuhause	Privatheits-bewusste Pkw-Besitzer
		1	**2**	**3**	**4**	**5**	**6**
Variablen		**20,5 %**	**7,5 %**	**21,2 %**	**19,1 %**	**15,5 %**	**16,2 %**
Indikatorschätzung (Messmodell)							
AutoPKW2*		0,11	**0,99**	0,16	**0,92**	0,23	0,14
AutoOEV1*		0,07	**0,86**	0,09	**0,82**	0,20	0,13
PBC1		0,06	**0,76**	0,13	**0,84**	0,49	0,25
PBC2*		0,06	**0,77**	0,04	**0,76**	0,00	0,14
PrivOEV1		0,19	0,21	0,14	0,57	**0,84**	**0,76**
PrivOEV2		0,03	0,11	0,05	0,52	**0,92**	0,56
ErlPKW1		0,10	0,14	**0,83**	**0,85**	**0,91**	0,30
PrivPKW1		0,17	0,56	**0,89**	**0,95**	**1,00**	0,53
AutoPKW1		0,09	0,29	**0,87**	**0,97**	**0,98**	0,45
ErlPKW2		0,05	0,00	**0,78**	**0,70**	**1,00**	0,36
Schätzung der Zugehörigkeit zu den latenten Klassen (Strukturmodell)							
Variablen	***Sig.***	**1**	**2**	**3**	**4**	**5**	**6**
Konstante	***	-	-0,670	-0,832	-0,951	-0,827	-0,331
Männlich	*	-	-0,091	1,147	0,442	0,850	0,059
Alter < 35 Jahre	*	-	-0,252	0,950	0,663	1,022	0,918
Alter 35 - 55 Jahre	***	-	-0,886	0,606	0,375	0,776	0,267
Hochschulabschluss	*	-	-0,266	-1,106	-0,801	-0,888	-0,326
Wohnort Berlin	***	-	0,508	0,252	0,330	-0,462	-1,298
Niedrige Bevölkerungsdichte (≤ 7.000 EW/km²)	***	-	0,231	-0,285	0,609	-0,208	-1,655
Kleinhaushalte mit Berufstätigen (1 - 2 Personen)	***	-	-0,391	0,346	0,895	0,206	0,927

Signifikanzniveaus (Sig.): *< 0,10, **< 0,05, ***< 0,001, *umkodiert

Klasse 1: „Auto-Distanzierte" (n = 123)

Mit einem Anteil von 20,5 % aller Befragten stellen die „Auto-Distanzierten" die zweitgrößte Klasse dar. Sie haben eine geringe Wahrscheinlichkeit (≤ 19 %) den im Modell berücksichtigten psychologischen Items zuzustimmen (siehe Tabelle 6-17). Folglich steht ihre regelmäßige Nutzung des Pkw in keinem Zusammenhang mit grundlegenden Dimensionen wie Autoorientierung, Autonomie oder Privatsphäre. Sie sind in diesen Dimensionen unabhängig und vom Pkw distanziert.

Klasse 2: „Autoabhängige" (n = 44)

Die zweite Klasse wird stark durch die Autonomie des Pkw dominiert. Die Autonomie kann durch die hohe Antwortwahrscheinlichkeit (≥ 76 %) bei den Items PBC1, PBC2, AutoOEV1 und AutoPKW2 beschrieben werden. Personen in dieser vergleichsweise kleinen Klasse (7,5 %) benötigen den Pkw zur Bewältigung ihres Alltags. Die Personen aus dieser Klasse glauben, dass sie aufgrund fehlender Möglichkeiten wenig Kontrolle über die Ausführung ihres Mobilitätsverhaltens haben und können daher als „Autoabhängige" bezeichnet werden.

Klasse 3: „Auto-Fans" (n = 128)

Im Gegensatz dazu zeigen Personen aus Klasse 3, eine große Begeisterung selbst Pkw zu fahren. Ihrer Ansicht nach benötigen sie den Pkw nicht für die Bewältigung des Alltags, da die Zustimmungswahrscheinlichkeit hinsichtlich der Items zur Autonomie gering ist. Für diese „Auto-Fans" steht das emotionale Motiv (ErlPKW1, PrivPKW1, AutoPKW1, ErlPKW2) eher im Vordergrund, also das Erleben positiver Gefühle bei der Pkw-Nutzung. Sie grenzen sich deutlich von den ersten beiden Klassen ab und bilden mit 21,2 % die größte Klasse bei den urbanen Autobesitzern mit regelmäßiger Nutzung.

Klasse 4: „Pkw-Individualisten" (n = 115)

Personen aus der Klasse 4 haben eine sehr starke Kombination aus Autonomie und Autoorientierung. Die Zustimmungswahrscheinlichkeit liegt bei den dazugehörigen acht Items bei mindestens 70 %. Sie betrachten den Pkw als relevant für ihren Alltag und fahren zudem gerne Auto, folglich können sie als „Pkw-Individualisten“ bezeichnet werden.

Klasse 5: „Mein Auto ist mein Zuhause“ (n = 93)
Die Klasse 5 unterscheidet sich von Klasse 4 dadurch, dass die Personen einen weniger starken Bedarf für den Pkw im Alltag sehen. Stattdessen wird ihre Ausrichtung auf den Pkw stark von der Autoorientierung und der vorhandenen Privatsphäre im Pkw beeinflusst (PrivPT1, PrivPT2). Die Formulierung „Mein Auto ist mein Zuhause“ passt folglich zu dieser Gruppe, da der Pkw ihren privaten Raum erweitert und ein erhöhtes Sicherheitsgefühl induziert (PrivPKW1). Da sie auch gerne fahren, wird die Pkw-Nutzung nicht als Last empfunden.

Klasse 6: „Privatheitsbewusste Pkw-Besitzer“ (n = 97)
Im Gegensatz zu Klasse 5 haben Menschen aus Klasse 6 nur eine hohe Wahrscheinlichkeit dem Item PrivPT2 zuzustimmen. Sie fahren nicht gerne und benötigen auch im Alltag keinen Pkw. Lediglich die Privatheit spielt für diese Personen eine relevante Rolle. Aus diesem Grund heißen sie „Privatheitsbewusste Pkw-Besitzer“.

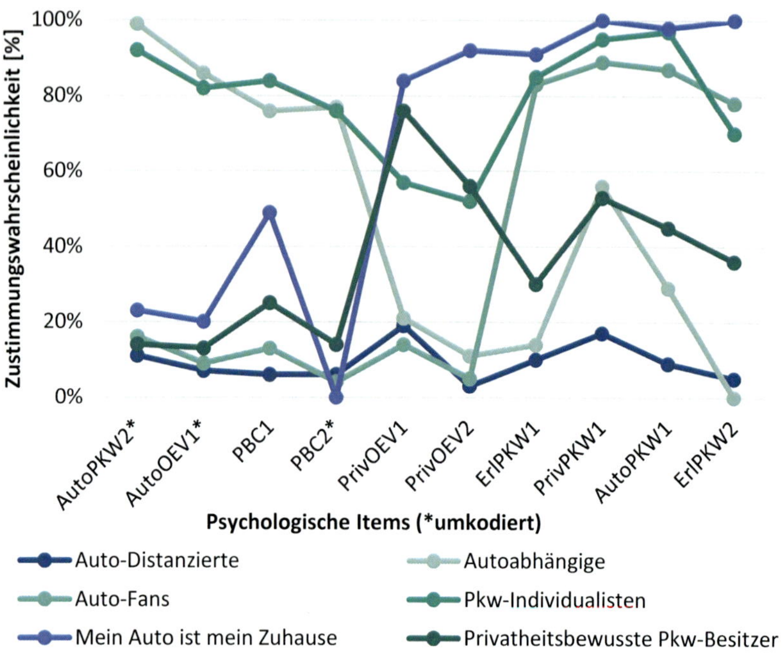

Abbildung 6-19: Spezifische Antwortprofile der sechs latenten Klassen

Die Benennung der Klassen basiert ausschließlich auf den psychographischen Eigenschaften der Klassen und stellt eine Besonderheit gegenüber den anderen beiden Segmentierungsansätzen dar. Die detailliertere Pkw-Nutzung als verhaltensbasiertes Merkmal, wie bei den Pkw-Abhängigkeitstypen aus Kapitel 6.2, wird bei diesem Ansatz nicht bei der Erstellung der Klassen berücksichtigt. Allerdings fand eine Vorauswahl statt, da nur Pkw-Besitzer mit einer regelmäßigen Nutzung betrachtet werden. Es fällt dennoch auf, dass teilweise vergleichbare Klassen bzw. Cluster entstanden sind (vgl. Kapitel 6.8).

Aktive Kovariate

Der zweite Teil der Ergebnisse ist die Interpretation der aktiven Kovariate, die als exogene Faktoren einen Einfluss auf die latenten Klassen haben (siehe Abbildung 6-18).

Die Konstante (*intercept*) im unteren Teil der Tabelle 6-17 (Strukturmodell) spiegelt die allgemeine Eignung der Personen für eine bestimmte Klasse wider. Klasse 1 ist die Referenzklasse für die Interpretation der Kovariate. Die Konstante zeigt durch negative Werte bei allen anderen Klassen, dass im Allgemeinen eine geringere Wahrscheinlichkeit besteht, nicht in der Klasse der „Auto-Distanzierten“ zu sein.

Wie erwartet, haben Männer eine höhere Wahrscheinlichkeit, in den Klassen 3, 4 oder 5 zu sein. Alle drei Klassen zeichnen sich durch eine hohe Autoorientierung aus. Ein unerwartetes Ergebnis zeigt sich bei den Altersgruppen: Personen unter 35 Jahren haben eine höhere Wahrscheinlichkeit, in den Klassen 3 bis 6 zu sein. Dies zeigt, dass unter jungen Erwachsenen in beiden Städten eine allgemeine Autoorientierung zu finden ist. Ein hoher Bildungsgrad spiegelt eine deutlich geringere Wahrscheinlichkeit wider, in den Klassen 3, 4 und 5 zu sein, welche sich durch hohe emotionale Motive auszeichnen.

Neben individuellen Eigenschaften der Probanden wird auch die räumliche Struktur der beiden Städte betrachtet. Bei der Interpretation muss an die sehr unterschiedlichen Motorisierungsraten der beiden Städte erinnert werden. Personen aus Berlin haben eine höhere Wahrscheinlichkeit in den Klassen 2, 3 oder 4 zu sein. Dies deutet darauf hin, dass die Privatsphäre im ÖV für die Einwohner Berlins keine so entscheidende Rolle spielt. Die Personen, die sich in ihrer Privatheit eingeschränkt fühlen, kommen in der Regel aus München, vor allem die Personen aus der Klasse „Mein Auto ist mein Zuhause“. Letztere haben zudem eine starke Autoorientierung, was zum Teil die hohe Motorisierungsrate in München erklären könnte. Interessanterweise sind die „Auto-Fans“ aber eher in Berlin anzutreffen. Auch die Bevölkerungsdichte hat einen erheblichen Einfluss. Menschen aus weniger dicht besiedelten Gebieten sind mit größerer Wahrscheinlichkeit „Pkw-Individualisten“. Wobei Personen der

Klassen „Auto-Fans" und „Mein Auto ist mein Zuhause" eher in dicht besiedelten urbanen Gebieten anzutreffen sind. Dies könnte auf die „Pro-Auto"-Haltung zurückzuführen sein, die für die Menschen relevant sein muss, um die Schwierigkeiten des Pkw-Besitzes in der Stadt zu akzeptieren, z. B. aufgrund der Parkplatzsituation.
Im vorliegenden Anwendungsfall besteht eine Einschränkung bei der Benennung der Klassen, da die Information über die tatsächliche Nutzung bei der Identifizierung latenter Klassen nicht berücksichtigt wird. In Klasse 6 besteht beispielsweise eine hohe wahrgenommene Privatheit. Es ist nicht ersichtlich, ob diese auch zu einer erhöhten Nutzung führt. Im Folgenden werden daher die inaktiven Kovariate näher untersucht, um das Mobilitätsverhalten der Klassen näher zu beschreiben.

Inaktive Kovariate und Implikationen aus den Profilen

Zusätzlich zu den aktiven Kovariaten werden nun auch die inaktiven Kovariate betrachtet. Zu diesem Zweck erfolgt eine Untersuchung der Alltags- und Fernverkehrsmobilität der Befragten in den sechs Klassen. In diesem Abschnitt werden die wichtigsten Merkmale der psychographischen Klassen (in Tabelle 6-18 fett markiert) betrachtet.

„Auto-Distanzierte"
Personen aus Klasse 1 haben zwar verhältnismäßig viele Kinder und leben hauptsächlich im Stadtzentrum, benötigen aber nicht zwingend einen Pkw für ihren Alltag. Ihre Verkehrsmittelwahl ist sehr ausgewogen. Sie sind pragmatisch veranlagt. Der eigene Pkw ist eine Rückfallebene und wird für bestimmte Zwecke regelmäßig eingesetzt. Insgesamt hat der Pkw trotz regelmäßiger Nutzung einen niedrigen Stellenwert und ist daher nur in seltenen Fällen ein Premiumauto. Vor allem die stark ausgeprägte ökologische Norm (SN1, SN2, PN1, PN2) zeichnet die Klasse in der deskriptiven Analyse aus. Ihre Verkehrsmittelwahl ist auch durch die nachhaltige Normorientierung geprägt. Dennoch ist zu berücksichtigen, dass es sich um Personen handelt, die mindestens mehrmals im Monat den Pkw nutzen.

„Autoabhängige“

„Autoabhängige“ leben am Rand der Stadt in eher suburbanen Bereichen. Sie leben zwar in großen Haushalten, haben aber wenige Kinder unter 18 Jahren. Ihr Haushaltseinkommen ist insgesamt hoch. Es leben durchschnittlich im Verhältnis zu anderen Klassen mehr Erwachsene im Haushalt (auch Kinder über 18 Jahren). Im Allgemeinen machen sie die wenigsten Wege pro Tag, doch diese fast ausschließlich mit dem Pkw. Ihre Pkw-Mobilität ist vermutlich durch den Arbeitsweg in die Stadt dominiert. Zudem unternehmen sie viele Tagesausflüge mit dem Pkw.

„Auto-Fans“

Personen aus dieser Gruppe haben ein niedriges durchschnittliches Nettoeinkommen. Dies erklärt auch teilweise, warum sie trotz ihrer hohen Autoorientierung nur wenig Premiumautos besitzen. Im täglichen Leben nutzen sie nicht nur den privaten Pkw im Haushalt, sondern auch ÖV oder Car-Sharing. Dies wird durch die hohe Nutzungsabsicht des ÖV (IntOV1 und IntOV2) bestätigt.

„Pkw-Individualisten“

Personen aus Klasse 4 besitzen die meisten Pkw pro Erwachsenem. Sie wohnen am Rande der Stadt und decken fast alle Fahrten mit dem Pkw ab. Sie unternehmen die meisten Urlaubsreisen pro Jahr, jedoch die wenigsten Tagesausflüge. Sie haben eine sehr niedrige ökologische Normorientierung und eine geringe Absicht, den ÖV zu benutzen.

„Mein Auto ist mein Zuhause“

Die Personen aus der Gruppe „Mein Auto ist mein Zuhause“ sind sehr mobil und nutzen den Pkw häufig für ihre Fahrten und nur selten den ÖV. Diese Klasse besteht aus jungen Familien, die viele Tagesausflüge mit dem Pkw, aber nur wenige Urlaubsreisen unternehmen. Sie haben viele Pkw mit einem hohen Anteil an Premium-Marken.

„Privatheitsbewusste Pkw-Besitzer“

Personen, die sich mit der Privatsphäre in Verkehrsmitteln auseinandersetzen, wechseln zwischen Auto und ÖV für ihre täglichen Fahrten. Sie haben den höchsten Anteil an Premium-Autos (48 %). Aufgrund des hohen Pro-Kopf-Einkommens können sie sich den Pkw leisten und es gehört vermutlich zu ihrem „Lifestyle“. Diese Klasse zeigt eine starke ökologische Norm trotz des hohen Anteils an (Premium-)Pkw. Zudem unternehmen sie viele Tagesausflüge.

Tabelle 6-18: Inaktive Kovariate der psychographischen latenten Klassen

	Latente Klassen					
	Auto-Distanzierte	**Auto-abhängige**	**Auto-Fans**	**Pkw-Individualisten**	**Mein Auto ist mein Zuhause**	**Privatheits-bewusste Pkw-Besitzer**
	1	**2**	**3**	**4**	**5**	**6**
	20,5 %	7,5 %	21,2 %	19,1 %	15,5 %	16,2 %
Mobilitätsverhalten						
Wege pro Tag	3,57	**2,71**	3,62	3,52	**5,04**	4,70
Kilometer pro Tag	18,03	16,71	22,80	29,93	37,46	31,78
Tagesausflüge pro Jahr	9,86	**11,69**	9,11	**9,08**	9,13	10,00
Anteil Pkw-Nutzung Tagesausflüge	66 %	94 %	73 %	89 %	**75 %**	63 %
Fernreisen pro Jahr	2,82	2,69	3,10	**3,80**	2,97	3,00
Anteil Autonutzung Fernreisen	35 %	47 %	46 %	52 %	50 %	43 %
Autonutzung*	**2,82**	**1,89**	**2,38**	**1,49**	**1,84**	**2,47**
ÖV-Nutzung*	**2,70**	4,98	**2,92**	5,10	**3,43**	**2,90**
Fahrrad-Nutzung*	**3,28**	4,63	3,97	4,75	3,92	3,41
Zu Fuß*	**2,66**	3,07	2,80	3,45	3,09	3,11
Anteil Personen mit Carsharing-Nutzung*5	2 %	0 %	**13 %**	4 %	12 %	10 %
Haushaltseigenschaften (HH)						
# Pkw im HH	1,12	1,36	1,20	1,39	1,32	1,15
Premium-Pkw	**22 %**	27 %	**33 %**	41 %	**44 %**	**48 %**
Haushaltsgröße	2,73	**2,67**	2,50	2,22	**2,43**	2,13
# Kinder im HH	**0,70**	**0,33**	0,55	0,44	**0,56**	0,34
Pkw pro Erwachsene	0,55	0,58	0,62	**0,78**	0,71	**0,64**
Nettohaushaltseinkommen*2	2,33	**2,71**	**2,21**	2,30	2,44	**2,41**
Bevölkerungsdichte*3	**2,59**	**2,18**	2,52	**2,13**	2,55	2,77

Fortsetzung nächste Seite...

... Fortsetzung

Psychographische Eigenschaften						
SN1*4	**2,97**	2,24	2,6	**1,87**	3,17	**2,87**
SN2*4	**3,38**	2,23	3,07	**2,12**	3,19	**3,54**
PN1*4	**3,49**	2,49	3	**2,16**	3,06	**3,33**
PN2*4	**3,57**	2,64	3,1	**2,28**	3,34	**3,18**
IntOEV1*4	3,47	2	3,31	**1,6**	2,95	3,29
IntOEV2*4	3,29	1,6	3,89	**1,46**	2,78	3,15

*Häufigkeitsklassen von 1: täglich bis 7: nie; *2 Monatliche Nettoeinkommens-Klassen von 1: weniger als 2000€ bis 4: über 8000€; *3 Bevölkerungsdichte-Klassen [Einwohner/km²] auf Postleitzahl von 1: unter 7000 bis 4: über 15.000; *4 5-Punkte Likert Skala von 1="nicht zustimmen" bis 5="zustimmen", *5 min. einmal im Monat

6.7.5 Diskussion der Ergebnisse

In diesem Abschnitt werden die Besonderheiten der latenten Klassen zusammengefasst und weitere Implikationen diskutiert. Durch die schon beschriebenen Segmentierungsansätze der Pkw-Abhängigkeitstypen und der urbanen Mobilitätstypen wurden viele Potenziale und Handlungsempfehlungen für politische Entscheidungsträger bereits ausführlich diskutiert und werden an dieser Stelle nicht wiederholt.

Aus diesem Grund wird nachfolgend verstärkt auf die Implikationen für Mobilitätsdienstleister und Automobilhersteller anhand von drei latenten Klassen mit interessanten Potenzialen eingegangen, auch hinsichtlich neuer Technologien und Services wie autonomes Fahren, Elektromobilität und MOD-Services.

Handlungsempfehlungen für die Klasse „Mein Auto ist mein Zuhause"

Personen aus der Gruppe „Mein Auto ist mein Zuhause" stimmen mit einer Wahrscheinlichkeit von mindestens 84 % den Items zur Privatheit und zum Erlebnis des Pkw zu und kommen eher aus München. Hinsichtlich der Elektromobilität besteht ein hohes Potenzial, da sie eine geringe Autonomie aufweisen. Sie benötigen den Pkw im Alltag nicht immer. Zusätzlich zeigen sie eine hohe ökologische Norm und damit also eine geeignete Kombination für die Nutzung von Elektromobilität. 15,5 % der Pkw-Besitzer mit regelmäßiger Nutzung gehören dieser Gruppe an.

Handlungsempfehlungen für die Klasse „Privatheitsbewusste Pkw-Besitzer"

Die „Privatheitsbewussten Pkw-Besitzer" zeigen eine erhöhte Zustimmungswahrscheinlichkeit bei dem Item PrivOEV1 (76 %) und haben nur eine leichte Tendenz zum Selbstfahren. Eine Besonderheit ist die hohe ökologische Normorientierung in dieser Klasse. Trotzdem besitzen Personen dieser Gruppe einen sehr hohen Anteil an Premiumautos im Haushalt. Die „Privatheitsbewussten Pkw-Besitzer" sind daher die perfekte Zielgruppe für ein Premium-Elektro-Car-Sharing. Durch ihre hohe Kaufkraft können sie sich derartige Services leisten. Gleichzeitig würde sich damit der Flächenverbrauch in der Stadt reduzieren.

Handlungsempfehlungen für die Klasse „Auto-Fans"

Die „Auto-Fans" sind für Car-Sharing und Privat-Pkw-Besitz gleichermaßen aufgeschlossen. Aus Gesichtspunkten der Nachhaltigkeit sollte diese Gruppe zum Ausleben des Fahrspaßes in seltenen Fällen ein Car-Sharing-Fahrzeug benutzen können und auf einen Besitz im Allgemeinen verzichten. Durch ihre schon jetzt hohe emotionale Bindung zum Pkw steckt in dieser Gruppe viel Potenzial für eine erhöhte Pkw-Mobilität mit steigenden Mobilitätsbedürfnissen.

Bei der Gesamtbetrachtung aller latenten Klassen fällt auf, dass die Hälfte der Personen nicht gerne selbst mit dem Pkw fährt bzw. ein niedriges affektives Motiv besitzt. Das entspricht 44,2 % der Pkw-Besitzer mit einer regelmäßigen Nutzung. Diese Zielgruppen weisen ein großes Potenzial für autonomes Fahren auf. Da nur für die Klasse „Mein Auto ist mein Zuhause" die Privatheit eine relevante Rolle spielt, könnten auch Sharing-Konzepte, wie MOIA von Volkswagen oder ioki von der Deutschen Bahn, mit einer ausreichenden Flexibilität in Frage kommen. Hierfür muss vor allem deren Verfügbarkeit verbessert werden.

6.7.6 Zusammenfassung und kritische Würdigung

Die psychographischen Klassen haben gezeigt, dass sich Pkw-Besitzer mit einer regelmäßigen Nutzung durch ihre Item-Zustimmungswahrscheinlichkeiten und die exogenen Variablen stark unterscheiden. Die Pkw-Nutzungshäufigkeit liegt zwischen mehrmals in der Woche und (fast) täglich, wenn die Items zur Autonomie und zur wahrgenommenen Verhaltenskontrolle zu Gunsten des Pkw beantwortet wurden. Die Autoorientierung wiederum führt nicht zwangsläufig zur Bildung von Gruppen mit einer durchweg hohen Nutzung. Die unterschiedliche Pkw-Nutzungshäufigkeit in den verschiedenen Klassen zeigt, dass die Autonomie des Pkw für eine intensivere Nutzung steht (vgl. Klassen 2 und 4). Basierend auf den Ergebnissen der latenten Klassen können auch die anwendungsbezogenen Forschungsfragen beantwortet werden:

Führt eine gefühlte Einschränkung der Privatheit im ÖV zu einer Nicht-Nutzung des ÖV bei Pkw-Besitzern?
Die Antwort auf diese Frage ist zweigeteilt. Zum einen thematisiert die Gruppe der „Privatheitsbewussten Pkw-Besitzer“ die Privatheit im ÖV. Dies hält sie aber nicht von der Nutzung des ÖV ab. Sie akzeptieren diesen Zustand und nutzen den ÖV aus pragmatischen Gründen. Bei der Gruppe „Mein Auto ist mein Zuhause“ führt die Relevanz der Privatheit zu einer Nicht-Nutzung des ÖV. Es ist anzunehmen, dass diese Gruppe noch wenig Erfahrung mit dem ÖV gesammelt hat. Sie vermuten daher eher ein Problem mit ihrer Privatheit. Insgesamt thematisieren 31,7 % der betrachteten Personen eine Privatheit im ÖV, wobei es bei der Hälfte zu einer Nicht-Nutzung führt.

Existieren auch regelmäßige Pkw-Nutzer mit einer starken Distanzierung zum Pkw?
Jeder fünfte Pkw-Nutzer (20,5 %) aus der betrachteten Teilstichprobe hat überhaupt keine Bindung zum Pkw hinsichtlich Privatheit, Autonomie oder Erlebnis. Diese Gruppe wurde in Kapitel 6.7.4 auch als „Auto-Distanzierte“ be-

schrieben. Der Pkw ist nur ein Teil ihrer Mobilität, bildet eher eine Rückfallebene und wird unter den sechs Gruppen am wenigsten verwendet (durchschnittlich einmal pro Woche).

Wie stark sind Unterschiede zwischen Städten mit unterschiedlichen Motorisierungsgraden in der Gesellschaft ausgeprägt?
Beim Vergleich zwischen Berlin und München werden Besonderheiten deutlich, welche durch die höhere Motorisierungsrate in München teilweise erklärt werden. Die beiden Klassen 5 und 6 sind deutlich wahrscheinlicher in München vorhanden, wobei insbesondere bei Klasse 6 („Privatheitsbewusste Pkw-Besitzer“) eine geringe Nutzung auffällt. In Berlin sind eher Personen zu beobachten, welche den Pkw sehr häufig nutzen müssen („Autoabhängige“ und „Pkw-Individualisten“). Im Gegensatz dazu sind die „Auto-Fans“ ein Berliner Phänomen.

Abschließend kann festgehalten werden, dass die Erweiterung der psychologischen Dimension um die Privatheit zu zwei sich unterscheidenden Klassen geführt hat. Die Privatheit stellt aber nur ein Teilaspekt dar. Die Regressionsanalyse von von Behren, Schubert und Chlond (2020) untersuchten bereits die Autonomie, Privatheit und Autoorientierung als Prädiktor für das Verhalten in Berlin, San Francisco und Shanghai. Insgesamt zeigt sich ein umfassendes Bild und ein relevanter Zusammenhang der drei psychographischen Merkmale mit der Pkw-Nutzung in der Stadt.

6.8 Vergleichende Analyse der Pkw-Abhängigkeitstypen und der latenten Klassen

Es besteht zusätzlich die Möglichkeit, einen Vergleich zwischen den psychographischen Klassen und den Pkw-Abhängigkeitstypen (nur Personen mit einer regelmäßigen Pkw-Nutzung) aus Berlin vorzunehmen. In Abbildung 6-20 wird die Aufteilung der Pkw-Abhängigkeitstypen auf die psychographischen Klassen in einem Sankey-Diagramm visualisiert. Beim Sankey-Diagramm werden die Übergänge von einem Segmentierungsansatz zum anderen mengenproportional dargestellt. Je dicker der Mengenfluss von links nach rechts,

desto stärker ist die Übereinstimmung zwischen den beiden Segmentierungsansätzen.
Dabei ist auffällig, dass die „Autounabhängigen Pragmatiker“ zu einem großen Teil in der Klasse der „Auto-Distanzierten“ aufgehen. Diese bereits genannte Vermutung wird somit bestätigt.
Ein Großteil der „Überzeugten Autonutzer“ gehen auf die „Pkw-Individualisten“ über. Es zeigt sich jedoch auch, dass der andere Teil auf drei verschiedene latente Klassen („Auto-Fans“, „Autoabhängige“ und „Mein Auto ist mein Zuhause“) zu annähernd gleichen Teilen übergeht. Hierdurch wird eine bestehende Heterogenität bei den psychographischen Eigenschaften der „Überzeugten Autonutzer“ deutlich. Durch die Berücksichtigung der Privatheit bildet sich die latente Klasse „Mein Auto ist mein Zuhause“, die vor allem aus „Überzeugten Autonutzern“ und „Verhinderten Autofreunden“ besteht. Die tatsächliche Pkw-Nutzungshäufigkeit wird bei der Bildung der latenten Klassen nicht berücksichtigt und führt zu einem Unterschied bei der Segmentierung.
Die fehlende Berücksichtigung der Pkw-Nutzung verursacht auch bei den beiden Pkw-Abhängigkeitstypen mit einer Dissonanz zwischen Verhalten und Einstellungen („Auto-Captives“ und „Autoaffine Pragmatiker“) einen deutlich heterogeneren Übergang auf die latenten Klassen.

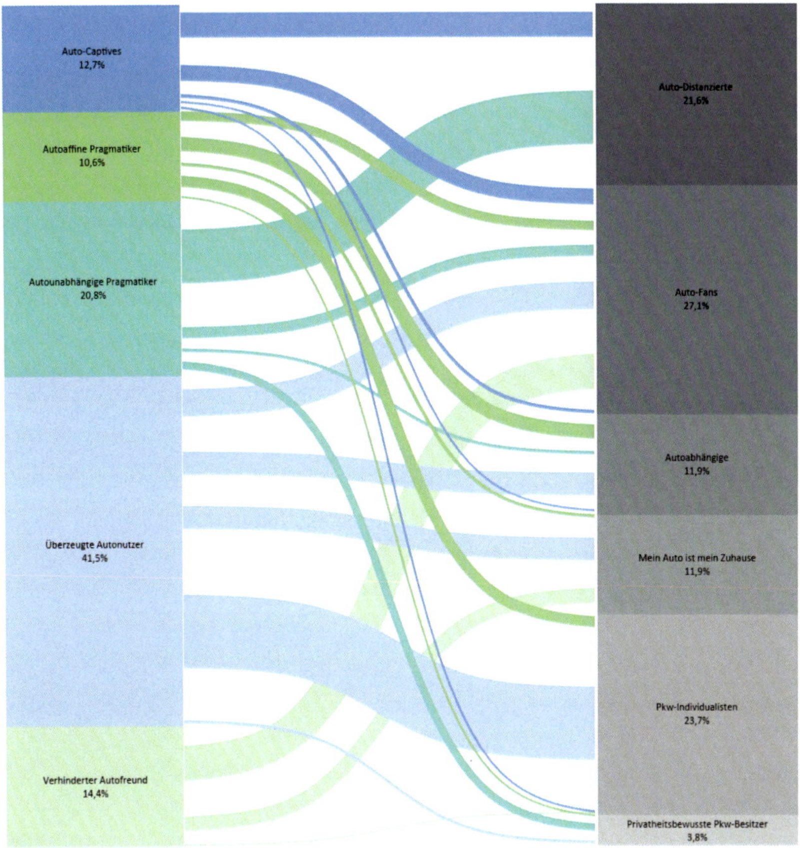

Abbildung 6-20: Sankey-Diagramm zum Vergleich der Aufteilung der Pkw-Abhängigkeitstypen auf die latenten psychographischen Klassen in Berlin (n = 237)

6.9 Zwischenfazit

Zusammenfassend wurden in Kapitel 6 drei verschiedene Segmentierungsansätze durchgeführt und dabei insgesamt 22 verschiedene Zielgruppen identifiziert (siehe Abbildung 6-21). Die vorgestellten Segmentierungsansätze weisen aufgrund von spezifischen Fragestellungen inhaltliche Unterschiede auf, die in diesem Abschnitt zusammengefasst und reflektiert werden.

Pkw-Abhängigkeitstypen

Der erste Anwendungsfall hatte das Ziel, eine verhaltens- und einstellungsbasierte Segmentierung von Pkw-Besitzern in den drei Städten Berlin, San Francisco und Shanghai durchzuführen und Personen zu identifizieren, die in beiden Dimensionen (Verhalten und Einstellungen) unabhängig von ihrem Pkw sind. Die spezifische Zielgruppe der „Autounabhängigen Pragmatiker" findet sich mit einem Anteil von mindestens 30 % unter den Pkw-Besitzern in allen drei Städten. Sie bietet ein hohes Potenzial zur Pkw-Abschaffung, was eine Entlastung der Flächen in urbanen Räumen, die durch nicht genutzte, parkende Pkw belegt sind, zur Folge haben könnte.

Urbane Mobilitätstypen

Die zweite Segmentierung der urbanen Mobilitätstypen erweitert die Perspektive auf den gesamten Mobilitätsmarkt und dient der Untersuchung von Multimodalität im Verhalten und von grundsätzlichen Einstellungen zu unterschiedlichen Verkehrsmitteln. Beim Städtevergleich von Berlin, San Francisco und Shanghai wird deutlich, dass sich vor allem in San Francisco besondere Pkw-Nutzungsgruppen herausbilden. Dabei sticht vor allem die Zielgruppe der monomodalen Pkw-Nutzer mit hoher ökologischer Norm hervor, die die höhere Nachfrage an Elektrofahrzeugen erklären könnte. Insbesondere stellen die „Überzeugten Rad- und ÖV-Nutzer" in Berlin (31,3 %) und Shanghai (31,7 %) die größte Zielgruppe dar, die auch in den Städten für eine nachhaltige Mobilität steht und eine niedrigere Motorisierungsrate teilweise erklären kann.

Latente psychographische Klassen von Pkw-Besitzern

Die dritte Segmentierung zeigt einen starken Fokus auf eine spezifische Gruppe von Personen, die einen Pkw besitzen und diesen auch regelmäßig nutzen. Hierbei kann festgestellt werden, dass über 30 % der Personen die Relevanz von Privatheit bei der Verkehrsmittelwahl thematisieren, wobei die fehlende Privatheit im ÖV nicht zwangsläufig zu einer Nicht-Nutzung des ÖV bei den einstellungsbasierten Zielgruppen führt. Nur 20,5 % der betrachteten

Personen aus Berlin und München haben eine starke Distanz zum Pkw auf der psychologischen Ebene.

Alle drei Ansätze führen zu unterschiedlichen Betrachtungsperspektiven für Forschung und Praxis und können abhängig von der Anforderung einen Mehrwert liefern.

- Die Pkw-Abhängigkeitstypologie dient zur Analyse von Pkw-Besitzern und berücksichtigt auch den ruhenden Verkehr (bzw. die Flächennutzung) in der Stadt, indem auch Pkw-Besitzer mit geringer Pkw-Nutzung betrachtet werden.
- Die urbanen Mobilitätstypen liefern ein umfassendes Bild und ermöglichen eine Erarbeitung von unterschiedlichen Mobilitätskonzepten für die jeweilige Zielgruppe.
- Die latenten psychographischen Klassen der Pkw-Vielnutzer bieten die Möglichkeit den fließenden Verkehr näher zu betrachten und bilden eine Grundlage für die Ableitung von Handlungsoptionen für die Reduktion des Pkw-Verkehrs in der Stadt.

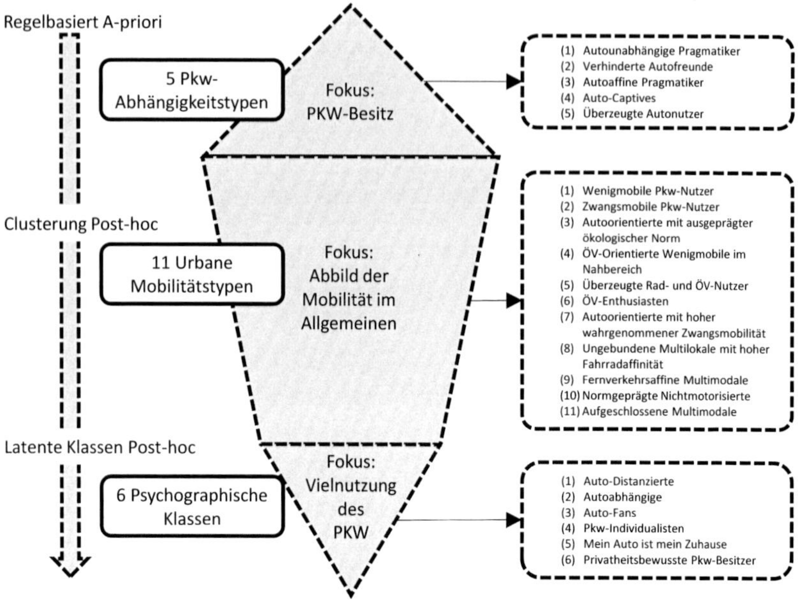

Abbildung 6-21: Übersicht der verschiedenen Segmentierungsansätze

Neben den inhaltlichen Unterschieden stellt die Reihenfolge der vorgestellten Segmentierungen zusätzlich eine methodische Weiterentwicklung der Ansätze dar. Die Pkw-Abhängigkeitstypen wurden in Kapitel 6.2 mittels einer regelbasierter A-priori-Segmentierung bestimmt. Bei den urbanen Mobilitätstypen erfolgte in Kapitel 6.3 eine zweistufige Post-hoc-Segmentierung mit einer hierarchischen und partitionierenden Clusterung, um die Segmente nicht vorzugeben, sondern in den Daten explorativ zu identifizieren. Beide Methoden führen zu einer deterministischen Zuteilung der Personen. Die dritte Segmentierung der latenten Klassenanalyse kann zwar auch den Post-hoc-Ansätzen zugeordnet werden, ihre Zuteilung erfolgte allerdings in Kapitel 6.7 probabilistisch und ist den anderen beiden Ansätze insofern überlegen, als dass durch die Wahrscheinlichkeitszuteilung eine fehlerhafte Klassifizierung vermieden wird.

In Abbildung 6-22 wird abschließend die Zuteilung derselben Personen in unterschiedliche Zielgruppen je nach Anwendungsfall visualisiert. Die Übersicht soll dabei nochmals verdeutlichen, welche Bedeutung der Anwendungsfall, die verwendeten Eingangsvariablen und die eingesetzte Methode haben.

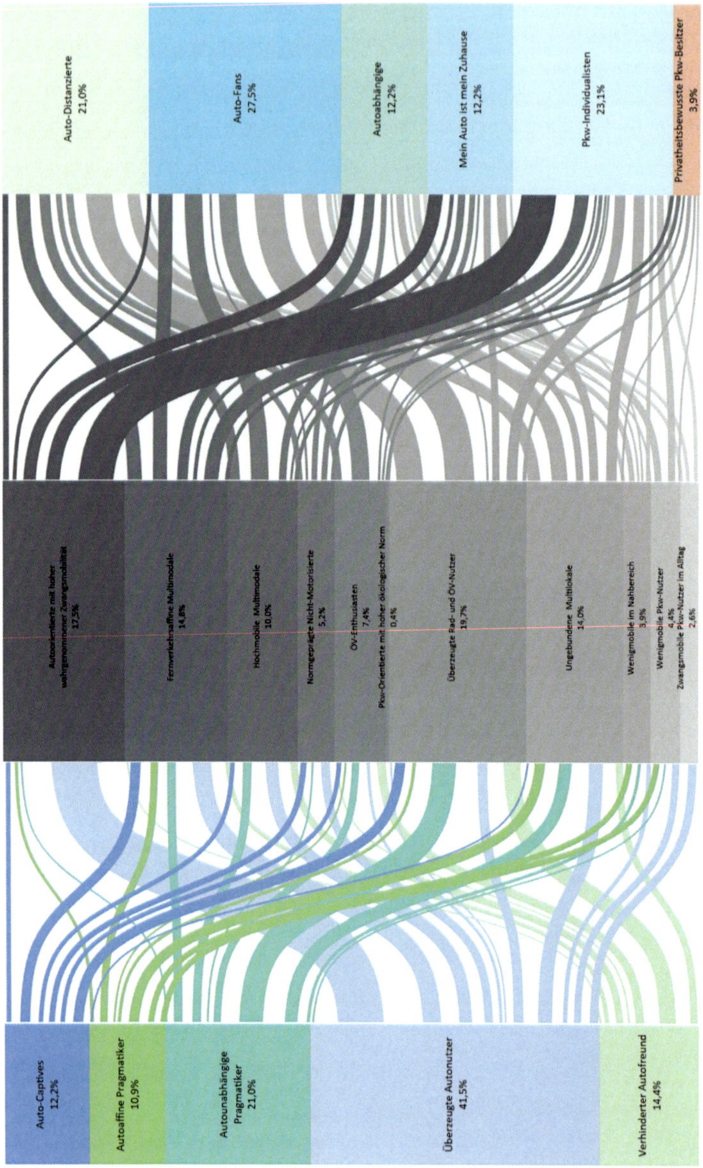

Abbildung 6-22: Sankey-Diagramm der Segmentierungsansätzen (Berlin; n = 237)

7 Psychologische Faktoren in diskreten Wahlmodellen am Beispiel der Motive der Pkw-Nutzung

In den bisherigen Analysen zur Pkw-Nutzung und zur urbanen Mobilität aus Kapitel 6 stand die Segmentierung von Zielgruppen im Vordergrund, um Handlungsempfehlungen bezüglich der einzelnen Gruppen für politische Entscheidungsträger und die Mobilitätsindustrie abzuleiten. Die Segmentierungen in den vorherigen Kapiteln (6.2 bis 6.7) bieten bisher eine deskriptive Erklärung von Unterschieden zwischen verschiedenen Zielgruppen.

Ergänzend zu den bisherigen Segmentierungsansätzen in dieser Arbeit wird nachfolgend der Zusammenhang zwischen weichen Faktoren und der Pkw-Nutzungshäufigkeit im Detail untersucht. Die Analyse signifikanter Zusammenhänge zwischen psychographischen Merkmalen und Mobilitätsverhalten bietet einen weiteren Erkenntnisgewinn in der Diskussion um eine nachhaltige Mobilität in den Städten und beim Vergleich zwischen Städten. Buehler (2011) und Syam (2014) betonen, dass vor allem Einstellungen relevante Erklärungsvariablen für die Verkehrsmittelnutzung liefern, wenn Mobilitätsverhalten international verglichen wird.

Zur Untersuchung der Zusammenhänge zwischen Motiven und der Nutzungshäufigkeiten dienen in dieser Arbeit unterschiedliche psychologische Motivklassen der Pkw-Nutzung nach Steg (2005). In der bestehenden Literatur wird durch empirische Evidenz die Wichtigkeit von Motiven bei der Pkw-Nutzung ausführlich nachgewiesen. Die Berücksichtigung von Motiven soll in dieser Arbeit helfen, die nachfolgenden anwendungsbezogenen Forschungsfragen zu klären:

- Welchen Einfluss hat die Art des Zugangs zu einem Pkw im Haushalt auf die Pkw-Nutzungshäufigkeit in modernen Städten?

- Nutzen junge Menschen in Städten den Pkw weniger häufiger aufgrund von geringeren affektiven Motiven?
- Welche Anteile können die instrumentellen und affektiven Motive bei der Pkw-Nutzungshäufigkeit in Städten erklären?

Werden Motive untersucht, stehen häufig einstellungsbasierte Ansätze aus der sozialpsychologischen Forschung in Form von Strukturgleichungsmodellen (*structural equation model*, SEM) im Vordergrund (vgl. Steg, 2005). Eine Übertragung auf die verhaltensbasierten Modelle der Verkehrsforschung im Rahmen von Hybrid-Choice-Modellen findet bisher nur bedingt statt. Für die Untersuchung in dieser Arbeit erfolgt der Einsatz eines neuartigen Ordered-Hybrid-Choice-Modells.

Für ein besseres Verständnis werden zunächst die Motive der Pkw-Nutzung und die Anwendung von Hybrid-Choice-Modellen in der bestehenden Literatur vorgestellt.

7.1 Stand der Forschung

Dieses Kapitel besteht aus zwei Teilen. Zunächst erfolgt als Ergänzung zu den bisherigen Ausführungen in Kapitel 2.2.1 eine Übersicht zu den Motiven der Pkw-Nutzung und deren Anwendung in der interdisziplinären Mobilitätsforschung. Anschließend wird die Berücksichtigung von weichen Faktoren in verhaltensorientierten Ansätzen erläutert. Hierbei werden die Unterschiede zwischen traditionellen verhaltens- und einstellungsbasierten Ansätzen thematisiert und die Entwicklung bis hin zum neuartigen Hybrid-Choice-Modell beschrieben.

7.1.1 Motive der Pkw-Nutzung in der interdisziplinären Mobilitätsforschung

Teile dieses Abschnitts basieren auf der Veröffentlichung „Revealing Motives for Car Use in Modern Cities – A Case Study from Berlin and San Francisco" (von Behren, Bönisch et al., 2020).

Der Einfluss bzw. der Zusammenhang zwischen weichen Faktoren, wie Einstellungen, Normen oder Kontrollüberzeugungen, und dem Mobilitätsverhalten wurde in Kapitel 2.2 schon ausführlich erläutert. Hierbei wurden auch die Motive der Pkw-Nutzung angeschnitten, die in diesem Abschnitt weiter ausgeführt werden.

Personen kaufen und nutzen einen Pkw aus verschiedenen Gründen. Letztere können teilweise auch erklären, warum Menschen ihre Pkw-Nutzung nicht reduzieren oder verändern möchten, selbst wenn dies zu einer besseren Gesundheit und höheren Umweltverträglichkeit sowie zu finanziellen Einsparungen führen kann (Gatersleben, 2014). Chlond (2013) beschreibt den konventionellen Pkw als ein „Universaltalent“, das für unterschiedliche Mobilitätszwecke eingesetzt werden kann und dem Nutzer eine hohe Flexibilität bietet. Im Allgemeinen wird die Pkw-Nutzung von vielen Menschen positiv eingeschätzt, insbesondere wegen der verbundenen Flexibilität, Unabhängigkeit, Verfügbarkeit, Schnelligkeit, Zuverlässigkeit, Sicherheit, Transportfähigkeit und Bequemlichkeit (Steg et al., 2001). Diese subjektiven Aspekte befassen sich mit den offensichtlichen, instrumentellen Vorteilen des Pkw.

Auch psychologische Faktoren spielen bei der Pkw-Nutzung eine bedeutende Rolle, da sie unabhängig von den funktionalen Aspekten und damit auch von der Existenz und Qualität anderer Verkehrsträger sind (Alteneder & Risser, 1995). Eine Zusammenfassung verschiedener psychologischer Korrelationen bezüglich der Pkw-Nutzung und einen erweiterten Überblick über die Literatur geben Gardner und Abraham (2008). Insbesondere die Motive der Pkw-Nutzung sind zu einem weit verbreiteten Forschungsfeld geworden. Motive sind dabei als theoretische Konstrukte zur Erklärung von intrapersoneller Stabilität des Verhaltens zu verstehen. Sie wurden in einer Reihe von Studien bereits ausführlich untersucht (vgl. Steg et al., 2001; Steg, 2005). Steg (2005) betont, dass der Pkw viel mehr als nur ein Transportmittel ist, um von A nach B zu gelangen. Ein Pkw ist für viele Menschen auch in modernen Gesellschaften durch andere psychologische Faktoren positiv assoziiert. Die Pkw-Nutzung ist mit starken affektiven und symbolischen Motiven verbunden, auch wenn alltägliche Erlebnisse nicht unbedingt Anlass dazu geben (Steg, 2005).

Abgeleitet von dem Modell des materiellen Besitzes nach Dittmar (1992) werden die psychologischen Funktionen des Pkw in drei Motivklassen unterschieden: instrumentell, affektiv und symbolisch. Die instrumentelle Funktion beschreibt den faktischen Nutzen des Pkw durch seine Mobilitäts- bzw. Transportfunktion. Der Pkw dient als flexibles und komfortables Verkehrsmittel. Der affektive Wert stellt eine erfahrbare Funktion des Pkw für Individuen dar. Das Autofahren kann mit dem Erleben positiver Gefühle verbunden sein (Riegler et al., 2016).
Andererseits kann es auch zu negativen Emotionen aufgrund von Stress während der Fahrt kommen, z. B. aufgrund von Verkehrsstaus (Hunecke, 2015). Der symbolische Wert eines Autos befasst sich mit seiner sozialen Wirkung im Sinne eines Statussymbols und seinem Einfluss auf die soziale Identität. Der Pkw kann Ausdruck der eigenen Identität sein (Riegler et al., 2016). Eine ausführliche Erklärung der drei Dimensionen findet sich auch bei Gatersleben (2014).
An dieser Stelle soll nochmals erwähnt werden, dass sich die drei Motivklassen im Zusammenhang mit der Pkw-Nutzung nicht immer vollständig trennen lassen, z. B. entstehen auch „affektiv-symbolisch" Faktoren (vgl. Belgiawan et al., 2014; Bergstad et al., 2011; Steg et al., 2001), um den emotionalen Wert zu beschreiben, den Individuen ihrem Pkw beimessen.
Die Untersuchungen von Steg dienen als Grundlage für vergleichbare Arbeiten anderer Autoren, die tiefer gehende Untersuchungen zum Pkw-Nutzungsverhalten durchführen (vgl. Bergstad et al., 2011; Lois & López-Sáez, 2009; Riegler et al., 2016; Sefara et al., 2015; Sohn & Yun, 2009). Bergstad et al. (2011) untersuchen, welchen Zusammenhang es zwischen der täglichen Pkw-Nutzung und soziodemographischen und räumlichen Eigenschaften gibt. Die affektiv-symbolischen und instrumentellen Motive dienen als Mediator und beschreiben Unterschiede zwischen der Pkw-Nutzungshäufigkeit in soziodemographischen Gruppen. Darüber hinaus entdecken Sefara et al. (2015) einen signifikanten Einfluss von Motiven für die Pkw-Nutzung auf die Präferenz eines bestimmten Fahrzeugtyps (z. B. Sportwagen, Benzinmotor) in ihrer Studie. Sie zeigen auch, dass affektive Motive einen starken Einfluss auf die regelmäßige Pkw-Nutzung haben.

Lois und López-Sáez (2009) verwenden ein Strukturgleichungsmodell (SEM), um die Beziehung zwischen affektiven, instrumentellen und symbolischen Motiven und der Pkw-Nutzung für verschiedene Aktivitäten zu untersuchen. Sie stellen fest, dass das affektive Motiv einen direkten Einfluss auf die Pkw-Nutzung hat, während symbolische und instrumentelle Motive fast ausschließlich indirekten Einfluss über das affektive Motiv aufweisen. Zwölf Prozent der Pkw-Nutzungshäufigkeit können in der Studie durch affektive Motive erklärt werden.

Die bestehende Literatur zeigt, dass sich viele Studien nur auf kleinere Städte beziehen oder unterschiedliche Raumtypen bei der Pkw-Nutzung analysieren (vgl. Bergstad et al., 2011; Roberts et al., 2018; Vos & Alemi, 2020). Weitere Untersuchungen basieren auf kleinen Stichproben oder Stichproben mit speziellen Eigenschaften (vgl. Kamargianni et al., 2015; Lois & López-Sáez, 2009; Sohn & Yun, 2009). Insbesondere die Ergebnisse von Bergstad et al. (2011) zeigen stärkere affektiv-symbolische Motive für die Pkw-Nutzung von Individuen in Ballungsräumen. Im Ausblick der Autoren wird explizit die Notwendigkeit betont, die Relevanz affektiver Motive für Menschen in städtischen Gebieten weiter zu erforschen.

Um diese Forschungslücke zu schließen, werden die Motive der Pkw-Nutzung und deren Zusammenhang mit der Pkw-Nutzungshäufigkeit in modernen Großstädten mit einem geeigneten Modellansatz vertiefend untersucht.

7.1.2 Entwicklung der Hybrid-Choice-Modelle

Teile dieses Abschnitts basieren auf den Veröffentlichungen „International Comparison of Psychological Factors and their Influence on Travel Behavior in Hybrid Cities" (von Behren, Schubert & Chlond, 2020) und „The Role of Attitudes in On-Demand Mobility Usage – an Example from Shanghai" (von Behren, Kirn et al., 2020)

In den Forschungsdisziplinen der Verkehrsforschung und der sozialpsychologischen Forschung entwickelten sich unterschiedliche Modellansätze zur Untersuchung der Zusammenhänge zwischen psychographischen Eigenschaften und Verhalten. In der Verkehrsforschung stehen unterschiedliche Formen des Mobilitätsverhalten, in der Sozialpsychologie die Einstellungen, Normen, Werte und Kontrollüberzeugungen im Vordergrund. Von besonderen Interesse in der interdisziplinären Mobilitätsforschung ist die Verkehrsmittelwahl, die sich als beobachtbares Verhalten zeigt und gleichzeitig durch psychographische Merkmale beeinflusst werden kann. Bereits McFadden et al. (2000) betonen, dass die Verhaltensforschung von einer stärkeren Berücksichtigung der intrapsychischen Bewertungsprozesse und deren Einfluss auf die Entscheidung profitieren kann. Diese Einschätzung wird von Ben-Akiva, McFadden et al. (2002) nochmals bestärkt, die eine Erfassung der Heterogenität durch Einstellungen von Individuen bei der Entscheidung als wichtig erachten. Daher wurden in der Verkehrsforschung Modelle entwickelt, die Einstellungen in traditionellen Verhaltensmodellen geeignet berücksichtigen.

Verhaltensorientierte Modellansätze

In den verhaltensorientierten Modellansätzen in der Verkehrsforschung werden traditionell „Rational-Choice-Modelle“ eingesetzt. Das Individuum bevorzugt im Entscheidungsprozess diejenige Alternative, durch die ihr individueller Erwartungsnutzen (*utility*) maximiert wird. Dieses Vorgehen wird vor allem in den Verkehrsnachfragemodellen eingesetzt. Multinomial- oder Nested-Logit-Modelle haben sich dabei als populäre Anwendungen in der Verkehrsforschung etabliert (Carrasco & Dios Ortúzar, 2002). Methodische Erweiterungen bestehen in der Einbeziehung flexibler Fehlerkomponenten und zufälliger Heterogenität durch die Verwendung von Mixed-Logit- oder Multinomial-Probit-Modellen (Vij & Walker, 2014). Eine umfassende Übersicht der Entwicklung derartiger Modellansätze findet sich in der Arbeit von Mallig (2019). Die Kritik an den Modellen besteht darin, dass das beobachtete Verhalten aus einem nicht näher spezifizierbaren Evaluationsprozess des beobachteten Individuums entsteht (Dannewald et al., 2008). Morikawa et al. (2002) beschreiben die Optimierung der Wahlentscheidung in den Modellen sogar als eine Art „Black-Box“. Um diesen Evaluationsprozess näher zu beleuchten und scheinbar irrationales Verhalten zu erklären, werden psychologische, d. h. latente Variablen, die einen wesentlichen Teil der unbeobachteten Heterogenität ausmachen, strukturell in die Wahlmodelle integriert (Ben-Akiva, McFadden et al., 2002).

Einstellungsorientierte Modellansätze

Bei den einstellungsorientierten Modellansätzen führt ein Reiz nicht, wie bei den Rational-Choice-Modellen angenommen, automatisch zu einer bestimmten Reaktion, sondern wird zuvor vom Individuum in einem intrapsychischen Bewertungsprozess verarbeitet. In den Modellen wird mit nicht beobachtbaren, latenten psychologischen Konstrukten gearbeitet, welche sich durch die Beantwortung psychologischer Items manifestieren. Die theoriegeleiteten Handlungsmodellansätze, wie in Kapitel 2.2.2 beispielhaft beschrieben, werden häufig mit sogenannten Strukturgleichungsmodellen empirisch überprüft. Es handelt sich in erster Linie um kausale Modelle, bei denen die kausale Wirkung von Konstrukten im Mittelpunkt des Entscheidungsprozesses steht.

Hybride Modellansätze

Zur expliziten Erfassung psychologischer Konstrukte in der Modellierung diskreter Wahlentscheidungen wurden in der Vergangenheit unterschiedliche Ansätze verfolgt, die nachfolgend kurz erläutert werden (vgl. Dannewald et al., 2008).
In Abbildung 7-1 wird der methodisch einfachste Ansatz visualisiert. Dabei werden die Indikatoren (d.h. manifeste psychologische Items) als unabhängige, erklärende Variablen im Wahlmodell mit einem direkten Einfluss auf den Nutzen berücksichtigt (vgl. Green, 1984; Koppelman & Hauser, 1978). Die Verwendung miteinander korrelierender Indikatoren kann eine Multikollinearität verursachen. Des Weiteren wird in derartigen Modellen nicht berücksichtigt, dass die Indikatoren messfehlerbehaftet sind, was zu einer Verzerrung führen kann (Dannewald et al., 2008).

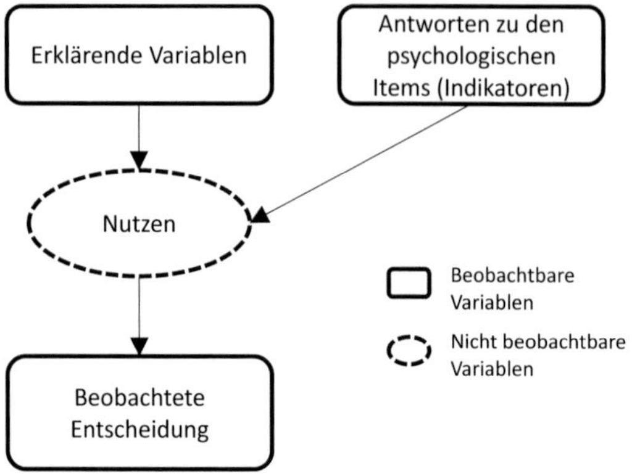

Abbildung 7-1: Wahlmodell mit direkt in den Nutzen einbezogenen Indikatoren (psychologische Items) in Anlehnung an Ben-Akiva, Walker et al. (2002)

Daneben finden sich in der Literatur, vor allem in der Marktforschung, Ansätze, bei denen latente Attribute als unabhängige Variablen berücksichtigt werden (vgl. Keane, 1997). Latente Attribute sind keine Indikatoren im klassischen Sinne, da keine Einstellungen, Normen, Werte oder Kontrollüberzeugungen berücksichtigt werden. Ein latentes Attribut kann beispielsweise der Komfort eines Verkehrsmittels sein. Dabei wird der Komfort nur über beobachtbare Variablen, wie Buchungsklasse und Reisedauer, definiert. Die latenten Attribute sind alternativenspezifisch und unterscheiden sich nicht zwischen den Individuen (Ben-Akiva, Walker et al., 2002). Die alternativenspezifischen latenten Attribute machen das Modell restriktiv (Dannewald et al., 2008).

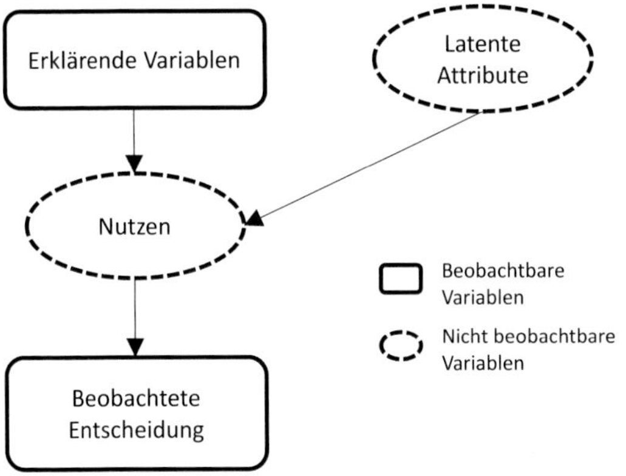

Abbildung 7-2: Wahlmodell mit latenten Attributen (ohne Berücksichtigung von Einstellungsindikatoren) in Anlehnung an Ben-Akiva, Walker et al. (2002)

Eine häufig in der interdisziplinären Mobilitätsforschung eingesetzte Form stellt ein Wahlmodell mit sequentieller Schätzung dar (siehe Abbildung 7-3). Hierbei wird zunächst eine Faktoren- bzw. Hauptkomponentenanalyse durchgeführt, die Items zu latenten Variablen zusammenfasst. Anschließend werden die latenten Variablen mit direktem Einfluss auf den Nutzen in das Regressionsmodell integriert (vgl. von Behren, Schubert & Chlond, 2020). Die latenten Variablen sind dadurch als erklärende Variablen kausal für die Entscheidung und auch unabhängig von anderen erklärenden Variablen, wie Alter, Geschlecht oder Bildungsgrad. Jedoch fehlt in diesem Ansatz ein Kausalmodell zwischen erklärenden und latenten Variablen. Ein weiterer Kritikpunkt ist, dass keine simultane Schätzung erfolgt, sondern die angepassten latenten Variablen aus der Faktorenanalyse unabhängig von der Entscheidung gebildet werden. Die Kovariation zwischen den Indikatoren und der Entscheidung bleibt unberücksichtigt (Ashok et al., 2002). Zusätzlich sind die latenten Variablen im Wahlmodell nicht messfehlerfrei, was zu ineffizienten Schätzern bzw. Verzerrungen im Modell führen kann (Ashok et al., 2002; Ben-Akiva, Walker et al., 2002).

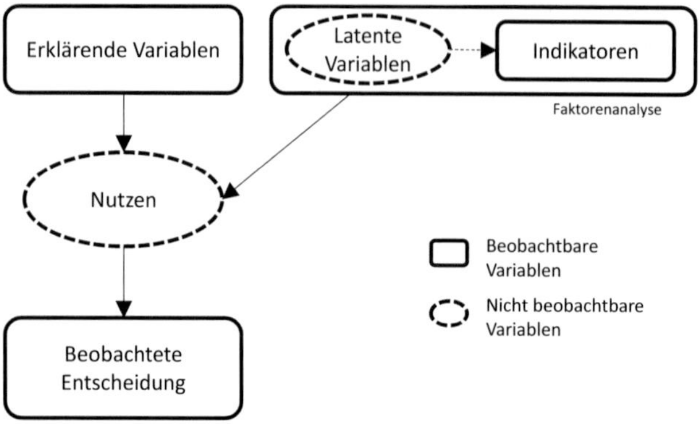

Abbildung 7-3: Wahlmodell mit sequentieller Schätzung der Faktorenanalyse und des Wahlmodells in Anlehnung an Ben-Akiva, Walker et al. (2002)

Um konsistente und effiziente Schätzer zu erhalten, müssen zwei Arten von Modellen in einen Modellansatz integriert werden: Wahl- und Kausalmodell. Diese Methode erfordert die simultane Schätzung eines integrierten Mehrgleichungsmodells. Die Indikatoren im Modell erlauben eine Identifikation der latenten Variablen und bieten Potenziale für eine größere Effizienz in der Modellschätzung (geringere Standardfehler). Ben-Akiva et al. (1999) erreichten durch die Einführung des „Integrated-Choice-and-Latent-Variable-Modell“ (ICLV) diese Modellanforderungen. Später wurde der Modellname durch Ben-Akiva, Walker et al. (2002) unter „Hybrid-Choice-Modell“ allgemeiner gefasst. Die Effizienz und Verfeinerung des Modells erfolgte mit der Verbesserung der Schätzverfahren (Bhat & Dubey, 2014; Bolduc & Daziano, 2010), korrekter Modellidentifikation (Raveau et al., 2012; Vij & Walker, 2014), Fortschritten bei der Einbeziehung von Indikatoren in das Messmodell (Daly et al., 2012) und Überlegungen zur Positionierung der latenten Konstrukte innerhalb des Modells (Bahamonde-Birke et al., 2015). Eine geeignete Übersicht von Studien über die Anwendung von Hybrid-Choice-Modellen findet sich bei Kim et al. (2014) und Bouscasse (2018).
Ben-Akiva, Walker et al. (2002) beschreiben die Methodik des Hybrid-Choice-Modells als flexibel, leistungsfähig und theoretisch fundiert, um die Modellierung komplexer Verhaltensprozesse zu ermöglichen. Nach Vij und Walker

(2016) sind zusätzlich zwei Vorteile zu nennen: Zum einen entsteht eine erhebliche Verbesserung der Erklärbarkeit unbeobachteter individueller Heterogenität, da Teile der nicht beobachteten Heterogenität durch die latenten Variablen erklärt werden können. Zum anderen ist die Zerlegung des Einflusses beobachtbarer, erklärender Variablen in direkte Effekte und Effekte durch die latenten Variablen möglich. Diese gewonnenen Erkenntnisse überwiegen den erhöhten Modellierungsaufwand durch die Integration latenter Variablen. Der genaue Modellrahmen des Hybrid-Choice-Modells wird in Kapitel 7.3 zur Modellbeschreibung (siehe Abbildung 7-5) veranschaulicht und ausführlich erläutert.

In aktuellen Studien zur Verkehrsmittelwahl werden auch vermehrt Hybrid-Choice-Modelle eingesetzt, um den Zusammenhang mit psychologischen Faktoren zu untersuchen (vgl. Hess et al., 2018; Johansson et al., 2006; Kamargianni et al., 2015; Nurul Habib et al., 2011; Sottile et al., 2015; Yáñez et al., 2010). In den Studien werden, wie bereits erwähnt, keine Motive der Pkw-Nutzung in modernen Städten berücksichtigt.

Zusammenfassend kann festgehalten werden, dass eine Untersuchung des Zusammenhangs zwischen instrumentellen und affektiven Motiven der Pkw-Nutzung in modernen Städten unter der Anwendung eines Hybrid-Choice-Modells in der bestehenden Literatur fehlt, um weitere Einblicke in die Pkw-Nutzung zu erhalten. Basierend auf der Modellentwicklung des Hybrid-Choice-Modells wird für diese Arbeit eine Weiterentwicklung zu einem Ordered-Hybrid-Choice-Modell durchgeführt, das im Folgenden detailliert erklärt und in Kapitel 7.3.5 zur Analyse des Zusammenhangs zwischen Motiven der Pkw-Nutzung und der tatsächlichen Nutzungshäufigkeit des Pkw eingesetzt wird.

7.2 Daten

Für die Analyse werden 836 Personen aus Berlin und San Francisco aus der internationalen Vergleichsstudie berücksichtigt, die grundsätzlich einen Pkw nutzen. Es werden nur Personen aus diesen beiden Städten verwendet, da in München die Motive der Pkw-Nutzung nicht abgefragt wurden und in

Shanghai die Zuordnung von Rauminformationen über die PLZ nicht möglich ist.

Bei der Pkw-Nutzung wird nicht nur der Privat-Pkw, sondern auch die Nutzung von Car-Sharing-Angeboten, wie DriveNow, Car2go oder Zipcar, berücksichtigt. Hierdurch soll der Einfluss des Pkw-Besitzes auf die Nutzung untersucht werden. Voraussetzung für die Berücksichtigung einer Person ist weiterhin, dass sie den Pkw selbst fährt. Für das Modell wird die Häufigkeit der Pkw-Nutzung in drei Kategorien eingeteilt: tägliche Nutzung (tägliche Nutzung des Pkw, 27 %, 225 Personen), wöchentliche Nutzung (Nutzung mindestens einmal bis maximal mehrmals pro Woche, 25 %, 205 Personen) und gelegentliche Nutzung (Nutzung seltener als einmal pro Woche, 48 %, 406 Personen).

7.2.1 Datenbeschreibung und -aufbereitung

Tabelle 7-1 zeigt die Merkmale der Teilstichprobe und die anschließend für das Modell verwendeten Variablen. Es werden auch hier vier Dimensionen in die Analyse einbezogen: soziodemographische Merkmale, Merkmale zur Alltags- und Fernverkehrsmobilität sowie geographische Merkmale am Wohnort. Zusätzlich wurden drei Klassen geschaffen, um den Zugang zum Pkw im Haushalt zu beschreiben. Die Variable „Pkw-Verfügbarkeit – immer" beschreibt einen permanenten Zugang zu einem Auto im Haushalt. Dies trifft auf 47 % der Befragten zu. Die Variable „Pkw-Verfügbarkeit – gelegentlich" beschreibt, ob die Person nur nach Vereinbarung im Haushalt auf den Pkw zugreifen kann. Die Variable „Pkw-Verfügbarkeit – nie" zeigt an, wenn kein Zugriff auf einen Pkw im Haushalt möglich ist.

Zur Berücksichtigung der Stabilität in der Verkehrsmittelwahl, also ob Personen ein monomodales Verhalten zeigen, wird erneut der Herfindahl-Hirschmann-Index in Anlehnung an die Anwendung von Mallig und Vortisch (2017) verwendet (vgl. Kapitel 6.2.3). Des Weiteren werden noch die Anzahl an Tagesausflügen (mehr oder weniger als zwölf in den letzten drei Monaten) und Reisen mit Übernachtung (mehr oder weniger als acht pro Jahr) berücksichtigt.

Für die Bewertung der Pkw-Nutzung ist es ebenfalls wichtig, die räumliche Struktur zu berücksichtigen. Deshalb werden zwei räumliche Informationen auf PLZ-Ebene zur Wohnlage der Befragten als exogene Variable berücksichtigt. Zum einen werden Daten von Open-Street-Map (OSM) zur Berechnung der bebauten Fläche und Bevölkerungsdaten von Nexiga zur Bildung des Indikators „Bevölkerungsdichte pro bebauter Fläche" (Einwohner/km^2) verwendet. Zum anderen wird die Verfügbarkeit des ÖV in den PLZ-Bereichen unter Verwendung von OSM-Daten berechnet. Dabei wird berücksichtigt, dass der schienengebundene ÖV (z. B. Straßenbahn, U-Bahn) eine höhere Verkehrsqualität darstellt als der Bus. Ein hoher errechneter Wert deutet darauf hin, dass den Personen in diesem PLZ-Bereich ein großes ÖV-Angebot zur Verfügung steht. Die Berechnung der beiden Indikatoren basiert auf den Eingangsvariablen des Urbanitätsindex von Niklas, von Behren, Soylu et al. (2020).

Tabelle 7-1: Beschreibung der verwendeten Stichprobe aus Berlin und San Francisco (n = 836)

Personeneigenschaften				
	Ja	***Nein***		
Alter > 30 Jahre	78,2 %	21,8 %		
Vollzeitbeschäftigung	57,3 %	42,7 %		
Männlich	52,3 %	47,7 %		
Fahrradbesitz	48,9 %	51,1 %		
	Immer	***Gelegentlich***	***Nie***	
Pkw-Verfügbarkeit	46,7 %	23,2 %	30,1 %	
Haushaltseigenschaften				
	Ja	***Nein***		
Premiumauto im Haushalt	20,4 %	79,6 %		
Wohnort Berlin	47,7 %	52,3 %		
	< 2.000 €	***≥ 2.000 €***		
Anteil Einkommensklassen	16,8 %	83,2 %		
	Typ 1	***Typ 2***	***Typ 3***	***Typ 4***
Anteil Haushaltstypen*	31,2 %	18,3 %	25,7 %	24,8 %
Mobilitätseigenschaften				
	Ja	***Nein***		
Arbeitsweg mit dem Pkw	73,1 %	26,9 %		
Monomodales Verhalten	29,2 %	70,8 %		
Tagesausflüge (> 12 letzte 3 Monate)	4,1 %	95,9 %		
Reisen mit Übernachtung (> 8 letztes Jahr)	8,7 %	91,3 %		
Fernverkehr mit Pkw (> 100 km)	23,6 %	76,4 %		
Räumliche Eigenschaften				
	Ja	***Nein***		
Hohe Bevölkerungsdichte (10.000 Einwohner pro bebauter Fläche (km²)	39,7 %	60,3 %		
Höherwertiger ÖV-Zugang in der PLZ	25,8 %	74,2 %		

*Typ 1: Kleinhaushalt mit Berufstätigen (1-2 Personen); Typ 2: Kleinhaushalt ohne Berufstätige (1-2 Personen), Typ 3: Haushalt mit Kindern; Typ 4: 3 und mehr Personen ohne Kinder

7.2.2 Psychologische Konstrukte

In der vorliegenden Arbeit wird eine leicht angepasste Variante des Itemsets nach Riegler et al. (2016) im Mobilitätsskelett verwendet (vgl. Kapitel 3.1.3). Die Bedeutung des Pkw wird in zwei Motivklassen gemessen, dem affektiven und instrumentellen Motiv.

Auswahl der Items

Hierfür werden zuerst geeignete Items aus den beiden Itemsets aus Tabelle 3-1 und Tabelle 3-2 ausgewählt. Bei der Auswahl der Items nach Steg aus Tabelle 3-2 werden die Erkenntnisse von Riegler et al. (2016) genutzt und die Items ErlPKW3, SymPKW4, AutoPkw3, InstPKW1, InstPKW2, InstPKW3 und InstPKW4 zur Beschreibung der beiden Motivklassen ausgewählt. Ergänzt wird die Auswahl durch folgende Items aus Tabelle 3-1: ErlPkw1, ErlPKW2, AutoPkw1, PrivPkw1, PMN1 und PMN2.
In Abbildung 7-4 ist die Verteilung der Antworten der Probanden zu den ausgewählten Items veranschaulicht. Über 60 % der Personen stimmen der Aussage zu, dass sie gerne Auto fahren (ErlPkw3). Zudem ist für knapp 70 % der Personen die Funktion des Pkw wichtiger als die Marke (InstPKW2).

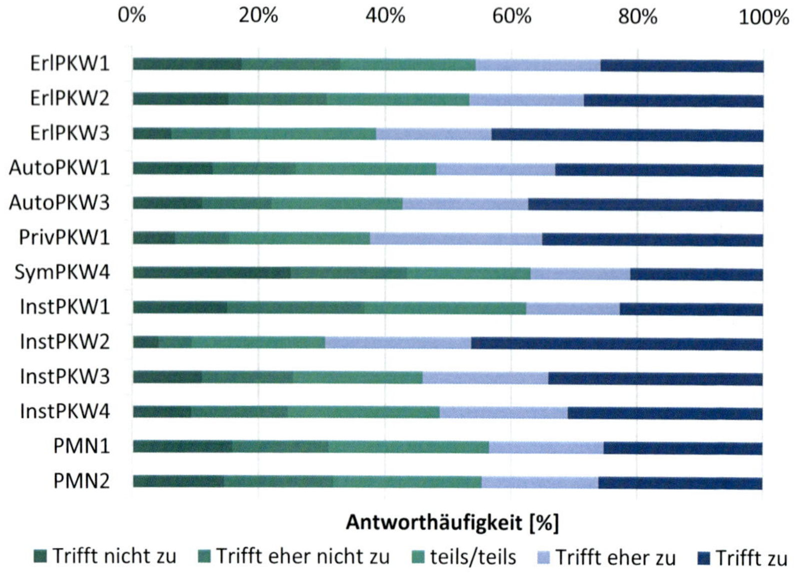

Abbildung 7-4: Auswahl der Items zur Beschreibung der Motive der Pkw-Nutzung in Berlin und San Francisco (n = 836)

Faktorenanalyse

Zur Quantifizierung der Motivklassen und als Vorbereitung für das spätere Modell wird eine explorative Faktorenanalyse durchgeführt. Im Gegensatz zur Hauptkomponentenanalyse aus Kapitel 6.3.3 wird hier eine Hauptachsenanalyse (*principle axis factor analysis*, PAF) eingesetzt. Die PAF dient nicht zur Datenreduktion, sondern hat das Ziel, Zusammenhänge zwischen Items „ursächlich" zu erklären, also auf eine latente Variable zurückzuführen. Diese latenten Variablen werden später in das Modell integriert. Im Gegensatz zur Hauptkomponentenanalyse wird nur die Varianz betrachtet, die ein Item mit anderen Items teilt. Daher ist es sehr unwahrscheinlich, die komplette Varianz in der PAF zu erklären (Bühner, 2010).

Extraktionsmethoden wurden ausführlich in Kapitel 6.3.3 erläutert und sind auch für die PAF geeignet. Tabelle 7-2 zeigt die Ergebnisse der PAF. Basierend auf dem Scree-Test nach Catell (Ellbogen-Kriterium) und dem Kaiser-Kriterium können zwei Faktoren extrahiert werden: ein Faktor, der das affektive Motiv, und ein Faktor, der das instrumentelle Motiv der Pkw-Nutzung beschreibt. Die beiden Items PMN1 und PMN2 werden aufgrund ihrer geringen Faktorladung (< 0,4) auf die beiden Faktoren nicht weiter betrachtet.

Tabelle 7-2: Hauptachsenanalyse (PAF) – Varimax-Rotation

	Psychologische Faktoren	
Items	**Affektives Motiv (AM)**	**Instrumentelles Motiv (IM)**
AutoPKW3	**0,845**	0,047
ErlPKW3	**0,828**	0,081
AutoPKW1	**0,810**	0,019
ErlPKW2	**0,767**	0,076
ErlPKW1	**0,765**	-0,046
PrivPKW1	**0,628**	-0,013
SymPKW4	**0,548**	-0,232
InstPKW4	-0,035	**0,694**
InstPKW3	-0,134	**0,644**
InstPKW2	0,093	**0,586**
InstPKW1	-0,153	**0,492**
PMN1	0,220	0,272
PMN2	0,230	0,264

Der Faktor „affektives Motiv“ (AM) beschreibt, ob Menschen gerne Pkw fahren und ob sie sich durch die Nutzung des Pkw frei fühlen. Der Faktor „instrumentelles Motiv“ (IM) beschreibt, ob Menschen den Pkw nur als Mittel zur Befriedigung ihrer Mobilitätsbedürfnisse sehen und nutzen. Mit einem Cronbach-α von 0,90 (ausgezeichnet) für AM und 0,72 (akzeptabel) für IM weisen beide Faktoren eine ausreichende interne Konsistenz (Reliabilität) auf.

Beide Faktoren werden für die weitere Analyse im OHCM verwendet und dienen zur Beschreibung der Bedeutung des Pkw.

7.3 Methodik

Teile dieses Abschnitts basieren auf der Veröffentlichung „The Role of Attitudes in On-Demand Mobility Usage – an Example from Shanghai" (von Behren, Kirn et al., 2020)

In diesem Abschnitt werden das Hybrid-Choice-Modell und die Anpassung zum Ordered-Hybrid-Choice-Modell (OHCM) detailliert erläutert. Da das OHCM in der Mobilitätsforschung bisher nur selten Anwendung findet, wird es im Folgenden detailliert vorgestellt.

Probit- vs. Logit-Modell

Die zentrale Wahlentscheidung der Personen besteht in der Regelmäßigkeit bzw. Nutzungshäufigkeit von Verkehrsmitteln. Im hier betrachteten OHCM wird die Pkw-Nutzungshäufigkeit der Personen in die geordneten Kategorien gelegentliche, wöchentliche und tägliche Nutzung eingeteilt. Daher wird die Wahl der Nutzungshäufigkeit als Wahl einer Alternative in einem geordneten diskreten Wahlmodell (*discrete choice model*) modelliert.
Zwei Vertreter dieser Modellkategorie sind das geordnete Logit- und das geordnete Probit-Modell. Das Logit-Modell wird häufig dem höherwertigen Probit-Modell vorgezogen, da es leichter zu handhaben ist. Das Probit-Modell wird trotz seiner guten Eigenschaften nur wenig eingesetzt, da bei vielen Wahlalternativen die numerische Lösbarkeit schwierig ist. Vor allem bei multinomialen Probit-Modellen (MNP) ist der mathematische bzw. rechnerische Aufwand sehr hoch (Ben-Akiva & Lerman, 1985). In den Verkehrsnachfragemodellen ist das MNP nur wenig verbreitet. Dem Vorteil der einfachen Nutzbarkeit des Logit-Modells stehen die Nachteile in der Allgemeingültigkeit und Vielfältigkeit einer praxisbezogenen validen Nutzung entgegen (Schnabel & Lohse, 2011). Für die vorliegende Arbeit eignet sich das Probit-Modell gut, da nur eine geringe Anzahl von Alternativen betrachtet wird und zusätzlich ein

reduziertes Modell (*reduced form model*, RFM) berechnet werden kann. Zudem empfiehlt Train (2012), bei geordneten Alternativen, eher ein Probit-Modell zu wählen. Folglich wird für diese Arbeit ein geordnetes Probit-Modell (*ordered probit model*, ORP) eingesetzt.

Das ORP stellt eine Verallgemeinerung des binären Probit-Modells für geordnete Alternativen dar und ist Thema des ersten Teils dieses Abschnitts (Kapitel 7.3.1). Anschließend wird beschrieben, wie die latenten Variablen mithilfe eines OHCM in das ORP integriert werden (Kapitel 7.3.2). Danach folgt die Beschreibung der Modellschätzung (Kapitel 7.3.3). Durch die Wahl eines ORP gegenüber einem geordneten Logit-Modell ist es möglich, ein identifizierbares RFM zu konstruieren, das im vorletzten Teil dieses Abschnitts beschrieben wird (Kapitel 7.3.4). Abschließend erfolgt die Beschreibung der konkreten Modellspezifikation in dieser Arbeit (Kapitel 7.3.5).

7.3.1 Das Ordered-Probit-Modell (ORP)

In einem geordneten Regressionsmodell stehen die Individuen vor einer Wahl zwischen J geordneten Alternativen, die mit 1 bis J bezeichnet werden. Dabei besteht bei geordneten Alternativen die Besonderheit, dass eine Alternative ähnlicher zu einer nahen und unähnlicher zu einer weiter entfernten Alternative ist (Train, 2012). Für das Individuum n ($n \in \{1, \dots, N\}$) wird diese Wahl durch eine Zufallsvariable Y_n mit Stichprobenraum $\Omega = \{1, \dots, J\}$ beschrieben. Um eine Verteilung für diese Zufallsvariablen abzuleiten, wird die Eigenschaft des Random-Utility-Modells genutzt. Für jedes Individuum n wird eine latente Variable, der Nutzen, definiert. Dieser beschreibt die Tendenz gegenüber der betrachteten Größe – im vorliegenden Fall dem Nutzen einer häufigen Verwendung des Pkw – auf einer kontinuierlichen Skala. Dabei setzt sich der Nutzen aus einem systematischen und einem zufälligen Teil zusammen:

$$U_n = V(X_n, \beta) + \epsilon_n, \qquad 7\text{-}1$$

wobei U_n der Nutzen des Individuums n, $V(X_n, \beta)$ der systematische Teil und ϵ_n der Störterm sind. Der systematische Teil beinhaltet die Einflüsse diverser erklärender Variablen für jedes Individuum. Dieser wird durch einen Vektor beobachtbarer, erklärender Variablen X_n des Individuums n und einen Vektor von Parametern β bestimmt, von dem angenommen wird, dass er für jedes Individuum identisch ist. Weiterhin wird angenommen, dass der systematische Teil des Nutzens linear von den erklärenden Variablen abhängt, wobei die Parameter β die Koeffizienten in der Linearkombination bilden:

$$V(X_n, \beta) = \beta X_n. \quad \text{7-2}$$

Der zufällige Teil ϵ_n hingegen enthält alle anderen Effekte, die nicht durch diese Variablen erklärt werden können. Es wird angenommen, dass dieser für alle Individuen unabhängig und identisch verteilt ist.

Die Entscheidungen werden nun auf der Grundlage des Nutzens getroffen. Hohe Werte des Nutzens implizieren Entscheidungen für höhere Bereiche im Stichprobenraum Ω. Mithilfe der Schwellenwerte $\tau^{(0)}, \dots, \tau^{(J)}$, werden J aufsteigende Intervalle definiert. Den Wert der Variablen Y_n erhält man durch Zuweisung des Nutzens zu diesen Intervallen:

$$\begin{aligned} Y_n = 1 \quad &\Leftrightarrow \quad \tau^{(0)} < U_n \leq \tau^{(1)}, \\ Y_n = 2 \quad &\Leftrightarrow \quad \tau^{(1)} < U_n \leq \tau^{(2)}, \\ &\vdots \\ Y_n = J \quad &\Leftrightarrow \quad \tau^{(J-1)} < U_n \leq \tau^{(J)}, \end{aligned} \quad \text{7-3}$$

wobei $\tau^{(0)} = -\infty, \tau^{(J)} = \infty$ gilt. Mit τ wird der Vektor der Schwellwerte $(\tau^{(0)}, \dots, \tau^{(J)})$ bezeichnet.

Die Auswahl einer Verteilungsannahme für den Störterm ϵ_n (vgl. Gleichung 7-1) bestimmt das spezifische Ordered-Regression-Modell. Für die vorliegende Arbeit wird eine Normalverteilung, $\epsilon_n \sim N(0, \sigma_{choice}^2)$, mit der Varianz σ_{choice}^2 angenommen, woraus sich ein Ordered-Probit-Modell (ORP) ergibt. Die Auswahl des Probit-Modells folgt dabei der genannten Begründung am Anfang von Kapitel 7.3. Die Wahrscheinlichkeit des Individuums n, bei gegebenen beobachtbaren Variablen X_n sowie Parametern β und τ die Alternative j zu wählen, ist demnach gegeben durch

$$\begin{aligned} P(Y_n = j|X_n, \beta, \tau) &= P\left(\tau^{(j-1)} < U_n \leq \tau^{(j)}|X_n, \beta, \tau\right) \\ &= P\left(\tau^{(j-1)} - V_n < \epsilon_n \leq \tau^{(j)} - V_n|X_n, \beta, \tau\right) \\ &= P\left(\frac{\tau^{(j-1)} - V_n}{\sigma_{choice}} < \frac{\epsilon_n}{\sigma_{choice}} \leq \frac{\tau^{(j)} - V_n}{\sigma_{choice}}|X_n, \beta, \tau\right) \\ &= \Phi\left(\frac{\tau^{(j)} - V_n}{\sigma_{choice}}\right) - \Phi\left(\frac{\tau^{(j-1)} - V_n}{\sigma_{choice}}\right), \end{aligned} \quad 7\text{-}4$$

wobei Φ die Verteilungsfunktion der Standard-Normalverteilung ist.

7.3.2 Das Ordered-Hybrid-Choice-Modell (OHCM)

Bislang wurden im ORP in Kapitel 7.3.1 nur beobachtbare Variablen berücksichtigt, um die Entscheidungen der Personen zu beschreiben. Das OHCM bietet einen Rahmen, um nicht beobachtbare, latente Variablen in das Modell des Entscheidungsprozesses einzubeziehen. Grundsätzlich lässt sich das Hybrid-Choice-Modell in einem allgemeinen Rahmen vielfach einsetzen, wie auch von Walker und Ben-Akiva (2002) vorgestellt und einigen anderen Studien nachgewiesen. In diesem Abschnitt werden lediglich die Eigenschaften des OHCM beschrieben, das in dieser Arbeit im folgenden Anwendungsfall der Motive für die Pkw-Nutzung verwendet wird.

Da die psychologischen, latenten Variablen nicht direkt beobachtet werden können, wurden in der Erhebung des UTM psychologische Items abgefragt, die wie zuvor als Indikatoren bezeichnet werden. Die Antworten auf die Indikatoren werden in das Modell einbezogen, indem dem im vorherigen Abschnitt beschriebenen Entscheidungsmodell ein latentes Variablenmodell hinzugefügt wird.

Das resultierende Hybrid-Choice-Modell ist in Abbildung 7-5 dargestellt. Das Modell besteht sowohl aus einer Gruppe von Strukturgleichungen als auch aus einer Gruppe von Messgleichungen, die im Folgenden detailliert beschrieben werden.

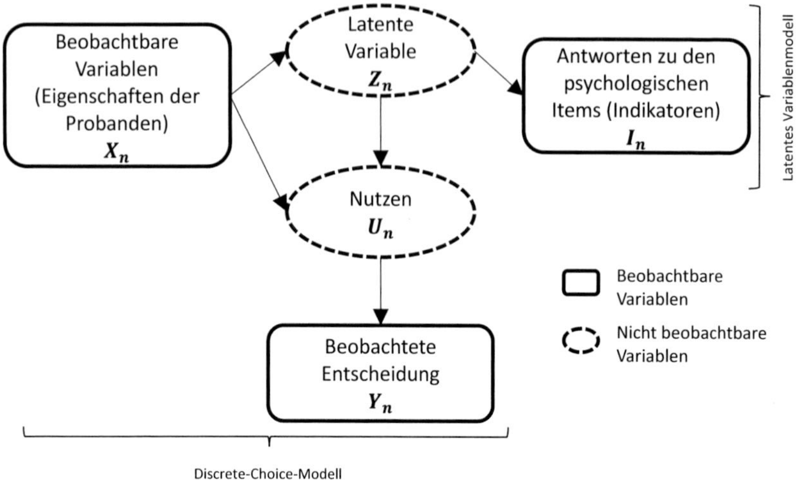

Abbildung 7-5: Modellrahmen des Hybrid-Choice-Modells in Anlehnung an Ben-Akiva et al. (1999)

Latente Variablen: Strukturmodell

Mit Z_n wird der Vektor der L verschiedenen latenten Variablen des Individuums n beschrieben. Jede latente Variable Z_{nl} wird durch eine Linearkombination der beobachtbaren Variablen X_n des Individuums beschrieben, wobei die Gewichte durch den Vektor α_l gegeben sind. Die Zufallskomponente ξ_{nl} wird als normalverteilt mit Mittelwert Null und Varianz σ_l^2 angenommen. Auf diese Weise ergibt sich die folgende Strukturgleichung für die l-te latente Variable:

$$Z_{nl} = \alpha_l X_n + \xi_{nl}, \qquad \xi_{nl} \sim N(0, \sigma_l^2). \qquad 7\text{-}5$$

Im Modell wird die Unabhängigkeit der Zufallskomponenten ξ_{nl} für alle $l \in \{1, \dots, L\}$ und $n \in \{1, \dots, N\}$ und damit die bedingte Unabhängigkeit der latenten Variablen, gegeben der beobachtbaren Variablen X_n und der Gewichte α_l, angenommen. Da Lage und Streuung der latenten Variablen willkürlich sind, wird keine Konstante in der Spezifikation der latenten Variablen benötigt und die Varianz kann gleich eins gesetzt werden.

Latente Variablen: Messmodell

Die Indikatoren, deren Antworten auf einer geordneten Likert-Skala gegeben sind, stellen Manifestationen der latenten Variablen dar und werden durch die Werte 1 bis S repräsentiert. Die Menge der Indikatoren des Individuums n wird durch den Vektor I_n, der die K einzelnen Indikatoren $I_{nk}, k \in \{1, \dots, K\}$ enthält, bezeichnet. Jeder Indikator wird durch eine kontinuierliche Darstellung $\tilde{I}_{nk}$ modelliert, die sich aus einer Linearkombination der latenten Variablen mit Gewichten, die durch den Vektor ζ_k gegeben sind, und einer Fehlerkomponente ψ_{nk} mit dem Mittelwert Null zusammensetzt:

$$\tilde{I}_{nk} = \zeta_k Z_n + \psi_{nk}. \qquad 7\text{-}6$$

Die Verteilung der Indikatoren I_{nk} wird definiert, indem die Variablen $\tilde{I}_{nk}$ Intervallen zugeordnet werden, die durch Schwellenwerte $\rho_k^{(0)}, \dots, \rho_k^{(S)}$ gegeben sind:

$$\begin{aligned} I_{nk} = 1 \quad &\Leftrightarrow \quad \rho_k^{(0)} < \tilde{I}_{nk} \leq \rho_k^{(1)}, \\ I_{nk} = 2 \quad &\Leftrightarrow \quad \rho_k^{(1)} < \tilde{I}_{nk} \leq \rho_k^{(2)}, \\ &\vdots \\ I_{nk} = S \quad &\Leftrightarrow \quad \rho_k^{(S-1)} < \tilde{I}_{nk} \leq \rho_k^{(S)} \end{aligned} \qquad 7\text{-}7$$

mit $\rho_k^{(0)} = -\infty$ und $\rho_k^{(S)} = \infty$ für alle $k \in \{1, \dots, K\}$. Unter der Annahme, dass die Fehlerkomponenten ψ_{nk} unabhängig und identisch verteilt sind und einer Gumbel-Verteilung (auch Extremal-I-Verteilung genannt) für alle n und k folgen, ergibt sich ein Ordered-Logit-Modell. Da wiederum Lage und Streuung der kontinuierlichen Darstellungen $\tilde{I}_{nk}$ willkürlich sind, ist keine Konstante erforderlich und der Streuungsparameter der Gumbel-Verteilung kann gleich eins gesetzt werden. Die Wahrscheinlichkeit für eine bestimmte Antwort s auf den k-ten Indikator bedingt der latenten Variablen Z_n und der Parameter ζ_k ist gegeben durch:

$$\begin{aligned} P(I_{nk} = s | Z_n, \zeta_k) &= P\big(\rho_k^{(s-1)} < \tilde{I}_{nk} \leq \rho_k^{(s)} | Z_n, \zeta_k\big) \\ &= P\big(\rho_k^{(s-1)} - \zeta_k Z_n < \psi_{nk} \leq \rho_k^{(s)} - \zeta_k Z_n | Z_n, \zeta_k\big) \end{aligned} \qquad 7\text{-}8$$

$$= \frac{exp\left(\rho_k^{(s)} - \zeta_k Z_n\right)}{1 + exp\left(\rho_k^{(s)} - \zeta_k Z_n\right)} - \frac{exp\left(\rho_k^{(s-1)} - \zeta_k Z_n\right)}{1 + exp\left(\rho_k^{(s-1)} - \zeta_k Z_n\right)},$$

wobei die Verteilungsfunktion

$$F(x) = \frac{exp(x)}{1 + exp(x)} \quad 7\text{-}9$$

einer Gumbel-verteilten Zufallsvariablen mit Parametern Null und Eins genutzt wurde.

Auswahlkomponente

Schließlich werden in der Auswahlkomponente des hybriden Modells die latenten Variablen Z_n gleichwertig zu den beobachtbaren Variablen X_n in die Nutzenfunktion einbezogen. Die Definition des Nutzens wird somit erweitert zu:

$$U_n = \beta X_n + \gamma Z_n + \epsilon_n \quad 7\text{-}10$$

wobei γ der Vektor der Gewichte der latenten Variablen in der Nutzenfunktion ist. Die Auswahlwahrscheinlichkeiten, bedingt der Variablen X_n und Z_n, werden dann wie zuvor berechnet:

$$P(Y_n = j | X_n, Z_n, \beta, \gamma, \tau) = \Phi\left(\frac{\tau^{(j)} - (\beta X_n + \gamma Z_n)}{\sigma_{choice}}\right) - \Phi\left(\frac{\tau^{(j-1)} - (\beta X_n + \gamma Z_n)}{\sigma_{choice}}\right). \quad 7\text{-}11$$

Die Zufallskomponente ϵ_n beinhaltet nun die verbliebene, unbeobachtete Heterogenität zwischen verschiedenen Individuen. Indem die latenten Variablen wie in Gleichung 7-10 einbezogen werden und berücksichtigt wird, dass es sich dabei selbst um Zufallsvariablen handelt, wird die Größenordnung des rein zufälligen Terms ϵ_n reduziert und stattdessen ein Teil der ursprünglichen Heterogenität im ORP durch die latenten Variablen erklärt.

Der vollständige Parametersatz wird durch θ zusammengefasst. Dieser enthält die Parameter β, γ, τ und σ_{choice}^2 der Auswahlkomponente, die Parameter

ζ und ρ der Messgleichungen sowie die Parameter α der Strukturgleichungen der latenten variablen Komponente.

Damit können nun für jedes Individuum n Wahrscheinlichkeiten von Ereignissen berechnet werden, die simultan die Auswahl einer bestimmten Alternative j als auch bestimmter Antworten $s_1, \dots, s_K$ auf die Indikatoren umfassen (bedingt des Parametersatzes θ). Der Satz der totalen Wahrscheinlichkeit erlaubt, gegebene Werte der latenten Variablen in die Bedingung mitaufzunehmen, sodass anschließend die bedingte Unabhängigkeit der Auswahlvariable Y_n und der Indikatoren I_n ausgenutzt werden kann:

$$\begin{aligned}
&P(Y_n = j, I_n = (s_1, \dots, s_k) | X_n, \theta) \\
&= \int_{\mathbb{R}^L} P(Y_n = j, I_n = (s_1, \dots, s_k) | Z_n = t, X_n, \theta) f_{Z_n}(t | X_n, \theta)\, dt \\
&= \int_{\mathbb{R}^L} P(Y_n = j | Z_n = t, X_n, \theta) \\
&\qquad \cdot \prod_{k=1}^{K} P(I_{nk} = s_k | Z_n = t, \theta)\, f_{Z_n}(t | X_n, \theta)\, dt,
\end{aligned} \qquad \text{7-12}$$

wobei f_{Z_n} die gemeinsame Wahrscheinlichkeitsdichtefunktion der L latenten Variablen Z_n des Individuums n ist. Diese Wahrscheinlichkeit kann – theoretisch – anhand der gegebenen Verteilungen der latenten Variablen (Gleichung 7-5), der Indikatoren (Gleichung 7-8) und der Auswahlvariablen (Gleichung 7-11) berechnet werden.

Des Weiteren kann die Wahrscheinlichkeit des Ereignisses, das lediglich die Auswahl einer bestimmten Alternative beschreibt, auf die gleiche Weise berechnet werden:

$$P(Y_n = j | X_n, \theta) = \int_{\mathbb{R}^L} P(Y_n = j | Z_n = t, X_n, \theta) f_{Z_n}(t | X_n, \theta)\, dt. \qquad \text{7-13}$$

7.3.3 Modellschätzung

Die Schätzwerte für die Parameter werden mithilfe der Maximum-Likelihood-Schätzung bestimmt. Sei dazu $y^{(n)}$ die beobachtete Wahl einer Alternative und $s^{(n)}$ der Vektor der gegebenen Antworten auf die Indikatoren eines Individuums n. Dann kann die Likelihood-Funktion, also die Wahrscheinlichkeit der Beobachtung aller von sämtlichen Individuen getroffenen Entscheidungen für eine Alternative sowie aller gewählten Antworten auf die Indikatoren in Abhängigkeit des Parametersatzes, angegeben werden als:

$$L(\theta|X_1, \dots, X_N) = \prod_{n=1}^{N} P\left(Y_n = y^{(n)}, I_n = s^{(n)} \middle| X_n, \theta\right). \qquad \text{7-14}$$

Analog lässt sich für die getroffenen Entscheidungen allein eine Likelihoodfunktion angeben:

$$L_{Choice}(\theta|X_1, \dots, X_N) = \prod_{n=1}^{N} P(Y_n = y^{(n)}|X_n, \theta). \qquad \text{7-15}$$

Auch Auswertungen dieser beiden Funktionen können in der Theorie mithilfe Gleichung 7-12 bzw. 7-13 berechnet werden. Folglich ist auch eine Maximierung dieser Funktionen möglich. Allerdings erfordert jede Funktionsauswertung die Berechnung von L-dimensionalen Integralen. Deshalb ist hierfür eine geeignete Approximationsmethode notwendig.

Approximation mit Quasi-Zufallszahlen

Eine wichtige Anforderung an eine solche Methode ist eine möglichst geringe Rechenzeit bei einer möglichst hohen Genauigkeit bei der Parameterschätzung. Realisiert wird dies durch die Ziehung von Zufallszahlen gemäß der Verteilung der latenten Variablen. Neben der resultierenden Monte-Carlo-Methode mit Pseudo-Zufallszahlen haben sich sogenannte „Low-Discrepancy-Folgen" zur Approximation von Integralen etabliert, was zu Quasi-Monte-Carlo-Methoden führt (Ben-Akiva, McFadden et al., 2002). Die Verwendung von Quasi-Zufallszahlen eignet sich zum Integrieren und liefert ein schnelleres

Konvergenzverhalten als unter der Verwendung von Pseudo-Zufallszahlen in einer Monte-Carlo-Methode (Schwuchow, 2010). Die Realisierungen bei Pseudo-Zufallszahlen sind ungleichverteilter als bei Quasi-Zufallszahlen (siehe Abbildung 7-6).

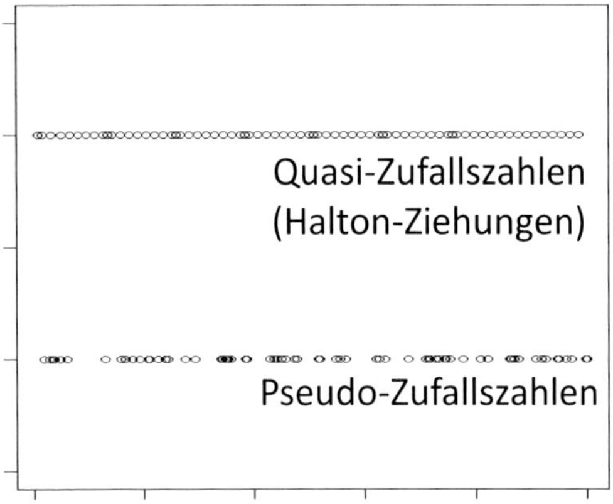

Abbildung 7-6: Beispielhafte Veranschaulichung von Quasi- und Pseudo-Zufallszahlen

Dabei hat sich vor allem die Approximation über Halton-Ziehungen gegenüber rein zufälligen Ziehungen als überlegen erwiesen, da weniger Ziehungen benötigt werden (vgl. Bhat, 2001). Train (2000) fand heraus, dass 100 Halton-Ziehungen weniger Simulationsvarianz verursachen als 1.000 zufällige Ziehungen. Entsprechend sinkt der Rechenaufwand bei der Anwendung dieser Methode.

Dazu sei $R \in \mathbb{N}$ eine ausgewählte Anzahl an Ziehungen und $t^{(1)}, \dots, t^{(R)}$ zufällig gezogene, L-dimensionale Realisierungen des Vektors Z_n der latenten Variablen. Damit kann die gemeinsame Wahrscheinlichkeit der Wahl einer Alternative j sowie der Auswahl von Antworten $s = (s_1, \dots, s_K)$ auf die Indikatoren eines Individuums n approximiert werden durch:

$$
\begin{aligned}
&P(Y_n = j, I_n = (s_1, \dots, s_K) | X_n, \theta) \\
&\quad \approx \frac{1}{R} \sum_{r=1}^{R} \Bigg[P\big(Y_n = j | Z_n \\
&\quad = t^{(r)}, X_n, \theta\big) \prod_{k=1}^{K} P\big(I_{nk} = s_k \big| Z_n = t^{(r)}, X_n, \theta\big) \Bigg].
\end{aligned}
\tag{7-16}
$$

Die Wahrscheinlichkeiten der Wahl einer Alternative allein können identisch approximiert werden. Die Verwendung von Approximationen dieser Art bei der Maximierung der Likelihood-Funktion wird als Maximum-Simulated-Likelihood-Schätzung bezeichnet. Basierend auf dieser Methode können die Parameter der konkreten Modellspezifikation in Kapitel 7.3.5 dieser Arbeit geschätzt werden.

7.3.4 Reduziertes Modell

In Anlehnung an das Verfahren von Vij und Walker (2016) lässt sich ein reduziertes Modell (*reduced form model*, RFM) des OHCM konstruieren. Dies geschieht, indem die latenten Variablen Z_n in der Definition des Nutzens (siehe Gleichung 7-10) durch ihre Strukturgleichungen aus 7-5 ersetzt werden. Daraus ergibt sich

$$
\begin{aligned}
U_n &= \beta X_n + \gamma Z_n + \epsilon_n = \beta X_n + \gamma_1 Z_{n1} + \dots + \gamma_L Z_{nL} + \epsilon_n \\
&= \beta X_n + \gamma_1(\alpha_1 X_n + \xi_{n1}) + \dots + \gamma_L(\alpha_L X_n + \xi_{nL}) + \epsilon_n \\
&= (\beta + \gamma_1\alpha_1 + \dots + \gamma_L\alpha_L) X_n + \gamma_1\xi_{n1} + \dots + \gamma_L\xi_{nL} + \epsilon_n \\
&= \beta_{RFM} X_n + \epsilon_{RFM}
\end{aligned}
\tag{7-17}
$$

mit $\beta_{RFM} = \beta + \gamma_1\alpha_1 + \dots + \gamma_L\alpha_L$ und $\epsilon_{RFM} = \gamma_1\xi_{n1} + \dots + \gamma_L\xi_{nL} + \epsilon_n$. Die Fehlerkomponenten $\xi_{nl}, l \in \{1, \dots, L\}$ der latenten Variablen sind alle unabhängig standardnormalverteilt und somit $\gamma_l\xi_{nl}$ unabhängig normalverteilt mit Varianz γ_l^2. Da in der Auswahlkomponente ein ORP-Modell verwendet wird, d. h. die Fehlerkomponente ϵ_n des Nutzens ebenfalls unabhängig normalver-

teilt mit Varianz σ^2 ist, ist ϵ_{RFM} eine Summe von $L + 1$ unabhängigen, normalverteilten Zufallsvariablen und damit wiederum eine normalverteilte Fehlerkomponente mit Varianz $\sigma_{RFM}^2 = \gamma_1^2 + \cdots + \gamma_L^2 + \sigma^2$.
Im Ergebnis ist das OHCM wieder ein ORP mit den speziellen Gewichten β_{RFM} für die beobachtbaren Variablen und mit der Varianz σ_{RFM}^2. Folglich kann die Auswahlkomponente des OHCM hinsichtlich des Gesamt-Likelihood-Wertes maximal so gut sein wie ein klassisches ORP-Modell. Das liegt daran, dass im Falle des ORP-Modells die Parameter ausschließlich danach optimiert werden, die Wahl der Alternativen so gut wie möglich zu beschreiben. Im Falle des OHCM hingegen werden die Parameter so gewählt, dass simultan eine gute Beschreibung der Wahl der Alternativen und der Antworten auf die Indikatoren erreicht wird. Womöglich wird dabei ein gewisser Verlust der Beschreibungsqualität der Wahl der Alternativen in Kauf genommen, wenn dadurch die Antwort auf die Indikatoren wesentlich besser beschrieben werden kann. Im Idealfall kann das OHCM die Wahl der Alternativen annähernd genauso gut beschreiben wie das Basis-Modell des ORP. Das OHCM gibt dafür zusätzlich eine detailliertere Erklärung, wie Entscheidungen getroffen werden, indem der Einfluss des rein zufälligen Störterms ϵ_{RFM} verringert wird. Ein Teil der Gesamtvarianz wird stattdessen durch die latenten Variablen erklärt.

7.3.5 Modellspezifikation

Das Modell OHCM wird gemäß den Gleichungen im Abschnitt zur Methodik definiert (siehe Kapitel 7.3.2). Abbildung 7-7 zeigt die finale Modellspezifikation. Die Auswahl der beobachtbaren, unabhängigen Variablen im Modell basiert auf umfangreichen Tests im Basismodell des ORP ohne latente Variablen, um signifikante Einflüsse auf die Pkw-Nutzung zu entdecken und die Modellgüte zu verbessern.

Stichprobengrundlage

Im vorliegenden OHCM werden die Stichproben aus Berlin und San Francisco zusammengelegt, um Zusammenhänge der Pkw-Nutzung in beiden modernen Städten zu identifizieren. Zur Überprüfung, ob eine Zusammenlegung sinnvoll ist, wurden zuvor die beiden Stichproben getrennt in zwei einzelnen Basismodellen betrachtet. Die Einflüsse in beiden Städten waren bis auf zwei Variablen mit geringen Abweichungen vergleichbar und somit geeignet für ein zusammengelegtes Modell.

Beschreibung der Variablen

Das finale Modell bietet eine ganzheitliche Sicht auf die Zusammenhänge unter Berücksichtigung der folgenden Aspekte:

- soziodemographische Merkmale (Person und Haushalt)
- Fernverkehrsaktivitäten
- Alltagsmobilität
- die räumliche Struktur am Wohnort
- Motive für die Pkw-Nutzung

Die Variablen werden als Dummy-Variablen[1] in der Modellspezifikation codiert (vgl. Kapitel 7.2.1). Die Dummy-Variable „Wohnort Berlin" erfasst alle von der Analyse vernachlässigten Faktoren – wie Kultur und Politik (neben der identischen Mobilitätskultur in beiden Städten) sowie räumliche Variablen (außer Bevölkerungsdichte und ÖV-Qualität). Die Dummy-Variable „niedriges Einkommen" beschreibt Personen mit einem monatlichen Haushaltsnettoeinkommen unter 2.000 €[2]. Die Pkw-Verfügbarkeit wird in drei Kategorien aufgeteilt, wobei „kein Zugriff" als Referenz im Modell berücksichtigt wird. Der Haushaltstyp wird ebenfalls in drei Kategorien unterteilt, wobei die Haushaltstypen 1 und 2 (Ein- oder Zwei-Personen-Haushalte) als Basis genommen werden.

[1] Boolesche Variable mit den Ausprägungen 1 und 0

[2] In San Francisco entspricht dies einem monatlichen Nettoeinkommen unter 2.500 $.

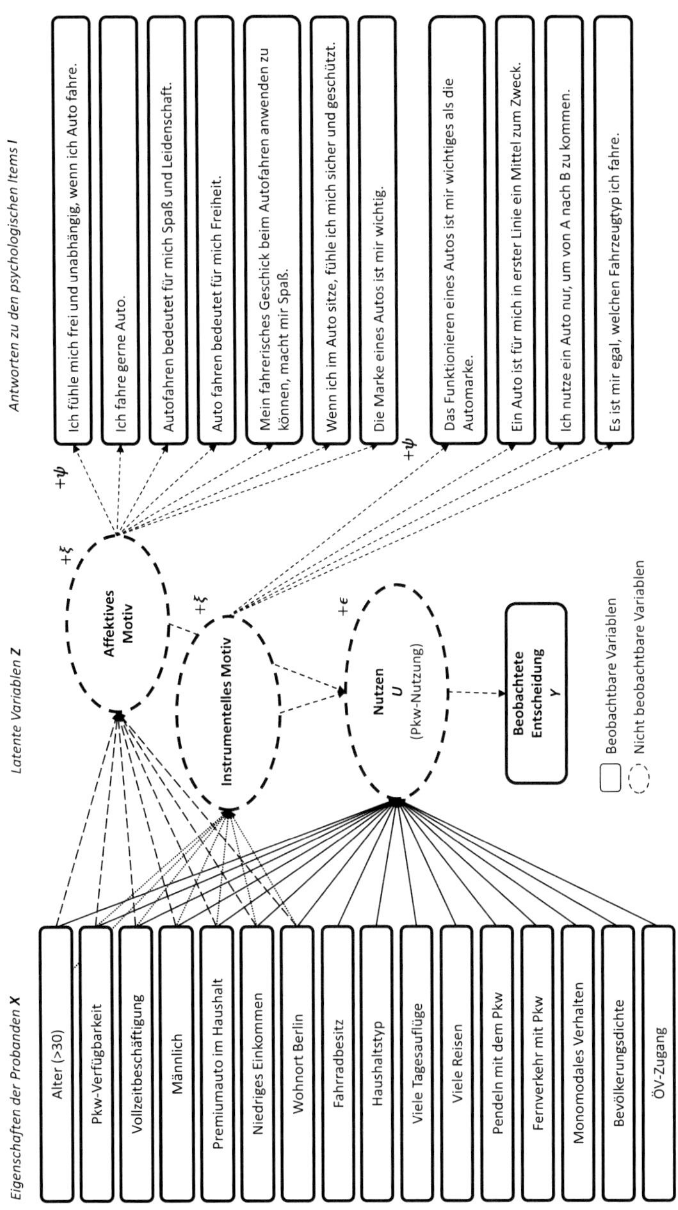

Abbildung 7-7: Finale Modellspezifikation des Ordered-Hybrid-Choice-Modells

Anzahl zu schätzender Parameter

Basierend auf der vorliegenden Modellspezifikation müssen 18 β-Parameter und zwei γ-Parameter für den Einfluss der Variablen auf den Nutzen geschätzt werden. Zusätzlich müssen der Parameter σ^2_{choice} (Varianz der Fehlerkomponente im Nutzen), 14 α-Parameter für die Strukturgleichungen der latenten Variablen (affektives bzw. instrumentelles Motiv), zwei τ-Parameter für die Grenzen des ORP sowie die Parameter ζ und ρ für die Indikatoren geschätzt werden. Insgesamt werden somit 93 Parameter im vorliegenden OHCM geschätzt. Um die Skalierung des Nutzens festzulegen, muss einer der Parameter, der in der Spezifikation des Nutzens enthalten ist, festgehalten werden. Normalerweise geschieht dies, indem die Varianz σ^2_{choice} auf eins gesetzt wird. Stattdessen wird in diesem Fall einer der β-Parameter ($\beta_{PendelnPkw}$) gleich eins gesetzt, so dass am Ende die Varianz der rein zufälligen Komponenten im ORP und im RFM des OHCM verglichen werden können.

Für die Schätzung wird der Code des „Choice Modelling Center" (CMC) für die Software R (CMC, 2017) um die Anwendung eines OHCM erweitert und die Rechenzeit über eine Anpassung nochmals beschleunigt. Für die Approximation der Integrale werden 5.000 Halton-Ziehungen für jede latente Variable verwendet, um eine ausreichende Genauigkeit bei den geschätzten Parametern zu erzielen.

7.4 Ergebnisse

In diesem Abschnitt werden zunächst die Einflüsse zwischen den beobachtbaren Variablen auf das affektive und instrumentelle Motiv der Pkw-Nutzung in Kapitel 7.4.1 betrachtet (Strukturmodell). Anschließend werden die direkten Einflüsse der beobachtbaren Variablen und der latenten Variablen auf die Nutzenfunktion in Kapitel 7.4.2 interpretiert. Abschließend werden die Gesamteffekte des OHCM mit den Effekten des Basismodells des ORP ohne Simulation betrachtet (Kapitel 7.4.3).

7.4.1 Einflüsse auf instrumentelle und affektive Motive

Tabelle 7-3 stellt im Teil B die Ergebnisse hinsichtlich der Einflüsse der beobachtbaren Variablen auf das instrumentelle und affektive Motiv der Pkw-Nutzung dar. Bei jungen Pkw-Nutzern ist ein (betragsmäßig) höherer Wert für das affektive Motiv (−0,194) und ein niedrigerer Wert für das instrumentelle Motiv (0,172) zu beobachten. Bei älteren Personen ist dagegen ein höherer Einfluss auf das instrumentelle Motiv festzustellen. Dies steht im Gegensatz zu den Ergebnissen von Van und Fujii (2011) sowie Vos und Alemi (2020) und impliziert, dass junge Erwachsene, wenn sie einen Pkw benutzen, stärkere affektive Motive besitzen als ältere Personen. Bei der jüngeren Generation kann in den beiden modernen Städten keine emotionale Unabhängigkeit vom Pkw beobachtet werden. Ferner haben Personen aus Haushalten mit Premiumautos höhere affektive Motive und geringere instrumentelle Motive als Personen ohne Premiumauto im Haushalt. Dieser Befund wird indirekt durch die Arbeiten von Sefara et al. (2015) bestätigt. Sie zeigen in ihrer Studie den Einfluss der persönlichen Motive auf die Präferenzen bezüglich des Pkw-Typs. Darüber hinaus ist bei Personen aus Berlin ein höheres instrumentelles Motiv zu beobachten. Der Wohnort Berlin oder San Francisco beeinflusst das affektive Motiv nicht.

7.4.2 Direkte Einflüsse auf die Autonutzung

Im OHCM können auch die direkten Einflüsse von beobachtbaren und latenten Variablen auf die Nutzenfunktion betrachtet werden. Zunächst wird der direkte Einfluss der beobachtbaren Variablen auf die Pkw-Nutzungshäufigkeit beleuchtet (siehe Tabelle 7-3, Teil A).

Personen- und Haushaltseigenschaften

Die Ergebnisse zeigen einen hohen Einfluss des Alters auf die Nutzungshäufigkeit. Der höchste Einfluss auf die Pkw-Nutzungshäufigkeit besteht durch die Verfügbarkeit des Pkw im Haushalt. Personen, die in ihrem Haushalt ständigen Zugang zu einem Pkw haben, nutzen diesen Pkw mit höherer Wahrscheinlichkeit auch häufiger. Ist die Nutzung des Pkw nur in Absprache möglich, erhöht dies die Nutzungshäufigkeit nur gering. Die Ergebnisse zeigen auch, dass Personen mit einem Premium-Pkw im Haushalt eine höhere Nutzungshäufigkeit aufweisen. Dieses Ergebnis wird durch die Untersuchungen von Niklas et al. (2019), die die Nutzung von Premium-Fahrzeugen im Vergleich zu konventionellen Fahrzeugen behandeln, bestätigt. In San Francisco und Berlin nutzen die Personen mit geringerem Einkommen seltener einen Pkw als Personen aus höheren Einkommensgruppen.

Raumstruktur

Die Ergebnisse im OHCM lassen keine stark verschiedenen Nutzungshäufigkeiten durch den Wohnort erkennen. Pkw-Nutzer aus Berlin fahren nicht signifikant häufiger als Personen aus San Francisco. Wenn es einen signifikanten Unterschied in der Pkw-Nutzung zwischen den Städten gäbe, dann wäre dieser Einfluss in der Variablen sichtbar gewesen. Bei den räumlichen Strukturen kann ein Einfluss des ÖV-Angebots aufgedeckt werden. Personen benutzen den Pkw seltener, wenn es Alternativen wie den ÖV am Wohnort gibt. Folglich sind diese Personen weniger auf den Pkw angewiesen.

Fernverkehr und Multimodalität

Weiterhin zeigen die Ergebnisse eine höhere Wahrscheinlichkeit der Pkw-Nutzung im Alltag, wenn die Menschen viele Tagesausflüge am Wochenende durchführen. Der umgekehrte Effekt ist bei Personen zu beobachten, die eine größere Anzahl von Reisen mit Übernachtungen durchführen.
In Bezug auf das monomodale Verhalten zeigt sich, dass auch Personen, die eher wenige verschiedene Verkehrsmittel benutzen, seltener den Pkw benutzen. Sie sind somit zwar monomodale Pkw-Nutzer, haben aber ein insgesamt niedriges Mobilitätsniveau als andere Personen.

Motive der Pkw-Nutzung

In einem weiteren Schritt wird der Zusammenhang des affektiven und des instrumentellen Motivs auf die Häufigkeit der Pkw-Nutzung analysiert (siehe

Tabelle 7-3, Teil A). Zwischen dem affektiven Motiv und der Nutzungshäufigkeit ist ein signifikanter positiver Zusammenhang sichtbar. Personen mit einem hohen affektiven Motiv haben einen größeren Nutzen bei der häufigen Pkw-Nutzung. Im Gegensatz dazu kann kein Einfluss des instrumentellen Motivs festgestellt werden. Dieses Ergebnis bestätigen auch die Erkenntnisse aus der bestehenden Literatur (vgl. Lois & López-Sáez, 2009). Es ist interessant, dass dieses Ergebnis auch auf moderne Städte wie Berlin und San Francisco zutrifft, da in Großstädten häufig durch Verkehrsstaus keine optimalen Bedingungen für eine Pkw-Nutzung bestehen. Es kann davon ausgegangen werden, dass das instrumentelle Motiv durch das gute ÖV-Angebot oder die Verfügbarkeit von MOD-Diensten, wie z. B. Ride-Hailing, vermindert wird.

Tabelle 7-3: Parameterschätzung: (A) Parameter der Strukturgleichung des Wahlmodells, (B) Parameter der Strukturgleichung der latenten Variablen

Log-Likelihood				-12.116,04
Log-Likelihood der Wahlkomponente				-557,26
Log-Likelihood des Nullmodells (Wahlkomponente)				-918,44
McFadden pseudo-R^2				0,39
N				836
Schwellwerte der Wahlkomponente				
$\tau^{(1)}$	1,814			
$\tau^{(2)}$	3,075			
(A)		**(B)**		
			auf latente Variable	
Parameter	**Wert**	**Parameter**	**Affektives Motiv**	**Instrumentelles Motiv**
$\beta_{Alter>30}$	0,472 ***	$\alpha_{Alter>30}$	-0,194 **	0,172 *
$\beta_{Vollzeitbeschäftigung}$	0,148	$\alpha_{Vollzeitbeschäftigung}$	0,210 ***	0,079
$\beta_{Männlich}$	0,003	$\alpha_{Männlich}$	0,398 ***	-0,375 ***
$\beta_{Fahrradbesitz}$	-0,078			
$\beta_{PkwVerf.-gelegentlich}$	0,183	$\alpha_{Pkw-Verf.-gelegentlich}$	0,660 ***	0,286 **
$\beta_{PkwVerf.-immer}$	1,214 ***	$\alpha_{PkwVerf.-immer}$	1,126 ***	0,294 ***
$\beta_{Premiumauto}$	0,235 **	$\alpha_{Premiumauto}$	0,664 ***	-0,035
$\beta_{WohnortBerlin}$	0,097	$\alpha_{WohnortBerlin}$	0,014	0,980 ***
$\beta_{NiedrigesEinkommen}$	-0,322 **	$\alpha_{NiedrigesEinkommen}$	0,308 ***	0,290 **
$\beta_{HaushaltmitKindern}$	0,320 ***			
$\beta_{Haushalt>2Erwachsen}$	0,200 *			
$\beta_{VieleTagesausfl.}$	0,533 *			
$\beta_{VieleReisen}$	-0,085			
$\beta_{PendelnPkw}$	1,000			
$\beta_{ReisePkw}$	0,304 ***			
$\beta_{Monomodal}$	-0,194 *			
$\beta_{Bev.Dichte}$	-0,047			
$\beta_{ÖVZugang}$	-0,112			
$\gamma_{affektiv}$	0,398 ***			
$\gamma_{instrumentell}$	0,020			
σ_{choice}	0,970 ***			

Signifikanzniveaus: *< 0,10, **< 0,05, ***< 0,001

7.4.3 Gesamteffekt auf die Pkw-Nutzung

Das OHCM bietet den Vorteil, dass neben den Gesamteffekten der beobachtbaren Variablen in einem ORP-Basismodell (siehe Spalte rechts außen in Tabelle 7-4) im reduzierten Modell auch die Aufteilung in direkte Effekte und indirekte Effekte durch die latenten Variablen möglich ist.
Die Effekte werden durch die Vektoren β, $\gamma_{affektiv}\alpha_{(Parameter\ affektiv)}$ und $\gamma_{instrumentell}\alpha_{(Parameter\ instrumentell)}$ dargestellt (vgl. Gleichung 7-17). Hierfür wird das reduzierte Modell des OHCM nach Kapitel 7.3.4 konstruiert (siehe Tabelle 7-4).

Analyse der Effekte

Bei der Betrachtung der Ergebnisse wird deutlich, dass der Einfluss des Geschlechts ausschließlich durch das affektive Motiv der Pkw-Nutzung zustande kommt. Folglich nutzen Männer den Pkw nicht aufgrund des Geschlechts häufiger, sondern da sie stärkere Emotionen bei der Nutzung erleben. Weiterhin zeigen die Ergebnisse einen unvermittelten, direkten Einfluss des Alters auf die Pkw-Nutzung. Es konnte kein Alterseffekt durch das affektive Motiv beobachtet werden. Personen über 30 Jahre nutzen den Pkw nicht aufgrund höherer affektiver Motive häufiger, sondern es ist zu vermuten, dass sie im Vergleich zu jüngeren Menschen eher abweichende Mobilitätsanforderungen haben. Darüber hinaus werden die Einflüsse der Autoverfügbarkeit und des Vorhandenseins eines Premiumfahrzeugs im Haushalt durch das affektive Motiv deutlich verstärkt, teilweise sogar verdoppelt. Wie bereits in Tabelle 7-3 in Teil A gezeigt, wirkt sich ein niedriges Einkommen negativ auf die Pkw-Nutzung aus. Dieser Effekt wird reduziert, wenn die Person ein affektives Motiv für die Pkw-Nutzung hat. Dies deutet darauf hin, dass Menschen mit geringem Einkommen eher auf andere Dinge verzichten würden, um einen Pkw nutzen zu können, auch bei höheren Kosten als für den ÖV oder das Fahrrad. In der Gesamtwirkung des OHCM ist ein geringer, nicht signifikanter Einfluss des Wohnorts Berlin auf die Häufigkeit der Pkw-Nutzung zu erkennen.

Tabelle 7-4: Reduziertes Modell des OHCM und Vergleich mit dem Basismodell des ORP

Variable	Direkter Effekt	Effekt via LV affektives Motiv	Effekt via LV instrumentelles Motiv	Effekt via LVs kombiniert	Gesamteffekt OHCM	Gesamteffekt ORP
Alter > 30 Jahre	0,472	-0,077	0,003	-0,074	0,398	0,347
Vollzeitbeschäftigung	0,148	0,000	0,002	0,002	0,233	0,206
Männlich	0,003	0,158	-0,007	0,151	0,154	0,139
Fahrradbesitz	-0,078				-0,078	-0,146
Pkw-Verf. - gelegentlich	0,183	0,262	0,006	0,268	0,451	0,355
Pkw-Verf. - immer	1,214	0,448	0,006	0,454	1,668	1,414
Premiumauto im Haushalt	0,235	0,264	-0,001	0,263	0,498	0,434
Wohnort Berlin	0,097	0,006	0,019	0,025	0,122	0,121
Niedriges Einkommen	-0,322	0,122	0,006	0,128	-0,194	-0,157
Haushaltstyp 3	0,320				0,320	0,233
Haushaltstyp 4	0,200				0,200	0,228
Viele Ausflüge	0,533				0,533	0,559
Viele Reisen	-0,085				-0,085	-0,135
Pendeln mit Pkw	1,000				1,000	1,000
Fernverkehr mit Pkw	0,304				0,304	0,305
Monomodales Verhalten	-0,194				-0,194	-0,180
Bevölkerungsdichte	-0,046				-0,046	0,022
Höherwertiger ÖV-Zugang	-0,112				-0,112	-0,159

Modellvalidierung

Die letzten beiden Spalten in Tabelle 7-4 dienen als Validierung der Ergebnisse des OHCM mit der Maximum-Simulated-Likelihood-Schätzung gegenüber dem Basismodell des ORP ohne Simulation. Die Gesamteffekte der beobachtbaren Variablen auf die Pkw-Nutzungshäufigkeit im OHCM sind mit 5.000 Halton-Ziehungen fast identisch mit den Gesamteffekten in einem separat geschätzten ORP-Modell. Dies gilt auch für die Schwellenwerte im Modell. Die Gesamtvarianz im OHCM ist fast identisch mit der Varianz im reinen ORP-Modell. Dieses Ergebnis gibt eine hohe Sicherheit für die geschätzten Parameter im OHCM. Kleine Abweichungen bei den Parameterwerten sind aufgrund des möglichen Simulationsrauschens zu erwarten, wenn die Maximum-Simulated-Likelihood-Methode mit Halton-Ziehungen verwendet wird.

Anteil der erklärten Varianz

Die Integration der latenten Variablen in das OHCM ermöglicht, einen Teil der zuvor unerklärten Heterogenität zu erklären. Die Gesamtheterogenität im vorliegenden OHCM zur Untersuchung der Motive der Pkw-Nutzung liegt bei:

$$\sigma_{choice}^2 + \gamma_{affektiv}^2 + \gamma_{instrumentell}^2 = 1{,}1.$$

Der durch die latenten Variablen erklärte Anteil ist somit:

$$\frac{\gamma_{affektiv}^2 + \gamma_{instrumentell}^2}{\sigma_{choice}^2 + \gamma_{affektiv}^2 + \gamma_{instrumentell}^2} = 14{,}43\ \%.$$

Durch die Integration der beiden Motive in das Modell kann mit 14,43 % ein relevanter Teil der unerklärten Heterogenität im ORP-Modell erklärt werden. Neben den interpretatorischen Erkenntnissen spricht dies für die Anwendung des Modellansatzes zur Erklärung der Pkw-Nutzung in modernen Städten. Die wesentliche Einschränkung ist der deutlich höhere Berechnungsaufwand[3] im Vergleich zum Basismodell ohne Simulation.

[3] Das OHCM benötigt zur Schätzung der Parameter in dieser Arbeit mit 5.000 Halton-Ziehungen bei der Maximum-Simulated-Likelihood-Methode mehrere Tage. Das Basismodell des ORP liefert nach wenigen Minuten die Ergebnisse.

7.5 Diskussion der Ergebnisse

Die Ergebnisse der Pkw-Abhängigkeitstypen dienen dem Verständnis von Transformationspotenzialen in den drei Städten. Es stellt sich die grundlegende Frage, wer in der Stadt tatsächlich einen Pkw benötigt und welche Pkw-Besitzer im Zweifel auf alternative Verkehrsmittel umsteigen würden. Die latenten Klassen segmentierten in Kapitel 6.7 zusätzlich die Personen mit einer häufigen Pkw-Nutzung nach ihren psychographischen Merkmalen. Das vorliegende Kapitel 7 diente der Untersuchung wie die affektiven und instrumentellen Motive im Zusammenhang mit einer häufigen Nutzung stehen. Es ergänzt damit die bisherigen Erkenntnisse um die konkreten Ursachen-Wirkungs-Zusammenhänge bei der Pkw-Nutzungshäufigkeit.

Insgesamt ist in modernen Städten festzustellen, dass der Pkw für die regelmäßigen Nutzer viel mehr ist als nur ein Mittel zum Zweck. Der fehlende Einfluss eines instrumentellen Motivs lässt unterschiedliche Interpretationen zu. Das stärkste Argument sind die Verkehrsmittelalternativen in beiden Städten. Personen können in vielen Situationen auf andere Verkehrsmittel umsteigen, wenn sie nicht mit dem Pkw fahren möchten. Ein weiteres Argument stellen die Bedingungen der Pkw-Nutzung in den Städten dar. Die instrumentellen Motive reichen für die Stadtbewohner nicht aus, um eine häufigere Pkw-Nutzung als notwendig zu begründen, da Staus und Parkprobleme den Nutzen des Pkw schmälern. Personen aus Berlin sehen im Pkw eher eine instrumentelle Funktion, was aber nicht zu einer anderen Nutzung im Vergleich zu Personen aus San Francisco führt. Dies deutet darauf hin, dass die Nutzungshäufigkeit in Städten vom instrumentellen Motiv weitestgehend abgekoppelt ist. Es mag zwar Nutzungen durch instrumentelle Motive geben, aber diese führen nicht zu einer mehr oder weniger häufigen Nutzung.

Im Ergebnis erschwert das affektive Motiv die Substitution des Pkw durch Alternativen in städtischen Gebieten. Eine Möglichkeit stellen Restriktionen wie eine dynamische und sozial faire Preisgestaltung bei der Parkraumbewirtschaftung oder eine „Anti-Stau-Gebühr“ dar. Untersuchungen in München von Falck und Fichtl (2020) zeigen, dass eine kombinierte Bepreisung von ruhendem und fließendem Verkehr zu einer deutlichen Entlastung des Verkehrs

in der Spitzenstunde führen kann. Laut ihrer Studie aus München verringert sich der Pkw-Verkehr bei einer Bepreisung von 6 € pro Tag innerhalb des Mittleren Rings (Stadtzentrum) um 23 % zugunsten anderer Verkehrsmittel.
Es ist zu vermuten, dass komplette Fahrverbote die Situation eher verschlimmern würden, da das ÖV-System in Städten in den Spitzenstunden nicht immer in der Lage ist, den Kapazitätsbedarf zu decken. Darüber hinaus könnte dies zu einer Verlagerung von Fahrten autoorientierter Pkw-Nutzer zu weiter entfernten Zielen führen (z. B. Einkaufen in Vorstadtgebieten). Diese Vermutung kann jedoch mit den Ergebnissen dieser Arbeit nicht abschließend validiert werden.

7.6 Zusammenfassung und kritische Würdigung

Der vorgestellte Ansatz zur Untersuchung der Einflüsse auf die Pkw-Nutzungshäufigkeit in modernen Städten zeigt inhaltliche und methodische Vor- und Nachteile, die in diesem Abschnitt diskutiert werden. Zunächst wird auf die zu Beginn gestellten anwendungsspezifischen Forschungsfragen eingegangen.

Welchen Einfluss hat die Art des Zugangs zu einem Pkw im Haushalt auf die Pkw-Nutzungshäufigkeit in modernen Städten?
Der Pkw-Besitz und vor allem die uneingeschränkte Verfügbarkeit im Haushalt haben einen starken Zusammenhang mit der Pkw-Nutzungshäufigkeit in Berlin und San Francisco. Der Effekt wird nochmals verstärkt, wenn ein Premium-Pkw im Haushalt vorhanden ist. Es ist nur ein leichter Zusammenhang zu erkennen, wenn Personen auf einen Pkw im Haushalt nur in Abstimmung mit anderen Haushaltsmitgliedern zugreifen können. Diese Unterscheidung des Pkw-Besitzes liefert detaillierte Erkenntnisse zur Nutzung. Es kann beim Pkw-Besitz nur von einem Zusammenhang gesprochen werden, da die Pkw-Nutzung auch eine Rückkopplung auf den Besitz haben kann (vgl. Moody, 2019).

Nutzen junge Menschen in Städten den Pkw weniger häufig aufgrund von geringeren affektiven Motiven?

Die Ergebnisse des OHCM zeigen, dass das Alter einen relevanten Einfluss auf die Pkw-Nutzungshäufigkeit aufweist. Personen über 30 Jahre nutzen häufiger einen Pkw im Alltag. In beiden Städten ist kein Alterseffekt aufgrund des affektiven Motivs zu beobachten. Junge Erwachsene nutzen den Pkw nicht seltener, weil sie weniger gerne fahren als ältere Personen, sondern aufgrund eines Mobilitätszuwachses mit fortschreitendem Alter. Kuhnimhof et al. (2019) begründen diesen Mobilitätszuwachs durch die Ausbildung langfristiger Konfigurationen hinsichtlich Wohn- und Arbeitsstandort sowie sozialer Netzwerke und Mobilitätsgewohnheiten. Für die Verkehrsplanung ergibt sich daraus wahrscheinlich eine konstant bleibende Nachfrage nach Pkw-Nutzung, da eine Abflachung der Nachfrage in naher Zukunft aufgrund der Alterung der jüngeren Generation in den beiden Städten nicht zu erwarten ist.

Welche Anteile können die instrumentellen und affektiven Motive bei der Pkw-Nutzungshäufigkeit in Städten erklären?

Neben den soziodemografischen Merkmalen kann im OHCM vor allem eine detaillierte Betrachtung des Zusammenhangs zwischen den Motiven und der realisierten Nutzung analysiert werden. Die Integration der beiden Motive erklärt 14,43 % der bisher unerklärten Heterogenität im ORP-Basismodell. Zusätzlich ermöglichen die einbezogenen Motive eine bessere Erklärung der Zusammenhänge.

Die indirekten Effekte über die latenten Variablen zeigen, dass nur das affektive Motive als Verhaltensprädiktor dienen kann und die Wahrscheinlichkeit der Pkw-Nutzung erhöht. Bei Geschlecht, Pkw-Besitz, Vorhandensein eines Premiumautos und Einkommen erhöht das affektive Motiv die Wahrscheinlichkeit zusätzlich und erklärt die Einflussfaktoren detaillierter. Das affektive Motiv führt auch dazu, dass einkommensschwächere Personen häufig einen Pkw verwenden. Die Ergebnisse zeigen deutlich, dass affektive Motive eine entscheidende Rolle für die Pkw-Nutzung in modernen „Hybrid-Cities" spielen. Diese Städte befinden sich bereits in einem Stadium, das viele Städte gerne erreichen würden, da sie einen großen Anteil an ÖV-Nutzung und nichtmotorisiertem Verkehr aufweisen.

Abschließend ist zu diskutieren, inwieweit das affektive Motiv das Gewohnheitsverhalten von Personen beeinflussen kann. Domarchi et al. (2008) argumentieren, dass es bei einer positiven Einstellung zum Pkw möglich ist, dass die Gewohnheiten der Pkw-Nutzung verstärkt werden. Darüber hinaus stellen Chen und Chao (2011) fest, dass der Widerstand vom Pkw auf den ÖV umzusteigen bei gewohnheitsmäßigen Pkw-Nutzern besonders hoch ist. Dies wird auch von Nguyen et al. (2018) in ihrer Studie bestätigt.

7.7 Zwischenfazit

Das Mobilitätsskelett und die ganzheitliche Betrachtung der Mobilität bilden eine geeignete Grundlage zur Analyse der urbanen Mobilität mit dem Ansatz des OHCM. Die vorhergehende Untersuchung zeigt, dass die Methode einen Mehrwert gegenüber dem Basismodell (ORP) liefert und einen relevanten Teil der darin unerklärten Heterogenität beschreibt.

Grenzen des Ansatzes

Bei der Anwendung des OHCM sind, wie bei anderen Verfahren, Grenzen vorhanden. Die Genauigkeit der Ergebnisse im OHCM hängt stark mit der Anzahl der gezogenen Quasi-Zufallszahlen (z. B. Halton-Ziehungen) zusammen. In der Literatur gibt es keine Empfehlung zur Mindestanzahl. Der Vergleich zwischen den Gesamteffekten im OHCM und dem Basismodell dient als geeignete Validierung der Ergebnisse.

Das OHCM ist grundsätzlich – im Gegensatz zu Regressionsmodellen mit unabhängigen psychologischen Faktoren – zur Prognose fähig, da die psychologischen Faktoren (latente Variablen) nicht prognostiziert oder fortgeschrieben werden müssen. Die Fortschreibung der beobachtbaren Variablen in Verbindung mit der erhaltenen Nutzenfunktion des OHCM reicht aus, um die zukünftige Entscheidung abzubilden. Es liegt zeitgleich auch eine Einschränkung des vorgestellten Modells hinsichtlich seiner Prognosefähigkeit vor:

Zwar können die soziodemographischen Eigenschaften fortgeschrieben werden, für das Verhalten, wie z. B. die Stabilität der Verkehrsmittelwahl oder das Fernverkehrsverhalten, ist dies jedoch nur bedingt möglich.
Eine weitere Einschränkung der Ergebnisse des OHCM besteht in der Kausalbeziehung psychologischer Faktoren und des tatsächlichen Verhaltens. Kroesen et al. (2017) diskutieren die Richtung der Kausalität, also ob die Einstellungen das Verhalten oder das Verhalten die Einstellungen beeinflusst. Im Gegensatz zu einem Großteil der bestehenden Literatur, die davon ausgeht, dass die Einstellungen das Verhalten beeinflussen und als Verhaltensprädiktor dienen, untersucht Moody (2019) die bidirektionalen Beziehungen zwischen dem Pkw-Besitz, der Pkw-Nutzung auf dem Arbeitsweg an einem „typischen" Tag und der Autoorientierung in einer internationalen Vergleichsstudie. Sie stellt dabei fest, dass vor allem zwischen dem Besitz und der Autoorientierung sowie zwischen der Nutzung und der Autoorientierung eine bidirektionale Beziehung existiert. Des Weiteren kommt sie abhängig von der relativen Stärke des Einflusses zu dem Schluss, dass die Autoorientierung den Besitz geeignet vorhersagt, was wiederum die Pkw-Nutzung erklärt. In umgekehrter Richtung verstärkt die Pkw-Nutzung die Autoorientierung. Dieser beschriebene Zusammenhang wird nur in Verbindung mit dem Pendeln überprüft. Es werden keine Unterschiede zwischen verschiedenen Raumtypen betrachtet. Es fehlt daher noch an weiterer empirischer Evidenz, um verlässliche Aussagen über die Zusammenhänge psychographischer Merkmale und der Pkw-Nutzung im Allgemeinen zu tätigen. Insbesondere in urbanen Räumen werden auch vermehrt andere Verkehrsmittel für den Arbeitsweg verwendet. In diesem Bereich ist folglich noch ein großer Forschungsbedarf vorhanden. Aus diesem Grund wurde in dieser Arbeit auch häufig der Begriff Zusammenhang anstelle von Einfluss beim OHCM verwendet. Für die Segmentierungsansätze in Kapitel 6 wurde keine Kausalität angenommen, weshalb dieser Aspekt dabei weniger relevant war.

Weitere Anwendungsfälle des Ordered-Hybrid-Choice-Modells

Der Einsatz des vorgestellten OHCM liefert auch in anderen Studien empirische Evidenz. Vor allem die Nutzung des Mobilitätsskeletts in Verbindung mit

dem entwickelten OHCM hat sich in weiteren Anwendungen bewährt (vgl. von Behren, Chlond & Vortisch, 2021; von Behren, Kirn et al., 2020). Zur Veranschaulichung der Vielfältigkeit werden die Studien kurz vorgestellt.
In der Studie von von Behren, Kirn et al. (2020) wird untersucht, ob die Auto- und/oder ÖV-Orientierung der Personen einen Einfluss auf die MOD-Nutzung auf dem Arbeitsweg in Shanghai aufweist. Hierfür werden die ausführlich erhobenen Informationen zum Mobilitätsverhalten auf dem Arbeitsweg in der internationalen Vergleichsstudie des UTM (siehe Kapitel 3.3.2) ausgewählt. Die Ergebnisse zeigen, dass die ÖV-Orientierung die Nutzungswahrscheinlichkeit von MOD-Diensten erhöht, aber die Autoorientierung keinen Einfluss hat. Die Integration der latenten Variablen erklärt 6,6 % der unerklärten Varianz im Modell. In der Erweiterungsstudie (siehe Kapitel 3.3.3) von von Behren, Chlond und Vortisch (2021) mit Personen aus einkommensstarken Haushalten in acht chinesischen Städten (siehe Kapitel 3.3.3) werden ebenfalls die Auto- und ÖV-Orientierung bei der MOD-Nutzung auf dem Arbeitsweg untersucht. Die Studie unterscheidet sich zu der zuvor beschriebenen Studie aus Shanghai dahingehend, dass nur Personen betrachtet werden, die sich grundsätzlich einen Pkw leisten können. Die Autoorientierung reduziert die Wahrscheinlichkeit der häufigen MOD-Nutzung auf dem Arbeitsweg. Die ÖV-Orientierung erhöht wie in der Studie von von Behren, Kirn et al. (2020) die Nutzungswahrscheinlichkeit. In dieser Studie kann allerdings nur 1 % der Heterogenität im Nutzen erklärt werden. Bei einem derartig geringen Erkläranteil ist der Vorteil des OHCM aufgrund des erhöhten Berechnungsaufwands nur noch eingeschränkt vorhanden.

Die grundsätzliche Vorteilhaftigkeit des Hybrid-Choice-Modells gegenüber Wahlmodellen ohne Integration latenter Variablen ist folglich abhängig vom Modell und vom spezifischen Anwendungsfall (Ben-Akiva et al., 1999). Die Hybrid-Choice-Modelle sind nicht grundsätzlich überlegen, sondern nur in geeigneten Anwendungsfällen, wie z. B. bei der Analyse der Motive der Pkw-Nutzung in der vorliegenden Arbeit.

8 Stärken und Schwächen des Mobilitätsskeletts

In den beiden Kapiteln 6 und 7 wurden mögliche Anwendungsfälle des Mobilitätsskeletts vorgestellt. Dabei standen die Methoden und die Ergebnisse der Segmentierungen und des Ursachen-Wirkungs-Zusammenhangs im Vordergrund. Nachdem Einsatzmöglichkeiten des Ansatzes gezeigt wurden, wird dieses Kapitel verwendet, um eine Analyse der Stärken und Schwächen des Mobilitätsskeletts durchzuführen und abschließend eine übergeordnete Bewertung vorzunehmen.

Schwächen des Ansatzes

Die Schwächen beziehen sich auf unterschiedliche Teilaspekte des Ansatzes (z. B. Erfassung der Mobilität, psychologische Itemsets) und werden nachfolgend aufgelistet und thematisiert.

Erfassung des Mobilitätsverhaltens für die Verkehrsforschung
Einige Nachteile des Mobilitätsskeletts wurden bereits in Kapitel 4.6 bei der Zusammenfassung der Validierungsstudie genannt. Dort zeigte sich, dass eine wesentliche Einschränkung des Mobilitätsskeletts die Abbildung von Mobilitäts-Eckwerten (z. B. keine Angabe der Mobilitätszeit) darstellt. Im Gegensatz zu Wegetagebüchern werden keine Wege in chronologischer Reihenfolge erfasst. Hierdurch fehlen beispielsweise Informationen zu Start- und Endzeitpunkten von Wegen. Dies führt dazu, dass die Daten aus dem Mobilitätsskelett in der aktuellen Form nicht in Verkehrsnachfragemodellen zur Modellierung von Mobilitätsverhalten verwendet werden können. Sie liefern jedoch tiefergehende Erkenntnisse über den Zusammenhang zwischen psychographischen Eigenschaften und Mobilitätsverhalten für eine ganzheitliche Zielgruppensegmentierung oder für die Untersuchung von Ursachen-

Wirkungs-Zusammenhängen. Diese Erkenntnisse können für eine Verbesserung der Modellierung eingesetzt werden.
Eine weitere Schwäche des Mobilitätsskeletts besteht darin, dass höhere kognitive Fähigkeiten der Probanden im Gegensatz zum Ausfüllen eines Wegetagebuchs gefordert sind. Die Probanden müssen bei der Beantwortung ihr eigenes Mobilitätsverhalten reflektieren sowie ein für sie typisches Verhalten definieren und im Fragebogen geeignet eintragen. Durch die hohe Standardisierung des Fragebogens können zusätzlich komplexe Mobilitätsmuster eventuell nicht ausreichend abgebildet werden.
Die retrospektive Abfrage von Fernverkehrsereignissen stellt ebenfalls eine Schwäche des Ansatzes dar. Zwar wird die Fernverkehrsmobilität von Personen ausführlich erfasst, es können aber durch das retrospektive Berichten der Reisen Antwortverzerrungen durch Seam-Effekte (z. B. Inkonsistenz bei der Reisehäufigkeit) und Telescoping-Effekte (zurückliegende Reisen werden als näherliegend erinnert) entstehen. Diese Problematik kann bei einer einmaligen Befragung nicht gelöst werden. Es besteht daher weiterer Forschungsbedarf hinsichtlich der Reduktion von Antwortverzerrungen bei der Erfragung der Fernverkehrsmobilität im Mobilitätsskelett.

Erfassung der psychographischen Eigenschaften

Das Mobilitätsskelett ermöglicht im Gegensatz zu traditionellen Mobilitätserhebungen die Abfrage psychographischer Eigenschaften. Eine Einschränkung dabei stellt die internationale Verwendung der psychologischen Items im UTM dar. Der Leitgedanke bei einem Itemset ist, dass es wie ein „Fieberthermometer“ funktioniert und bei allen Personen, auch in unterschiedlichen Ländern, das Gleiche („die Temperatur“) valide misst. In der Realität können Antwortverzerrungen (*response bias*) durch Übersetzungsprobleme oder formale Antworttendenzen aufgrund kultureller Unterschiede (z. B. Tendenz zur Mitte) entstehen (vgl. Magdolen, von Behren, Hobusch et al., 2020). Das Itemset von Hunecke et al. (2021) wurde ursprünglich für den deutschen Sprachraum konzipiert und in über zehn Jahren Forschung an über 15.000 Probanden validiert (vgl. Hunecke et al., 2021). Es erwies sich als valides und robustes

Instrument mit einer hohen empirischen Evidenz. Trotzdem wäre eine weiterführende Forschungsaufgabe, das Itemset im internationalen Kontext weiter zu validieren. Die Daten dieser Arbeit liefern eine geeignete Grundlage.
Eine weitere Herausforderung stellen die Items an die sprachliche Kompetenz der Probanden. Insbesondere Formulierungen wie: *„Ich fühle mich aufgrund meiner Prinzipien persönlich verpflichtet, auf meinen Wegen im Alltag umweltfreundliche Verkehrsmittel zu benutzen"* fordern eine erhöhte sprachliche Kompetenz. Dieser Effekt wird zusätzlich noch verstärkt, wenn die Items für den Probanden nicht in dessen Erstsprache vorliegen. Die fundierten Forschungsergebnisse von Hunecke et al. (2021) weisen jedoch auf eine gute Verwendbarkeit der Items bei unterschiedlichen Personengruppen hin.
Der nächste Aspekt stellt nicht direkt eine Schwäche dar, sondern eine zu berücksichtigende Herausforderung bei der Verwendung von Itemsets. Die Antworten zu den psychologischen Items können sich je nach Position der Item-Blöcke innerhalb des Fragebogens bei der Beantwortung verändern. Insbesondere durch das ausführliche Berichten des Mobilitätsverhaltens entsteht eine bessere Reflexion der eigenen Mobilität. Dies kann im Verlauf der Beantwortung der Items zu geändertem Antwortverhalten führen. Zudem können zum Ende hin Sättigungs- und Ermüdungseffekte eintreten. In der aktuellen Online-Version wird das Itemset in zwei Frageblöcke aufgeteilt, die sich in der Mitte und am Ende des Fragebogens befinden (Anhang A). Für eine optimale Positionierung der Items im Mobilitätsskelett besteht weiterer Forschungsbedarf.
In der aktuellen Form wurden nur Items verwendet, die sich hauptsächlich auf die Verkehrsmittelwahl (PsyVKN und Motive der Pkw-Nutzung) beziehen. Dies ist für die Analyse der Verkehrsmittelnutzung in den Segmentierungsansätzen auch ausreichend. Bezogen auf das Vier-Stufen-Modell in der Verkehrswissenschaft wird allerdings hierdurch nur eine Stufe, die Verkehrsmittelwahl, berücksichtigt. Für eine weitere Verbesserung fehlen vor allem psychologische Items, um die Aktivitätenwahl und Zielwahl zu beschreiben. Im aktuellen Fragebogen wird lediglich die Zufriedenheit mit dem Wohnumfeld erfasst, wie z. B. die Zufriedenheit mit Einkaufsmöglichkeiten (siehe Anhang A).

Übergeordnete Schwächen des Ansatzes

Die psychologischen Itemsets und die schematisierte Abfrage der Mobilität sind im Gegensatz zu Wegetagebucherhebungen anfällig für eine inhaltliche Antworttendenz durch die soziale Erwünschtheit bei Probanden (vgl. Kapitel 4.4.3). Diese kann bei persönlichen Interviews verstärkt auftreten. In der Online-Version des Mobilitätsskeletts (Anhang A) wird die eventuelle Beeinflussung durch den Interviewenden in der Erhebung eliminiert.

Ein weiterer Nachteil steht im Widerspruch mit dem Ziel der Reduktion des *respondent burden*. Das ursprüngliche Interview wurde als CAPI konzipiert mit einer Erhebungsdauer von ca. 40 Minuten. Durch die erhöhte Dauer des Interviews kann eine Berichtsmüdigkeit bei den Probanden zum Ende des Fragebogens hin auftreten. Zur Verschlankung und weiteren Digitalisierung wurde zwar ein CAWI-Ansatz mit einer Erhebungsdauer von ca. 20 Minuten entwickelt, allerdings tritt bei Online-Erhebungen schon deutlich früher eine Berichtsmüdigkeit ein. Eine weitere Optimierung des Fragebogens ist demnach notwendig, auch vor dem Hintergrund, dass durch die Reduktion der Erhebungsdauer bestimmte Informationen (z. B. Motive der Pkw-Nutzung) nicht mehr erfasst werden.

Stärken des Ansatzes

Das Mobilitätsskelett hat neben den genannten Schwächen eine Vielzahl von Stärken, die im Nachfolgenden zusammenfassend erläutert werden.

Vielseitigkeit

Die Stärken des Mobilitätsskeletts zeigen sich vor allem in der Vielseitigkeit, die in den unterschiedlichen Anwendungsfällen in dieser Arbeit sichtbar wurde. Diese Vielfältigkeit ermöglicht einen Ansatz in der interdisziplinären Forschung und dient einer stärkeren Berücksichtigung der Mobilität in der praxisorientierten Marktforschung und einer besseren strategischen Ausrichtung von Automobilherstellern oder Mobilitätsdienstleistern. Im UTM-Projekt in Kooperation mit der BMW Group wurden genau diese Anforderung an das Mobilitätsskelett gestellt und weitestgehend durch die verschiedenen Segmentierungsansätze erfüllt.

Die politischen Entscheidungsträger können vor allem die Zielgruppensegmentierungen verwenden, um geeignete Maßnahmen für eine nachhaltige Mobilität abzuleiten und spezifische Mobilitätskonzepte für die Zielgruppen vorzulegen. Die Ergebnisse aus den „Hybrid Cities“ sind geeignet, um sie auf andere Städte mit einer vergleichbaren hybriden Struktur zu übertragen. Durch die Betrachtung einer Vielzahl von Dimensionen im Mobilitätsskelett können anwendungsspezifische Segmentierungen eingesetzt werden.

Robustheit

Eine weitere Stärke des Ansatzes wurde bei der Validierungsstudie durch die qualitativen Interviews deutlich. Durch die Erfassung von typischem Mobilitätsverhalten entsteht eine Robustheit gegenüber der Zufälligkeit der Berichtswoche, die vor allem auf individueller Ebene zu einer Verzerrung führen kann.

Erfassung von nicht realisiertem Verhalten

Außerdem zeichnet den Ansatz aus, dass er psychographische Eigenschaften für die Mobilitätsforschung berücksichtigt. Die Einbeziehung sozialpsychologischer Erkenntnisse erweitert die Perspektive der Mobilitätsforschung. Insbesondere helfen die psychologischen Konstrukte, Mobilitätsverhalten, wie z. B. die häufige Pkw-Nutzung in der Stadt, besser zu verstehen. Es können mit dem Ansatz nicht nur Fragestellungen hinsichtlich des Mobilitätsverhalten beantwortet werden, sondern auch Dissonanzen zwischen Verhalten und Einstellungen überprüft werden, um nicht realisiertes Verhalten in einem Möglichkeitsraum für die Potenzialableitung zu betrachten.

Quasi-Längsschnitt und reduzierter Erhebungsaufwand

Die Vielfältigkeit des Ansatzes ist durch einen wichtigen Aspekt bedingt. Der Ansatz zur Analyse komplexer urbaner Mobilität wurde basierend auf dem Wissen um die Einschränkungen anderer etablierter Erhebungsmethoden in der Mobilitätsforschung (u. a. Erhebungskosten, *respondent burden*, Selektivität bei den Probanden) entwickelt. Bei den bestehenden Erhebungsmethoden liegen einige Einschränkungen bei der Erfassung von Mobilität über einen längeren Zeitraum vor. Die Querschnitterhebungen über einen Tag enthalten keine intrapersonelle Varianz, bei den Längsschnitterhebungen kann durch den hohen *respondent burden* nicht zusätzlich die Fernverkehrsmobilität für eine erweiterte Betrachtung erhoben werden. Als Idee hinter dem Mobilitätsskelett steht der Entwicklungsprozess „vom Querschnitt über den Längsschnitt zum Mobilitätsskelett". Das heißt, es wird der geringe Erhebungsaufwand einer Querschnittserhebung als Rahmenbedingung gesetzt, aber gleichzeitig eine erweiterte Längsschnittbetrachtung über die zufällige Woche hinaus in der Konzeptionsentwicklung angestrebt. Dabei werden zur Reduktion des Aufwands alle zufälligen Wege bzw. Aktivitäten ausgeblendet und eine Konzentration auf das typische Verhalten vorgenommen. Dies ermöglicht eine Erfassung der Grundmuster des individuellen Mobilitätsverhaltens über einen längeren Zeitraum. Im Ergebnis wird ein Quasi-Längsschnitt erfasst, der eine vielfältige Anwendung in der Forschung und Praxis ermöglicht.

9 Zusammenfassung und Ausblick

Im Rahmen der vorliegenden Arbeit wurde das Konzept des Mobilitätsskeletts zur schematisierten Abfrage urbaner Mobilität im Quasi-Längsschnitt unter Berücksichtigung von psychographischen Eigenschaften entwickelt, validiert und eingesetzt. Die Stärken und Schwächen wurden in Kapitel 8 ausführlich erläutert. Das abschließende Kapitel dient zur Zusammenfassung und gibt einen Ausblick über den weiteren Forschungsbedarf.

9.1 Zusammenfassung

Als zentraler Bestandteil dieser Arbeit wurde das Mobilitätsskelett als Erhebungsinstrument mit den unterschiedlichen Modulen erläutert und der Online-Fragebogen im Anhang A zur Verfügung gestellt.

Das Mobilitätsskelett wurde vor der tatsächlichen Anwendung in einer umfassenden Vergleichsstudie zur Validierung mit dem Wegetagebuch über eine Woche verglichen. Die Validierung zeigte eine ausreichende Übereinstimmung mit dem etablierten Ansatz des Wegetagebuchs, was einen Einsatz des Mobilitätsskeletts rechtfertigt. Der Vergleich zwischen beiden Erhebungsdesigns verdeutlichte, dass die Stärken des Mobilitätsskelettansatzes weniger in der Angabe von Verkehrsstatistiken, sondern in der Möglichkeit einer explorativen Analyse urbaner Mobilität liegen. Das Mobilitätsskelett ist als universelles Instrument zur Zielgruppensegmentierung und Analyse des Zusammenhangs zwischen Mobilitätsverhalten und psychographischen Eigenschaften geeignet.

Basierend auf dem Mobilitätsskelett wurden im Rahmen des Urban Travel Monitors (UTM) in Kooperation mit der BMW Group in Berlin, München, San Francisco und Shanghai Daten erhoben. Diese Daten dienten als Grundlage für vier verschiedene Anwendungsfälle, die die Relevanz einer mehrdimensionalen Betrachtung von Mobilität unterstreichen. Mit den verschiedenen Anwendungsfällen konnte auch die übergeordnete Aufgabenstellung in dieser Arbeit beantwortet werden.

Im ersten Anwendungsfall wurde der Pkw-Besitz in Berlin, San Francisco und Shanghai betrachtet und analysiert, um zu zeigen, wie abhängig Personen auf der subjektiven und objektiven Ebene von ihrem privaten Pkw sind. Hierfür wurden unter Einsatz eines regelbasierten Segmentierungsansatzes fünf verschiedene Besitzer-Typen gebildet. Es konnte festgestellt werden, dass in allen betrachteten Städten über 30 % aller Pkw-Besitzer „Unabhängige Pragmatiker“ sind. Diese Gruppe nutzt schon jetzt in ihrer Alltagsmobilität den Pkw kaum. Sie könnten aufgrund ihrer Autonomie im ÖV und einer fehlenden Autoorientierung, gepaart mit einer geringen Pkw-Nutzung, auf ihren Pkw verzichten und dadurch zu einer Entlastung der Flächenknappheit in Städten beitragen. Durch die zweidimensionale Betrachtung wurde auch die Zielgruppe der „Auto-Captives“ mit einer hohen Dissonanz zwischen einer häufigen Pkw-Nutzung und einer geringen Autoorientierung identifiziert. Die fünf Pkw-Abhängigkeitstypen unterscheiden sich in der Kombination von Einstellungen und Verhalten deutlich.

Im zweiten Anwendungsfall wurde eine allgemeinere Perspektive hinsichtlich des Mobilitätsmarktes in den drei Städten eingenommen. Im Rahmen einer Post-hoc-Clusterung anhand von vier verhaltensbasierten und sechs einstellungsbasierten Eingangsvariablen konnten elf verschiedene Mobilitätstypen in allen vier Städten identifiziert und analysiert werden. Die größte Gruppe bilden die „Überzeugten Rad- und ÖV-Nutzer“ mit einer regelmäßigen Nutzung des Umweltverbunds. In den Städten zeigte sich auch, dass der Fernverkehr eine relevante Rolle bei der Betrachtung der Gesamtmobilität von Menschen in Großstädten spielt. Die „Fernverkehrsaktiven Multimodalen“ mit einem Stichprobenanteil von 8 % sind in ihrer Alltagsmobilität multimodal. Ein wichtiger Teil ihrer Mobilität und der dadurch erzeugten Emissionen findet jedoch außerhalb der Stadt im Fernverkehr statt. Bei der Berücksichtigung der ökologischen Normorientierung kann bei den urbanen Mobilitätstypen eine

Zielgruppe („Autoorientierte mit ausgeprägter ökologischer Norm") identifiziert werden, die im Widerspruch zwischen ihrer wahrgenommen ökologischen Norm und ihrer fast ausschließlichen Pkw-Nutzung steht.
Im dritten Anwendungsfall standen die psychographischen Eigenschaften in Kombination mit einer regelmäßigen Pkw-Nutzung im Vordergrund. Diese Segmentierung diente einem besseren Verständnis der Pkw-Vielnutzer. Mithilfe eines latenten Klassenmodells und unter Berücksichtigung der Autonomie des Pkw, der Privatheit im ÖV und der Autoorientierung konnten die Pkw-Nutzer aus München und Berlin probabilistisch segmentiert werden. Bei den sechs verschiedenen Klassen thematisieren 32 % der betrachteten Personen eine Privatheit im ÖV, wobei dies nur bei der Hälfte der Personen zu einer Nicht-Nutzung des ÖV führt. Bei der Gesamtbetrachtung der sechs latenten Klassen fällt auf, dass die Hälfte der Personen nicht gerne selbst Auto fährt bzw. ein niedriges affektives Motiv besitzt (44 %), obwohl die Personen eine regelmäßige Pkw-Nutzung zeigen.
Im vierten Anwendungsfall wurde als Ergänzung zur Zielgruppensegmentierung von Pkw-Besitzern und -Vielnutzern der Zusammenhang zwischen affektiven und instrumentellen Motiven und der Pkw-Nutzungshäufigkeit in Berlin und San Francisco untersucht. Dafür erfolgte der Einsatz eines neuartigen Ordered-Hybrid-Choice-Modells, mit dem eine Integration der zwei latenten psychologischen Variablen (affektives und instrumentelles Motiv) in den Entscheidungsprozess möglich war. Die Ergebnisse zeigen einen signifikanten Zusammenhang zwischen dem affektiven Motiv und einer häufigen Pkw-Nutzung, wobei die instrumentellen Motive keine Relevanz besitzen. In beiden Städten ist kein Alterseffekt aufgrund des affektiven Motivs zu beobachten. Junge Erwachsene nutzen den Pkw nicht seltener, weil sie weniger gerne fahren als ältere Personen, sondern aufgrund eines Mobilitätszuwachses mit fortschreitendem Alter. Neben den vertiefenden Einblicken in die Entscheidung ermöglichen die beiden Motive, mehr als 14 % der unbeobachteten Heterogenität zu erklären.
Zusammenfassend zeigen die Anwendungsfälle die Möglichkeiten des Einsatzes des Mobilitätsskeletts. Trotz der bestehenden Schwächen des Ansatzes verdeutlichen die Analysen und Erkenntnisse, dass eine mehrdimensionale

Betrachtung urbaner Mobilität notwendig ist, um beispielsweise die Rolle des Pkw und die Diversität der urbanen Mobilität zu verstehen. Durch die veränderte Datengrundlage (nicht nur Verhaltensdaten) kamen weniger bekannte Methoden wie die latenten Klassenmodelle oder Hybrid-Choice-Modelle zum Einsatz. Dieser Aspekt zeichnet die vorliegende Arbeit zusätzlich aus. Der Ansatz ist in der vorliegenden Form hauptsächlich für die Anwendung in der interdisziplinären Mobilitätsforschung und in der Praxis geeignet. Das Mobilitätsskelett dient nicht als Ersatz für etablierte Mobilitätserhebungen, sondern liefert eine Alternative für weitergefasste Fragestellungen der Mobilität.

9.2 Ausblick

Die diskutierten Grenzen des Mobilitätsskeletts bei der Einsetzbarkeit in der Verkehrsforschung für die Verkehrsnachfragemodellierung begründen einen wichtigen Forschungsbedarf. Hierfür können zwei verschiedene Richtungen aufgezeigt werden. Die eine Richtung strebt eine Erweiterung des Mobilitätsskeletts (Online-Version) um ein Wegetagebuch an. Anstatt eine Woche im Längsschnitt zu erheben, würde es aufgrund des vorhandenen Quasi-Längsschnitts des Mobilitätsskeletts jedoch ausreichen, wie beim Netherlands Mobility Panel (MPN) nur drei (rotierende) Stichtage in einer Woche (zwei Werktage und ein Wochenendtag) zu erfassen. Dies hätte zwar eine Erhöhung des *respondent burden* zu Folge, würde aber gleichzeitig die Vorteile des Mobilitätsskeletts mit den Vorteilen des Wegetagebuchs verbinden. Eine derartige Kombination könnte auch für das Deutsche Mobilitätspanel (MOP) eingesetzt werden.

Die andere Richtung bedarf keiner Erweiterung seitens des Erhebungsdesigns, sondern einer Hinzunahme zusätzlicher Informationen. Durch ein „Act-a-like-Matching“ könnten dem Mobilitätsskelett Wegetagebuchinformationen über eine Sekundärstatistik wie das MOP zugespielt werden. Hierbei würden anhand von Mobilitätsverhaltensmerkmalen Personen mit ähnlichem Verhaltensmuster im MOP gesucht und deren Wegetagebuchinformationen übernommen werden. Folglich lägen dem Mobilitätsskelett neben detaillierten Wegeinformationen auch zufällige Wege vor. Ein derartiges Modell könnte als Grundlage für eine Modellierung des erweiterten Längsschnitts dienen, wenn verschiedene ähnliche Wochen ergänzt werden, um zusätzlich eine Verhaltensvariation zwischen mehreren Wochen abzubilden. Als Ergebnis wären Wegetagebuch-Daten vorhanden, die in der Verkehrsplanung eingesetzt werden können.

Auch eine inhaltliche Erweiterung des Mobilitätsskeletts ist anzustreben. Für die Betrachtung des Verkehrs in Städten spielen auch Kurier-Express-Paket-Dienste eine wichtige Rolle. Einen Teil der Wege führen Personen aufgrund von E-Commerce nicht mehr selbst durch, diese werden von Dienstleistern fremd erzeugt. In der vorliegenden Online-Version des Mobilitätsskeletts wurden erste Erhebungsversuche in diese Richtung unternommen. Eine umfassende Betrachtung von E-Commerce im Zusammenhang mit der Alltagsmobilität von Personen wäre in zukünftigen Forschungsarbeiten durchzuführen.

Im Rahmen des UTM wären auch weitere Anwendungsfälle des Mobilitätsskeletts denkbar. Um den internationalen Vergleich der Mobilität in Städten zu erweitern, wäre die Hinzunahme von Personen aus autoorientierten Städten von forschungsrelevantem Interesse. Auf Basis der so neugewonnenen Daten könnten die bestehenden Segmentierungen erweitert werden.

Die vorliegende Arbeit bildet die Grundlage für einen Einsatz des Mobilitätsskeletts in Forschung und Praxis zur Beantwortung von komplexen Fragestellungen der Mobilität. In unterschiedlichsten Anwendungsfällen wurde dieses Erhebungsinstrument erprobt und validiert. Insgesamt wurden bisher mehr als 8.500 Personen in 13 verschiedenen Städten aus drei unterschiedlichen Ländern befragt. Die Flexibilität durch den integrativen modularen Aufbau des Mobilitätsskeletts ermöglicht einen praxisorientierten Einsatz als Alternative zu etablierten Mobilitätserhebungen.

Literaturverzeichnis

Agora Verkehrswende. (2020). *Städte in Bewegung. Zahlen, Daten, Fakten zur Mobilität in 35 deutschen Städten*. https://www.agora-verkehrswende.de/fileadmin/Projekte/2020/Staedteprofile/Agora-Verkehrswende_Bewegung_in_Staedten.pdf

Ahern, A., Weyman, G., Schulz, A., Redelbach, M., Akkermans, L., van Grinsven, A., Vannacci, L. & Anoyrkati, E. (2013). *Analysis of National Travel Statistics in Europe: OPTIMISM WP2 : harmonisation of national travel statistics in Europe*. *EUR, Scientific and technical research series: Bd. 26054*. Publications Office.

Ajzen, I. (1991). The Theory of Planned Behavior. *Organizational Behavior and Human Decision Processes*, *50*(2), 179–211. https://doi.org/10.1016/0749-5978(91)90020-T

Allahviranloo, M., Regue, R. & Recker, W. (2014). Pattern Clustering and Activity Inference. In Transportation Research Board, *TRB 93rd Annual Meeting Compendium of Papers,* Washington, D.C.

Alteneder, W. & Risser, R. (1995). Soziologie der Verkehrsmittelwahl: Motive und Bedürfnisse im Zusammenhang mit der Verkehrsmittelwahl. *Zeitschrift für Verkehrssicherheit*(41 Nr. 2), 77–83.

Anable, J. (2005). 'Complacent Car Addicts' or 'Aspiring Environmentalists'? Identifying Travel Behaviour Segments Using Attitude Theory. *Transport Policy*, *12*, 65–78. https://doi.org/10.1016/j.tranpol.2004.11.004

Armitage, C. J., Reid, J. C. & Spencer, C. P. (2013). Changes in Cognition and Behaviour: a Causal Analysis of Single-Occupancy Car Use in a Rural Community. *Transportmetrica A: Transport Science*, *9*(1), 1–10. https://doi.org/10.1080/18128602.2010.509706

Armoogum, J., Axhausen, K. W. & Madre, J.-L. (2009). Lessons from an Overview of National Transport Surveys, from Working Group 3 of COST 355: 'Changing Behavior Toward a More Sustainable Transport System'. In P. Bonnel, M. Lee-Gosselin, J. Zmud & J.-L. Madre (Hg.), *Transport Survey Methods* (S. 621–634). Emerald Group Publishing Limited. https://doi.org/10.1108/9781848558458-036

Art, D., Gnanadesikan, R. & Kettenring, R. (1982). Data-Based Metrics for Cluster Analysis. *Utilitas Mathematica*, *21A*, 75–99.

Ashmore, D. P., Christie, N. & Tyler, N. A. (2017). Symbolic Transport Choice Across National Cultures: Theoretical Considerations for Research Design. *Transportation Planning and Technology*, *40*(8), 875–900. https://doi.org/10.1080/03081060.2017.1355882

Ashok, K., Dillon, W. R. & Yuan, S. (2002). Extending Discrete Choice Models to Incorporate Attitudinal and Other Latent Variables. *Journal of Marketing Research*, *39*(1), 31–46. https://doi.org/10.1509/jmkr.39.1.31.18937

Axhausen, K. W. (2007). Activity Spaces, Biographies, Social Networks and their Welfare Gains and Externalities: Some Hypotheses and Empirical Results. *Mobilities*, *2*(1), 15–36. https://doi.org/10.1080/17450100601106203

Axhausen, K. W. & Frick, M. (2004). *Nutzungen, Strukturen, Verkehr* (Arbeitsbericht Verkehrs- und Raumplanung Nr. 205). ETH Zürich.

Axhausen, K. W., Zimmermann, A., Schönfelder, S., Rindsfüser, G. & Haupt, T. (2002). Observing the Rhythms of Daily Life - A Six-Week Travel Diary. *Transportation*, *29*, 95–124. https://doi.org/10.1023/A:1014247822322

Bacher, J., Pöge, A. & Wenzig, K. (2010). *Clusteranalyse: Anwendungsorientierte Einführung in Klassifikationsverfahren* (3. Auflage). Oldenbourg. http://www.oldenbourg-link.com/isbn/9783486710236 https://doi.org/10.1524/9783486710236

Backhaus, K., Erichson, B., Plinke, W. & Weiber, R. (Hg.). (2016). *Multivariate Analysemethoden*. Springer Berlin Heidelberg. https://doi.org/10.1007/978-3-662-46076-4

Backhaus, K., Erichson, B., Weiber, R. & Plinke, W. (2016). Clusteranalyse. In K. Backhaus, B. Erichson, W. Plinke & R. Weiber (Hg.), *Multivariate Analysemethoden* (S. 453–516). Springer Berlin Heidelberg. https://doi.org/10.1007/978-3-662-46076-4_9

Bahamonde-Birke, F. J., Kunert, U., Link, H. & Dios Ortúzar, J. de. (2015). *About Attitudes and Perceptions: Finding the Proper Way to Consider Latent Variables in Discrete Choice Models* (DIW Discussion Papers Nr. 1474). Berlin. Deutsches Institut für Wirtschaftsforschung. https://EconPapers.repec.org/RePEc:diw:diwwpp:dp1474

Bamberg, S., Hunecke, M. & Blöbaum, A. (2007). Social Context, Personal Norms and the Use of Public Transportation: Two Field Studies. *Journal of Environmental Psychology*, *27*(3), 190–203. https://doi.org/10.1016/j.jenvp.2007.04.001

Bamberg, S. & Schmidt, P. (2003). Incentives, Morality, Or Habit? Predicting Students' Car Use for University Routes With the Models of Ajzen, Schwartz, and Triandis. *Environment and Behavior*, *35*(2), 264–285. https://doi.org/10.1177/0013916502250134

Bartz, F. M. (2015). *Mobilitätsbedürfnisse und ihre Satisfaktoren. Die Analyse von Mobilitätstypen im Rahmen eines internationalen Segmentierungsmodells* [Dissertation]. Universität Köln, Köln.

Baur, N. & Blasius, J. (2014). *Handbuch Methoden der empirischen Sozialforschung*. Springer Fachmedien Wiesbaden. https://doi.org/10.1007/978-3-531-18939-0

Beckmann, K. (2001). Integrierte Verkehrskonzepte. In G. Mehlhorn & U. Köhler (Hg.), *Der Ingenieurbau. Verkehr: Straße, Schiene, Luft* (S. 269–288). Ernst & Sohn Verlag für Architektur und technische Wissenschaft GmbH.

Beirão, G. & Cabral, J. (2008). Market Segmentation Analysis Using Attitudes Toward Transportation - Exploring the Differences Between Men and Women. *Transportation Research Record: Journal of the Transport Research Board*, *2067*, 56–64. https://doi.org/10.3141/2067-07

Beirão, G. & Sarsfield Cabral, J. A. (2007). Understanding Attitudes Towards Public Transport and Private Car: A Qualitative Study. *Transport Policy*, *14*(6), 478–489. https://doi.org/10.1016/j.tranpol.2007.04.009

Belgiawan, P. F., Schmöcker, J.-D., Abou-Zeid, M., Walker, J., Lee, T.-C., Ettema, D. F. & Fujii, S. (2014). Car Ownership Motivations Among Undergraduate Students in China, Indonesia, Japan, Lebanon, Netherlands, Taiwan, and USA. *Transportation, 41*(6), 1227–1244. https://doi.org/10.1007/s11116-014-9548-z

Ben-Akiva, M. & Lerman, S. R. (1985). *Discrete Choice Analysis:: Theory and Application to Travel Demand. Series in Transportation Studies: Bd. 9*. MIT Press.

Ben-Akiva, M., McFadden, D., Gärling, T., Gopinath, D., Walker, J., Bolduc, D., Börsch-Supan, A., Delquié, P., Larichev, O., Morikawa, T., Polydoropoulou, A. & Rao, V. (1999). Extended Framework for Modeling Choice Behavior. *Marketing Letters, 10*(3), 187–203. https://doi.org/10.1023/A:1008046730291

Ben-Akiva, M., McFadden, D., Train, K., Walker, J., Bhat, C., Bierlaire, M., Bolduc, D., Boersch-Supan, A., Brownstone, D., Bunch, D. S., Daly, A., Palma, A. de, Gopinath, D., Karlstrom, A. & Munizaga, M. A. (2002). Hybrid Choice Model: Progress and Challanges. *Marketing Letters, 13*(3), 163–175. https://doi.org/10.1023/A:1020254301302

Ben-Akiva, M., Walker, J., Bernardino, A. T., Gopinath, D. A., Morikawa, T. & Polydoropoulou, A. (2002). *Integration of Choice and Latent Variable Models* (Perpetual Motion). https://doi.org/10.1016/B978-008044044-6/50022-X

Berekoven, L., Eckert, W. & Ellenrieder, P. (Hg.). (2009). *Marktforschung*. Gabler. https://doi.org/10.1007/978-3-8349-8267-4

Berger, M. (2004). *Typologiebildung und Erklärung des Aktivitäten-(Verkehrs-)verhaltens – ein Multimethodenansatz unter Verwendung der Optimal Matching Technik* [Dissertation]. Bauhaus-Universität, Weimar. https://doi.org/10.25643/BAUHAUS-UNIVERSITAET.203

Bergstad, C. J., Gamble, A., Hagman, O., Polk, M., Gärling, T. & Olsson, L. E. (2011). Affective–Symbolic and Instrumental–Independence Psychological Motives Mediating Effects of Socio-Demographic Variables on Daily Car Use. *Journal of Transport Geography, 19*(1), 33–38. https://doi.org/10.1016/j.jtrangeo.2009.11.006

Bhat, C. (2001). Quasi-Random Maximum Simulated Likelihood Estimation of the Mixed Multinomial Logit Model. *Transportation Research Part B: Methodological*, *35*(7), 677–693. https://doi.org/10.1016/S0191-2615(00)00014-X

Bhat, C. & Dubey, S. K. (2014). A New Estimation Approach to Integrate Latent Psychological Constructs in Choice Modeling. *Transportation Research Part B: Methodological*, *67*, 68–85. https://doi.org/10.1016/j.trb.2014.04.011

BIK Aschpurwis + Behrens GmbH. (2001). *BIK Regionen -Ballungsräume, Stadtregionen, Mittel-& Unterzentren*. Hamburg.

BMVBS. (2012). *Chancen des ÖPNV in Zeiten einer Renaissance der Städte* (BMVBS-Online-Publikation 02/12). https://www.bbsr.bund.de/BBSR/DE/veroeffentlichungen/ministerien/bmvbs/bmvbs-online/2012/ON022012.html

Bolduc, D. & Daziano, R. (2010). On Estimation of Hybrid Choice Models. In S. Hess & A. Daly (Hg.), *Choice Modelling: The State-of-the-art and the State-of-practice.*

Bönisch, L., von Behren, S., Chlond, B. & Vortisch, P. (2020). Modification of Travel Behavior by E-Commerce? Capturing Relevant Factors by an Adapted Survey Approach Based on Previous Research. In Transportation Research Board, *TRB 99th Annual Meeting,* Washington D.C.

Bouscasse, H. (2018). *Integrated Choice and Latent Variable Models: A Literature Review on Mode Choice*. Working Papers (hal-01795630). HAL. https://ideas.repec.org/p/hal/wpaper/hal-01795630.html

Böwing-Schmalenbrock, M. & Jurczok, A. (2012). *Multiple Imputation in der Praxis: Ein sozialwissenschaftliches Anwendungsbeispiel*. Potsdam. Universität Potsdam. https://publishup.uni-potsdam.de/opus4-ubp/frontdoor/deliver/index/docId/4847/file/multiple_imputation.pdf

Bruhova Foltynova, H., Hak, T., Kovanda, J. & Grešlová, P. (2005). Automobile Dependency and Sustainable Development. An indicator based approach. In ESEE, *6th International Conference of the European Society for Ecological Economics,* Lissabon.

Buehler, R. (2011). Determinants of Transport Mode Choice: a Comparison of Germany and the USA. *Journal of Transport Geography*, *19*(4), 644–657. https://doi.org/10.1016/j.jtrangeo.2010.07.005

Buehler, R. & Pucher, J. (2012). Demand for Public Transport in Germany and the USA: An Analysis of Rider Characteristics. *Transport Reviews, 32*(5), 541–567. https://doi.org/10.1080/01441647.2012.707695

Bühner, M. (2010). *Einführung in die Test- und Fragebogenkonstruktion* (2. Aufl.). *ps Methoden/Diagnostik*. Pearson Studium.

Burg, F. (2011). *Zur Berechnung von Kaufkraftparitäten* (WISTA - Wirtschaft und Statistik).

Canzler, W. & Knie, A. (2000). "New Mobility"? Mobilität und Verkehr als soziale Praxis. *Aus Politik und Zeitgeschichte*(B 45-46/2000), 29–38. https://www.bpb.de/apuz/25355/new-mobility-mobilitaet-und-verkehr-als-soziale-praxis

Carrasco, J. A. & Dios Ortúzar, J. de (2002). Review and Assessment of the Nested Logit Model. *Transport Reviews, 22*(2), 197–218. https://doi.org/10.1080/01441640110091224

Cervero, R. (2010). *The Transit Metropolis: A global inquiry*. Island Press. http://search.ebscohost.com/login.aspx?direct=true&scope=site&db=nlebk&db=nlabk&AN=972710

Cervero, R. & Kockelman, K. (1997). Travel Demand and the 3Ds: Density, Diversity, and Design. *Transportation Research Part D: Transport and Environment, 2*(3), 199–219. https://doi.org/10.1016/S1361-9209(97)00009-6

Chatterjee, K., Sherwin, H., Jain, J., Christensen, J. & Marsh, S. (2012). Conceptual Model to Explain Turning Points in Travel Behavior. *Transportation Research Record: Journal of the Transportation Research Board, 2322*(1), 82–90. https://doi.org/10.3141/2322-09

Chen, C.-F. & Chao, W.-H. (2011). Habitual or Reasoned? Using the Theory of Planned Behavior, Technology Acceptance Model, and Habit to Examine Switching Intentions Toward Public Transit. *Transportation Research Part F: Traffic Psychology and Behaviour, 14*(2), 128–137. https://doi.org/10.1016/j.trf.2010.11.006

Chlond, B. (2013). Mobilitätsverhalten und Mobilitätsbedürfnisse versus neue Antriebskonzepte: Wie passt das zusammen? In P. Jochem, W.-R. Poganietz, A. Grunwald & W. Fichtner (Hg.), *Alternative Antriebskonzepte bei sich wandelnden Mobilitätsstilen: Tagungsbeiträge vom 08. und 09. März 2012 am KIT, Karlsruhe* (S. 185–206). KIT Scientific Publishing.

Chlond, B. (2014). *Multimodal unterwegs – Die Perspektive der VerkehrsteilnehmerInnen*. Kooperation und Konkurrenz im Umweltverbund, Rust. http://docplayer.org/40842708-Multimodal-unterwegs-die-perspektive-der-verkehrsteilnehmerinnen.html

Chlond, B. & Eisenmann, C. (2018). Workshop Synthesis: Behavioral Changes in Travel – Challenges and Implications for Their Identification and Measurement. *Transportation Research Procedia*, *32*, 563–572. https://doi.org/10.1016/j.trpro.2018.10.022

Chlond, B., Wirtz, M. & Zumkeller, D. (2013). Do Drop-Outs Really Hurt? – Considerations About Data Quality and Completeness in Combined Multiday and Panel Surveys. In J. P. Zmud, M. Lee-Gosselin, M. A. Munizaga & J. A. Carrasco (Hg.), *Transport Survey Methods - Best Practice for Decision Making.* Emerald.

CMC. (2017). *CMC Choice Modelling Code for R* (Version 1.1) [Computer software]. Choice Modelling Centre, University of Leeds. www.cmc.leeds.ac.uk

Cohen, J. (2013). *Statistical Power Analysis for the Behavioral Sciences* (2nd ed.). Taylor and Francis. http://gbv.eblib.com/patron/FullRecord.aspx?p=1192162

Collum, K. K. & Daigle, J. J. (2015). Combining Attitude Theory and Segmentation Analysis to Understand Travel Mode Choice at a National Park. *Journal of Outdoor Recreation and Tourism*, *9*, 17–25. https://doi.org/10.1016/j.jort.2015.03.003

Convery, S., Williams, B [Brendon] & Ahern, A. (2017). The Role of Psycho-Social Factors in Shaping Non-Work Travel Patterns in the Greater Dublin Region. In Irish Transport Research Network, *Proceedings of the ITRN 2017,* University College Dublin.

Corey, Canapary & Galanis Research. (2017). *Travel Deicions Survey 2017 - Summary Report.*

Cullinane, S. & Cullinane, K. (2003). Car Dependence in a Public Transport Dominated City: Evidence from Hong Kong. *Transportation Research Part D: Transport and Environment*, *8*(2), 129–138. https://doi.org/10.1016/S1361-9209(02)00037-8

Dähne, O. & Rheinhold, T. (2008). Monatliche Mobilitätsprofile vollständig ermitteln. *Internationales Verkehrswesen*, *60*(3/2008), 68–72.

Daly, A., Hess, S., Patruni, B., Potoglou, D. & Rohr, C. (2012). Using Ordered Attitudinal Indicators in a Latent Variable Choice Model: a Study of the Impact of Security on Rail Travel Behaviour. *Transportation*, *39*(2), 267–297. https://doi.org/10.1007/s11116-011-9351-z

Dangschat, J. (2017). Soziale Milieus in der Mobilitätsforschung. In B. Barth, B. B. Flaig, N. Schäuble & M. Tautscher (Hg.), *Praxis der Sinus-Milieus®: Gegenwart und Zukunft eines modernen Gesellschafts- und Zielgruppenmodells* (S. 139–153). Springer Fachmedien Wiesbaden. https://doi.org/10.1007/978-3-658-19335-5_10

Dangschat, J., Mayr, R. & Segert, A. (2012). *Mobility to Know for Ways to Go*. Endbericht. Wien.

Dannewald, T., Kreis, H. & Silberhorn, N. (2008). Das hybride Wahlmodell und seine Anwendung im Marketing. *Marketing ZFP*, *30*(1), 7–18. https://doi.org/10.15358/0344-1369-2008-1-7

Delacre, M., Leys, C., Mora, Y. L. & Lakens, D. (2019). Taking Parametric Assumptions Seriously: Arguments for the Use of Welch's F-Test Instead of the Classical F-Test in One-Way ANOVA. *International Review of Social Psychology*, *32*(1), 13. https://doi.org/10.5334/irsp.198

Dianat, L., Habib, K. N. & Miller, E. J. (2017). Modeling Non-Work/School Activity Patterns in a Week-Long Activity-Based Model Using Skeleton Schedule Constraints. In Transportation Research Board, *TRB 96th Annual Meeting Compendium of Papers,* Washington, D.C.

Dibb, S. (1999). Criteria Guiding Segmentation Implementation: Reviewing the Evidence. *Journal of Strategic Marketing*, *7*(2), 107–129. https://doi.org/10.1080/096525499346477

Dittmar, H. (1992). *The Social Psychology of Material Possessions: To have is to be*. Harvester Wheatsheaf.

Doherty, S. T., Miller, E. J., Axhausen, K. W. & Gärling, T. (2002). A Conceptual Model Of The Weekly Household Activity-Travel Scheduling Process.

Domarchi, C., Tudela, A. & González, A. (2008). Effect of Attitudes, Habit and Affective Appraisal on Mode Choice: An Application to University Workers. *Transportation*, *35*(5), 585–599. https://doi.org/10.1007/s11116-008-9168-6

Doove, L. L., van Buuren, S. & Dusseldorp, E. (2014). Recursive Partitioning for Missing Data Imputation in the Presence of Interaction Effects. *Computational Statistics & Data Analysis*, *72*, 92–104. https://doi.org/10.1016/J.CSDA.2013.10.025

Dudleston, A., Stradling, S. & Anable, J. (2005). *Public Perceptions of Travel Awareness - Phase 3*. Edinburgh.

Dupuy, G. (2006). *La dépendance à l'égard de l'automobile*. La documentation française.

Ecke, L., Chlond, B., Magdolen, M., Eisenmann, C., Hilgert, T. & Vortisch, P. (2019). *Deutsches Mobilitätspanel (MOP) – Wissenschaftliche Begleitung und Auswertungen Bericht 2017/2018: Alltagsmobilität und Fahrleistung*. Kalrsruhe. Institut für Verkehrswesen (KIT). https://doi.org/10.5445/IR/1000091076

Ecke, L., Chlond, B., Magdolen, M., Hilgert, T. & Vortisch, P. (2019). *Deutsches Mobilitätspanel (MOP) – Wissenschaftliche Begleitung und Auswertung Bericht 2018/2019: Alltagsmobilität und Fahrleistung.* https://doi.org/10.5445/IR/1000105940

Ectors, W., Kochan, B., Knapen, L., Janssens, D. & Bellemans, T. (2016). A Generic Data-Driven Sequential Clustering Algorithm Determining Activity Skeletons. *Procedia Computer Science*, *83*, 34–41. https://doi.org/10.1016/j.procs.2016.04.096

Eid, M., Gollwitzer, M. & Schmitt, M. (2017). *Statistik und Forschungsmethoden: Mit Online-Materialien* (5., korrigierte Auflage). Beltz.

Eisenmann, C. & Buehler, R. (2018). Are Cars Used Differently in Germany than in California? Findings from Annual Car-Use Profiles. *Journal of Transport Geography*, *69*, 171–180. https://doi.org/10.1016/j.jtrangeo.2018.04.022

Eisenmann, C., Chlond, B., Bergk, F., Kämper, C., Knörr, W. & Kräck, J. (2018). *Analyse und Klassifizierung der Nutzung der Deutschen Pkw-Flotte zur Ermittlung von Verlagerungs- und Substitutionspotenzialen auf umweltverträgliche Verkehrsträger*. Karlsruhe, Heidelberg. https://www.ifeu.de/wp-content/uploads/20180102_Abschlussbericht_Substitutionspotenziale_mitBrosch%C3%BCre.pdf

Ellaway, A., Macintyre, S., Hiscock, R. & Kearns, A. (2003). In the Driving Seat: Psychosocial Benefits from Private Motor Vehicle Transport Compared to Public Transport. *Transportation Research Part F: Traffic Psychology and Behaviour*, *6*(3), 217–231. https://doi.org/10.1016/S1369-8478(03)00027-5

EUROSTAT. (2013). *Methodological Manual for Tourism Statistics.*

Fabrigar, L. R., Wegener, D. T., MacCallum, R. C. & Strahan, E. J. (1999). Evaluating the Use of Exploratory Factor Analysis in Psychological Research. *Psychological Methods*, *4*(3), 272–299. https://doi.org/10.1037/1082-989X.4.3.272

Falck, O. & Fichtl, A. (2020). *Verkehrslenkung mittels Bepreisung des Straßenverkehrs in München*. *ifo Forschungsberichte: Bd. 115*. Ifo-Institut für Wirtschaftsforschung.

Farrington, J., Gray, D., Martin, S. & Roberts, D. (1998). *Car Dependence in Rural Scotland*. Stationery Office.

Festinger, L. (1957). *A Theory of Cognitive Dissonance*. Stanford University Press.

FGSV (Hg.) (1995). *Verkehrsvermeidung - Verkehrsverlagerung - Verkehrslenkung: FGSV-Kolloquium am 5. und 6. Mai 1994 in Bonn*. *FGSV*. Kirschbaum.

FGSV. (2012a). *Empfehlungen für Verkehrserhebungen: EVE*. Unter Mitarbeit von Steinmeyer, Imke; Bäumer, Marcus, Fahnberg, Christian; Hahn, Wulf; Kagerbauer, Martin; Kathmann, Thorsten; Krause, Juliane;Leerkamp, Bert; Ließke, Frank; Mayer-Kreitz, Marion; Moik, Peter; Pohl, Jens; Preising, Wolfgang; Sommer, Carsten; von Zadel, Elke (2012. Aufl.). *FGSV R2 - Regelwerke: Bd. 125*. FGSV-Verl.

FGSV. (2012b). *Hinweise zu Panel- und Mehrtageserhebungen zum Mobilitätsverhalten: Methoden und Anwendungen*. Unter Mitarbeit von Kunert, Uwe; Bäumer, Marcus; Chlond, Bastian; Diederichsmeier, Sylvia; Dörnemann, Martina; Follmer, Robert; Haag, Günther; Hamacher, Ralf; Kagerbauer, Martin; (2012. Aufl.). *Forschungsgesellschaft für Straßen- und Verkehrswesen FGSV: Bd. 160*. FGSV-Verlag.

Finch, W. H. & Bronk, K. C. (2011). Conducting Confirmatory Latent Class Analysis Using M Plus. *Structural Equation Modeling: A Multidisciplinary Journal*, *18*(1), 132–151. https://doi.org/10.1080/10705511.2011.532732

firstmover.hamburg. (2016). *Integriertes Klimaschutzkonzept für den Bezirk Altona.* https://www.hamburg.de/contentblob/10307032/3f3281cabbc3c6b7c9e08ca0d3a04862/data/04-projektsteckbrief-firstmover.pdf

Fishbein, M. & Ajzen, I. (1975). *Belief, Attitude, Intention and Behavior: An Introduction to Theory and Research. Addison-Wesley series in social psychology.* Addison-Wesley.

Follmer, R., Gruschwitz, D., Hölscher, J., Schelewsky, M. & Schönduwe, R. (2016). *Multimodales und intermodales Mobilitätsverhalten verstehen.* Zusammenfassung der Projektergebnisse multimo. https://www.infas.de/multimo/infas_multimo%20Pr%C3%A4sentation%20Kurzfassung_Projektergebnisse_20160202.pdf

Frick, R. & Grimm, B. (2014). *Long-Distance Mobility - Current Trends and Future Perspectives.* https://www.ifmo.de/files/publications_content/2014/ifmo_2014_Long_Distance_Mobility_en.pdf

Friedman, J. H. (2001). Greedy Function Approximation: a Gradient Boosting Machine. *Annals of statistics*, 1189–1232.

Fujii, S., Gärling, T. & Kitamura, R. (2001). Changes in Drivers' Perceptions and Use of Public Transport during a Freeway Closure. *Environment and Behavior, 33*(6), 796–808. https://doi.org/10.1177/00139160121973241

Gardner, B. & Abraham, C. (2008). Psychological Correlates of Car Use: A Meta-Analysis. *Transportation Research Part F: Traffic Psychology and Behaviour, 11*(4), 300–311. https://doi.org/10.1016/J.TRF.2008.01.004

Gardner, B. & Abraham, C. (2010). Going Green? Modeling the Impact of Environmental Concerns and Perceptions of Transportation Alternatives on Decisions to Drive. *Journal of Applied Social Psychology, 40*(4), 831–849. https://doi.org/10.1111/j.1559-1816.2010.00600.x

Gatersleben, B. (2014). Psychological Motives for Car Use. In T. Gärling, D. Ettema & M. Friman (Hg.), *Handbook of Sustainable Travel* (S. 85–94). Springer Netherlands. https://doi.org/10.1007/978-94-007-7034-8_6

Gerike, R., Hubrich, S., Ließke, F., Wittig, S. & Wittwer, R. (2019). *Mobilitätssteckbrief für Berlin*. Mobilität in Städten (SrV) 2018. Dresden. https://repository.difu.de/jspui/bitstream/difu/281526/1/Berlin_Steckbrief_Berlin_gesamt.pdf

Gerike, R. & Ließke, F. (2016). *Mobilität in Städten – SrV 2018: Informationen zur Projektbeteiligung für Städte und Gemeinden, Aufgabenträger sowie Verkehrsunternehmen und Verkehrsverbünde*. Dresden. www.tu-dresden.de/srv2018

Goodwin, P. (1995). Car Dependence. *Transport Policy, 2*(3), 151–152. https://doi.org/10.1016/0967-070X(95)96744-6

Goodwin, P., Cairns, S., Dargay, J., Parkhurst, G., Polak, J. & Stokes, G. (1995). *Car Dependence. A Report for the RAC Foundation for Motoring and the Environment.*

Gössling, S. (2017). *The Psychology of the Car: Automobile Admiration, Attachment, and Addiction*. Elsevier.

Götz, K. (2007). Mobilitätsstile. In O. Schöller, W. Canzler & A. Knie (Hg.), *Handbuch Verkehrspolitik* (S. 759–784). VS Verlag für Sozialwissenschaften. https://doi.org/10.1007/978-3-531-90337-8_34

Götz, K., Deffner, J. & Klinger, T. (2016). Mobilitätsstile und Mobilitätskulturen – Erklärungspotentiale, Rezeption und Kritik. In O. Schwedes, W. Canzler & A. Knie (Hg.), *Handbuch Verkehrspolitik* (S. 781–804). Springer Fachmedien Wiesbaden. https://doi.org/10.1007/978-3-658-04693-4_34

Götz, K., Jahn, T. & Schultz, I. (1998). *Mobilitätsstile. Ein sozial-ökologischer Untersuchungsansatz ; Arbeitsbericht ; Subprojekt 1: Mobilitätsleitbilder und Verkehrsverhalten. Forschungsbericht stadtverträgliche Mobilität: Bd. 7*. Öko-Inst.

Götz, K. & Schubert, S. (2006). Mobilitätsstile in Ballungsräumen — Zielgruppen für den ÖPNV. In *Öffentlicher Personennahverkehr, Öffentlicher Personennahverkehr: Herausforderungen und Chancen* (S. 77–90). Springer-Verlag Berlin Heidelberg. https://doi.org/10.1007/3-540-34209-5_5

Gray, D., Farrington, J., Shaw, J., Martin, S. & Roberts, D. (2001). Car Dependence in Rural Scotland. Transport Policy, Devolution and the Impact of the Fuel Duty Escalator. *Journal of Rural Studies, 17*(1), 113–125. https://doi.org/10.1016/S0743-0167(00)00035-8

Green, P. E. (1984). Hybrid Models for Conjoint Analysis: An Expository Review. *Journal of Marketing Research, 21*(2), 155. https://doi.org/10.2307/3151698

Güttler, P. O. (2003). *Sozialpsychologie: Soziale Einstellungen, Vorurteile, Einstellungsänderungen* (4. Aufl.). *Edition Psychologie*. Oldenbourg. http://www.oldenbourg-link.com/doi/book/10.1524/9783486599268 https://doi.org/10.1524/9783486599268

Haag, M. (1996). *Notwendiger Autoverkehr in der Stadt* (Grüne Reihe, Nr. 35) [Dissertation]. Universität Kaiserslautern, Kaiserslautern.

Hair, J. F. (2010). *Multivariate Data Analysis: A Global Perspective*. Pearson.

Handy, S., Weston, L. & Mokhtarian, P. L. (2005). Driving by Choice or Necessity? *Transportation Research Part A: Policy and Practice*, *39*(2-3), 183–203. https://doi.org/10.1016/j.tra.2004.09.002

Hanson, S. & Huff, J. (1982). Assessing Day-to-Day Variablity in Complex Travel Patterns. *Transportation Research Record: Journal of the Transportation Research Board*(891), 18–24.

Hanson, S. & Huff, J. (1986). Classification Issues in the Analysis of Complex Travel Behavior. *Transportation*, *13*(3), 271–293. https://doi.org/10.1007/BF00148620

Hanson, S. & Huff, J. (1988). Systematic Variability in Repetitious Travel. *Transportation*, *15*(1-2). https://doi.org/10.1007/BF00167983

Hartmann, P. H. (2012). Methodische und methodologische Probleme der Lebensstilforschung. In J. Rössel & G. Otte (Hg.), *Kölner Zeitschrift für Soziologie und Sozialpsychologie Sonderhefte: Bd. 51. Lebensstilforschung* (S. 62–85). VS Verlag für Sozialwissenschaften.

Haustein, S. (2012). Mobility Behavior of the Elderly: an Attitude-Based Segmentation Approach for a Heterogeneous Target Group. *Transportation*, *39*(6), 1079–1103. https://doi.org/10.1007/s11116-011-9380-7

Haustein, S. & Hunecke, M. (2007). Reduced Use of Environmentally Friendly Modes of Transportation Caused by Perceived Mobility Necessities: An Extension of the Theory of Planned Behavior. *Journal of Applied Social Psychology*, *37*(8), 1856–1883. https://doi.org/10.1111/j.1559-1816.2007.00241.x

Haustein, S. & Hunecke, M. (2013). Identifying Target Groups for Environmentally Sustainable Transport: Assessment of Different Segmentation Approaches. *Current Opinion in Environmental Sustainability*, *5*, 197–204. https://doi.org/10.1016/j.cosust.2013.04.009

Haustein, S. & Nielsen, T. A. S. (2016). European Mobility Cultures: A Survey-Based Cluster Analysis across 28 European Countries. *Journal of Transport Geography*, *54*, 173–180. https://doi.org/10.1016/j.jtrangeo.2016.05.014

Haustein, S. & Siren, A. (2015). Older People's Mobility: Segments, Factors, Trends. *Transport Reviews*, *35*(4), 466–487. https://doi.org/10.1080/01441647.2015.1017867

He, J. & Fan, X. (2018). Latent Class Analysis. In V. Zeigler-Hill & T. K. Shackelford (Hg.), *Encyclopedia of Personality and Individual Differences* (S. 1–4). Springer International Publishing. https://doi.org/10.1007/978-3-319-28099-8_2313-1

Heath, Y. & Gifford, R. (2002). Extending the Theory of Planned Behavior: Predicting the Use of Public Transportation1. *Journal of Applied Social Psychology*, *32*(10), 2154–2189. https://doi.org/10.1111/j.1559-1816.2002.tb02068.x

Hess, S., Spitz, G., Bradley, M. & Coogan, M. (2018). Analysis of Mode Choice for Intercity Travel: Application of a Hybrid Choice Model to Two Distinct US Corridors. *Transportation Research Part A: Policy and Practice*, *116*, 547–567. https://doi.org/10.1016/j.tra.2018.05.019

Hildebrandt, A., Jäckle, S., Wolf, F. & Heindl, A. (2015). Sekundäranalyse von Umfragedaten: Faktorenanalyse und Indexkonstruktion. In A. Hildebrandt, S. Jäckle, F. Wolf & A. Heindl (Hg.), *Methodologie, Methoden, Forschungsdesign* (S. 37–61). Springer Fachmedien Wiesbaden. https://doi.org/10.1007/978-3-531-18993-2_3

Hildebrandt, N., Deubel, K. & Dick, M. (2001). *„Mobilität" – Ein multidisziplinärer Begriff im Alltagsverständnis.* https://doi.org/10.15480/882.152

Hilgert, T., von Behren, S., Eisenmann, C. & Vortisch, P. (2018). Are Activity Patterns Stable or Variable? Analysis of Three-Year Panel Data. *Transportation Research Record: Journal of the Transport Research Board*, *2672*(47), 46–56. https://doi.org/10.1177/0361198118773557

Hiscock, R., Macintyre, S., Kearns, A. & Ellaway, A. (2002). Means of Transport and Ontological Security: Do Cars Provide Psycho-Social Benefits to Their Users? *Transportation Research Part D: Transport and Environment*, *7*(2), 119–135. https://doi.org/10.1016/S1361-9209(01)00015-3

Hoffmann, C [Christin], Abraham, C., White, M. P., Ball, S. & Skippon, S. M. (2017). What Cognitive Mechanisms Predict Travel Mode Choice? A Systematic Review with Meta-Analysis. *Transport Reviews*, *37*(5), 631–652. https://doi.org/10.1080/01441647.2017.1285819

Holden, E. & Norland, I. T. (2005). Three Challenges for the Compact City as a Sustainable Urban Form: Household Consumption of Energy and Transport in Eight Residential Areas in the Greater Oslo Region. *Urban Studies*, *42*(12), 2145–2166. https://doi.org/10.1080/00420980500332064

Holz-Rau, C. & Sicks, K. (2013). Stadt der kurzen Wege und der weiten Reisen. *Raumforschung und Raumordnung*, *71*, 15–31. https://doi.org/10.1007/s13147-012-0205-8

Hunecke, M. (2006). Zwischen Wollen und Müssen. *TATuP - Zeitschrift für Technikfolgenabschätzung in Theorie und Praxis*, *15*(3), 31–37. https://doi.org/10.14512/tatup.15.3.31

Hunecke, M. (2015). *Mobilitätsverhalten verstehen und verändern: Psychologische Beiträge zur interdisziplinären Mobilitätsforschung*. Springer Fachmedien Wiesbaden. https://doi.org/10.1007/978-3-658-08825-5

Hunecke, M., Blöbaum, A., Matthies, E. & Höger, R. (2001). Responsibility and Environment - Ecological Norm Orientation and External Factors in the Domain of Travel Mode Choice Behavior. *Environment and Behavior*, *33*(6), 830–852. https://doi.org/10.1177/00139160121973269

Hunecke, M., Groth, S. & Wittowsky, D. (2020). Young Social Milieus and Multimodality: Interrelations of Travel Behaviours and Psychographic Characteristics. *Mobilities*, *15*(3), 397–415. https://doi.org/10.1080/17450101.2020.1732099

Hunecke, M. & Haustein, S. (2007). Einstellungsbasierte Mobilitätstypen: Eine integrierte Anwendung von multivariaten und inhaltsanalytischen Methoden der empirischen Sozialforschung zur Identifikation von Zielgruppen für eine nachhaltige Mobilität. *Umweltpsychologie*, *11*(2), 38–68.

Hunecke, M., Haustein, S., Böhler, S. & Grischkat, S. (2010). Attitude-Based Target Groups to Reduce the Ecological Impact of Daily Mobility Behavior. *Environment and Behavior*, *42*(1), 3–43. https://doi.org/10.1177/0013916508319587

Hunecke, M., Haustein, S., Grischkat, S. & Böhler, S. (2007). Psychological, Sociodemographic, and Infrastructural Factors as Determinants of Ecological Impact Caused by Mobility Behavior. *Journal of Environmental Psychology, 27*, 277–292. https://doi.org/10.1016/j.jenvp.2007.08.001

Hunecke, M., Heppner, H. & Groth, S. (2021). Fragebogen zu psychologischen Einflussfaktoren der Nutzung von Pkw, ÖPNV und Fahrrad (PsyVKN): Faktorenstruktur, psychometrische Eigenschaften und Validierung. *Diagnostica*, *68*, 3–13. https://doi.org/10.1026/0012-1924/a000277

Hunecke, M. & Manz, W. (2009). *MVChange - Analyse zu den Ursachen von Änderungen in der Verkehrsmittelnutzung unter besonderer Berücksichtigung des Einflussfaktors Wetter*. Schlusspräsentation zum Projekt der Münchner Verkehrsgesellschaft mbH (MVG). München.

Hussy, W., Schreier, M. & Echterhoff, G. (2013). *Forschungsmethoden in Psychologie und Sozialwissenschaften für Bachelor*. Springer Berlin Heidelberg. https://doi.org/10.1007/978-3-642-34362-9

ifmo (Hg.). (2013). *Lecture Notes in Mobility. Megacity Mobility Culture - How Cities Move on in a Diverse World*. Springer Berlin Heidelberg. https://doi.org/10.1007/978-3-642-34735-1

infas, DLR, IVT Research & infas 360. (2017). *Mobilität in Deutschland - Ergebnisbericht*. Bonn, Berlin. http://www.mobilitaet-in-deutschland.de/pdf/MiD2017_Ergebnisbericht.pdf

Joh, C.-H., Arentze, T. & Timmermans, H. J. P. (2007). Identifying Skeletal Information of Activity Patterns by Multidimensional Sequence Alignment. *Transportation Research Record: Journal of the Transportation Research Board*(2021), 81–88. http://dx.doi.org/10.3141/2021-10

Johansson, M. V., Heldt, T. & Johansson, P. (2006). The Effects of Attitudes and Personality Traits on Mode Choice. *Transportation Research Part A: Policy and Practice*, *40*(6), 507–525. https://doi.org/10.1016/j.tra.2005.09.001

Kagerbauer, M., Weiss, C., Streit, T. & Vortisch, P. (2014). Do People Really Act the Way they Think? – Differences between Perceptions and Reality in Mode Choice Behavior. In International Steering Committee for Travel Survey Conferences, *10th International Conference on Transport Survey Methods,* Leura, Australia.

Kamargianni, M., Dubey, S., Polydoropoulou, A. & Bhat, C. (2015). Investigating the Subjective and Objective Factors Influencing Teenagers' School Travel Mode Choice – An Integrated Choice and Latent Variable Model. *Transportation Research Part A: Policy and Practice*, *78*, 473–488. https://doi.org/10.1016/j.tra.2015.06.011

Kaufmann, L. (2001). *Internationales Beschaffungsmanagement*. Deutscher Universitätsverlag. https://doi.org/10.1007/978-3-663-05635-5

Keane, M. P. (1997). Modeling Heterogeneity and State Dependence in Consumer Choice Behavior. *Journal of Business & Economic Statistics*, *15*(3), 310–327. https://doi.org/10.1080/07350015.1997.10524709

Kelle, U. (2019). Mixed Methods. In N. Baur & J. Blasius (Hg.), *Handbuch Methoden der empirischen Sozialforschung* (S. 159–172). Springer Fachmedien Wiesbaden. https://doi.org/10.1007/978-3-658-21308-4_10

Kenworthy, J. (2017). Is Automobile Dependence in Emerging Cities an Irresistible Force? Perspectives from São Paulo, Taipei, Prague, Mumbai, Shanghai, Beijing, and Guangzhou. *Sustainability*, *9*(11), 1953. https://doi.org/10.3390/su9111953

Kenworthy, J. & Laube, F. B. (1996). Automobile Dependence in Cities: An International Comparison of Urban Transport and Land Use Patterns with Implications for Sustainability. *Environmental Impact Assessment Review*, *16*(4-6), 279–308. https://doi.org/10.1016/S0195-9255(96)00023-6

Kenworthy, J. & Laube, F. B. (1999). Patterns of Automobile Dependence in Cities: an International Overview of Key Physical and Economic Dimensions with Some Implications for Urban Policy. *Transportation Research Part A: Policy and Practice*, *33*(7-8), 691–723. https://doi.org/10.1016/S0965-8564(99)00006-3

Kerr, A., Lennon, A. & Watson, B. (2010). The Call of the Road: Factors Predicting Students' Car Travelling Intentions and Behaviour. *Transportation*, *37*(1), 1–13. https://doi.org/10.1007/s11116-009-9217-9

Kim, J., Rasouli, S. & Timmermans, H. (2014). Hybrid Choice Models: Principles and Recent Progress Incorporating Social Influence and Nonlinear Utility Functions. *Procedia Environmental Sciences*, *22*, 20–34. https://doi.org/10.1016/j.proenv.2014.11.003

Kitamura, R. (2009). Life-Style and Travel Demand. *Transportation*, *36*(6), 679–710. https://doi.org/10.1007/s11116-009-9244-6

Klinger, T., Kenworthy, J. & Lanzendorf, M. (2013). Dimensions of Urban Mobility Cultures – A Comparison of German Cities. *Journal of Transport Geography*, *31*, 18–29. https://doi.org/10.1016/j.jtrangeo.2013.05.002

Klinger, T. & Lanzendorf, M. (2015). Moving between Mobility Cultures: What Affects the Travel Behavior of New Residents? *Transportation*, *43*(2), 243–271. https://doi.org/10.1007/s11116-014-9574-x

König, P. D. & Jäckle, S. (2017). Clusteranalyse. In S. Jäckle (Hg.), *Neue Trends in den Sozialwissenschaften* (S. 51–84). Springer Fachmedien Wiesbaden. https://doi.org/10.1007/978-3-658-17189-6_3

Koppelman, F. S. & Hauser, J. R. (1978). Destination Choice Behavior for Non-Grocery-Shopping Trips. *Transportation Research Record: Journal of the Transportation Research Board*(673).

Krämer, W., Schoffer, O., Tschiersch, L. & Gerß, J. (2018). *Datenanalyse mit SAS®*. Springer Berlin Heidelberg. https://doi.org/10.1007/978-3-662-57799-8

Kroesen, M., Handy, S. & Chorus, C. (2017). Do Attitudes Cause Behavior or Vice Versa? An Alternative Conceptualization of the Attitude-Behavior Relationship in Travel Behavior Modeling. *Transportation Research Part A: Policy and Practice*, *101*, 190–202. https://doi.org/10.1016/j.tra.2017.05.013

Kuckartz, U. (2014). *Mixed Methods*. Springer Fachmedien Wiesbaden. https://doi.org/10.1007/978-3-531-93267-5

Kuckartz, U. (2016). *Qualitative Inhaltsanalyse: Methoden, Praxis, Computerunterstützung*. Beltz Juventa Weinheim.

Kuckartz, U. & Rädiker, S. (2019). Datenaufbereitung und Datenbereinigung in der qualitativen Sozialforschung. In N. Baur & J. Blasius (Hg.), *Handbuch Methoden der empirischen Sozialforschung* (S. 441–456). Springer Fachmedien Wiesbaden. https://doi.org/10.1007/978-3-658-21308-4_31

Kuhnimhof, T., Chlond, B. & Zumkeller, D. (2006). Nonresponse, Selectivity, and Data Quality in Travel Surveys. *Transportation Research Record: Journal of the Transportation Research Board*, *1972*(1), 29–37. https://doi.org/10.1177/0361198106197200104

Kuhnimhof, T., Nobis, C., Hillmann, K., Follmer, R. & Eggs, J. (2019). *Veränderungen im Mobilitätsverhalten zur Förderung einer nachhaltigen Mobilität*. Dessau-Roßlau. Umweltbundesamt. https://elib.dlr.de/133798/1/2019-08-29-texte_101-2019_mobilitaetsverhalten.pdf

Kuhnimhof, T. & Wulfhorst, G. (2013). The Reader's Guide to Mobility Culture. In ifmo (Hg.), *Lecture Notes in Mobility. Megacity Mobility Culture - How Cities Move on in a Diverse World* (S. 55–64). Springer Berlin Heidelberg. https://doi.org/10.1007/978-3-642-34735-1_3 Chapter 3.

Kunert, U., Kloas, J. & Kuhfeld, H. (2002). Design Characteristics of National Travel Surveys: International Comparison for 10 Countries. *Transportation Research Record: Journal of the Transportation Research Board, 1804*(1), 107–116. https://doi.org/10.3141/1804-15

Kutter, E. (1972). *Demographische Determinanten städtischen Personenverkehrs. Institut für Stadtbauwesen Braunschweig: Veröffentlichungen des Instituts für Stadtbauwesen*. Inst. f. Stadtbauwesen, Techn. Univ. Braunschweig. https://books.google.de/books?id=XgcTAQAAIAAJ

Kutter, E. (1973). Aktionsbereiche des Stadtbewohners: Untersuchungen zur Bedeutung der territorialen Komponente im Tagesablauf der städtischen Bevölkerung. *Archiv für Kommunalwissenschaften : AFK : Grundlagen, Konzepte, Beispiele, 12*(1), 69–85.

LaMondia, J. J., Aultman-Hall, L. & Greene, E. (2014). Long-Distance Work and Leisure Travel Frequencies: Ordered Probit Analysis across Non–Distance-Based Definitions. *Transportation Research Record: Journal of the Transportation Research Board*(2413), 1–12. http://dx.doi.org/10.3141/2413-01

Lanza, S. T., Collins, L. M., Lemmon, D. R. & Schafer, J. L. (2007). PROC LCA: A SAS Procedure for Latent Class Analysis. *Structural equation modeling : a multidisciplinary journal, 14*(4), 671–694. https://doi.org/10.1080/10705510701575602

Lanzendorf, M. (2003). Mobility Biographies : A New Perspective for Understanding Travel Behaviour. *Paper presented at the 10th International Conference on Travel Behaviour Research, Lucerne, August 2003*. https://ci.nii.ac.jp/naid/10024449660/en/

Likert, R. (1932). A Technique for the Measurement of Attitudes. *Archives of Psychology, 22 140*, 55.

Lipps, O. (2001). *Modellierung der individuellen Verhaltensvariationen bei der Verkehrsentstehung* [Dissertation]. Universität Karlsruhe, Karlsruhe.

Lipps, O. (2009). Das Deutsche Mobilitätspanel – Was kann es von sozialwissenschaftlichen Panelerhebungen lernen? In Institut für Verkehrswesen (Hg.), *Mobiles Leben - Festschrift für Prof. Dr.-Ing. Dirk Zumkeller* (S. 50–65). Universitätsverlag Karlsruhe.

Litman, T. (2002). *The Costs of Automobile Dependency and the Benefits of Balanced Transportation*. Victoria, Canada. https://vtpi.org/autodep.pdf

Liu, F., Zhao, F [Fuquan], Liu, Z. & Hao, H. (2020). The Impact of Purchase Restriction Policy on Car Ownership in China's Four Major Cities. *Journal of Advanced Transportation, 2020*, 1–14. https://doi.org/10.1155/2020/7454307

Löchl, M. (2005). Stability of Travel Behavior: Thurgau 2003. *Travel Survey Metadata Series, 16* (Institute for Transport Planning and Sysems (IVT); ETH Zürich).

Lois, D. & López-Sáez, M. (2009). The Relationship between Instrumental, Symbolic and Affective Factors as Predictors of Car Use: A Structural Equation Modeling Approach. *Transportation Research Part A: Policy and Practice*, *43*(9-10), 790–799. https://doi.org/10.1016/j.tra.2009.07.008

Lucas, K. & Jones, P. (2009). *The Car in British Society*. London.

Maat, C. & Arentze, T. A. (2003). Variation of Activity Patterns with Features of the Spatial Context. In Transportation Research Board, *TRB 82nd Annual Meeting,* Washington, D.C.

MacKenzie, D. (2009). *The Car Dependency Scorecard - A Look at Car Dependency and What is Being Done Around the Country to Reduce it.* Campaign for Better Transport.

Madden, T. J., Ellen, P. S. & Ajzen, I. (1992). A Comparison of the Theory of Planned Behavior and the Theory of Reasoned Action. *Personality and Social Psychology Bulletin*, *18*(1), 3–9. https://doi.org/10.1177/0146167292181001

Magdolen, M., Ecke, L., Hilgert, T., Chlond, B. & Vortisch, P. (2020). Identification of Non-Routine Tours in Everyday Travel Behavior. In *99th Transportation Research Board Annual Meeting, Washington D.C., January 12 - 16, 2020.*

Magdolen, M., von Behren, S., Chlond, B., Hunecke, M. & Vortisch, P. (2019). Combining Attitudes and Travel Behavior - A Comparison of Urban Mobility Types Identified in Shanghai, Berlin and San Francisco. In Transportation Research Board, *TRB 98th Annual Meeting Compendium of Papers,* Washington, D.C.

Magdolen, M., von Behren, S., Chlond, B. & Vortisch, P. (2020). Traveling Long-Distance with Bad Conscience? Discrepancies between Everyday and Long-Distance Travel of Urbanites [in press]. In *99th Transportation Research Board Annual Meeting, Washington D.C., January 12 - 16, 2020.*

Magdolen, M., von Behren, S., Hobusch, J., Chlond, B. & Vortisch, P. (2020). Comparison of Response Bias in an Intercultural Context – Evaluation of Psychological Items in Travel Behavior Research. *Transportation Research Procedia*, *48*, 2891–2905. https://doi.org/10.1016/j.trpro.2020.08.231

Magdolen, M., Wörle, T., Hilgert, T. & von Behren, S. (2020). *Influences of Norm and Excitement on Bike Use Behavior of High-Income People in China.* https://doi.org/10.5445/IR/1000105267

Mallig, N. (2019). *Modellierung der Stabilität bei der Verkehrsmittelwahl in einem mikroskopischen Verkehrsnachfragemodell* [Dissertation]. Karlsruher Institut für Technologie, Karlsruhe. https://doi.org/10.5445/IR/1000091993

Mallig, N. & Vortisch, P. (2017). Measuring Stability of Mode Choice Behavior. *Transportation Research Record: Journal of the Transportation Research Board*, *2664*(1), 1–10. https://doi.org/10.3141/2664-01

Manz, W., Elgendy, H. & Berger, Julian, Böhringer, Jan. (2017). *Urban Mobility in China*. München.

Mattioli, G., Anable, J. & Vrotsou, K. (2016). Car Dependent Practices. Findings from a Sequence Pattern Mining Study of UK Time Use Data. *Transportation Research Part A: Policy and Practice*, *89*, 56–72. https://doi.org/10.1016/j.tra.2016.04.010

Mayring, P. (2010). *Qualitative Inhaltsanalyse. 11., überarb. Aufl.* Weinheim: Beltz.

McFadden, D., Machina, M. J. & Baron, J. (2000). Rationality for Economists? In B. Fischhoff & C. F. Manski (Hg.), *Elicitation of Preferences* (S. 73–110). Springer Netherlands. https://doi.org/10.1007/978-94-017-1406-8_4

Molloy, J., Tchervenkov, C., Schoeman, B., Hintermann, B. & Axhausen, K. W. (2020). *MOBIS-COVID19/04: Results as of 27/04/2020.* https://doi.org/10.3929/ethz-b-000412570

Moody, J. (2019). *Measuring Car Pride and its Implications for Car Ownership and Use across Individuals, Cities, and Countries* [Dissertation]. MIT, Boston. https://mobility.mit.edu/sites/default/files/MoodyDissertation_electronicversion.pdf

Morikawa, T., Ben-Akiva, M. & McFadden, D. (2002). Discrete Choice Models Incorporating Revealed Preferences and Psychometric Data. In *Advances in Econometrics* (Bd. 16, S. 29–55). Emerald (MCB UP). https://doi.org/10.1016/S0731-9053(02)16003-8

Motte-Baumvol, B., Massot, M.-H. & Byrd, A. M. (2010). Escaping Car Dependence in the Outer Suburbs of Paris. *Urban Studies, 47*(3), 604–619. https://doi.org/10.1177/0042098009349773

Mueller, N., Rojas-Rueda, D., Khreis, H., Cirach, M., Andrés, D., Ballester, J., Bartoll, X., Daher, C., Deluca, A., Echave, C., Milà, C., Márquez, S., Palou, J., Pérez, K., Tonne, C., Stevenson, M., Rueda, S. & Nieuwenhuijsen, M. (2020). Changing the Urban Design of Cities for Health: The Superblock Model. *Environment international, 134*, 105132. https://doi.org/10.1016/j.envint.2019.105132

Murphy, K. P. (2012). *Machine Learning: A probabilistic perspective. Adaptive computation and machine learning series*. MIT Press. https://ebookcentral.proquest.com/lib/subhh/detail.action?docID=3339490

Nakano, A., Mohri, Y. & Taniguchi, M. (2007). Characteristics of Transport by Household and Individual Attributes in Japanese Cities. *Journal of the Eastern Asia Society for Transportation Studies, 7*, 713–728. https://doi.org/10.11175/easts.7.713

Neue Mobilität Berlin. (2020). *NEUE MOBILITÄT BERLIN – Innovative Mobilitätsentwürfe für Berlin*. http://neue-mobilitaet.berlin/?lang=en

Newman, P. & Kenworthy, J. (1989). *Cities and Automobile Dependence. A Sourcebook*. Gower.

Newman, P. & Kenworthy, J. (1999). *Sustainability and Cities: Overcoming automobile dependence*. Island Press. http://www.loc.gov/catdir/enhancements/fy0666/98042239-d.html

Nguyen, N. T., Miwa, T. & Morikawa, T. (2018). Switching to Public Transport Modes for Commuting Trips: Considering Latent Motivations in Ho Chi Minh City. *Asian Transport Studies*, *5*(1), 117–136. https://doi.org/10.11175/eastsats.5.117

Niklas, U., von Behren, S., Chlond, B. & Vortisch, P. (2020). Electric Factor—A Comparison of Car Usage Profiles of Electric and Conventional Vehicles by a Probabilistic Approach. *World Electric Vehicle Journal*, *11*(2), 36. https://doi.org/10.3390/wevj11020036

Niklas, U., von Behren, S., Eisenmann, C., Chlond, B. & Vortisch, P. (2019). Premium Factor – Analyzing Usage of Premium Cars Compared to Conventional Cars. *Research in Transportation Business & Management*, *33*, 100456. https://doi.org/10.1016/j.rtbm.2020.100456

Niklas, U., von Behren, S., Soylu, T., Kopp, J., Chlond, B. & Vortisch, P. (2020). Spatial Factor—Using a Random Forest Classification Model to Measure an Internationally Comparable Urbanity Index. *Urban Science*, *4*(3), 36. https://doi.org/10.3390/urbansci4030036

Nilsson, M. & Küller, R. (2000). Travel Behaviour and Environmental Concern. *Transportation Research Part D: Transport and Environment*, *5*(3), 211–234. https://doi.org/10.1016/S1361-9209(99)00034-6

Nobis, C. (2019). *Mobilität in Deutschland – MiD Analysen zum Radverkehr und Fußverkehr.* Studie von infas, DLR, IVT und infas 360 im Auftrag des Bundesministeriums für Verkehr und digitale Infrastruktur (FE-Nr. 70.904/15). Bonn, Berlin. www.mobilitaet-in-deutschland.de

Nobis, C. & Kuhnimhof, T. (2017). *Mobilität in Deutschland – MiD Ergebnisbericht.* Studie von infas, DLR, IVT und infas 360 im Auftrag des Bundesministers für Verkehr und digitale Infrastruktur (FE-Nr. 70.904/15). Bonn, Berlin. www.mobilitaet-in-deutschland.de

Nordlund, A. M. & Garvill, J. (2003). Effects of Values, Problem Awareness, and Personal Norm on Willingness to Reduce Personal Car Use. *Journal of Environmental Psychology*, *23*(4), 339–347. https://doi.org/10.1016/S0272-4944(03)00037-9

Nurul Habib, K., Tudela, A., Carrasco, J. & Idris, A. (2011). *Incorporating the Explicit Role of Psychological Factors on Mode Choice: a Hybrid Mode Choice Model by Using Data from an Innovative Psychometric Survey*. Second International Choice Modeling Conference, 06. Juli 2011, Leeds, UK, Leeds, UK.

Nylund-Gibson, K. & Choi, A. Y. (2018). Ten Frequently Asked Questions about Latent Class Analysis. *Translational Issues in Psychological Science*, *4*(4), 440–461. https://doi.org/10.1037/tps0000176

Oberski, D. (2016). Mixture Models: Latent Profile and Latent Class Analysis. In J. Robertson & M. Kaptein (Hg.), *Human–Computer Interaction Series. Modern Statistical Methods for HCI* (S. 275–287). Springer International Publishing. https://doi.org/10.1007/978-3-319-26633-6_12

Oerthel, F. & Tuschl, S. (Hg.). (1995). *Statistische Datenanalyse mit dem Programmpaket SAS*. De Gruyter. https://doi.org/10.1515/9783486788587

Ohnmacht, T., Götz, K. & Schad, H. (2009). Leisure Mobility Styles in Swiss Conurbations: Construction and Empirical Analysis. *Transportation*, *36*(2), 243–265. https://doi.org/10.1007/s11116-009-9198-8

Oliveira, M. G. S., Vovsha, P., Wolf, J. & Mitchell, M. (2014). Evaluation of Two Methods for Identifying Trip Purpose in GPS-Based Household Travel Surveys. *Transportation Research Record: Journal of the Transportation Research Board*, *2405*(1), 33–41. https://doi.org/10.3141/2405-05

Oostendorp, R., Nieland, S. & Gebhardt, L. (2019). Developing a User Typology Considering Unimodal and Intermodal Mobility Behavior: A Cluster Analysis Approach Using Survey Data. *European Transport Research Review*, *11*(1). https://doi.org/10.1186/s12544-019-0369-1

Pas, E. I. (1980). *Towards the Understanding of Urban Travel Behavior Through the Classification of Daily Urban Travel / Activity Patterns* [Dissertation]. Northwestern University, Evanston.

Pituch, K. A. & Stevens, J. P. (2016). *Applied Multivariate Statistics for the Social Sciences: Analyses with SAS and IBM's SPSS* (Sixth edition). Routledge Taylor and Francis Group.

Priester, R., Kenworthy, J. & Wulfhorst, G. (2013). The Diversity of Megacities Worldwide: Challenges for the Future of Mobility. In ifmo (Hg.), *Lecture Notes in Mobility. Megacity Mobility Culture - How Cities Move on in a Diverse World* (S. 23–54). Springer Berlin Heidelberg. https://doi.org/10.1007/978-3-642-34735-1_2 Chapter 2.

Prillwitz, J. & Barr, S. (2011). Moving towards Sustainability? Mobility Styles, Attitudes and Individual Travel Behaviour. *Journal of Transport Geography*, *19*, 1590–1600. https://doi.org/10.1016/j.jtrangeo.2011.06.011

Pucher, J. & Buehler, R. (2006). Why Canadians Cycle More than Americans: A Comparative Analysis of Bicycling Trends and Policies. *Transport Policy*, *13*(3), 265–279. https://doi.org/10.1016/j.tranpol.2005.11.001

Puhe, M., Briem, L. & Vortisch, P. (2020). Understanding Social Processes of Shopping Destination Choice - An Approach to Model Stability and Variability. *Transportation Research Interdisciplinary Perspectives*, *7*, 100183. https://doi.org/10.1016/j.trip.2020.100183

Raveau, S., Yáñez, M. F. & Ortúzar, J. d. D. (2012). Practical and Empirical Identifiability of Hybrid Discrete Choice Models. *Transportation Research Part B: Methodological*, *46*(10), 1374–1383. https://doi.org/10.1016/j.trb.2012.06.006

Redmond, L. (2000). *Identifying and Analyzing Travel-Related Attitudinal, Personality, and Lifestyle Clusters in the San Francisco Bay Area* [Dissertation]. Institute of Transportation Studies, UC Davis, Davis. http://escholarship.org/uc/item/0317h7v4

Reichert, A. & Holz-Rau, C. (2014). Verkehrsmittelnutzung im Fernverkehr. In H. Proff (Hg.), *Radikale Innovationen in der Mobilität* (S. 429–444). Springer Fachmedien Wiesbaden. https://doi.org/10.1007/978-3-658-03102-2_26

Reichert, A. & Holz-Rau, C. (2015). Mode Use in Long-Distance Travel. *Journal of Transport and Land Use*, *8*(2). https://doi.org/10.5198/jtlu.2015.576

Rhead, R., Elliot, M. & Upham, P. (2018). Using Latent Class Analysis to Produce a Typology of Environmental Concern in the UK. *Social science research*, *74*, 210–222. https://doi.org/10.1016/j.ssresearch.2018.06.001

Richter, S. (Hg.). (2019). *Statistisches und maschinelles Lernen*. Springer Berlin Heidelberg. https://doi.org/10.1007/978-3-662-59354-7

Riegler, S., Juschten, M., Hössinger, R., Gerike, R., Rößger, L., Schlag, B., Manz, W., Rentschler, C. & Kopp, J. (2016). *Carsharing 2025 - Nische oder Mainstream?*

Roberts, J., Popli, G. & Harris, R. J. (2018). Do Environmental Concerns Affect Commuting Choices? Hybrid Choice Modelling with Household Survey Data. *Journal of the Royal Statistical Society: Series A (Statistics in Society)*, *181*(1), 299–320. https://doi.org/10.1111/rssa.12274

Rode, P., Hoffmann, C [Christian], Kandt, J., Smith, D. & Graff, A. (2015). *Towards New Urban Mobility: The Case of London and Berlin*. London School of Economics and Political Science: London. LSE Cities/InnoZ.

Rodriguez de Gil, P. & Kromrey, J. D. (2013). What Score Should Johnny Get? Missing_Items SAS Macro for Analyzing Missing Item Responses on Summative Scales. In SAS Institute Inc., *Proceedings of the SAS® Global Forum 2013 Conference*.

Rosenberg, M. J. & Hovland, C. I. (1960). Cognitive, Affective, and Behavioral Components of Attitudes. In M. J. Rosenberg (Hg.), *Attitude Organization and Change: an Analysis of Consistency Among Attitude Components* (Yale studies in attitude and communication, S. 1–14). Yale University Press.

Saneinejad, S. & Roorda, M. (2009). Application of Sequence Alignment Methods in Clustering and Analysis of Routine Weekly Activity Schedules. *Transportation Letters: The International Journal of Transportation Research*, *1*(3), 197–211. https://doi.org/10.3328/TL.2009.01.03.197-211

Sarle, W. S. (1983). *Cubic Clustering Criterion*. *SAS technical report A: Bd. 108*. SAS Inst.

SAS Institute Inc. (2000). *SAS/STAT User's Guide, Version 8*. SAS Institute.

SAS Institute Inc. (Hg.). (2010). *SAS/STAT® 9.22 User's Guide* (2. edition). SAS Institute Inc.

Sauer, S. (2019). *Moderne Datenanalyse mit R*. Springer Fachmedien Wiesbaden. https://doi.org/10.1007/978-3-658-21587-3

Scheiner, J. (2007). Mobility Biographies: Elements of a Biographical Theory of Travel Demand. *Erdkunde*, *61*(2), 161–173. https://doi.org/10.3112/erdkunde.2007.02.03

Scheiner, J. & Holz-Rau, C. (2007). Travel Mode Choice: Affected by Objective or Subjective Determinants? *Transportation*, *34*(4), 487–511. https://doi.org/10.1007/s11116-007-9112-1

Schellhase, R. (2000). *Mobilitätsverhalten im Stadtverkehr: Eine empirische Untersuchung zur Akzeptanz verkehrspolitischer Maßnahmen*. *DUV*. Deutscher Universitätsverlag. http://dx.doi.org/10.1007/978-3-322-97649-9 https://doi.org/10.1007/978-3-322-97649-9

Schlich, R. (2004). *Verhaltenshomogene Gruppen in Längsschnitterhebungen* [Dissertation]. ETH Zürich, Zürich.

Schlich, R., König, A. & Axhausen, K. W. (2000). *Stabilität und Variabilität im Verkehrsverhalten.* https://doi.org/10.3929/ethz-b-000314468

Schmiedel, R. (1984). *Bestimmung verhaltensähnlicher Personenkreise für die Verkehrsplanung* [Zugl.: Karlsruhe, Univ., Diss., 1983, Inst. für Städtebau u. Landesplanung d. Univ. Karlsruhe (TH), Karlsruhe]. Deutsche Nationalbibliothek.

Schnabel, W. & Lohse, D. (2011). *Grundlagen der Straßenverkehrstechnik und der Verkehrsplanung* (3. Aufl.). Beuth Verlag.

Schnell, R., Hill, P. B. & Esser, E. (2005). *Methoden der empirischen Sozialforschung* (7., völlig überarb. und erw. Aufl.). Oldenbourg.

Schnurr, C. (1997). *Kreditwürdigkeitsprüfung mit Künstlichen Neuronalen Netzen*. Deutscher Universitätsverlag. https://doi.org/10.1007/978-3-663-08669-7

Schurig, M. (2017). *Latente Variablenmodelle in der empirischen Bildungsforschung - die Schärfe und Struktur der Schatten an der Wand: Latente Variablenmodelle in der empirischen Bildungsforschung - die Schärfe und Struktur der Schatten an der Wand*. DataCite. https://eldorado.tu-dortmund.de/handle/2003/36026

Schwartz, S. H. (1977). Normative Influences on Altruism. *Advances in Experimental Social Psychology*(10), 221–279. https://doi.org/10.1016/S0065-2601(08)60358-5

Schwuchow, R. (2010). *Probabilistische Zuverlässigkeits- und Sensitivitätsanalysen für schlanke Stahlbetonstützen auf Basis der Quasi-Monte Carlo Methode* [Dissertation, BTU Cottbus - Senftenberg]. BibTeX. https://core.ac.uk/download/pdf/33432276.pdf

Sefara, D., Franek, M. & ZUBR, V. (2015). Socio-Psychological Factors that Influence Car Prefernce in Undergraduate Students: the Case of the Czech Republic. *Technological and Economic Development of Economy, 21*(4), 643–659. https://doi.org/10.3846/20294913.2015.1055617

Senatsverwaltung Berlin. (2017). *Mobilität der Stadt: Berliner Verkehr in Zahlen 2017*. Berlin.

Senbil, M. & Kitamura, R. (2009). The Optimal Duration for a Travel Survey. *IATSS Research, 33*(2), 54–61. https://doi.org/10.1016/S0386-1112(14)60244-2

SFMTA. (2017). *Travel Decisions Survey: Summary Report*. San Francisco.

SFMTA. (2019). *San Francisco Mobility Trend Report 2018*. San Francisco.

Shanghai Municipal Government. (2018). *Annual Report of the Comprehensive Transportation Survey of Shanghai* (Traffic and Transportation 10-12).

Sharp, J. & Murakami, E. (2004). Travel Survey Methods and Technologies Resource Paper. In National Household Travel Survey, *National Household Travel Survey Conference,* Washington D.C., USA. http://onlinepubs.trb.org/onlinepubs/archive/Conferences/NHTS/Workshop-TravelSurvey.pdf

Sheller, M. & Urry, J. (2006). The New Mobilities Paradigm. *Environment and Planning A: Economy and Space, 38*(2), 207–226. https://doi.org/10.1068/a37268

Shen, L., Fields, S., Stopher, P. & Zhang, Y. (2016). The Future Direction of Household Travel Surveys Methods in Australia. In Australasian Transport Research Forum, *38th Australasian Transport Research Forum,* Melbourne, Australien. https://www.australasiantransportresearchforum.org.au/sites/default/files/ATRF2016_Full_papers_resubmission_115.pdf

Shiftan, Y., Outwater, M. L. & Zhou, Y. (2008). Transit Market Research Using Structural Equation Modeling and Attitudinal Market Segmentation. *Transport Policy*, *15*, 186–195. https://doi.org/10.1016/j.tranpol.2008.03.002

Siedentop, S., Roos, S. & Fina, S. (2013). Ist die „Autoabhängigkeit" von Bewohnern städtischer und ländlicher Siedlungsgebiete messbar? *Raumforschung und Raumordnung*, *71*(4), 329–341. https://doi.org/10.1007/s13147-013-0240-0

Sohn, K. & Yun, J. (2009). Separation of Car-Dependent Commuters from Normal-Choice Riders in Mode-Choice Analysis. *Transportation*, *36*(4), 423–436. https://doi.org/10.1007/s11116-009-9209-9

Sottile, E., Meloni, I. & Cherchi, E. (2015). A Hybrid Discrete Choice Model to Assess the Effect of Awareness and Attitude towards Environmentally Friendly Travel Modes. *Transportation Research Procedia*, *5*, 44–55. https://doi.org/10.1016/j.trpro.2015.01.017

Southerton, D. (2006). Analysing the Temporal Organization of Daily Life. *Sociology*, *40*(3), 435–454. https://doi.org/10.1177/0038038506063668

Stadt Karlsruhe. (2020). *Verkehrsmittelwahl und Mobilitätsverhalten: Ergebnisse der repräsentativen Verkehrsbefragung (SrV) 2018*. www.karlsruhe.de/stadtentwicklung

Steg, L. (2005). Car Use: Lust and Must. Instrumental, Symbolic and Affective Motives for Car Use. *Transportation Research Part A: Policy and Practice*, *39*(2-3), 147–162. https://doi.org/10.1016/j.tra.2004.07.001

Steg, L., Vlek, C. & Slotegraaf, G. (2001). Instrumental-Reasoned and Symbolic-Affective Motives for Using a Motor Car. *Transportation Research Part F: Traffic Psychology and Behaviour*, *4*(3), 151–169. https://doi.org/10.1016/S1369-8478(01)00020-1

Stegmüller, B. (1995). *Internationale Marktsegmentierung als Grundlage für internationale Marketing-Konzeptionen*. Zugl.: Göttingen, Univ., Diss., 1994. Eul.

Steiner, V. & Cludius, J. (2010). Ökosteuer hat zu geringerer Umweltbelastung des Verkehrs beigetragen. *DIW Wochenbericht*, *77*(13/14), 2–7. https://EconPapers.repec.org/RePEc:diw:diwwob:77-13-1

Stekhoven, D. J. & Bühlmann, P. (2012). MissForest--Non-Parametric Missing Value Imputation for Mixed-Type Data. *Bioinformatics (Oxford, England), 28*(1), 112–118. https://doi.org/10.1093/bioinformatics/btr597

Stradling, S. G. (2007). Determinants of Car Dependence. In L. Steg & T. Görling (Hg.), *Threats from Car Traffic to the Quality of Urban Life: Problems, Causes, Solutions* (1. Aufl., S. 187–204). Elsevier professional. https://doi.org/10.1108/9780080481449-010

Stradling, S. G., Hine, J. & Wardman, M. (2000). Physical, Cognitive and Affective Effort in Travel Mode Choices. In International Conference On Traffic And Transport Psychology Commitee, *2nd International Conference on Traffic and Transport Psychology,* Bern, Schweiz.

Stradling, S. G., Meadows, M. L. & Beatty, S. (1999). Factors Affecting Car Use Choices. *Transport Research Institute, Napier University, Edinburgh*.

Syam, A. (2014). *Cultural Values: A New Approach to Explain People's Travel Behaviour and Attitudes toward Transport Mode* [Dissertation]. The University of Auckland, Auckland. https://researchspace.auckland.ac.nz/handle/2292/23559

Tarigan, A. K. M. & Kitamura, R. (2009). Week-to-Week Leisure Trip Frequency and Its Variability. *Transportation Research Record: Journal of the Transportation Research Board, 2135*(1), 43–51. https://doi.org/10.3141/2135-06

Ton, D., Zomer, L.-B., Schneider, F., Hoogendoorn-Lanser, S., Duives, D., Cats, O. & Hoogendoorn, S. (2019). Latent Classes of Daily Mobility Patterns: the Relationship with Attitudes towards Modes. *Transportation.* Vorab-Onlinepublikation. https://doi.org/10.1007/s11116-019-09975-9

Train, K. (2000). *Halton Sequences for Mixed Logit*. Department of Economics, Working Paper Series. Department of Economics, Institute for Business and Economic Research, UC Berkeley. https://EconPapers.repec.org/RePEc:cdl:econwp:qt6zs694tp

Train, K. (2012). *Discrete Choice Methods with Simulation*. Cambridge University Press. https://doi.org/10.1017/CBO9780511805271

UNWTO. (2007). *Understanding Tourism: Basic Glossary*. Madrid. http://cf.cdn.unwto.org/sites/all/files/docpdf/glossaryenrev.pdf

Van, H. T. & Fujii, S. (2011). A Cross Asian Country Analysis in Attitudes toward Car and Public Transport. *J. East. Asia Soc. Transp. Stud.*, *9*, 411–421.

van Acker, V., van Wee, B. & Witlox, F. (2010). When Transport Geography Meets Social Psychology: Toward a Conceptual Model of Travel Behaviour. *Transport Reviews*, *30*(2), 219–240. https://doi.org/10.1080/01441640902943453

Verma, M. (2015). Growing Car Ownership and Dependence in India and Its Policy Implications. *Case Studies on Transport Policy*, *3*(3), 304–310. https://doi.org/10.1016/j.cstp.2014.04.004

Verplanken, B. & Aarts, H. (1999). Habit, Attitude, and Planned Behaviour: Is Habit an Empty Construct or an Interesting Case of Goal-directed Automaticity? *European Review of Social Psychology*, *10*(1), 101–134. https://doi.org/10.1080/14792779943000035

Vij, A. & Walker, J. L. (2014). Hybrid Choice Models: The identification problem. In S. Hess & A. Daly (Hg.), *Handbook of Choice Modelling* (S. 519–564). Edward Elgar Publishing. https://doi.org/10.4337/9781781003152.00031

Vij, A. & Walker, J. L. (2016). How, when and Why Integrated Choice and Latent Variable Models are Latently Useful. *Transportation Research Part B: Methodological*, *90*, 192–217. https://doi.org/10.1016/j.trb.2016.04.021

von Behren, S., Bönisch, L., Niklas, U. & Chlond, B. (2020). Revealing Motives for Car Use in Modern Cities—A Case Study from Berlin and San Francisco. *Sustainability*, *12*(13), 5254. https://doi.org/10.3390/su12135254 (Special Issue: Traffic Psychology and Sustainability Transportation).

von Behren, S., Bönisch, L., Valleé, J. & Vortisch, P. (2021). Classifying Car Owners to Psychographic Profiles. *Transportation Research Record: Journal of the Transportation Research Board*, *2675*(7), 142–152. https://doi.org/10.1177/0361198121994839

von Behren, S., Chlond, B., Heinze, A. & Vortisch, P. (2022). Mixed-Method Approach to Compare Travel Surveys for Individual Matching. In International Steering Committee for Travel Survey Conferences, *12th International Conference on Transport Survey Methods,* Praia de Porto Novo, Portugal.

von Behren, S., Chlond, B. & Vortisch, P. (2021). Exploring the Role of Individuals' Attitudes in the Use of On-demand Mobility Services for Commuting – A Case Study in Eight Chinese Cities. *International Journal of Transportation Science and Technology.* Vorab-Onlinepublikation. https://doi.org/10.1016/j.ijtst.2021.03.008

von Behren, S., Kirn, M., Heilig, M., Bönisch, L., Chlond, B. & Vortisch, P. (2020). The Role of Attitudes in On-Demand Mobility Usage - An Example from Shanghai. In K. G. Goulias & A. W. Davis (Hg.), *Mapping the Travel Behavior Genome* (S. 103–124). Elsevier. https://doi.org/10.1016/B978-0-12-817340-4.00007-3

von Behren, S., Minster, C., Esch, J., Hunecke, M., Vortisch, P. & Chlond, B. (2018). Assessing Car Dependence: Development of a Comprehensive Survey Approach Based on the Concept of a Travel Skeleton. *Transportation Research Procedia*, *32*, 607–616. https://doi.org/10.1016/j.trpro.2018.10.015

von Behren, S., Minster, C., Magdolen, M., Chlond, B., Hunecke, M. & Vortisch, P. (2018). Bringing Travel Behavior and Attitudes Together: An Integrated Survey Approach for Clustering Urban Mobility Types. In Transportation Research Board, *TRB 97th Annual Meeting Compendium of Papers,* Washington, D.C.

von Behren, S., Puhe, M. & Magdolen, M. (2022). Social Aspects of Long-Distance Travel - A Study of Two Survey Designs. In International Steering Committee for Travel Survey Conferences, *12th International Conference on Transport Survey Methods,* Praia de Porto Novo, Portugal.

von Behren, S., Schubert, R. & Chlond, B. (2020). International Comparison of Psychological Factors and Their Influence on Travel Behavior in Hybrid Cities. *Research in Transportation Business & Management*, 100497. https://doi.org/10.1016/j.rtbm.2020.100497

Vos, J. de & Alemi, F. (2020). Are Young Adults Car-Loving Urbanites? Comparing Young and Older Adults' Residential Location Choice, Travel Behavior and Attitudes. *Transportation Research Part A: Policy and Practice*, *132*, 986–998. https://doi.org/10.1016/j.tra.2020.01.004

Walker, J. & Ben-Akiva, M. (2002). Generalized Random Utility Model. *Mathematical Social Sciences*, *43*(3), 303–343. https://doi.org/10.1016/S0165-4896(02)00023-9

Wedel, M. & Kamakura, W. A. (2000). Segmentation Methods. In J. Eliashberg, M. Wedel & W. A. Kamakura (Hg.), *International Series in Quantitative Marketing. Market Segmentation* (Bd. 8, S. 17–29). Springer US. https://doi.org/10.1007/978-1-4615-4651-1_3

Weiß, C., Chlond, B., von Behren, S., Hilgert, T. & Vortisch, P. (2016). *Deutsches Mobilitätspanel (MOP) - Wissenschaftliche Begleitung und Auswertungen Bericht 2015/2016: Alltagsmobilität und Fahrleistung*. Karlsruhe.

Wentura, D. & Pospeschill, M. (Hg.). (2015). *Multivariate Datenanalyse*. Springer Fachmedien Wiesbaden. https://doi.org/10.1007/978-3-531-93435-8

Widmer, P., Buhl, T., Ruckstuhl, A., Dettling, M. & Rüeger, S. (2011). *Neue Erkenntnisse zum Mobilitätsverhalten dank Data Mining.* https://doi.org/10.21256/zhaw-4215

Williams, B [Brett], Onsman, A. & Brown, T. (2014). Exploratory Factor Analysis: A Five-Step Guide for Novices. *Australasian Journal of Paramedicine*, *8*(3). https://doi.org/10.33151/ajp.8.3.93

Wittwer, R. (2014). *Zwangsmobilität und Verkehrsmittelorientierung junger Erwachsener: Eine Typologisierung*. Zugl.: Dresden, Techn. Univ., Fak. Verkehrswiss., Diss., 2014. *Schriftenreihe des Instituts für Verkehrsplanung und Straßenverkehr: Bd. 16*. Inst. für Verkehrsplanung und Straßenverkehr.

Wolf, C. & Best, H. (2010). *Handbuch der sozialwissenschaftlichen Datenanalyse* (1. Aufl.). VS Verlag für Sozialwissenschaften / Springer Fachmedien Wiesbaden GmbH Wiesbaden. https://doi.org/10.1007/978-3-531-92038-2

World Bank. (2014). *Urban China: Toward Efficient, Inclusive, and Sustainable Urbanization*. The World Bank. http://elibrary.worldbank.org/doi/book/10.1596/978-1-4648-0206-5 https://doi.org/10.1596/978-1-4648-0206-5

Wright, M. N. & Ziegler, A. (2015). Ranger: A Fast Implementation of Random Forests for High Dimensional Data in C++ and R. *Journal of Statistical Software*(Articles 77 (1)), 1–17.

Wulfhorst, G., Kenworthy, J., Kesselring, S., Kuhnimhof, T., Lanzendorf, M. & Priester, R. (2013). Mobility Cultures in Megacities: Results from a Global Study. In WCTR, *13th World Conference on Transport Research,* Rio de Janeiro, Brazil.

Yáñez, M. F., Raveau, S. & Ortúzar, J. d. D. (2010). Inclusion of Latent Variables in Mixed Logit Models: Modelling and Forecasting. *Transportation Research Part A: Policy and Practice*, *44*(9), 744–753. https://doi.org/10.1016/j.tra.2010.07.007

Yin, L. (2017). *Analysis of Urban Expansion and Transportation Characteristics.* Columbia University. https://doi.org/10.7916/D8R78RNX

Zhao, F [Fang], Pereira, F. C., Ball, R., Kim, Y., Han, Y., Zegras, C. & Ben-Akiva, M. (2015). Exploratory Analysis of a Smartphone-Based Travel Survey in Singapore. *Transportation Research Record: Journal of the Transportation Research Board*, *2494*(1), 45–56. https://doi.org/10.3141/2494-06

Zhao, J. (2011). Subjective Measure of Car Dependence. *Transportation Research Record: Journal of the Transportation Research Board, 2231,* 44–52. https://doi.org/10.3141/2231-06

Zimmermann, A., Axhausen, K. W., Beckmann, J., Beckmann, K., Düsterwald, M., Fraschini, E., Haupt, T., König, A., Kübel, A., Rindfüser, G., Schlich, R., Schönfelder, S., Simma, A. & Wehmeier, T. (2001). *Mobidrive: Dynamik und Routinen im Verkehrsverhalten - Pilotstudie Rhythmik* (Band I). Karlsruhe.

Zumkeller, D., Blechinger, W., Chlond, B., Seitz, H., Axhausen, K. W. & van Maanen, T. (1993). Paneluntersuchungen zum Verkehrsverhalten. *Forschung Straßenbau und Straßenverkehrstechnik*(688).

Zumkeller, D., Chlond, B. & Ottmann, P. (2005). *Car Dependency and Motorization Development in Germany: Final Report*. Karlsruhe. Institut für Verkehrswesen.

Zumkeller, D., Manz, W., Last, J. & Chlond, B. (2005). *Die intermodale Vernetzung von Personenverkehrsmitteln unter Berücksichtigung der Nutzerbedürfnisse (INVERMO)* (Mobilität und Verkehr besser verstehen - Schlussbericht). Karlsruhe. Bundesministerium für Bildung und Forschung.

Zwick, W. R. & Velicer, W. F. (1986). Comparison of Five Rules for Determining the Number of Components to Retain. *Psychological Bulletin*, *99*(3), 432–442. https://doi.org/10.1037/0033-2909.99.3.432

Anhang

A. Fragebogen Mobilitätsskelett in der Online-Version (ca. 20 min)

Haushaltsdaten

Wir möchten die Befragung gerne mit einigen Fragen zu Ihrem Haushalt beginnen.

(1) Wie viele Personen leben ständig in ihrem Haushalt, Sie selbst eingeschlossen?
Bitte geben Sie die Anzahl für alle Altersgruppen an.

- Erwachsene (18+ Jahre):
  - ☐ 1 ☐ 4 ☐ 7
  - ☐ 2 ☐ 5 ☐ 8
  - ☐ 3 ☐ 6 ☐ 9+
- Kinder 7-17 Jahre:
  - ☐ 1 ☐ 4 ☐ 7
  - ☐ 2 ☐ 5 ☐ 8
  - ☐ 3 ☐ 6 ☐ 9+
- Kinder 0-6 Jahre:
  - ☐ 1 ☐ 4 ☐ 7
  - ☐ 2 ☐ 5 ☐ 8
  - ☐ 3 ☐ 6 ☐ 9+

(2) Bitte geben Sie die Postleitzahl an, in der Sie wohnen.
Bitte achten Sie auf eine korrekte Eingabe.

- Postleitzahl: ______________________________

(3) Welchen beruflichen Status haben die erwachsenen Personen in Ihrem Haushalt derzeit?

- Sie selbst:
  - ➢ Dropdown beruflicher Status:
    - Erwerbstätige/r in Vollzeit
    - Erwerbstätige/r in Teilzeit
    - Schüler/in
    - Auszubildende/r, Duale/r Student/in
    - Student/in an Hochschule/ Universität
    - Renten-/ Pensionsbezieher
    - Sonstiger beruflicher Status (Elternzeit, Arbeitslos, Hausfrau)

➢ *Wenn der Proband in **Frage (1)** mehr als eine/n Erwachsene/n angegeben hat, dann ist jede Person anzugeben.*

- Zweite Person: Dropdown beruflicher Status
- Dritte Person: Dropdown beruflicher Status
- Vierte Person: Dropdown beruflicher Status
- Fünfte Person: Dropdown beruflicher Status
- Sechste Person: Dropdown beruflicher Status
- Siebte Person: Dropdown beruflicher Status
- Achte Person: Dropdown beruflicher Status
- Neunte Person: Dropdown beruflicher Status

(4) Wie werden die Kinder von 0 bis 6 Jahren für gewöhnlich tagsüber betreut?

	Zu Hause	Kindergarten oder andere Betreuungseinrichtungen
Kind 1 (0-6 Jahre)	☐	☐
Kind 2 (0-6 Jahre)	☐	☐
Kind 3 (0-6 Jahre)	☐	☐
Kind 4 (0-6 Jahre)	☐	☐
Kind 5 (0-6 Jahre)	☐	☐
Kind 6 (0-6 Jahre)	☐	☐
Kind 7 (0-6 Jahre)	☐	☐
Kind 8 (0-6 Jahre)	☐	☐
Kind 9 (0-6 Jahre)	☐	☐

(5) Welches monatlich verfügbare Nettoeinkommen steht Ihrem Haushalt insgesamt zur Verfügung?
(Gemeint ist das monatliche Einkommen aller Personen, die in Ihrem Haushalt wohnen, nach Abzug von Steuern und Sozialversicherung. Rechnen Sie bitte auch Einkommen aus Vermietung, Verpachtung, Aktienverkäufen, Investments und sonstige Einkünfte hinzu.)

Ihre Angaben werden – wie alle Angaben dieses Fragebogens – anonymisiert ausgewertet.

☐ Bis 2.000 €
☐ 2.000 € bis 4.000 €
☐ 4.000 € bis 6.500 €
☐ Mehr als 6.500 €

Personendaten

Im folgenden Befragungsteil würden wir gerne etwas mehr zu Ihrer Person erfahren.

(6) Wie alt sind Sie?
Bitte wählen Sie Ihre Altersgruppe.

- ☐ Unter 18 Jahre
- ☐ 18 – 25 Jahre
- ☐ 26 – 35 Jahre
- ☐ 36 – 45 Jahre
- ☐ 46 – 55 Jahre
- ☐ 56 – 65 Jahre
- ☐ 66 und älter

(7) Was ist Ihr Geschlecht?

- ☐ Männlich
- ☐ Weiblich
- ☐ Divers
- ☐ Keine Angabe

(8) Was ist Ihr höchster Schul- bzw. Bildungsabschluss?

- ☐ (Noch) keinen Abschluss
- ☐ Volks- / Hauptschulabschluss
- ☐ Mittlere Reife / Realschulabschluss / Mittelschule
- ☐ Abitur / Fachabitur / Fachhochschulreife
- ☐ Hochschul- / Universitätsabschluss
- ☐ Sonstiges: ____________________

(9) Haben Sie ein Smartphone oder Tablet?

- ☐ Ja
- ☐ Nein

Pkw-Daten

Nun möchten wir gerne etwas zu dem Fahrzeugbestand Ihres Haushalts erfahren.

(10) Wie viele Pkw stehen Ihrem Haushalt dauerhaft zur Verfügung? Dazu gehören auch privat genutzte Firmen- und Dienstwagen, aber kein Car-Sharing.

- ☐ Kein Pkw verfügbar
- ☐ 1 Pkw
- ☐ 2 Pkw
- ☐ 3 Pkw
- ☐ 4 und mehr Pkw

(11) Wurde die Anzahl an Pkw im Haushalt in den letzten fünf Jahren reduziert?
Wählen Sie "Ja", wenn in den letzten fünf Jahren mehr Pkw als heute im Haushalt waren.

- ☐ Ja
- ☐ Nein
- ☐ Keine Angabe / weiß nicht

➢ *Wenn **Frage (11)** mit „Ja" beantwortet*

(12) Was waren die Gründe für die Reduzierung der Anzahl an Pkw? Eine Mehrfachnennung ist möglich.

- ☐ Weniger Pkw im Haushalt benötigt
- ☐ Probleme bei der Stellplatzverfügbarkeit
- ☐ Bewusster Verzicht
- ☐ Kosten (Unterhaltung, Reparaturen)
- ☐ Auszug einer Person aus dem Haushalt
- ☐ Beitritt zum Car-Sharing
- ☐ Sonstiges, und zwar

  ____

➢ *Wenn **Frage (10)** mit „Kein Pkw verfügbar" beantwortet*

(13) Aus welchen Gründen verfügen Sie über keinen Pkw?
Eine Mehrfachauswahl ist möglich.

- ☐ Kein Auto benötigt
- ☐ Probleme bei der Stellplatzverfügbarkeit
- ☐ Bewusster Verzicht
- ☐ Anschaffung oder Unterhalt zu teuer
- ☐ Pkw-Mobilität wird durch Car-Sharing bzw. anderweitig geliehene Fahrzeuge abgedeckt
- ☐ Sonstiges, und zwar:

____

➢ *Wenn **Frage (10)** mit „4 und mehr Pkw" beantwortet wurde.*

Sie haben angegeben, dass Ihr Haushalt über 4 oder mehr Pkw verfügt. Bitte geben Sie uns nähere Informationen zu den <u>drei am meisten genutzten Pkw</u> in Ihrem Haushalt.

➢ *Wenn **Frage (10)** mit „1 Pkw", „2 Pkw", „3 Pkw" oder mit „4 und mehr Pkw" beantwortet wurde.*

(14) Bitte wählen Sie für den/die Pkw in Ihrem Haushalt die Marke, das Alter und das Besitzverhältnis aus.
Das Besitzverhältnis meint, ob es sich um einen privaten Pkw, Dienstwagen oder ein Leasingfahrzeug handelt. Falls Sie einzelne Informationen nicht im Detail wissen, wählen Sie bitte "Keine Angabe".

- Erster Pkw im Haushalt (Pkw 1)
  Marke:
  ➢ Dropdown Automarken:
    Automarken
    Sonstiges
    keine Angabe

Fahrzeugalter:

- ➢ Dropdown Fahrzeugalter:

  bis 3 Jahre
  4 – 6 Jahre
  7 – 10 Jahre
  älter als 10 Jahre
  keine Angabe

Besitzverhältnis:

- ➢ Dropdown Besitzverhältnis:

  Eigener Pkw
  Dienstwagen (durch Arbeitgeber gestellt)
  Leasingfahrzeug (beim Autohaus oder Hersteller)
  Sonstiges

- Zweiter Pkw im Haushalt (Pkw 2)
  Marke: Dropdown Automarken
  Fahrzeugalter: Dropdown Fahrzeugalter
  Besitzverhältnis: Dropdown Besitzverhältnis

- Dritter Pkw im Haushalt (Pkw 3)
  Marke: Dropdown Automarken
  Fahrzeugalter: Dropdown Fahrzeugalter
  Besitzverhältnis: Dropdown Besitzverhältnis

(15) Bitte geben Sie für den jeweiligen Pkw das Modell, die jährliche Fahrleistung und das Jahr an, seit dem der Pkw in Ihrem Haushalt genutzt wird.
Falls Sie einzelne Informationen nicht im Detail wissen, wählen Sie bitte "Keine Angabe".

	Modell (z. B. Golf)	Jährliche Fahrleistung (in km z. B. 15.000)	Im Haushalt seit (z. B. 2007)
Pkw 1			
Pkw 2			
Pkw 3			

(16) Wo parken Sie Ihre/n Pkw an Ihrem Wohnort?
Falls Sie einzelne Informationen nicht im Detail wissen, wählen Sie bitte "Keine Angabe"

	Straßenrand/ öffentlicher Straßenraum	Garage/ privater Parkplatz	Weiß nicht/ keine Angaben
Pkw 1	☐	☐	☐
Pkw 2	☐	☐	☐
Pkw 3	☐	☐	☐

Eigenschaften Wohnumfeld

Im Folgenden würden wir Ihnen gerne einige Fragen zur näheren Umgebung Ihres Wohnortes stellen.

(17) Wie zufrieden sind Sie in Ihrem Wohnumfeld mit...
Das Wohnumfeld ist die nähere Umgebung um Ihren Wohnort (Radius ca. 1 km).

	Sehr zufrieden	Eher zufrieden	Teils teils	Eher nicht zufrieden	Nicht zufrieden	Keine Angabe / weiß nicht
... der Parkplatzsituation für Pkw?	☐	☐	☐	☐	☐	☐
... den Stellplatzmöglichkeiten für Fahrräder?	☐	☐	☐	☐	☐	☐
... der Anbindung an die Innenstadt durch den Öffentlichen Verkehr?	☐	☐	☐	☐	☐	☐
... den Einkaufsmöglichkeiten für den täglichen Bedarf?	☐	☐	☐	☐	☐	☐

Mobilität

In diesem Abschnitt möchten wir gerne mehr zu den Verkehrsmitteln erfahren, die Sie regelmäßig nutzen

(18) Haben Sie einen Pkw-Führerschein?

☐ Ja
☐ Nein

➢ *Wenn **Frage (18)** mit „Ja" beantwortet wurde.*

(19) Können Sie als Fahrer über einen PKW verfügen?

☐ Ja, immer
☐ Ja, nach Absprache im Haushalt
☐ Ja, nach Absprache (Familie, Freunde, Bekannte)
☐ Ja, nach Absprache (Mietwagen, Car-Sharing)
☐ Nein
☐ Keine Angabe / weiß nicht

➢ *Wenn **Frage (19)** mit „Ja, immer" beantwortet wurde.*

(20) Welchen Pkw in Ihrem Haushalt können Sie immer nutzen?

☐ Pkw 1
☐ Pkw 2
☐ Pkw 3
☐ Alle Pkw des Haushaltes

➢ *Wenn **Frage (19)** mit „Ja, nach Absprache im Haushalt" beantwortet wurde.*

(21) Welchen Pkw in Ihrem Haushalt können Sie nach Absprache nutzen?

☐ Pkw 1
☐ Pkw 2
☐ Pkw 3
☐ Alle Pkw des Haushaltes

(22) Ich verfüge zusätzlich über...
Bitte wählen Sie alle Optionen aus, bei denen der vervollständigte Satz zutrifft.

- ☐ ein fahrbereites Fahrrad / E-Bike / Pedelec
- ☐ ein Lastenrad / Fahrradanhänger
- ☐ ein Mofa / Moped / Motorrad
- ☐ eine Zeitkarte im öffentlichen Nahverkehr (z. B. Monats-ticket)
- ☐ eine BahnCard der Deutschen Bahn AG
- ☐ ein Bike-Sharing Kundenkonto (z. B. Nextbike, Call-a-Bike, mobike)
- ☐ ein Car-Sharing Kundenkonto (z. B. Car2go, DriveNow, Stadtmobil)
- ☐ ein E-Scooter Kundenkonto (z. B. Voi, Lime, Bird, Tier)
- ☐ ein sonstiges Verkehrsmittel, und zwar: ______________________

(23) Bitte geben Sie an, wie häufig Sie üblicherweise die folgenden Verkehrsmittel nutzen.

	(fast) täglich	3-5 Mal pro Woche	1-2 Mal pro Woche	2-3 Mal im Monat	einmal pro Monat	seltener	nie
Kompletter Weg zu Fuß	☐	☐	☐	☐	☐	☐	☐
Fahrrad / E-Bike / Pedelec	☐	☐	☐	☐	☐	☐	☐
Lastenrad / Fahrradanhänger	☐	☐	☐	☐	☐	☐	☐
Mofa/ Motorrad	☐	☐	☐	☐	☐	☐	☐
Pkw aus dem Haushalt als Fahrer	☐	☐	☐	☐	☐	☐	☐

Pkw aus dem Haushalt als Mitfahrer	☐	☐	☐	☐	☐	☐	☐
Pkw einer anderen Person als Fahrer (geliehenes Fahrzeug)	☐	☐	☐	☐	☐	☐	☐
Pkw einer anderen Person als Mitfahrer (Mitfahrgelegenheit, Fahrgemeinschaft)	☐	☐	☐	☐	☐	☐	☐
Bus / Bahn im Nahverkehr (ÖV)	☐	☐	☐	☐	☐	☐	☐
Bus / Bahn im Fernverkehr (ÖV)	☐	☐	☐	☐	☐	☐	☐
Bike-Sharing Fahrrad (z. B. Nextbike, Call-a-Bike, mobike)	☐	☐	☐	☐	☐	☐	☐
Car-Sharing Fahrzeug (z. B. Car2go, DriveNow, Stadtmobil)	☐	☐	☐	☐	☐	☐	☐
E-Scooter (z. B. Voi, Lime, Bird, Tier)	☐	☐	☐	☐	☐	☐	☐
Taxi	☐	☐	☐	☐	☐	☐	☐
Mietwagen (z. B. Sixt)	☐	☐	☐	☐	☐	☐	☐
Sonstiges Verkehrsmittel (falls angegeben)	☐	☐	☐	☐	☐	☐	☐

Hinweis: Die Vorschläge für die Verkehrsmittelnutzung bei Aktivitäten (z. B. Arbeiten, Einkaufen, Transporte, Freizeit) basieren auf dieser Verkehrsmittelnutzungsmatrix. Personen bekommen nur Verkehrsmittel vorgeschlagen, die sie mindestens „2-3 Mal pro Monat" nutzen.

Einstellungen zu Verkehrsmitteln (Teil 1)[1]

Auf dieser Seite möchten wir gerne etwas zu Ihrer Einstellung gegenüber unterschiedlichen Verkehrsmitteln erfahren.

(24) Bitte bewerten Sie die folgenden Aussagen.
Antworten Sie bitte spontan und wahrheitsgetreu.

	Stimmt voll	Stimmt überwiegend	Stimmt mittelmäßig	Stimmt wenig	Stimmt nicht	Keine Angabe / weiß nicht
Meine Alltagsorganisation erfordert ein hohes Maß an Mobilität.	☐	☐	☐	☐	☐	☐
Ich kann meinen Alltag sehr gut ohne Auto gestalten.	☐	☐	☐	☐	☐	☐
Menschen, die mir wichtig sind, finden es gut, wenn ich für meine Wege im Alltag anstatt des Pkw öffentliche Verkehrsmittel nutzen würde.	☐	☐	☐	☐	☐	☐
Ich kann die Fahrzeit in Bus und Bahn gut für andere Dinge nutzen.	☐	☐	☐	☐	☐	☐
In öffentlichen Verkehrsmitteln kommen mir Personen manchmal auf unangenehme Weise zu nahe.	☐	☐	☐	☐	☐	☐

[1] Die psychologischen Items sind aus dem Fragebogen zu psychologischen Einflussfaktoren der nahräumlichen Nutzung von Pkw, ÖPNV und Fahrrad (PsyVKN) von Hunecke et al. (2021)

Ich bin gerne mit dem Rad unterwegs.	☐	☐	☐	☐	☐	☐
Ich schätze die öffentlichen Verkehrsmittel, weil es dort meistens etwas Interessantes zu beobachten gibt.	☐	☐	☐	☐	☐	☐
Autofahren bedeutet für mich Spaß und Leidenschaft.	☐	☐	☐	☐	☐	☐
Meine Absicht ist es, die öffentlichen Verkehrsmittel anstatt des Pkw für meine Wege im Alltag zu nutzen.	☐	☐	☐	☐	☐	☐
Beim Radfahren kann ich mich gut entspannen.	☐	☐	☐	☐	☐	☐
Ich kann das, was ich tun will, mit öffentlichen Verkehrsmitteln erledigen.	☐	☐	☐	☐	☐	☐
Ich muss ständig mobil sein, um meinen alltäglichen Verpflichtungen nachzukommen.	☐	☐	☐	☐	☐	☐
Ich fühle mich aufgrund meiner Prinzipien persönlich verpflichtet, auf meinen Wegen im Alltag umweltfreundliche Verkehrsmittel zu benutzen.	☐	☐	☐	☐	☐	☐
Ich fahre auch bei schlechtem Wetter Rad.	☐	☐	☐	☐	☐	☐

Ausbildung / Arbeiten

*Dieser Abschnitt ist nur von Personen zu bearbeiten, die in **Frage (3)** zu Ihrem beruflichen Status folgendes angegeben haben: „Schüler/in", Auszubildende/r, Duale/r Student/in" oder „Student/in an Hochschule / Universität".*

In diesem Abschnitt geht es um die Mobilität, die zum Zwecke der Ausbildung normalerweise anfällt. Dazu zählen die Wege in die Schule, Berufsschule oder die Hochschule.

➢ *Wenn **Frage (3)** mit „Auszubildende/r, Duale/r Student/in" beantwortet wurde*

(25) Wie ist Ihre Ausbildung strukturiert?

☐ tageweiser Wechsel zwischen Schule und Betrieb
☐ blockweiser Wechsel zwischen Schule und Betrieb
☐ Weiß nicht / keine Angabe

(26) Wie viele Tage pro Woche pendeln Sie zur Schule / Berufsschule / Hochschule?

☐ 1 ☐ 2 ☐ 3 ☐ 4 ☐ 5 ☐ 6

(27) Welche Distanz legen Sie auf einem einfachen Weg von Zuhause zu Ihrer Schule / Hochschule / Berufsschule zurück?

Einfache Distanz in Kilometern:

____

(28) Wie lange dauert dieser einfache Weg von Zuhause zu Ihrer Schule / Hochschule / Berufsschule?

Einfache Dauer in Minuten:

____

(29) Welche Verkehrsmittel nutzen Sie für Ihren Weg zur Schule / Hochschule / Berufsschule normalerweise?
Bitte geben Sie alle Verkehrsmittel an, die Sie auf einem einfachen Weg nutzen, z. B. Fahrrad + ÖV + Fußweg.

- ☐ zu Fuß gehend
- ☐ Fahrrad / E-Bike
- ☐ Lastenrad / Fahrradanhänger
- ☐ Mofa/ Motorrad
- ☐ Pkw aus dem Haushalt als Fahrer
- ☐ Pkw aus dem Haushalt als Mitfahrer
- ☐ Pkw einer anderen Person als Mitfahrer (Mitfahrgelegenheit, Fahrgemeinschaft)
- ☐ Pkw einer anderen Person als Fahrer (geliehenes Fahrzeug)
- ☐ Bus / Bahn im Nahverkehr
- ☐ Bus / Bahn im Fernverkehr
- ☐ Bike-Sharing Fahrrad
- ☐ Car-Sharing Fahrzeug
- ☐ E-Scooter (z. B. Voi, Lime, Bird, Tier)
- ☐ Taxi
- ☐ Mietwagen
- ☐ Sonstiges, und zwar:

  ____

➢ *Wenn **Frage (3)** mit „Auszubildende/r, Duale/r Student/in" beantwortet wurde ist der nachfolgende Fragenblock zu beantworten*

Im Folgenden geht es um Ihre Beschäftigung bei Ihrem Ausbildungsbetrieb und den Weg dorthin.

(30) Welche Distanz legen Sie auf einem einfachen Weg von Zuhause zu Ihrem Ausbildungsbetrieb/ Ihrer Nebentätigkeit zurück?

Einfache Distanz in Kilometern:

____

(31) Wie lange dauert dieser einfache Weg von Zuhause zu Ihrem Ausbildungsbetrieb/ Ihrer Nebentätigkeit?

Einfache Dauer in Minuten:

____

(32) Welche Verkehrsmittel nutzen Sie für Ihren Weg zu Ihrem Ausbildungsbetrieb/ Ihrer Nebentätigkeit normalerweise?
Bitte geben Sie alle Verkehrsmittel an, die Sie auf einem einfachen Weg nutzen, z. B. Fahrrad + ÖV + Fußweg.

- ☐ zu Fuß gehend
- ☐ Fahrrad / E-Bike
- ☐ Lastenrad / Fahrradanhänger
- ☐ Mofa/ Motorrad
- ☐ Pkw aus dem Haushalt als Fahrer
- ☐ Pkw aus dem Haushalt als Mitfahrer
- ☐ Pkw einer anderen Person als Mitfahrer (Mitfahrgelegenheit, Fahrgemeinschaft)
- ☐ Pkw einer anderen Person als Fahrer (geliehenes Fahrzeug)
- ☐ Bus / Bahn im Nahverkehr
- ☐ Bus / Bahn im Fernverkehr
- ☐ Bike-Sharing Fahrrad
- ☐ Car-Sharing Fahrzeug
- ☐ E-Scooter (z. B. Voi, Lime, Bird, Tier)
- ☐ Taxi
- ☐ Mietwagen
- ☐ Sonstiges, und zwar:

____

➢ *Wenn **Frage (3)** mit „Student/in an Hochschule / Universität" beantwortet wurde, ist der nachfolgende Fragenblock zu beantworten*

(33) Haben Sie einen Nebenjob (z. B. Minijob, Werkstudententätigkeit)? Gemeint sind berufliche Tätigkeiten neben Ihrem Studium.

- ☐ Ja
- ☐ Nein
- ☐ Weiß nicht / keine Angabe

➢ *Wenn **Frage (33)** mit „Ja" beantwortet wurde*

Im Folgenden geht es um den Weg zu Ihrer Nebentätigkeit wie z. B. Job als Werkstudent/in, Minijob

(34) Wie viele Tage pro Woche arbeiten Sie bei Ihrer Nebentätigkeit?

☐ 1 ☐ 2 ☐ 3 ☐ 4 ☐ 5 ☐ 6

(35) Welche Distanz legen Sie auf einem einfachen Weg von Zuhause zu Ihrer Nebentätigkeit zurück?

Einfache Distanz in Kilometern:

____

(36) Welche Verkehrsmittel nutzen Sie für Ihren Weg zu Ihrer Nebentätigkeit normalerweise?
Bitte geben Sie <u>alle Verkehrsmittel</u> an, die Sie auf einem <u>einfachen Weg</u> nutzen, z. B. Fahrrad + ÖV + Fußweg.

☐ zu Fuß gehend
☐ Fahrrad / E-Bike
☐ Lastenrad / Fahrradanhänger
☐ Mofa/ Motorrad
☐ Pkw aus dem Haushalt als Fahrer
☐ Pkw aus dem Haushalt als Mitfahrer
☐ Pkw einer anderen Person als Mitfahrer (Mitfahrgelegenheit, Fahrgemeinschaft)
☐ Pkw einer anderen Person als Fahrer (geliehenes Fahrzeug)
☐ Bus / Bahn im Nahverkehr
☐ Bus / Bahn im Fernverkehr
☐ Bike-Sharing Fahrrad
☐ Car-Sharing Fahrzeug
☐ E-Scooter (z. B. Voi, Lime, Bird, Tier)
☐ Taxi
☐ Mietwagen
☐ Sonstiges, und zwar:

____

*Dieser Abschnitt ist nur von Personen zu bearbeiten, die in **Frage (3)** zu Ihrem beruflichen Status folgendes angegeben haben: „Erwerbstätige/r in Vollzeit" oder „Erwerbstätige/r in Teilzeit".*

In diesem Abschnitt möchten wir gerne etwas zu Ihrer Erwerbstätigkeit erfahren.

(37) An wie vielen Tagen pro Woche arbeiten Sie in der Regel?

☐ 7 ☐ 6 ☐ 5 ☐ 4 ☐ 3 ☐ 2 ☐ 1 ☐ seltener

➢ *Wenn **Frage (3)** mit „Erwerbstätige/r in Teilzeit" beantwortet wurde*

(38) Welchen Umfang umfasst Ihre Teilzeitstelle?
Angabe in Prozent von 40 Stunden pro Woche, z. B. 40 % bei 16 Stunden pro Woche.

Umfang Teilzeitstelle in %: ______________________________

(39) Nach welchem Arbeitszeitmodell arbeiten Sie?

☐ Feste Arbeitszeiten (täglich gleicher Arbeitsbeginn und Arbeitsende)
☐ Mit Gleitzeit
☐ Freie Zeiteinteilung
☐ Sonstiges Arbeitszeitmodell, und zwar:
____

(40) Haben Sie einen festen Arbeitsplatz, zu dem Sie regelmäßig von zu Hause aus pendeln?

☐ Ja
☐ Nein

(41) Haben Sie einen Nebenjob oder üben Sie eine weitere berufliche Tätigkeit aus? z. B. Minijob, Nebentätigkeit als Selbstständige/r, zweiter Beruf

☐ Ja
☐ Nein
☐ Weiß nicht / keine Angabe

Nun möchten wir mehr über Ihren Weg zur Arbeit und Ihre Mobilität durch die Erwerbstätigkeit erfahren.

(42) Bitte geben Sie die Postleitzahl Ihres Arbeitsplatzes an.

Postleitzahl Arbeitsplatz: ____________________

(43) Arbeiten Sie an manchen Tagen vollständig von zu Hause aus? z. B. Homeoffice

☐ Nein
☐ Ja, gelegentlich. Anzahl Tage pro Monat: ____________
☐ Ja, regelmäßig. Anzahl Tage pro Woche: ____________

(44) Gehört es zu Ihrer Erwerbstätigkeit, im Alltag mobil und unterwegs zu sein?
Gemeint sind Fahrten im räumlichen Bereich Ihres Alltags, keine dienstlichen Fernreisen. Hierzu zählen zum Beispiel

- Besichtigung, z. B. Makler/in
- Kundendienst / Montage
- Sozialdienst / Betreuung von Personen / Hausbesuche
- Güter- oder Warentransport, z. B. Postbote/in
- Personenbeförderung, z. B. Busfahrer/in, Nebentätigkeit als Selbstständige/r, zweiter Beruf

☐ Ja
☐ Nein

(45) Gehören Geschäftsreisen zu Ihrer Erwerbstätigkeit?
Gemeint sind berufliche Fernreisen, die außerhalb Ihres normalen Arbeitsumfeldes stattfinden. Hierzu zählen zum Beispiel Reisen für

- Fortbildungen / Seminare / Konferenzen / Messen
- Besprechungen mit Kunden oder Geschäftspartnern
- Dienstgeschäfte außerhalb der alltäglichen Arbeitsstätte

☐ Ja
☐ Nein

➢ *Wenn **Frage (40)** mit „Ja" beantwortet wurde, ist der nachfolgende Fragenblock zu beantworten*

(46) Welche Distanz legen Sie auf einem einfachen Weg von Zuhause zu Ihrem Arbeitsplatz zurück?

Einfache Distanz in Kilometern: ________________

(47) Wie lange dauert dieser einfache Weg von Zuhause zu Ihrem Arbeitsplatz?

Einfache Dauer in Minuten: ________________

(48) Welche Verkehrsmittel nutzen Sie auf dem Weg zu Ihrem Arbeitsplatz normalerweise?
Bitte geben Sie alle Verkehrsmittel an, die Sie auf einem einfachen Weg nutzen, z. B. Fahrrad + ÖV + Fußweg.

☐ zu Fuß gehend
☐ Fahrrad / E-Bike
☐ Lastenrad / Fahrradanhänger
☐ Mofa/ Motorrad
☐ Pkw aus dem Haushalt als Fahrer
☐ Pkw aus dem Haushalt als Mitfahrer
☐ Pkw einer anderen Person als Mitfahrer (Mitfahrgelegenheit, Fahrgemeinschaft)
☐ Pkw einer anderen Person als Fahrer (geliehenes Fahrzeug)
☐ Bus / Bahn im Nahverkehr
☐ Bus / Bahn im Fernverkehr
☐ Bike-Sharing Fahrrad

- ☐ Car-Sharing Fahrzeug
- ☐ E-Scooter (z. B. Voi, Lime, Bird, Tier)
- ☐ Taxi
- ☐ Mietwagen
- ☐ Sonstiges, und zwar:

  ____

(49) Variieren Sie das Verkehrsmittel, d. h. benutzen Sie für den Weg zu Ihrem Arbeitsplatz regelmäßig auch andere Verkehrsmittel?

- ☐ Ja
- ☐ Nein

➢ *Wenn **Frage (49)** mit „Ja" beantwortet*

(50) Welche Verkehrsmittel nutzen Sie alternativ auf dem Pendelweg zu Ihrem Arbeitsplatz?
Eine Mehrfachauswahl ist möglich.

- ☐ zu Fuß gehend
- ☐ Fahrrad / E-Bike
- ☐ Lastenrad / Fahrradanhänger
- ☐ Mofa/ Motorrad
- ☐ Pkw aus dem Haushalt als Fahrer
- ☐ Pkw aus dem Haushalt als Mitfahrer
- ☐ Pkw einer anderen Person als Mitfahrer (Mitfahrgelegenheit, Fahrgemeinschaft)
- ☐ Pkw einer anderen Person als Fahrer (geliehenes Fahrzeug)
- ☐ Bus / Bahn im Nahverkehr
- ☐ Bus / Bahn im Fernverkehr
- ☐ Bike-Sharing Fahrrad
- ☐ Car-Sharing Fahrzeug
- ☐ E-Scooter (z. B. Voi, Lime, Bird, Tier)
- ☐ Taxi
- ☐ Mietwagen
- ☐ Sonstiges, und zwar:

  ____

➢ *Wenn der Pkw auf dem Arbeitsweg verwendet wird (bezieht sich auf Frage 48 und 50)*

(51) Können Sie in der unmittelbaren Umgebung Ihres Arbeitsplatzes leicht einen Parkplatz finden?

☐ Ja, denn ich kann auf Mitarbeiterparkplätzen parken (z. B. Firmenparkhaus)
☐ Ja, denn es ist leicht einen Parkplatz im öffentlichen Raum nahe des Arbeitsplatzes zu finden.
☐ Nein
☐ Weiß nicht / keine Angabe

(52) Ist Ihr Arbeitsplatz prinzipiell auch mit dem öffentlichen Fern- oder Nahverkehr (ÖV) oder dem Fahrrad zu erreichen?

☐ Ja, mit dem ÖV und dem Fahrrad
☐ Ja, mit dem ÖV
☐ Ja, mit dem Fahrrad
☐ Nein

➢ *Wenn **Frage (50)** mit „Ja, mit dem Fahrrad" beantwortet wurde*

(53) Wie lange würde die Fahrt mit dem Fahrrad / E-Bike bis zu Ihrem Arbeitsplatz dauern?
Bitte schätzen Sie die Dauer für den einfachen Pendelweg.

Einfache Dauer in Minuten: ______________________

➢ *Wenn **Frage (50)** mit „Ja mit dem ÖV beantwortet wurde*

(54) Wie lange würde die Fahrt mit dem öffentlichen Fern- oder Nahverkehr (ÖV) bis zu Ihrem Arbeitsplatz dauern?
Bitte schätzen Sie die Dauer für den einfachen Pendelweg.

Einfache Dauer in Minuten: ______________________

➢ *Wenn **Frage (42)** mit „Ja" beantwortet wurde*

(55) Welches Verkehrsmittel nutzen Sie für Ihre beruflichen Fahrten während der Arbeitszeit?
Gemeint sind Fahrten im räumlichen Bereich Ihres Alltags, z. B. Besichtigung / Kundendienst / Montage / Sozialdienst / Betreuung von Personen / Hausbesuche / Güter- oder Warentransport / Personenbeförderung.

- ☐ Fahrrad
- ☐ Privater Pkw
- ☐ Firmenfahrzeug
- ☐ Mitfahrer in einem Pkw
- ☐ Car-Sharing Fahrzeug
- ☐ Bus / Bahn im Nahverkehr
- ☐ Lkw / Sattelzugmaschine / Bus
- ☐ Sonstiges, und zwar: ______________________________

(56) Welche durchschnittliche Distanz legen Sie durch diese beruflichen Fahrten in einer typischen Arbeitswoche zurück?
Gemeint sind Fahrten innerhalb der Arbeitszeit, jedoch nicht der Pendelweg zum Arbeitsplatz. Bitte schätzen Sie die Distanz.

Geschätzte Distanz in Kilometer: ____________

➢ *Wenn **Frage (43)** mit „Ja" beantwortet wurde*

(57) Wie häufig sind Sie auf Geschäftsreise?
Gemeint sind berufliche Fernreisen, die außerhalb Ihres normalen Arbeitsumfeldes stattfinden, z. B. Reisen für Fortbildungen, Konferenzen, Messen, Besprechungen, Dienstgeschäfte außerhalb des alltäglichen Arbeitsplatzes.

- ☐ (mehrmals) wöchentlich
- ☐ mehrmals monatlich
- ☐ ca. einmal pro Monat

- ☐ ca. einmal pro Vierteljahr
- ☐ (weniger als) halbjährlich

(58) Welches Verkehrsmittel nutzen Sie für Ihre Geschäftsreisen überwiegend?

- ☐ Eigener Pkw
- ☐ Firmenwagen
- ☐ Car-Sharing Fahrzeug
- ☐ Mitfahrer in einem Pkw
- ☐ Bus / Bahn im Nahverkehr
- ☐ Bus / Bahn im Fernverkehr
- ☐ Flugzeug
- ☐ Sonstiges, und zwar: ______________________________

Einkäufe und persönliche Erledigungen

Im Folgenden geht es um die Wege und Fahrten, die Sie für Einkäufe und persönliche Erledigungen zurücklegen.

(59) Bitte geben Sie an, wie häufig Sie üblicherweise die folgenden Einkäufe oder persönlichen Erledigungen tätigen.

	(fast) täglich	3-5 Mal pro Woche	1-2 Mal pro Woche	2-3 Mal im Monat	einmal pro Monat	seltener	nie
Einkauf für den alltäglichen Bedarf (Lebensmittel, Drogeriewaren, ...)	☐	☐	☐	☐	☐	☐	☐
Einkaufsbummel in der Innenstadt	☐	☐	☐	☐	☐	☐	☐
Einkauf sonstiger Waren in Fachgeschäften (Möbel, Baumarktartikel, Kleidung, ...)	☐	☐	☐	☐	☐	☐	☐
Online-Bestellungen (Warenlieferungen z. B. von Amazon, ...)	☐	☐	☐	☐	☐	☐	☐
Erledigung (Post, Bank, Ämter, ...)	☐	☐	☐	☐	☐	☐	☐
Dienstleistungen (Frisör, Nagelstudio, Krankengymnastik, ...)	☐	☐	☐	☐	☐	☐	☐

(60) Welche Distanz legen Sie auf einem einfachen Weg von Zuhause für einen Einkauf zum alltäglichen Bedarf zurück?
Gemeint sind Einkäufe von Lebensmitteln, Drogeriewaren, Verbrauchsmitteln, ...

Einfache Distanz in Kilometern: ____________________

(61) Welches Verkehrsmittel nutzen Sie normalerweise für Einkäufe des alltäglichen Bedarfs?
Gemeint sind Einkäufe von Lebensmitteln, Drogeriewaren, Verbrauchsmitteln, ...

- ☐ Kompletter Weg zu Fuß
- ☐ Fahrrad / E-Bike
- ☐ Lastenrad / Fahrradanhänger
- ☐ Mofa/ Motorrad
- ☐ Pkw aus dem Haushalt als Fahrer
- ☐ Pkw aus dem Haushalt als Mitfahrer
- ☐ Pkw einer anderen Person als Mitfahrer (Mitfahrgelegenheit, Fahrgemeinschaft)
- ☐ Pkw einer anderen Person als Fahrer (geliehenes Fahrzeug)
- ☐ Bus / Bahn im Nahverkehr
- ☐ Bus / Bahn im Fernverkehr
- ☐ Bike-Sharing Fahrrad
- ☐ Car-Sharing Fahrzeug
- ☐ E-Scooter (z. B. Voi, Lime, Bird, Tier)
- ☐ Taxi
- ☐ Mietwagen
- ☐ Sonstiges, und zwar: ____________________

(62) Variieren Sie das Verkehrsmittel, d. h. benutzen Sie für Einkäufe des alltäglichen Bedarfs regelmäßig auch andere Verkehrsmittel?

- ☐ Nein
- ☐ Ja

➢ *Wenn **Frage (62)** mit „Ja" beantwortet*

(63) Welches Verkehrsmittel nutzen Sie alternativ auf dem Weg für Einkäufe des täglichen Bedarfs?

- ☐ zu Fuß gehend
- ☐ Fahrrad / E-Bike

- ☐ Lastenrad / Fahrradanhänger
- ☐ Mofa / Motorrad
- ☐ Pkw aus dem Haushalt als Fahrer
- ☐ Pkw aus dem Haushalt als Mitfahrer
- ☐ Pkw einer anderen Person als Mitfahrer (Mitfahrgelegenheit, Fahrgemeinschaft)
- ☐ Pkw einer anderen Person als Fahrer (geliehenes Fahrzeug)
- ☐ Bus / Bahn im Nahverkehr
- ☐ Bike-Sharing Fahrrad
- ☐ Car-Sharing Fahrzeug
- ☐ E-Scooter (z. B. Voi, Lime, Bird, Tier)
- ☐ Taxi
- ☐ Mietwagen
- ☐ Sonstiges, und zwar

  ____

(64) Welches Verkehrsmittel nutzen Sie normalerweise, wenn Sie die Innenstadt für einen Einkaufsbummel besuchen?
Kleidung, Schuhe, Geschenke, ...

- ☐ Kompletter Weg zu Fuß
- ☐ Fahrrad / E-Bike
- ☐ Lastenrad / Fahrradanhänger
- ☐ Mofa / Motorrad
- ☐ Pkw aus dem Haushalt als Fahrer
- ☐ Pkw aus dem Haushalt als Mitfahrer
- ☐ Pkw einer anderen Person als Mitfahrer (Mitfahrgelegenheit, Fahrgemeinschaft)
- ☐ Pkw einer anderen Person als Fahrer (geliehenes Fahrzeug)
- ☐ Bus / Bahn im Nahverkehr
- ☐ Bus / Bahn im Fernverkehr
- ☐ Bike-Sharing Fahrrad
- ☐ Car-Sharing Fahrzeug
- ☐ E-Scooter (z. B. Voi, Lime, Bird, Tier)
- ☐ Taxi
- ☐ Mietwagen
- ☐ Sonstiges, und zwar: ______________________

(65) Welches Verkehrsmittel nutzen Sie normalerweise für Einkäufe sonstiger Waren, z. B. in Fachgeschäften?
Möbel, Baumarktartikel, Einkaufszentrum, ...

- ☐ Kompletter Weg zu Fuß
- ☐ Fahrrad / E-Bike
- ☐ Lastenrad / Fahrradanhänger
- ☐ Mofa / Motorrad
- ☐ Pkw aus dem Haushalt als Fahrer
- ☐ Pkw aus dem Haushalt als Mitfahrer
- ☐ Pkw einer anderen Person als Mitfahrer (Mitfahrgelegenheit, Fahrgemeinschaft)
- ☐ Pkw einer anderen Person als Fahrer (geliehenes Fahrzeug)
- ☐ Bus / Bahn im Nahverkehr
- ☐ Bus / Bahn im Fernverkehr
- ☐ Bike-Sharing Fahrrad
- ☐ Car-Sharing Fahrzeug
- ☐ E-Scooter (z. B. Voi, Lime, Bird, Tier)
- ☐ Taxi
- ☐ Mietwagen
- ☐ Sonstiges, und zwar: ____________________________

(66) Welches Verkehrsmittel nutzen Sie normalerweise für Erledigungen?
Post, Bank, Ämter, ...

- ☐ Kompletter Weg zu Fuß
- ☐ Fahrrad / E-Bike
- ☐ Lastenrad / Fahrradanhänger
- ☐ Mofa / Motorrad
- ☐ Pkw aus dem Haushalt als Fahrer
- ☐ Pkw aus dem Haushalt als Mitfahrer
- ☐ Pkw einer anderen Person als Mitfahrer (Mitfahrgelegenheit, Fahrgemeinschaft)
- ☐ Pkw einer anderen Person als Fahrer (geliehenes Fahrzeug)
- ☐ Bus / Bahn im Nahverkehr
- ☐ Bus / Bahn im Fernverkehr

- ☐ Bike-Sharing Fahrrad
- ☐ Car-Sharing Fahrzeug
- ☐ E-Scooter (z. B. Voi, Lime, Bird, Tier)
- ☐ Taxi
- ☐ Mietwagen
- ☐ Sonstiges, und zwar: ______________________________

Einstellungen zu Einkäufen

Im folgenden Abschnitt möchten wir gerne etwas zu Ihrer Einstellung hinsichtlich des Einkaufens im Internet erfahren.

(67) Bitte bewerten Sie die folgenden Aussagen.
Antworten Sie bitte spontan und wahrheitsgetreu.

	Stimmt voll	Stimmt überwiegend	Teils teils	Stimmt wenig	Stimmt nicht	Keine Angabe / weiß nicht
Ich lasse mir gerne Waren zu mir nach Hause liefern.	☐	☐	☐	☐	☐	☐
Ich gehe gerne einkaufen.	☐	☐	☐	☐	☐	☐
Selbst wenn ich am Ende nichts kaufe, genieße ich es durch Geschäfte zu bummeln.	☐	☐	☐	☐	☐	☐
Einkaufen ist für mich normalerweise eine lästige Pflicht.	☐	☐	☐	☐	☐	☐
Mir ist es wichtig, durch meine Kaufentscheidung lokale Händler zu unterstützen.	☐	☐	☐	☐	☐	☐
Ich fühle mich durch meine persönlichen Werte verpflichtet, möglichst wenig im Internet zu bestellen.	☐	☐	☐	☐	☐	☐
Ich vertraue Online-Händlern in Bezug auf den Umgang mit meinen Kontakt- und Zahlungsdaten	☐	☐	☐	☐	☐	☐

Transporte

(68) Sind Sie privat regelmäßig für Fahrdienste verantwortlich?
Gemeint sind z. B. das Holen und Bringen von Kindern oder der Transport von anderen Personen

- ☐ Ja
- ☐ Nein
- ☐ Keine Angabe / weiß nicht

➢ *Wenn **Frage (68)** mit „Ja" beantwortet*

(69) Bitte geben Sie an, wie häufig Sie üblicherweise Wege zum Transport von Personen machen.

	(fast) täglich	3-5 Mal pro Woche	1-2 Mal pro Woche	2-3 Mal im Monat	einmal pro Monat	seltener	nie
Transport von Kindern in die Kinderkrippe oder den Kindergarten.	☐	☐	☐	☐	☐	☐	☐
Transport von Kindern in die Schule.	☐	☐	☐	☐	☐	☐	☐
Transport von Kindern zu Freizeit- oder Sportaktivitäten	☐	☐	☐	☐	☐	☐	☐
Transport von anderen Personen	☐	☐	☐	☐	☐	☐	☐

(70) Welche Distanz legen Sie auf einem einfachen Weg von Zuhause aus zurück, wenn Sie Personen zu einem Zielort befördern? Angabe: Einfache Distanz in Kilometern

Transport von Kindern in die Kinderkrippe oder den Kindergarten:

______

Transport von Kindern in die Schule: ______

Transport von Kindern zu Freizeit- oder Sportaktivitäten: ______

Transport von anderen Personen: ______

(71) Welches Verkehrsmittel nutzen Sie meistens, um Kinder in die Kinderkrippe oder den Kindergarten zu bringen?

- ☐ Kompletter Weg zu Fuß
- ☐ Fahrrad / E-Bike
- ☐ Lastenrad / Fahrradanhänger
- ☐ Mofa / Motorrad
- ☐ Pkw aus dem Haushalt als Fahrer
- ☐ Pkw aus dem Haushalt als Mitfahrer
- ☐ Pkw einer anderen Person als Mitfahrer (Mitfahrgelegenheit, Fahrgemeinschaft)
- ☐ Pkw einer anderen Person als Fahrer (geliehenes Fahrzeug)
- ☐ Bus / Bahn im Nahverkehr
- ☐ Bus / Bahn im Fernverkehr
- ☐ Bike-Sharing Fahrrad
- ☐ Car-Sharing Fahrzeug
- ☐ E-Scooter (z. B. Voi, Lime, Bird, Tier)
- ☐ Taxi
- ☐ Mietwagen
- ☐ Sonstiges, und zwar: ______________________________

(72) Welches Verkehrsmittel nutzen Sie meistens, um Kinder zur Schule zu bringen?

- ☐ Kompletter Weg zu Fuß
- ☐ Fahrrad / E-Bike
- ☐ Lastenrad / Fahrradanhänger
- ☐ Mofa/ Motorrad
- ☐ Pkw aus dem Haushalt als Fahrer
- ☐ Pkw aus dem Haushalt als Mitfahrer
- ☐ Pkw einer anderen Person als Mitfahrer (Mitfahrgelegenheit, Fahrgemeinschaft)
- ☐ Pkw einer anderen Person als Fahrer (geliehenes Fahrzeug)
- ☐ Bus / Bahn im Nahverkehr
- ☐ Bus / Bahn im Fernverkehr
- ☐ Bike-Sharing Fahrrad
- ☐ Car-Sharing Fahrzeug
- ☐ E-Scooter (z. B. Voi, Lime, Bird, Tier)
- ☐ Taxi
- ☐ Mietwagen
- ☐ Sonstiges, und zwar: ______________________________

(73) Welches Verkehrsmittel nutzen Sie meistens, um Kinder zu Freizeit- oder Sportaktivitäten zu bringen?

- ☐ Kompletter Weg zu Fuß
- ☐ Fahrrad / E-Bike
- ☐ Lastenrad / Fahrradanhänger
- ☐ Mofa / Motorrad
- ☐ Pkw aus dem Haushalt als Fahrer
- ☐ Pkw aus dem Haushalt als Mitfahrer
- ☐ Pkw einer anderen Person als Mitfahrer (Mitfahrgelegenheit, Fahrgemeinschaft)
- ☐ Pkw einer anderen Person als Fahrer (geliehenes Fahrzeug)
- ☐ Bus / Bahn im Nahverkehr
- ☐ Bus / Bahn im Fernverkehr
- ☐ Bike-Sharing Fahrrad
- ☐ Car-Sharing Fahrzeug

- ☐ E-Scooter (z. B. Voi, Lime, Bird, Tier)
- ☐ Taxi
- ☐ Mietwagen
- ☐ Sonstiges, und zwar: ______________________________

(74) Welches Verkehrsmittel nutzen Sie meistens, um andere Personen zu transportieren?

- ☐ Kompletter Weg zu Fuß
- ☐ Fahrrad / E-Bike
- ☐ Lastenrad / Fahrradanhänger
- ☐ Mofa / Motorrad
- ☐ Pkw aus dem Haushalt als Fahrer
- ☐ Pkw aus dem Haushalt als Mitfahrer
- ☐ Pkw einer anderen Person als Mitfahrer (Mitfahrgelegenheit, Fahrgemeinschaft)
- ☐ Pkw einer anderen Person als Fahrer (geliehenes Fahrzeug)
- ☐ Bus / Bahn im Nahverkehr
- ☐ Bus / Bahn im Fernverkehr
- ☐ Bike-Sharing Fahrrad
- ☐ Car-Sharing Fahrzeug
- ☐ E-Scooter (z. B. Voi, Lime, Bird, Tier)
- ☐ Taxi
- ☐ Mietwagen
- ☐ Sonstiges, und zwar: ______________________________

Einstellungen zu Verkehrsmitteln (Teil 2)[2]

Auf dieser Seite möchten wir gerne etwas zu Ihrer Einstellung gegenüber unterschiedlichen Verkehrsmitteln erfahren.

(75) Bitte bewerten Sie die folgenden Aussagen.
Antworten Sie bitte spontan und wahrheitsgetreu.

	Stimmt voll	Stimmt überwiegend	Stimmt mittelmäßig	Stimmt wenig	Stimmt nicht	Keine Angabe / weiß nicht
In öffentlichen Verkehrsmitteln kann ich gut entspannen.	☐	☐	☐	☐	☐	☐
Bei kühlem Wetter fahre ich ungern Rad.	☐	☐	☐	☐	☐	☐
Wenn ich im Auto sitze, fühle ich mich sicher und geschützt.	☐	☐	☐	☐	☐	☐
Ich habe mir vorgenommen, meine Wege im Alltag mit Bus und Bahn zurückzulegen.	☐	☐	☐	☐	☐	☐
Ich fahre gerne mit Bus und Bahn, weil ich mich dabei nicht auf den Verkehr konzentrieren muss.	☐	☐	☐	☐	☐	☐
Autofahren bedeutet für mich Freiheit.	☐	☐	☐	☐	☐	☐

[2] Die psychologischen Items sind aus dem Fragebogen zu psychologischen Einflussfaktoren der nahräumlichen Nutzung von Pkw, ÖPNV und Fahrrad (PsyVKN) von Hunecke et al. (2021)

Für mich ist es schwer, die Wege in meinem Alltag mit öffentlichen Verkehrsmitteln, anstatt mit dem Pkw zurückzulegen	☐	☐	☐	☐	☐	☐
Ich fühle mich verpflichtet, durch die Wahl meiner Verkehrsmittel einen Beitrag zum Klimaschutz zu leisten.	☐	☐	☐	☐	☐	☐
Mein fahrerisches Geschick beim Autofahren anwenden zu können, macht mir Spaß.	☐	☐	☐	☐	☐	☐
In öffentlichen Verkehrsmitteln wird meine Privatsphäre auf unangenehme Weise eingeschränkt.	☐	☐	☐	☐	☐	☐
Wenn ich will, ist es einfach für mich, öffentliche Verkehrsmittel anstatt des Pkw für meine Wege im Alltag zu nutzen.	☐	☐	☐	☐	☐	☐
Ich fahre Rad, weil ich Freude an der Bewegung habe.	☐	☐	☐	☐	☐	☐
Menschen, die mir wichtig sind, denken, dass ich anstatt des Pkw öffentliche Verkehrsmittel nutzen sollte.	☐	☐	☐	☐	☐	☐

Freizeit

Im folgenden Teil möchten wir Sie gerne zu Aktivitäten in Ihrer alltäglichen Freizeit befragen.

(76) Bitte geben Sie an, wie häufig Sie üblicherweise Freizeitaktivitäten außerhalb Ihrer Wohnung ausüben.
Gemeint sind Aktivitäten, die Sie mehr oder weniger regelmäßig und im räumlichen Bereich Ihres Alltags durchführen. Hierzu zählen zum Beispiel:

- Hobbys (Sport, Chor, ...) und Ehrenamt (Verein, Kirche, ...)
- Spaziergänge und Einkaufsbummel
- Kulturelle Unternehmungen (Theater, Kino, ...)
- Ausgehen (Restaurant, Café, Bar, ...)
- Abendschule, Lerngruppen
- das Treffen mit Freunden und Bekannten

☐ (fast) täglich
☐ 3-5 Mal pro Woche
☐ 1-2 Mal pro Woche
☐ 2-3 Mal im Monat
☐ seltener
☐ nie

(77) Bitte geben Sie bis zu drei Freizeitaktivitäten an, die Sie in einer typischen Woche außerhalb der Wohnung ausüben.
Orientieren Sie sich an den oben genannten Beispielen.

Aktivität 1 (bitte eintragen):

____

Aktivität 2 (bitte eintragen):

____

Aktivität 3 (bitte eintragen):

____

➢ *Wenn **Aktivität 1** ausgefüllt*

(78) Wie oft pro Woche üben Sie die „Aktivität 1“ aus?

- ☐ Seltener als 1 Mal
- ☐ 1 Mal
- ☐ 2 Mal
- ☐ 3 Mal
- ☐ 4 Mal
- ☐ 5 Mal und öfter

(79) Welche durchschnittliche Distanz legen Sie auf einem einfachen Weg von Zuhause zur „Aktivität 1“ zurück?

Einfache Distanz in Kilometern:

____

(80) Welches Verkehrsmittel nutzen Sie meistens für den Weg zur „Aktivität 1“?

- ☐ Kompletter Weg zu Fuß
- ☐ Fahrrad / E-Bike
- ☐ Lastenrad / Fahrradanhänger
- ☐ Mofa / Motorrad
- ☐ Pkw aus dem Haushalt als Fahrer
- ☐ Pkw aus dem Haushalt als Mitfahrer
- ☐ Pkw einer anderen Person als Mitfahrer (Mitfahrgelegenheit, Fahrgemeinschaft)
- ☐ Pkw einer anderen Person als Fahrer (geliehenes Fahrzeug)
- ☐ Bus / Bahn im Nahverkehr
- ☐ Bus / Bahn im Fernverkehr
- ☐ Bike-Sharing Fahrrad
- ☐ Car-Sharing Fahrzeug
- ☐ E-Scooter (z. B. Voi, Lime, Bird, Tier)
- ☐ Taxi
- ☐ Mietwagen
- ☐ Sonstiges, und zwar

____

➢ *Wenn **Aktivität 2** ausgefüllt*

(81) Wie oft pro Woche üben Sie die „Aktivität 2" aus?

- ☐ Seltener als 1 Mal
- ☐ 1 Mal
- ☐ 2 Mal
- ☐ 3 Mal
- ☐ 4 Mal
- ☐ 5 Mal und öfter

(82) Welche durchschnittliche Distanz legen Sie auf einem einfachen Weg von Zuhause zur „Aktivität 2" zurück?

Einfache Distanz in Kilometern:

____

(83) Welches Verkehrsmittel nutzen Sie meistens für den Weg zur „Aktivität 2"?

- ☐ Kompletter Weg zu Fuß
- ☐ Fahrrad / E-Bike
- ☐ Lastenrad / Fahrradanhänger
- ☐ Mofa / Motorrad
- ☐ Pkw aus dem Haushalt als Fahrer
- ☐ Pkw aus dem Haushalt als Mitfahrer
- ☐ Pkw einer anderen Person als Mitfahrer (Mitfahrgelegenheit, Fahrgemeinschaft)
- ☐ Pkw einer anderen Person als Fahrer (geliehenes Fahrzeug)
- ☐ Bus / Bahn im Nahverkehr
- ☐ Bus / Bahn im Fernverkehr
- ☐ Bike-Sharing Fahrrad
- ☐ Car-Sharing Fahrzeug
- ☐ E-Scooter (z. B. Voi, Lime, Bird, Tier)
- ☐ Taxi
- ☐ Mietwagen
- ☐ Sonstiges, und zwar

____

➢ *Wenn **Aktivität 3** ausgefüllt*

(84) Wie oft pro Woche üben Sie die „Aktivität 3" aus?

☐ Seltener als 1 Mal
☐ 1 Mal
☐ 2 Mal
☐ 3 Mal
☐ 4 Mal
☐ 5 Mal und öfter

(85) Welche durchschnittliche Distanz legen Sie auf einem einfachen Weg von Zuhause zur „Aktivität 3" zurück?

Einfache Distanz in Kilometern:

____

(86) Welches Verkehrsmittel nutzen Sie meistens für den Weg zur „Aktivität 3"?

☐ Kompletter Weg zu Fuß
☐ Fahrrad / E-Bike
☐ Lastenrad / Fahrradanhänger
☐ Mofa/ Motorrad
☐ Pkw aus dem Haushalt als Fahrer
☐ Pkw aus dem Haushalt als Mitfahrer
☐ Pkw einer anderen Person als Mitfahrer (Mitfahrgelegenheit, Fahrgemeinschaft)
☐ Pkw einer anderen Person als Fahrer (geliehenes Fahrzeug)
☐ Bus / Bahn im Nahverkehr
☐ Bus / Bahn im Fernverkehr
☐ Bike-Sharing Fahrrad
☐ Car-Sharing Fahrzeug
☐ E-Scooter (z. B. Voi, Lime, Bird, Tier)
☐ Taxi
☐ Mietwagen
☐ Sonstiges, und zwar

____

Fernverkehr

In diesem Abschnitt geht es um Unternehmungen, die sich außerhalb Ihrer Alltagsmobilität erstrecken z. B. Wochenendausflüge oder Urlaube.

Zunächst geht es um Unternehmungen, die an einem Tag und ohne Übernachtung stattfinden.

(87) Wie viele Tagesausflüge haben Sie in den letzten drei Monaten gemacht?
Gemeint sind spontane oder geplante Unternehmungen, für die Sie in der Regel weitere Strecken zurücklegen und aus der Stadt herausfahren. Denken Sie z. B. an Ausflüge in die Natur, Familienfeiern, einmalige Veranstaltungen (Konzerte), Stadtbesichtigung, ...

- ☐ 0 in den letzten 3 Monaten
- ☐ 1 - 3 in den letzten 3 Monaten
- ☐ 4 - 6 in den letzten 3 Monaten
- ☐ mehr als 6 in den letzten 3 Monaten

(88) Bitte geben Sie bis zu zwei Ihrer letzten Tagesausflüge an.
Geben Sie z. B. an "Geburtstagsfeier in Rosenheim", "Tagesausflug nach Nürnberg", "Wandern in den Alpen", "Tag am Chiemsee". Keine Dienstreisen.

- ☐ Tagesausflug 1 (bitte eintragen): ____________________
- ☐ Tagesausflug 2 (bitte eintragen): ____________________

➢ *Wenn **Tagesausflug 1** ausgefüllt*

(89) Wie lange ist Ihr Tagesausflug 1 etwa her?

- ☐ weniger als 2 Wochen
- ☐ 2 - 4 Wochen
- ☐ 4 - 8 Wochen
- ☐ 8 - 12 Wochen
- ☐ länger her

(90) Welche Distanz in Kilometern haben Sie für Ihren Tagesausflug 1 auf einfacher Strecke zurückgelegt?
Ein einfacher Weg ist entweder der Hin- oder Rückweg.

- ☐ 0 - 20 km
- ☐ 20 - 100 km
- ☐ Mehr als 100 km

(91) Welches Verkehrsmittel haben Sie auf Ihrem Tagesausflug 1 hauptsächlich genutzt?

- ☐ Kompletter Weg zu Fuß
- ☐ Fahrrad / E-Bike
- ☐ Mofa / Motorrad
- ☐ Pkw aus dem Haushalt als Fahrer
- ☐ Pkw aus dem Haushalt als Mitfahrer
- ☐ Pkw einer anderen Person als Mitfahrer (Mitfahrgelegenheit, Fahrgemeinschaft)
- ☐ Pkw einer anderen Person als Fahrer (geliehenes Fahrzeug)
- ☐ Bus / Bahn im Nahverkehr (ÖV)
- ☐ Bus / Bahn im Fernverkehr (ÖV)
- ☐ Carsharing Fahrzeug (z. B. Car2go, DriveNow, Stadtmobil)
- ☐ Taxi
- ☐ Mietwagen (z. B. Sixt)
- ☐ Sonstiges, und zwar:

  ____

➢ *Wenn **Tagesausflug 2** ausgefüllt*

(92) Wie lange ist Ihr Tagesausflug 2 etwa her?

- ☐ weniger als 2 Wochen
- ☐ 2 - 4 Wochen
- ☐ 4 - 8 Wochen
- ☐ 8 - 12 Wochen
- ☐ länger her

(93) Welche Distanz in Kilometern haben Sie für Ihren Tagesausflug 2 auf einfacher Strecke zurückgelegt?
Ein einfacher Weg ist entweder der Hin- oder Rückweg.

- ☐ 0 - 20 km
- ☐ 20 - 100 km
- ☐ Mehr als 100 km

(94) Welches Verkehrsmittel haben Sie auf Ihrem Tagesausflug 2 hauptsächlich genutzt?

- ☐ Kompletter Weg zu Fuß
- ☐ Fahrrad / E-Bike
- ☐ Mofa / Motorrad
- ☐ Pkw aus dem Haushalt als Fahrer
- ☐ Pkw aus dem Haushalt als Mitfahrer
- ☐ Pkw einer anderen Person als Mitfahrer (Mitfahrgelegenheit, Fahrgemeinschaft)
- ☐ Pkw einer anderen Person als Fahrer (geliehenes Fahrzeug)
- ☐ Bus / Bahn im Nahverkehr (ÖV)
- ☐ Bus / Bahn im Fernverkehr (ÖV)
- ☐ Carsharing Fahrzeug (z. B. Car2go, DriveNow, Stadtmobil)
- ☐ Taxi
- ☐ Mietwagen (z. B. Sixt)
- ☐ Sonstiges, und zwar:

  ____

Nun möchten wir gerne etwas mehr zu Ihren Reisen mit Übernachtungen erfahren.

(95) Wie häufig pro Jahr verreisen Sie privat mit Übernachtung? Gemeint sind Urlaub aber auch kürzere Reisen mit Übernachtung, die sich außerhalb Ihres alltäglichen Umfelds abspielen. Denken Sie z. B. an Urlaube, Kurztrips, Städtereisen, Besuch von Verwandten oder Veranstaltungen (Festivals), keine Dienstreisen.

- ☐ (weniger als) einmal
- ☐ 1 - 2 mal pro Jahr
- ☐ 3 - 5 mal pro Jahr
- ☐ 6 - 10 mal pro Jahr
- ☐ Mehr als 10 mal pro Jahr

(96) Bitte geben Sie bis zu drei Ihrer letzten Reisen mit Übernachtung an.
Geben Sie z. B. an: "Skifahren in Österreich", "Städtetrip nach Köln", "Wochenendbesuch", "Urlaub in Thailand", "Festival in Norddeutschland". Keine Dienstreisen

Reise 1 (bitte eintragen):

____

Reise 2 (bitte eintragen):

____

Reise 3 (bitte eintragen):

____

➢ *Wenn **Reise 1** ausgefüllt*

(97) In welchem Zeitraum hat Ihre „Reise 1“ stattgefunden?

- ☐ Jan 2020
- ☐ Okt - Dez 2019
- ☐ Jul - Sep 2019
- ☐ Apr - Jun 2019

- ☐ Jan - Mär 2019
- ☐ 2018 und länger her

(98) Wie viele Tage waren Sie für Ihre „Reise 1“ unterwegs?

- ☐ 2 - 3 Tage
- ☐ 4 - 6 Tage
- ☐ 7 - 9 Tage
- ☐ 10 - 14 Tage
- ☐ 14 - 21 Tage
- ☐ Länger als 21 Tage

(99) Welche Distanz in Kilometer haben Sie für Ihre „Reise 1“ auf einfacher Strecke zurückgelegt?

- ☐ bis 100 km
- ☐ 100 - 250 km
- ☐ 250 - 500 km
- ☐ 500 - 800 km
- ☐ mehr als 800 km

(100) Welches Verkehrsmittel haben Sie hauptsächlich auf der Hin- bzw. Rückreise zu „Reise 1“ genutzt?

- ☐ Kompletter Weg zu Fuß
- ☐ Fahrrad / E-Bike
- ☐ Mofa / Motorrad
- ☐ Pkw aus dem Haushalt als Fahrer
- ☐ Pkw aus dem Haushalt als Mitfahrer
- ☐ Pkw einer anderen Person als Mitfahrer (Mitfahrgelegenheit, Fahrgemeinschaft)
- ☐ Pkw einer anderen Person als Fahrer (geliehenes Fahrzeug)
- ☐ Bus / Bahn im Nahverkehr (ÖV)
- ☐ Bus / Bahn im Fernverkehr (ÖV)
- ☐ Carsharing Fahrzeug (z. B. Car2go, DriveNow, Stadtmobil)
- ☐ Taxi
- ☐ Mietwagen (z. B. Sixt)

☐ Flugzeug
☐ Schiff
☐ Sonstiges, und zwar:

____

➢ *Wenn **Reise 2** ausgefüllt*

(101) In welchem Zeitraum hat Ihre „Reise 2" stattgefunden?

☐ Jan 2020
☐ Okt - Dez 2019
☐ Jul - Sep 2019
☐ Apr - Jun 2019
☐ Jan - Mär 2019
☐ 2018 und länger her

(102) Wie viele Tage waren Sie für Ihre „Reise 2" unterwegs?

☐ 2 - 3 Tage
☐ 4 - 6 Tage
☐ 7 - 9 Tage
☐ 10 - 14 Tage
☐ 14 - 21 Tage
☐ Länger als 21 Tage

(103) Welche Distanz in Kilometer haben Sie für Ihre „Reise 2" auf einfacher Strecke zurückgelegt?

☐ bis 100 km
☐ 100 - 250 km
☐ 250 - 500 km
☐ 500 - 800 km
☐ mehr als 800 km

(104) Welches Verkehrsmittel haben Sie hauptsächlich auf der Hin- bzw. Rückreise zu „Reise 2“ genutzt?

☐ Kompletter Weg zu Fuß
☐ Fahrrad / E-Bike
☐ Mofa / Motorrad
☐ Pkw aus dem Haushalt als Fahrer
☐ Pkw aus dem Haushalt als Mitfahrer
☐ Pkw einer anderen Person als Mitfahrer (Mitfahrgelegenheit, Fahrgemeinschaft)
☐ Pkw einer anderen Person als Fahrer (geliehenes Fahrzeug)
☐ Bus / Bahn im Nahverkehr (ÖV)
☐ Bus / Bahn im Fernverkehr (ÖV)
☐ Carsharing Fahrzeug (z. B. Car2go, DriveNow, Stadtmobil)
☐ Taxi
☐ Mietwagen (z. B. Sixt)
☐ Flugzeug
☐ Schiff
☐ Sonstiges, und zwar:

____

➢ *Wenn **Reise 3** ausgefüllt*

(105) In welchem Zeitraum hat Ihre „Reise 3“ stattgefunden?

☐ Jan 2020
☐ Okt - Dez 2019
☐ Jul - Sep 2019
☐ Apr - Jun 2019
☐ Jan - Mär 2019
☐ 2018 und länger her

(106) Wie viele Tage waren Sie für Ihre „Reise 3“ unterwegs?

☐ 2 - 3 Tage
☐ 4 - 6 Tage
☐ 7 - 9 Tage
☐ 10 - 14 Tage

☐ 14 - 21 Tage
☐ Länger als 21 Tage

(107) Welche Distanz in Kilometer haben Sie für Ihre „Reise 3" auf einfacher Strecke zurückgelegt?

☐ bis 100 km
☐ 100 - 250 km
☐ 250 - 500 km
☐ 500 - 800 km
☐ mehr als 800 km

(108) Welches Verkehrsmittel haben Sie hauptsächlich auf der Hin- bzw. Rückreise zu „Reise 3" genutzt?

☐ Kompletter Weg zu Fuß
☐ Fahrrad / E-Bike
☐ Mofa / Motorrad
☐ Pkw aus dem Haushalt als Fahrer
☐ Pkw aus dem Haushalt als Mitfahrer
☐ Pkw einer anderen Person als Mitfahrer (Mitfahrgelegenheit, Fahrgemeinschaft)
☐ Pkw einer anderen Person als Fahrer (geliehenes Fahrzeug)
☐ Bus / Bahn im Nahverkehr (ÖV)
☐ Bus / Bahn im Fernverkehr (ÖV)
☐ Carsharing Fahrzeug (z. B. Car2go, DriveNow, Stadtmobil)
☐ Taxi
☐ Mietwagen (z. B. Sixt)
☐ Flugzeug
☐ Schiff
☐ Sonstiges, und zwar:

____

(109) Gibt es bestimmte Tagesausflüge oder Reisen, die Sie regelmäßig durchführen?
Gemeint sind typische Ausflüge und Reisen, die wiederkehrend stattfinden und über den räumlichen Bereich Ihres Alltags hinausreichen. Hierzu zählen zum Beispiel

- Aufenthalt im Wochenendhaus / Schrebergarten außerhalb der Stadt
- Regelmäßiger Besuch der gleichen Personen in größerer Entfernung z. B. Familie, Partner
- Fahrt in das gleiche Naherholungsgebiet z. B. Alpen, Chiemsee, ...

☐ Ja
☐ Nein
☐ Keine Angabe / weiß nicht

➢ *Wenn **Frage (110)** mit „Ja" beantwortet*

(110) Bitte geben Sie an, ob Ihre berichteten Tagesausflüge und Reisen solche typischen Ereignisse für Sie darstellen.
Typisch bedeutet wiederkehrend bzw. regelmäßig stattfindend.

	Ja	Nein	Keine Angabe / weiß nicht
Tagesausflug 1	☐	☐	☐
Tagesausflug 2	☐	☐	☐
Reise 1	☐	☐	☐
Reise 2	☐	☐	☐
Reise 1	☐	☐	☐

B. Leitfragen des problemzentrierten Interviews

Tabelle B-1: Leitfragen des problemzentrierten Interviews

Leitfragen/Erzählaufforderung	Stimulus	Inhaltliche Aspekte Stichworte nur erfragen, wenn nicht von alleine thematisiert	(Nach-)Fragen mit obligatorischer Formulierung
(Beschreiben Sie,) Wie sieht eine für Sie „typische“Woche hinsichtlich Ihrer Alltagsmobilität aus? Insbesondere hinsichtlich wiederkehrender Aktivitäten (z.B. Arbeit) und den gewählten Verkehrsmitteln?	*Ausgefüllter Wochenplan zeigen* Eingehen auf Abweichungen im Verhalten (z.B. seltenes Verkehrsmittel genutzt, wenige Aktivitäten)	Pflichtaktivitäten	Wie passt Ihre berichtete Woche zu Ihrem typischen Verhalten?
		Flexible Aktivitäten	Würden Sie sagen, dass die berichtete Woche auch eine typische Woche ist (Angabe „typisch“im Wegetagebuch)?
		Verkehrsmittelwahl	Was war an dieser Woche typisch?
		Regelmäßigkeit	Sind Ihre angegebenen Freizeitaktivitäten in Tagebuch typisch für Sie oder sehen sie in anderen Wochen stark verändert aus?
			Wenn man Ihre Mobilität über mehrere Wochen abbilden möchte, dann reicht es einfach ihre Tagebuchwoche zu vervielfältigen? Wo würden sich abweichen ergeben?
Nennen Sie die für Sie wichtigsten Verkehrsmittel im Alltag und beschreiben Sie, wieso gerade diese so wichtig für Sie sind?	*Matrix mit Verkehrsmittelnutzungshäufigkeit aus dem Mobilitätsskelett*	Selten genutzte Verkehrsmittel	In welchen Situationen verwenden sie die selten genutzten Verkehrsmitteln?
		Zweckbezogene Nutzung	In Ihrer Erzählung sind folgende Verkehrsmittel nicht aufgetreten. Wieso?
		Wetterabhängigkeit	Nutzen Sie nur diese Verkehrsmittel, da es keine Alternativen gibt oder aus Überzeugung?
		Saisonalität	Nutzen Sie eher immer die gleichen Verkehrsmittel oder variieren Sie gerne?
Die berichteten Fernverkehrsereignisse im Mobilitätsskelett spiegeln Ihr Reiseverhalten gut wieder oder unternehmen Sie normalerweise andere Reisen im Privaten?	Ellipsenförmige Aufteilung von Reisen mit Übernachtungen aus dem letzten Jahr nach Ort und Reisedauer	Ziele	Wie häufig machen Sie Urlaubsreisen mit Übernachtungen im Jahr? Welche Verkehrsmittel nutzen Sie dabei?
		Entfernungen	Wie häufig machen Sie Tagesreisen im Jahr? Welche Verkehrsmittel nutzen Sie dabei? Wie sehen Ziele aus? Gibt es eine Regelmäßigkeit?
		Regelmäßigkeit/ Häufigkeit	Wie häufig machen Sie Dienstreisen und welche Verkehrsmittel nutzen Sie typischerweise? Wie lange dauern Dienstreisen bei Ihnen?
Welches Erhebungsdesign, Mobilitätsskelett oder Wegetagebuch, erfasst aus Ihrer Sicht Ihr Mobilitätsverhalten geeigneter und warum?			

C. Mittelwertvergleiche

Tabelle C-1: Mittelwertvergleich zwischen Mobilitätsskelett und Wegetagebuch

Variablen	**Mobilitätsskelett (SK)**		**Wegetagebuch (TB)**		**Differenz TB - SK**	
Studierende	***Ø***	***Std***	***Ø***	***Std***	***t-Wert***	***Sig.***
Aktivitäten [Tage pro Woche]						
Arbeit	0,8	1,2	0,9	1,4	-1,13	
Ausbildung	3,8	1,3	3,6	1,7	1,22	
Freizeit	3,5	2,0	3,6	1,8	-0,37	
Entfernungen Pflichtaktivitäten [km]						
Arbeit	7,2	15,9	7,7	15,3	-1,85	*
Ausbildung	9,7	23,4	8,2	21,7	1,11	
Verkehrsmittelnutzung [Häufigkeit]*						
zu Fuß	2,2	1,0	1,8	0,7	3,17	**
Fahrrad	2,1	1,3	2,4	1,2	-3,66	**
Pkw als Fahrer	3,7	0,7	3,5	0,8	2,84	*
Pkw als Passagier	3,8	0,5	3,3	0,8	5,19	***
ÖV	2,8	1,1	2,5	1,1	2,83	*
Erwerbstätige	***Ø***	**Std**	***Ø***	**Std**	***t-Wert***	***Sig.***
Aktivitäten [Tage pro Woche]						
Arbeit	4,3	1,6	4,2	1,2	2,08	*
Ausbildung	0,5	1,2	0,3	0,8	0,00	
Freizeit	3,6	1,9	3,2	2,0	1,37	
Entfernungen Pflichtaktivitäten [km]						
Arbeit	16,0	34,8	13,7	26,4	1,65	
Ausbildung	4,9	5,0	6,0	4,6	0,06	
Verkehrsmittelnutzung [Häufigkeit]*						
zu Fuß	2,3	1,2	1,7	0,8	2,83	*
Fahrrad	2,3	1,3	2,4	1,3	-0,20	
Pkw als Fahrer	3,2	1,1	3,0	1,1	0,81	
Pkw als Passagier	3,6	0,8	2,9	0,8	4,18	***
ÖV	3,1	1,2	3,0	1,1	0,17	

*Nutzungshäufigkeit (1=täglich bis 7=nie); Signifikanzniveaus (Sig.): *< 0,10, **< 0,05, ***< 0,001

D. Haushaltsmerkmale der Stichproben

Tabelle D-1: Haushaltsmerkmale der Stichproben in Berlin, San Francisco, Shanghai und München

	Berlin [%]	San Francisco [%]	Shanghai [%]	München [%]
Haushaltstyp				
Kleinhaushalt mit Berufstätigen (1-2 P.)	40,0	41,7	54,3	45,4
Kleinhaushalt ohne Berufstätige (1-2 P.)	40,7	15,5	31,5	13,8
Haushalt mit Kindern	13,5	21,9	8,9	31,8
Mehrpersonenhaushalte (> 2 P.)	5,8	20,9	5,3	9,0
Anzahl Pkw				
0 Pkw	58,9	32,9	70,7	22,0
1 Pkw	34,4	50,0	29,0	62,9
2 Pkw	5,7	13,8	0,2	12,4
3 Pkw und mehr	0,9	3,3	0,1	2,7
Premium-Pkw im Haushalt				
Ja	9,32	22,82	5,07	32,20
Nein	90,68	77,18	94,93	67,80
Netto-Einkommensklasse				
bis unter 2000 €	49,50	5,61	45,97	24,40
2000 € - bis unter 4000 €	27,20	17,32	36,39	43,31
4000 € - bis unter 6500€	9,95	42,66	11,06	18,50
mehr als 6500 €	1,27	34,16	6,58	13,78
Keine Angabe	12,08	0,24	-	0,01

E. Korrelationsanalyse

Tabelle E-1: Korrelationsanalyse zwischen den 25 psychologischen Items für die Hauptkomponentenanalyse

	PMN2	PMN1	AutoPKW2	AutoOEV1	PBC1	PBC2	WetRes2	WetRes1	PN2	PN1	SN2	SN1	IntOEV1	IntOEV2	ErlOEV4	ErlOEV2	ErlOEV1	ErlOEV3	PrivOEV1	PrivOEV2	ErlRAD1	ErlRAD2	ErlRAD3	PrivPKW1	AutoPKW1
PMN2	1,0	0,7	-0,1	0,1	-0,1	0,1	0,1	-0,2	0,1	0,2	0,1	0,1	0,1	0,1	0,1	0,1	0,1	0,1	-0,2	-0,2	0,2	0,2	0,2	0,1	0,3
PMN1	0,7	1,0	0,0	0,1	-0,1	0,1	0,1	-0,2	0,1	0,2	0,2	0,1	0,1	0,1	0,1	0,1	0,1	0,1	-0,2	-0,2	0,2	0,2	0,2	0,1	0,2
AutoPKW2	-0,1	0,0	1,0	0,6	0,5	0,5	0,2	-0,1	0,2	0,3	0,4	0,3	0,6	0,6	0,5	0,5	0,4	0,5	-0,2	-0,1	0,3	0,2	0,3	-0,2	-0,3
AutoOEV1	0,1	0,1	0,6	1,0	0,4	0,7	0,2	-0,2	0,2	0,3	0,5	0,4	0,7	0,7	0,7	0,6	0,6	0,7	-0,3	-0,2	0,3	0,3	0,3	-0,2	-0,2
PBC1	-0,1	-0,1	0,5	0,4	1,0	0,4	0,1	0,1	0,1	0,1	0,2	0,1	0,4	0,4	0,3	0,3	0,3	0,3	0,0	0,1	0,1	0,1	0,1	-0,2	-0,3
PBC2	0,1	0,1	0,5	0,7	0,4	1,0	0,2	-0,2	0,3	0,3	0,4	0,4	0,6	0,6	0,5	0,5	0,5	0,6	-0,3	-0,2	0,3	0,2	0,3	-0,2	-0,1
WetRes2	0,1	0,1	0,2	0,2	0,1	0,2	1,0	0,0	0,3	0,3	0,2	0,2	0,2	0,1	0,1	0,2	0,1	0,2	-0,1	-0,1	0,6	0,6	0,6	-0,1	-0,1
WetRes1	-0,2	-0,2	-0,1	-0,2	0,1	-0,2	0,0	1,0	-0,2	-0,2	-0,2	-0,2	-0,2	-0,2	-0,1	-0,2	-0,1	-0,2	0,3	0,2	-0,3	-0,3	-0,3	0,0	-0,1
PN2	0,1	0,1	0,2	0,2	0,1	0,3	0,3	-0,2	1,0	0,8	0,4	0,4	0,3	0,3	0,2	0,2	0,2	0,3	-0,1	-0,1	0,3	0,3	0,4	0,0	-0,1
PN1	0,2	0,2	0,3	0,3	0,1	0,3	0,3	-0,2	0,8	1,0	0,4	0,4	0,3	0,3	0,2	0,2	0,2	0,3	-0,1	-0,1	0,3	0,3	0,4	-0,1	-0,1
SN2	0,1	0,2	0,4	0,5	0,2	0,4	0,2	-0,2	0,4	0,4	1,0	0,7	0,6	0,5	0,4	0,4	0,4	0,5	-0,2	-0,2	0,3	0,3	0,3	-0,2	-0,2
SN1	0,1	0,1	0,3	0,4	0,1	0,4	0,2	-0,2	0,4	0,4	0,7	1,0	0,5	0,5	0,4	0,4	0,4	0,4	-0,2	-0,2	0,3	0,3	0,3	-0,1	-0,1
IntOEV1	0,1	0,1	0,6	0,7	0,4	0,6	0,2	-0,2	0,3	0,3	0,6	0,5	1,0	0,7	0,6	0,6	0,6	0,7	-0,3	-0,2	0,3	0,2	0,3	-0,3	-0,2
IntOEV2	0,1	0,1	0,6	0,7	0,4	0,6	0,1	-0,2	0,3	0,3	0,5	0,5	0,7	1,0	0,7	0,6	0,6	0,7	-0,3	-0,2	0,2	0,2	0,2	-0,2	-0,2
ErlOEV4	0,1	0,1	0,5	0,7	0,3	0,5	0,1	-0,1	0,2	0,2	0,4	0,4	0,6	0,7	1,0	0,6	0,7	0,7	-0,2	-0,1	0,2	0,2	0,2	-0,2	-0,2
ErlOEV2	0,1	0,1	0,5	0,6	0,3	0,5	0,2	-0,2	0,2	0,2	0,4	0,4	0,6	0,6	0,6	1,0	0,6	0,7	-0,3	-0,1	0,3	0,2	0,3	-0,2	-0,2
ErlOEV1	0,1	0,1	0,4	0,6	0,3	0,5	0,1	-0,1	0,2	0,2	0,4	0,4	0,6	0,6	0,7	0,6	1,0	0,6	-0,3	-0,1	0,2	0,2	0,2	-0,2	-0,1
ErlOEV3	0,1	0,1	0,5	0,7	0,3	0,6	0,2	-0,2	0,3	0,3	0,5	0,4	0,7	0,7	0,7	0,7	0,6	1,0	-0,3	-0,2	0,3	0,3	0,3	-0,2	-0,2
PrivOEV1	-0,2	-0,2	-0,2	-0,3	0,0	-0,3	-0,1	0,3	-0,1	-0,1	-0,2	-0,2	-0,3	-0,3	-0,2	-0,3	-0,3	-0,3	1,0	0,6	-0,2	-0,2	-0,2	0,0	-0,1
PrivOEV2	-0,2	-0,2	-0,1	-0,2	0,1	-0,2	-0,1	0,2	-0,1	-0,1	-0,2	-0,2	-0,2	-0,2	-0,1	-0,1	-0,1	-0,2	0,6	1,0	-0,1	-0,1	-0,1	0,0	-0,1
ErlRAD1	0,2	0,2	0,3	0,3	0,1	0,3	0,6	-0,3	0,3	0,3	0,3	0,3	0,3	0,2	0,2	0,3	0,2	0,3	-0,2	-0,1	1,0	0,8	0,8	-0,1	0,0
ErlRAD2	0,2	0,2	0,2	0,3	0,1	0,2	0,6	-0,3	0,3	0,3	0,3	0,3	0,2	0,2	0,2	0,2	0,2	0,3	-0,2	-0,1	0,8	1,0	0,8	-0,1	0,0
ErlRAD3	0,2	0,2	0,3	0,3	0,1	0,3	0,6	-0,3	0,4	0,4	0,3	0,3	0,3	0,2	0,2	0,3	0,2	0,3	-0,2	-0,1	0,8	0,8	1,0	0,0	0,0
PrivPKW1	0,1	0,1	-0,2	-0,2	-0,2	-0,2	-0,1	0,0	0,0	-0,1	-0,2	-0,1	-0,3	-0,2	-0,2	-0,2	-0,2	-0,2	0,0	0,0	-0,1	-0,1	0,0	1,0	0,4
AutoPKW1	0,3	0,2	-0,3	-0,2	-0,3	-0,1	-0,1	-0,1	-0,1	-0,1	-0,2	-0,1	-0,2	-0,2	-0,2	-0,2	-0,1	-0,2	-0,1	-0,1	0,0	0,0	0,0	0,4	1,0

Korrelation > 0,3 sind in grau hinterlegt

F. Personenmerkmale der Stichprobe

Tabelle F-1: Personenmerkmale der Stichprobe in München

	München [%]
Altersklassen	
< 36 Jahre	11,4
36 - 45 Jahre	40,1
46 - 65 Jahre	28,7
> 65 Jahre	19,8
Geschlecht	
Männlich	50,9
Weiblich	49,1
Beschäftigung	
Vollzeit	56,3
Teilzeit	9,0
Ausbildung	8,5
Rentner	20,2
Sonstige	6,0
Bildungsgrad	
Hochschulabschluss (Bachelor, Master, Diplom) und höher	42,8
Sonstiger Abschluss	56,9
Kein Abschluss	0,3
Führerscheinbesitz	
Ja	94,6
Nein	5,4

G. Partial-Dependency-Plots (PDP)

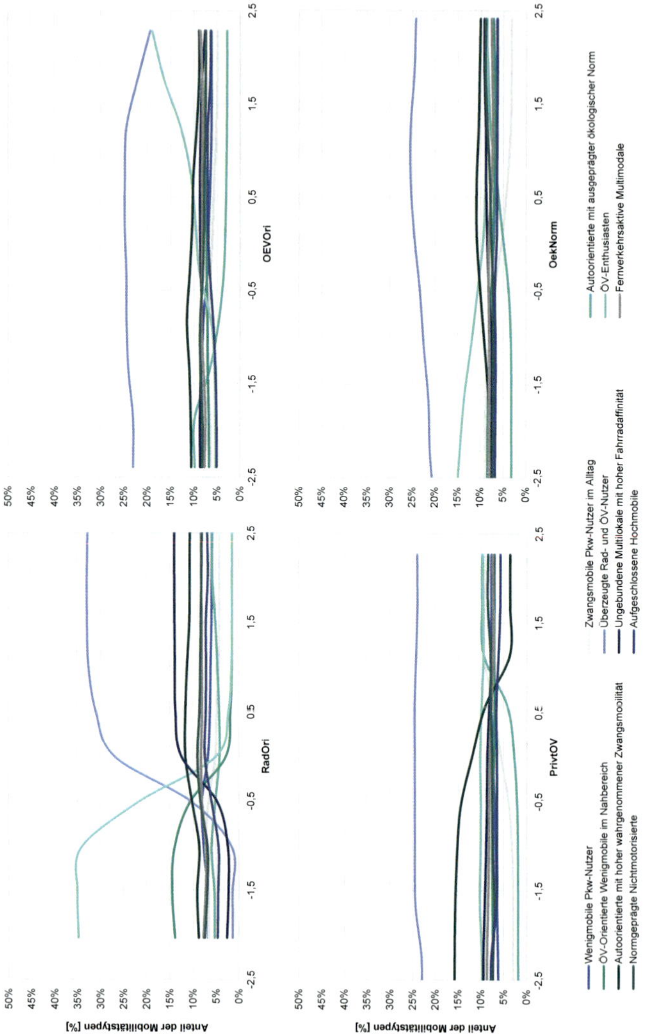

Abbildung G-1: Partial-Dependency-Plots der sechs nicht-transformierten psychologischen Eingangsvariablen des Random-Forest-Modells (1)

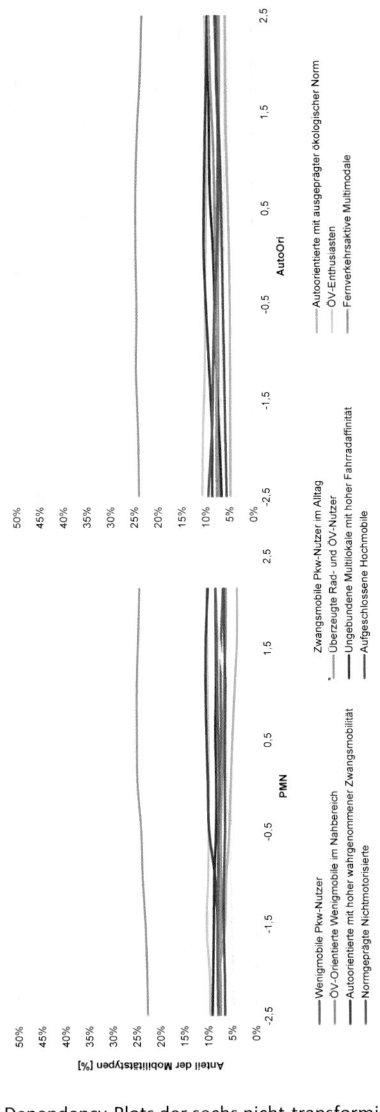

Abbildung G-2: Partial-Dependency-Plots der sechs nicht-transformierten psychologischen Eingangsvariablen des Random-Forest-Modells (2)

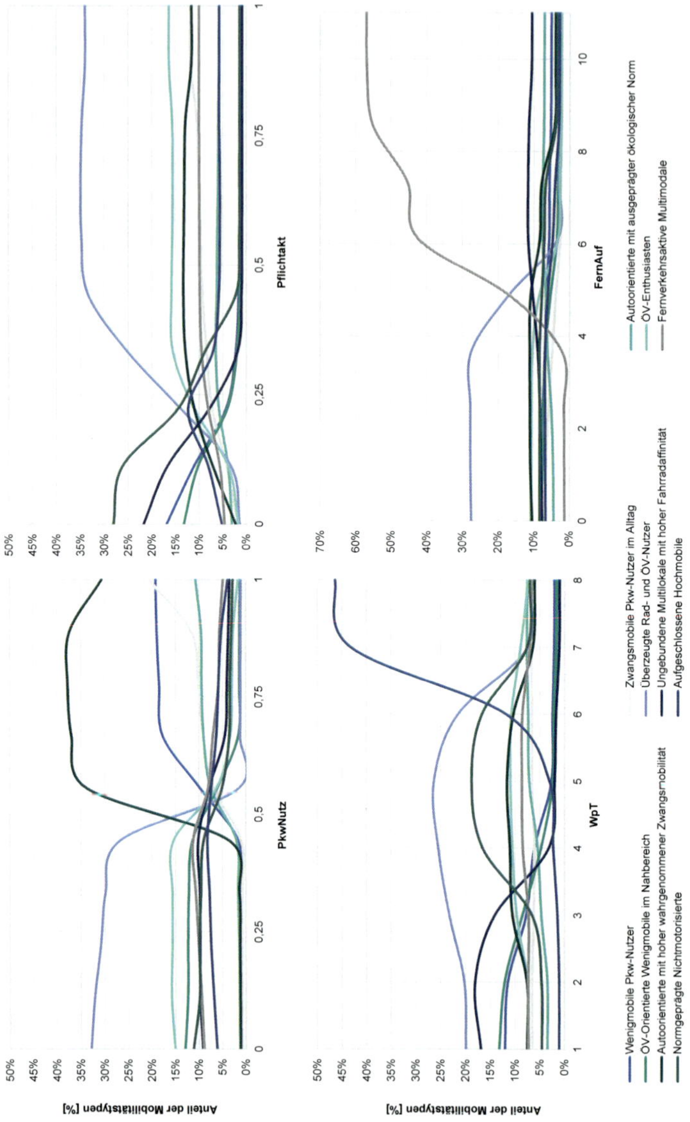

Abbildung G-3: Partial-Dependency-Plots der vier nicht-transformierten verhaltensbasierten Eingangsvariablen des Random-Forest-Modells

Schriftenreihe des Instituts für Verkehrswesen

ISSN 0341-5503

Die Hefte 1 bis 68 der Schriftenreihe können über das Institut für Verkehrswesen zum Preis von 11,00 Euro sowie über den Buchhandel bestellt werden (https://www.ifv.kit.edu/schriftenreihe.php).

Mit * gekennzeichnete Hefte sind leider vergriffen.

Heft 1* **Paul Stephan Baron**
Weglängen als Kriterium zur Beurteilung von Fluggast-Empfangsanlagen.

Heft 2* **Karl Eugen Stoffers**
Berechnung von optimalen Signalzeitenplänen.

Heft 3* **Reinhard Köhler**
Verkehrsablauf auf Binnenwasserstraßen - Untersuchungen zur Leistungsfähigkeitsberechnung und Reisezeitverkürzung.

Heft 4* **Rolf Böttger**
Die numerische Behandlung des Verkehrsablaufs an signalgesteuerten Straßenkreuzungen.

Heft 5 **Manfred Droste**
Stochastische Methoden der Erfassung und Beschreibung des ruhenden Verkehrs.

Heft 6* 10 JAHRE INSTITUT FÜR VERKEHRSWESEN.

Heft 7* **Ingward Bey**
Simulationstechnische Analyse der Luftfrachtabfertigung.

Heft 8* Rainer Wiedemann
Simulation des Straßenverkehrsflusses.

Heft 9* Uwe Köhler
Stabilität von Fahrzeugkolonnen.

Heft 10 Wolf Thomas
Sensitivitätsanalyse eines Verkehrs¬planungsmodells.

Heft 11 Peter Pape
Weglängen-Reduzierung in Fluggast-Empfangsanlagen durch flexible Vorfeldpositionierung.

Heft 12 Theo Koffler
Vorausschätzung des Verkehrsablaufs über den Weg.

Heft 13* Walter Hänicke
Der Einfluß von Verflechtungen in einem bedarfsorientierten Nahverkehrssystem auf die Reisegeschwindigkeit.

Heft 14* Gerd Bahm
Kabinengröße und Betriebsablauf neuer Nahverkehrssysteme.

Heft 15 Wolf Laubert
Betriebsablauf und Leistungsfähigkeit von Kleinkabinenbahnstationen.

Heft 16* Bernd-Michael Sahling
Verkehrsablauf in Netzen ein graphentheoretisches Optimierungsverfahren.

Heft 17* Erich Michael Zahn
Berechnung gesamtkostenminimaler außerbetrieblicher Transportnetze.

Heft 18* Wolfgang Handschmann
Sicherheit und Leistungsfähigkeit städtischer Straßenkreuzungen unter dem Aspekt der Informationsverarbeitung des Kraftfahrzeugführers.

Die Hefte 1 bis 68 der Schriftenreihe können über das Institut für Verkehrswesen bestellt werden.

Heft 19* Gottfried Willmann
Zustandsformen des Verkehrsablaufs auf Autobahnen.

Heft 20* Udo Sparmann
ORIENT – Ein verhaltensorientiertes Simulationsmodell zur Verkehrsprognose.

Heft 21* Richard E. Allsop
Festzeitsteuerung von Lichtsignalanlagen. (1980)

Heft 22* Udo-Michael Adolph
Systemsimulation des Güterschwerverkehrs auf Straßen.

Heft 23* Claus-Dieter Jahnke
Kolonnenverhalten von Fahrzeugen mit autarken Abstandswarnsystemen.

Heft 24* Wilhelm Leutzbach
Verkehr auf Binnenwasserstraßen.

Heft 25* 20 JAHRE INSTITUT FÜR VERKEHRSWESEN – Ein Institut stellt sich vor.

Heft 26* Hans Hubschneider
Mikroskopisches Simulationssystem für Individualverkehr und Öffentlichen Personennahverkehr.

Heft 27* Peter Mott
Signalsteuerungsverfahren zur Priorisierung des Öffentlichen Personennahverkehrs.

Heft 28 Adolf D. May
Traffic Management Research at the University of California.

Heft 29 Michael Haas
LAERM – Mikroskopisches Modell zur Berechnung des Straßenverkehrslärms.

Die Hefte 1 bis 68 der Schriftenreihe können über das Institut für Verkehrswesen bestellt werden.

Heft 30 **Dietmar Bosserhoff**
Statistische Verfahren zur Ermittlung von Quelle-Ziel-Matrizen im Öffentlichen Personennahverkehr – Ein Vergleich.

Heft 31* **Karsten Baass**
Ermittlung eines optimalen Grünbandes auf Hauptverkehrsstraßen.

Heft 32 **Thomas Benz**
Mikroskopische Simulation von Energieverbrauch und Abgasemission im Straßenverkehr (MISEVA).

Heft 33 **Gerd Stucke**
Bestimmung der städtischen Fahrtenmatrix durch Verkehrszählungen.

Heft 34 **William Young**
Modelling the Circulation of Parking Vehicles – A Feasibility Study.

Heft 35 **Peter G. Gipps**
Simulation of Pedestrian Traffic in Buildings.

Heft 36* 25 JAHRE INSTITUT FÜR VERKEHRSWESEN.

Heft 37* **Klaus Möller**
Signalgruppenorientiertes Modell zur Optimierung von Festzeitprogrammen an Einzelknotenpunkten.

Heft 38 **Wolfgang G. Bleher**
Messung des Verkehrsablaufs aus einem fahrenden Fahrzeug – Beurteilung der statistischen Genauigkeit mittels Simulation.)

Heft 39 **Walter Maier**
Bemessungsverfahren für Befragungszählstellen mit Hilfe eines Warteschlangenmodells.

Die Hefte 1 bis 68 der Schriftenreihe können über das Institut für Verkehrswesen bestellt werden.

Heft 40 **Kay W. Axhausen**
Eine ereignisorientierte Simulation von Aktivitätenketten zur Parkstandswahl.

Heft 41 **Udo J. Becker**
Beobachtung des Straßenverkehrs vom Flugzeug aus: Eigenschaften, Berechnung und Verwendung von Verkehrsgrößen.

Heft 42 **Dirk Heidemann**
Ein mathematisches Modell des Verkehrsflusses.

Heft 43 **Mostafa Sabry Aly**
Headway Distribution Model and Interrelationship between Headway and Fundamental Traffic Flow Characteristics.

Heft 44 **Jürgen Zoellmer**
Ein Planungsverfahren für den ÖPNV in der Fläche.

Heft 45 **Stephan Schnittger**
Einfluß von Sicherheitsanforderungen auf die Leistungsfähigkeit von Schnellstraßen.

Heft 46 **Tien-Pen Hsu**
Optimierung der Detektorlage bei verkehrsabhängiger Lichtsignalsteuerung.

Heft 47 **Reiner Grigo**
Zur Addition spektraler Anteile des Verkehrslärms.

Heft 48 30 JAHRE INSTITUT FÜR VERKEHRSWESEN.

Heft 49 **Yuntong Liu**
Eine auf FUZZY basierende Methode zur mehrdimensionalen Beurteilung der Straßenverkehrssicherheit.

Heft 50 **Frank Höfler**
Leistungsfähigkeit von Ortsdurchfahrten bei unterschiedlichen Geschwindigkeitsbeschränkungen – untersucht mit Hilfe der Simulation.

Die Hefte 1 bis 68 der Schriftenreihe können über das Institut für Verkehrswesen bestellt werden.

Heft 51 **Andreas Rekersbrink**
Verkehrsflußsimulation mit Hilfe der Fuzzy-Logic und einem Konzept potentieller Kollisionszeiten.

Heft 52 **Frank Nickel**
Stationsmanagement von Luftverkehrsgesellschaften – Eine systemanalytische Betrachtung und empirische Untersuchung der Stationsmanagement-Systeme internationaler Luftverkehrsgesellschaften.

Heft 53 **Uwe Reiter**
Simulation des Verkehrsablaufs mit individuellen Fahrbeeinflussungssystemen.

Heft 54 **Rainer Schwarzmann**
Der Einfluß von Nutzerinformationssystemen auf die Verkehrsnachfrage.

Heft 55 **Bastian Chlond**
Zeitverwendung und Verkehrsgeschehen – Zur Abschätzung des Verkehrsumfangs bei Änderungen der Freizeitdauer.

Heft 56 **Susanne Kickner**
Kognition, Einstellung und Verhalten – Eine Untersuchung des individuellen Verkehrsverhaltens in Karlsruhe.

Heft 57 **Sconha Lee**
Wechselwirkungen zwischen Verkehr und Telekommunikation in einer asiatischen Stadtumgebung.

Heft 58* **Oliver Lipps**
Modellierung der individuellen Verhaltensvariationen bei der Verkehrsentstehung.

Heft 59 **Timothy Oketch**
A Model for Heterogeneous Traffic Containing Non-Motorised Vehicles.

Die Hefte 1 bis 68 der Schriftenreihe können über das Institut für Verkehrswesen bestellt werden.

Heft 60 **Volker Waßmuth**
Modellierung der Wirkungen verkehrsreduzierender Siedlungskonzepte.

Heft 61 **Olaf Eberhard**
Wirkungsanalyse individuell-dynamischer Zielführungssysteme im Straßenverkehr.

Heft 62 **Wilko Manz**
Mikroskopische längsschnittorientierte Abbildung des Personenverkehrs.

Heft 63 **Torsten Heine-Nims**
Einbeziehung kurzfristiger Verhaltensänderungen bei der Modellierung der Verkehrsnachfrage.

Heft 64 **Peter Vortisch**
Modellunterstützte Messwertpropagierung zur Verkehrslageschätzung in Stadtstraßennetzen.

Heft 65 **Jörg Last**
Barrieren und Potenziale intermodaler Angebotskonzepte im Personenfernverkehr.

Heft 66 **Tobias Kuhnimhof**
Längsschnittmodellierung der Verkehrsnachfrage zur Abbildung multimodalen Verhaltens.

Heft 67 **Stefan Geweke**
Wirksamkeit von Verkehrsinformationen und belastungsabhängigen Preisen zur Nutzung von Kapazitätsreserven im Straßennetz.

Heft 68 **Dirk Wittowsky**
Dynamische Informationen im ÖPNV – Nutzerakzeptanz und Modellierung.

Die Hefte 1 bis 68 der Schriftenreihe können über das Institut für Verkehrswesen bestellt werden.

Ab Band 69 erscheint die Reihe bei KIT Scientific Publishing.

Band 69 **Peter Ottmann**
Abbildung demographischer Prozesse in Verkehrsentstehungsmodellen mit Hilfe von Längsschnittdaten.
ISBN 978-3-86644-555-0

Band 70 **Martin Kagerbauer**
Mikroskopische Modellierung des Außenverkehrs eines Planungsraums.
ISBN 978-3-86644-553-6

Band 71 **Matthias Wirtz**
Flexible Tarife in elektronischen Fahrgeldmanagementsystemen und ihre Wirkung auf das Mobilitätsverhalten.
ISBN 978-3-7315-0206-7

Band 72 **Ulrike Leyn**
Einfluss von Instationarität auf die Wartezeit an Knotenpunkten mit und ohne Lichtsignalanlage.
ISBN 978-3-7315-0675-1

Band 73 **Martin Hartmann**
Modellunterstützte Beurteilung der Verkehrsqualität auf Netzabschnitten von Bundesautobahnen.
ISBN 978-3-7315-0868-7

Band 74 **Christine Eisenmann**
Mikroskopische Abbildung von Pkw-Nutzungsprofilen im Längsschnitt.
ISBN 978-3-7315-0841-0

Band 75 **Tim Hilgert**
Erstellung von Wochenaktivitätenplänen für Verkehrsnachfragemodelle.
ISBN 978-3-7315-0973-8

Band 76 **Sven-Eric Molzahn**
Verkehrsphasenbasierte Datenanalyse von zeitlich-räumlichen Strukturen der Staufronten.
ISBN 978-3-7315-1116-8

Band 77 **Martin Kagerbauer**
Integration von neuen Mobilitätsformen in Verkehrserhebungen und Verkehrsmodellierung.
ISBN 978-3-7315-1179-3

Band 78 **Sascha von Behren**
Das Mobilitätsskelett – ein integrativer Ansatz zur mehrdimensionalen Betrachtung von urbaner Mobilität.
ISBN 978-3-7315-1233-2